高职高专食品类专业规划教材
省级"十二五"普通高等教育规划教材
"互联网＋"创新型教材
省级精品课程特色教材

食品微生物学

（第4版）

主　编　杨玉红　陈淑范　原克波
副主编　刘海琴　李　晶　赵　芳
主　审　王尔茂

武汉理工大学出版社

武汉

内 容 提 要

本教材分为食品微生物学基础、微生物与现代食品工业、实践技能三部分,包括微生物主要类群的结构和功能,微生物的代谢、营养和生长,微生物在食品生产中的应用,微生物与食品卫生,微生物与食品腐败变质,微生物相关的实验技术等。

本教材可作为高职高专智能食品加工技术、食品营养与健康、食品检验检测技术、绿色食品生产与检验、食品贮运与营销、食品生物技术、食品质量与安全等专业教学用书,同时也可供食品企业、质量管理部门等人员参考。

图书在版编目(CIP)数据

食品微生物学/杨玉红,陈淑范,原克波主编.—4版.—武汉:武汉理工大学出版社,2023.1
 ISBN 978-7-5629-6789-7

Ⅰ.①食… Ⅱ.①杨… ②陈… ③原… Ⅲ.①食品微生物-微生物学-高等职业教育-教材 Ⅳ.①TS201.3

中国版本图书馆 CIP 数据核字(2023)第 014810 号

项目负责人	: 楼燕芳	责 任 编 辑	: 楼燕芳
责 任 校 对	: 向玉露	排 版	: 芳华时代

出版发行:武汉理工大学出版社
社　　　址:武汉市洪山区珞狮路122号
邮　　　编:430070
网　　　址:http://www.wutp.com.cn
经　　　销:各地新华书店
印　　　刷:湖北恒泰印务有限公司
开　　　本:787×1092　1/16
印　　　张:21.25
字　　　数:547千字
版　　　次:2023年1月第4版
印　　　次:2023年1月第1次印刷
定　　　价:49.00元

凡使用本教材的教师,可通过 E-mail 索取教学参考资料。
E-mail:10124159@qq.com
本社购书热线电话:027-87384729　87664138　87165708(传真)
凡购本书,如有缺页、倒页、脱页等印装质量问题,请向出版社发行部调换。

·版权所有　盗版必究·

前 言

《食品微生物学》作为省级精品课程特色教材及首批河南省"十二五"普通高等教育规划教材，第 1 版、第 2 版和第 3 版均得到了广大读者的认可与好评。为了落实教育部《职业院校教材管理办法》的精神，依据职业教育国家教学标准，保持教材对接职业标准和岗位（群）能力的要求，同时为了满足广大读者的需要，我们对《食品微生物学》（第 3 版）进行了全面修订。

《食品微生物学》（第 4 版）主要在以下两个方面做了修改：一是贯彻习近平新时代中国特色社会主义思想，发挥教材的铸魂育人作用，深入挖掘本课程内容中蕴含的思想政治教育资源，结合教材知识及技能内容，在每章开篇明确提出了本章的课程思政目标，并将社会主义核心价值观、中华优秀传统文化、科学严谨、无私奉献、勇于创新和工匠精神等思政元素有机融入教材内容中；二是根据食品产业发展动态、食品法律法规及标准更新状态，对教材内容进行了相应的补充和更新，删除了与现行食品标准不吻合的内容，更新了培养基的配制方法、菌落总数检验方法、大肠菌群检验方法等内容，并按照新国标增加或更新了预包装食品中致病菌限量指标和即食食品中致病菌限量指标内容。修订后的教材内容更新，针对性和实用性更强，但篇幅与第 3 版相近。

本教材可作为高职高专智能食品加工技术、食品营养与健康、食品检验检测技术、绿色食品生产与检验、食品贮运与营销、食品生物技术、食品质量与安全等专业教学用书，同时也可供食品企业、质量管理部门等人员参考。

本教材由杨玉红、陈淑范和原克波担任主编，刘海琴、李晶、赵芳担任副主编。具体编写分工为：绪论、第七章、第八章、第九章及附录由杨玉红（鹤壁职业技术学院）编写，第一章、第二章、第三章由陈淑范（黑龙江生物科技职业学院）和原克波（山东药品食品职业学院）编写，第四章、第五章由赵芳（邯郸职业技术学院）编写，第六章由李晶（黑龙江生物科技职业学院）编写。实践技能由刘海琴（鹤壁市农产品检验检测中心）编写。全书由杨玉红整理并统稿。

在编写过程中，编者得到了国内各有关高等院校、企业领导、多位食品专家的热情帮助和武汉理工大学出版社的大力支持，在此谨致以诚挚的谢意。编写过程中，编者参考了许多国内同行的论著及部分网上资料，材料来源未能一一注明，在此向原作者表示诚挚的感谢。由于编者知识水平和条件有限，书中错误在所难免，恳请同仁和读者批评指正，以便进一步修改、完善。

编　者
2022 年 9 月

目 录

第一篇 食品微生物学基础

绪论 … (1)
  第一节 微生物及其生物学特点 … (1)
    一、微生物及其生物学分类地位 … (1)
    二、微生物的生物学特点及作用 … (2)
  第二节 微生物学及其发展 … (3)
    一、微生物学及其分支学科 … (3)
    二、微生物学发展史 … (4)
  第三节 食品微生物学的研究内容和任务 … (6)
    一、食品微生物学的研究内容 … (6)
    二、食品微生物学的研究任务 … (6)
  本章小结 … (7)
  复习思考题 … (7)

第一章 原核微生物 … (9)
  第一节 细菌 … (9)
    一、细菌的基本形态和空间排列 … (9)
    二、细菌的大小及其测定方法 … (12)
    三、细菌的细胞结构及其功能 … (12)
    四、细菌的繁殖 … (20)
    五、细菌菌落特征 … (21)
    六、食品中常见的细菌类群 … (22)
  第二节 放线菌 … (25)
    一、放线菌的形态特征 … (25)
    二、放线菌的繁殖 … (26)
    三、放线菌的菌落特征 … (27)
    四、放线菌常见的类群 … (27)
  第三节 其他原核微生物 … (28)
    一、蓝细菌 … (28)
    二、支原体 … (28)
    三、衣原体 … (28)
    四、立克次氏体 … (29)
    五、古细菌 … (29)

本章小结 …………………………………………………………………………… (29)
复习思考题 ………………………………………………………………………… (30)

第二章 真核微生物 …………………………………………………………………… (31)
第一节 酵母菌 ……………………………………………………………………… (31)
一、酵母菌的形态特征 ………………………………………………………… (32)
二、酵母菌的细胞结构与功能 ………………………………………………… (33)
三、酵母菌的繁殖和生活史 …………………………………………………… (34)
四、酵母菌的菌落特征 ………………………………………………………… (38)
五、食品中常见的酵母菌 ……………………………………………………… (38)
第二节 霉菌 ………………………………………………………………………… (40)
一、霉菌的概念及其与食品工业的关系 ……………………………………… (40)
二、霉菌的菌丝构成及其特点 ………………………………………………… (40)
三、霉菌的菌丝细胞结构 ……………………………………………………… (43)
四、霉菌的繁殖和生活史 ……………………………………………………… (43)
五、霉菌的菌落特征 …………………………………………………………… (47)
六、食品中常见的霉菌 ………………………………………………………… (48)
本章小结 …………………………………………………………………………… (51)
复习思考题 ………………………………………………………………………… (52)

第三章 非细胞微生物 ………………………………………………………………… (53)
第一节 病毒 ………………………………………………………………………… (53)
一、病毒的生物学特性 ………………………………………………………… (53)
二、病毒的基本形态和大小 …………………………………………………… (54)
三、病毒的基本结构及其功能 ………………………………………………… (54)
四、病毒的增殖 ………………………………………………………………… (56)
第二节 噬菌体 ……………………………………………………………………… (59)
一、噬菌体的概念及其主要类型 ……………………………………………… (59)
二、噬菌体的结构特点 ………………………………………………………… (60)
三、烈性噬菌体和温和噬菌体 ………………………………………………… (60)
四、噬菌体的监测方法 ………………………………………………………… (61)
五、噬菌体与发酵工业的关系 ………………………………………………… (62)
本章小结 …………………………………………………………………………… (63)
复习思考题 ………………………………………………………………………… (64)

第四章 微生物的营养 ………………………………………………………………… (65)
第一节 微生物的营养需求 ………………………………………………………… (65)
一、微生物细胞的化学组成 …………………………………………………… (65)
二、微生物生长的营养物质及其生理功能 …………………………………… (66)

第二节　微生物对营养物质的吸收 ··· (69)
　　一、单纯扩散 ·· (69)
　　二、促进扩散 ·· (69)
　　三、主动运输 ·· (70)
　　四、基团移位 ·· (70)
第三节　微生物的营养类型 ·· (71)
　　一、光能自养型 ·· (71)
　　二、光能异养型 ·· (71)
　　三、化能自养型 ·· (72)
　　四、化能异养型 ·· (72)
第四节　培养基 ·· (72)
　　一、配制培养基的基本原则 ·· (72)
　　二、培养基的类型 ··· (74)
　　本章小结 ·· (76)
　　复习思考题 ·· (76)

第五章　微生物的代谢 ·· (79)
第一节　微生物的能量代谢 ·· (79)
　　一、微生物的呼吸类型 ··· (80)
　　二、生物氧化链 ·· (80)
　　三、ATP 的产生 ··· (80)
第二节　微生物的分解代谢 ·· (81)
　　一、微生物糖代谢的途径 ·· (81)
　　二、多糖的分解 ·· (84)
　　三、蛋白质和氨基酸的分解 ··· (85)
　　四、脂肪和脂肪酸的分解 ·· (86)
第三节　微生物发酵的代谢途径 ··· (87)
　　一、醋酸发酵 ·· (87)
　　二、柠檬酸发酵 ·· (87)
　　三、酒精发酵 ·· (88)
　　四、乳酸发酵 ·· (88)
第四节　微生物独特的合成代谢 ··· (89)
　　一、固氮作用 ·· (89)
　　二、肽聚糖的合成 ··· (89)
　　本章小结 ·· (90)
　　复习思考题 ·· (90)

第六章　微生物的生长与控制 ·· (93)
第一节　微生物的生长 ·· (93)

一、微生物生长的概念……………………………………………………………………（93）
二、微生物生长量的测定…………………………………………………………………（93）
第二节　微生物的生长规律………………………………………………………………（98）
一、微生物的个体生长和同步生长………………………………………………………（98）
二、微生物的群体生长及其规律…………………………………………………………（100）
第三节　环境条件对微生物生长的影响…………………………………………………（103）
一、物理因素对微生物生长的影响与控制………………………………………………（103）
二、化学因素对微生物生长的影响与控制………………………………………………（112）
三、工业上常用的微生物培养技术………………………………………………………（115）
第四节　微生物的菌种选育………………………………………………………………（117）
一、从自然界中分离筛选菌种……………………………………………………………（117）
二、微生物的诱变育种……………………………………………………………………（119）
三、微生物的杂交育种……………………………………………………………………（122）
四、原生质体融合育种……………………………………………………………………（123）
五、基因工程育种…………………………………………………………………………（124）
第五节　微生物的菌种保藏及复壮………………………………………………………（125）
一、微生物的菌种保藏……………………………………………………………………（125）
二、菌种的退化与复壮……………………………………………………………………（128）
本章小结……………………………………………………………………………………（130）
复习思考题…………………………………………………………………………………（130）

第二篇　微生物与现代食品工业

第七章　微生物与食品生产……………………………………………………………（133）
第一节　食品工业中常用的细菌及其应用………………………………………………（133）
一、乳酸菌…………………………………………………………………………………（133）
二、醋酸菌…………………………………………………………………………………（141）
三、谷氨酸菌………………………………………………………………………………（146）
第二节　食品工业中的酵母菌及其应用…………………………………………………（148）
一、啤酒酵母………………………………………………………………………………（148）
二、葡萄酒酵母……………………………………………………………………………（149）
三、卡尔酵母………………………………………………………………………………（149）
四、产蛋白假丝酵母………………………………………………………………………（150）
五、酵母菌在食品工业中的应用…………………………………………………………（150）
第三节　食品工业中的霉菌及其应用……………………………………………………（159）
一、毛霉属…………………………………………………………………………………（159）
二、根霉属…………………………………………………………………………………（160）
三、红曲霉属………………………………………………………………………………（161）
四、曲霉属…………………………………………………………………………………（161）
五、青霉属…………………………………………………………………………………（164）

六、霉菌在食品工业中的应用 …………………………………………………………（165）
　第四节　微生物酶制剂及其在食品工业中的应用 ……………………………………（167）
　　一、淀粉酶类 ……………………………………………………………………………（167）
　　二、果胶酶类 ……………………………………………………………………………（170）
　　三、纤维素酶 ……………………………………………………………………………（173）
　　四、蛋白酶 ………………………………………………………………………………（174）
　　五、其他酶类 ……………………………………………………………………………（176）
　本章小结 ……………………………………………………………………………………（177）
　复习思考题 …………………………………………………………………………………（177）

第八章　微生物与食品腐败变质 ……………………………………………………………（179）
　第一节　食品的微生物污染及其控制 …………………………………………………（179）
　　一、污染食品的微生物来源与途径 ……………………………………………………（179）
　　二、控制微生物污染的措施 ……………………………………………………………（181）
　第二节　微生物引起食品腐败变质的原理 ……………………………………………（182）
　　一、食品中碳水化合物的分解 …………………………………………………………（182）
　　二、食品中蛋白质的分解 ………………………………………………………………（182）
　　三、食品中脂肪的分解 …………………………………………………………………（182）
　　四、有害物质的形成 ……………………………………………………………………（182）
　第三节　微生物引起食品腐败变质的环境条件 ………………………………………（183）
　　一、食品基质条件 ………………………………………………………………………（183）
　　二、食品的外界环境条件 ………………………………………………………………（184）
　第四节　食品变质的症状、判断及引起变质的微生物类群 …………………………（185）
　　一、罐藏食品的腐败变质 ………………………………………………………………（185）
　　二、果蔬及其制品的腐败变质 …………………………………………………………（187）
　　三、糕点的腐败变质 ……………………………………………………………………（189）
　　四、乳及乳制品的腐败变质 ……………………………………………………………（190）
　　五、肉及肉制品的腐败变质 ……………………………………………………………（193）
　　六、禽蛋的腐败变质 ……………………………………………………………………（196）
　第五节　食品保藏中的防腐与杀菌措施 ………………………………………………（197）
　　一、食品的低温抑菌保藏 ………………………………………………………………（197）
　　二、食品的加热灭菌保藏 ………………………………………………………………（198）
　　三、食品的高渗透压保藏 ………………………………………………………………（199）
　　四、食品的防腐保藏 ……………………………………………………………………（199）
　　五、食品的辐射保藏 ……………………………………………………………………（201）
　本章小结 ……………………………………………………………………………………（203）
　复习思考题 …………………………………………………………………………………（203）

第九章　微生物与食品安全 …………………………………………………………………（206）

第一节 食物中毒性微生物及其引起的食物中毒……………………………………（206）
  一、食物中毒的概念及类型……………………………………………………（206）
  二、细菌性食物中毒……………………………………………………………（207）
  三、霉菌毒素及其引起的食物中毒……………………………………………（215）
第二节 污染食品引起的常见疫病……………………………………………………（219）
  一、炭疽杆菌……………………………………………………………………（219）
  二、布鲁氏菌……………………………………………………………………（220）
  三、结核分枝杆菌………………………………………………………………（222）
  四、单核细胞增生李氏杆菌……………………………………………………（223）
第三节 食品安全标准中的微生物指标………………………………………………（224）
  一、主要检测指标………………………………………………………………（224）
  二、致病菌限量范围……………………………………………………………（225）
本章小结…………………………………………………………………………………（231）
复习思考题………………………………………………………………………………（231）

第三篇 实 践 技 能

技能一　常用玻璃器皿的清洗和包扎技术……………………………………………（233）
技能二　普通光学显微镜的使用技术…………………………………………………（237）
技能三　细菌的简单染色技术…………………………………………………………（240）
技能四　细菌的革兰氏染色技术………………………………………………………（242）
技能五　细菌的芽孢染色技术…………………………………………………………（243）
技能六　细菌的鞭毛染色技术…………………………………………………………（245）
技能七　细菌的荚膜染色技术…………………………………………………………（248）
技能八　放线菌的形态观察技术………………………………………………………（250）
技能九　真菌的形态观察技术…………………………………………………………（252）
技能十　微生物菌落的识别技术………………………………………………………（256）
技能十一　常用培养基的制备技术……………………………………………………（258）
技能十二　消毒与灭菌技术……………………………………………………………（261）
技能十三　微生物的分离、接种和培养技术…………………………………………（263）
技能十四　微生物的理化鉴定技术……………………………………………………（266）
技能十五　微生物数量的测定技术……………………………………………………（268）
技能十六　微生物大小的测定技术……………………………………………………（270）
技能十七　常用菌种保藏技术…………………………………………………………（272）
技能十八　食品中细菌总数和大肠菌群的测定技术…………………………………（275）
技能十九　发酵乳品中常用的乳酸菌分离与初步鉴定技术…………………………（281）
技能二十　双歧杆菌的分离培养及活菌计数技术……………………………………（283）
技能二十一　毛霉分离与豆腐乳制作技术……………………………………………（285）
技能二十二　甜酒曲中根霉的分离技术………………………………………………（287）
技能二十三　酱油种曲中米曲霉孢子数及发芽率测定技术…………………………（288）

技能二十四　酸乳及发酵剂的活菌计数与菌种活力测定技术 …………………………（291）
技能二十五　酒精发酵及糯米甜酒的酿制技术 ………………………………………（292）
技能二十六　酿酒酵母细胞固定化与酒精发酵技术 …………………………………（294）
技能二十七　食用菌栽培技术 …………………………………………………………（295）
技能二十八　罐头食品的微生物检验技术 ……………………………………………（298）
技能二十九　肉中微生物的检验技术 …………………………………………………（300）
技能三十　食品防腐剂抑菌效果的测定技术 …………………………………………（301）
技能三十一　鲜乳中抗生素残留量的测定技术 ………………………………………（303）
技能三十二　发酵乳制品生产菌种的复壮技术 ………………………………………（306）
技能三十三　食品中金黄色葡萄球菌的检验技术 ……………………………………（308）

附录 ……………………………………………………………………………………（314）
　　附录Ⅰ　常用指示剂和试剂的配制 …………………………………………………（314）
　　附录Ⅱ　常用染色液的配制 …………………………………………………………（316）
　　附录Ⅲ　常用洗涤液的配制与使用 …………………………………………………（318）
　　附录Ⅳ　常用消毒剂的配制 …………………………………………………………（318）
　　附录Ⅴ　常用培养基的配制 …………………………………………………………（319）

参考文献 ………………………………………………………………………………（326）

第一篇 食品微生物学基础

绪 论

知识目标
1. 了解有关微生物界的成员、微生物学的范围和现实意义、食品微生物学的未来。
2. 熟悉微生物学发展史。
3. 掌握食品微生物学的研究内容、主要分支学科。

技能目标
1. 能够对不同的微生物进行分类。
2. 能够分析不同环境中可能存在的不同微生物。

思政目标
通过介绍在微生物学发展过程中,众多微生物学家特别是我国科学家的开创性研究成果,中华民族对世界微生物学发展做出的重要贡献,增强学生的民族自豪感和自信心,引导学生坚定文化自信。

第一节 微生物及其生物学特点

一、微生物及其生物学分类地位

(一)微生物的概念及其主要类群

微生物(microorganism,microbe)是一类个体微小、结构简单,肉眼不可见或看不清楚的微小生物的统称。这个微小生物类群十分庞杂,包括小到没有细胞结构的病毒(virus)、单细胞原核的细菌(bacteria)、放线菌(actinomyces)、支原体(mycoplasma)、立克次氏体(rickettsia)、衣原体(chlamydia)等和属于真菌的酵母菌(yeast)、霉菌(mold)等以及原生动物(protozoa)等。与食品工业有密切关系的主要是细菌、酵母菌、霉菌、放线菌和部分专门侵害微生物的病毒(噬菌体,phage),这些微小生物虽然种类不同,形态和大小各异,但是它们的生物学特性比较接近,所以人们赋予其一个共同的名称——微生物。微生物的形态、大小和细胞类型见表0-1。

表 0-1　微生物的形态、大小和细胞类型

微生物	大小近似值	细胞特征
病毒	0.01~0.25μm	非细胞
细菌	0.1~10μm	原核生物
真菌	2μm~1m	真核生物
原生动物	2~1000μm	真核生物
藻类	1μm~几米	真核生物

(二)微生物的生物学分类地位

微生物这个概念不是一个分类学名称。对于生物的分类,早在18世纪中叶,人们把所有生物分成两界,即动物界(animalia)和植物界(plantae);后来发现把自然界中存在的形体微小、结构简单的低等生物笼统地归入动物界和植物界是不妥当的,1866年 Haeckel 提出了原生生物界(protistae),其中包括藻类(algae)、原生动物(protozoa)、真菌(fungi)和细菌(bacteria)。到20世纪50年代,随着电子显微镜的应用和细胞超微结构研究的进展,科学家提出了原核与真核的概念,因此把属于原核结构的细菌和具有真核结构的真菌等统归为原生生物界显然是不可能的。1957年 Copeland 提出四界分类系统,即原核生物界(细菌、蓝细菌等)、原生生物界(原生动物、真菌、黏菌和藻类等)、动物界和植物界。

1969年 Whittaker 提出把真菌单独列为一界,即形成了生物五界分类系统,将生物分为原核生物界、真核原生生物界(prolistae)、真菌界(fungi)、动物界和植物界。随着对病毒研究的深入,1977年,我国微生物学家王大耜提出把病毒列为一界,即病毒界(vira),因此在五界分类系统的基础上形成了六界分类系统。根据微生物的定义,我们可以看出,在生物六界分类系统中,其中微生物包括四界。

20世纪70年代以后,随着"第三型生物"——古细菌(archae-bacteria)的发现,1978年 R. H. Whittaker 和 L. Margulis 提出了三原界(urkingdom)分类系统,认为在生物进化的早期,存在一类各生物的共同祖先,然后分成三条进化路线,形成了三个原界:古细菌原界,包括产甲烷细菌、极端嗜盐细菌、嗜热嗜酸细菌;真细菌(eubacteria)原界,包括除古细菌以外的其他原核生物;真核生物原界,包括原生动物、真菌、动物和植物。

近年来,我国学者又提出了菌物界(myceteae)的概念。菌物界是与动、植物界并行的一大类真核生物,除指一般真菌外,还包括一些既不宜归入动物界,也不宜归入植物界,又不同于一般真菌的真核生物,如黏菌、卵菌等。

综上可见,自然界生物系统的划分,与微生物的不断发现和对微生物研究的逐步深入密切相关,充分显示了微生物在生物领域中的重要地位。

二、微生物的生物学特点及作用

微生物除具有生物的共性外,也有其独特的特点,正因为其具有这些特点,才使得这些微不可见的生物类群引起人们的高度重视。

(一)种类繁多,分布广泛

微生物的种类极其繁多,目前已发现的微生物达10万种以上,并且每年都有大量新的微生物菌种报道,微生物的多样性已在全球范围内对人类产生巨大影响。微生物为人类创造了巨大的物质财富,目前所使用的抗生素药物,绝大多数是微生物发酵产生的,微生物发

酵工业为工、农、医等领域提供各种产品。微生物分布非常广泛,可以说微生物无处不在,凡是有高等生物生存的地方,都有微生物存在,甚至某些没有其他生物生存的地方,也有微生物存在,例如在冰川、温泉、火山口等极端环境条件下也有大量微生物分布。土壤是微生物的大本营,尤其是耕作的土壤中,微生物的含量很大,1g沃土中含菌量高达几亿甚至几十亿,一般土壤越肥沃,其含菌量越高,表层土中比深层土中的含菌量高。土壤中微生物的种类繁多,几乎所有的微生物都能从土壤中分离筛选得到,要分离筛选某种微生物,多数情况都是从土壤采取样品。除土壤外,水、空气中也含有大量微生物,越是人员聚集的公共场所,空气中的微生物含量越高。水中以江、湖、河、海中含量高,井水次之。在动、植物的体表及某些内部器官中也含有大量微生物。由于食品主要以植物果实或动物的组织器官为原料,所以动、植物携带的微生物是食品变质的主要污染来源。

(二)生长繁殖快,代谢能力强

微生物生长繁殖的速度是高等生物所无法比拟的,大肠杆菌(*Escherichia coli*)在适宜的条件下,每20min即繁殖一代,24h即可繁殖72代,由一个菌细胞可繁殖到$47×10^{22}$个,如果将这些新生菌体排列起来,可绕地球一周有余。之所以微生物生长繁殖的速度如此之快,是因为微生物的代谢能力很强,由于微生物个体微小,单位体积的表面积相对很大,有利于细胞内外的物质交换,细胞内的代谢反应较快。正因为微生物具有生长快、代谢能力强的特点,才使得微生物能够成为发酵工业的产业大军,在工、农、医等战线上发挥巨大作用;加之微生物的种类繁多,代谢类型多种多样,在地球上的物质转化(如N、C等的物质循环)中起重要作用。可以设想,如果没有微生物,自古以来的动、植物尸体不能分解腐烂,动、植物尸体早已堆积如山,布满全球。但事物总是一分为二的,也正是由于微生物的上述特点,微生物也曾经并随时都有可能给人类带来疫病的灾难。

(三)遗传稳定性差,容易发生变异

微生物个体微小,对外界环境很敏感,抗逆性较差,很容易受到各种不良外界环境的影响。另外,微生物的结构简单,缺乏免疫监控系统(如高等动物的免疫系统),所以很容易发生遗传性状的变异。微生物的遗传不稳定性,是相对高等生物而言的,实际上在自然条件下,微生物的自发突变频率在10^{-6}左右。微生物的遗传稳定性差,给微生物菌种的保藏工作带来一定不便,一般在能满足生产需要的情况下,尽量减少菌种的转接代数,并且不断检测菌种的纯度和活力,一旦出现菌种因突变而退化的现象,就必须对菌种进行复壮工作。另一方面,正因为微生物的遗传稳定性差,其遗传的保守性低,使得微生物菌种培育相对容易得多。通过育种工作,可大幅度地提高菌种的生产性能,其产量性状提高幅度是高等动、植物所难以实现的。目前在发酵工业上所用的生产菌种大多是经过突变培育的,其生产性能比原始菌种提高几倍、几十倍,甚至几百倍。

第二节 微生物学及其发展

一、微生物学及其分支学科

(一)微生物学及其研究内容

微生物学(Microbiology)是研究微生物及其生命活动规律的科学,即研究微生物在一

定条件下的形态结构、生理生化、遗传变异和微生物的进化、分类、生态等生命活动规律及其与其他微生物、动植物、外界环境之间的相互关系,以及微生物在自然界各种元素的生物地球化学循环中的作用,微生物在工业、农业、医疗卫生、环境保护、食品生产等各个领域中的应用,等等。实际上,微生物学除了相应的理论体系外,还包括了有别于动、植物研究的微生物学研究技术,是一门既有独特的理论体系,又有很强实践性的学科。

(二)微生物学的分支学科

随着微生物学的不断发展,已形成了基础微生物学和应用微生物学,又可根据研究的侧重面和层次不同而分为许多不同的分支学科,并还在不断地形成新的学科和研究领域。按研究对象分,可分为细菌学、放线菌学、真菌学、病毒学、原生动物学、藻类学等。按过程与功能分,可分为微生物生理学、微生物分类学、微生物遗传学、微生物生态学、微生物分子生物学、微生物基因组学、细胞微生物学等。按生态环境分,可分为土壤微生物学、环境微生物学、水域微生物学、海洋微生物学、宇宙微生物学等。按技术与工艺分,可分为发酵微生物学、分析微生物学、遗传工程学、微生物技术学等。按应用范围分,可分为工业微生物学、农业微生物学、医学微生物学、兽医微生物学、食品微生物学、预防微生物学等。按与人类疾病的关系分,可分为流行病学、医学微生物学、免疫学等。

随着现代理论和技术的发展,新的微生物学分支学科正在不断形成和建立。如微生物分子生物学和微生物基因组学等在分子水平、基因水平和后基因组水平上研究微生物生命活动规律及其生命本质的分支学科和新型研究领域的出现,表明微生物学的发展进入了一个崭新的阶段。

总之,微生物学已成为当今发展最为活跃、最为迅速、最为辉煌、影响最大的生命科学之一。

二、微生物学发展史

(一)史前时期人类对微生物的认识与利用

在 17 世纪下半叶荷兰学者列文虎克(Antony van Leeuwenhook)用自制的简易显微镜亲眼观察到细菌个体之前,对于一门学科来说尚没形成。这个时期称为微生物学史前时期。

在这个时期,实际上人们在生产与日常生活中积累了不少关于微生物作用的经验规律,并且应用这些规律创造财富,减少和消灭病害。民间早已广泛应用的有酿酒、制醋、发面、腌制酸菜和泡菜、盐渍、蜜饯等等,古埃及人也早已掌握制作面包和配制果酒的技术。这些都是人类在食品工艺中控制和应用微生物活动规律的典型例子。积肥,沤粪,翻土压青,豆类作物与其他作物的间作、轮作,是人类在农业生产实践中控制和应用微生物生命活动规律的生产技术。种痘预防天花是人类控制和应用微生物生命活动规律在预防疾病、保护健康方面的宝贵经验。尽管这些还没有上升为微生物学理论,但都是控制和应用微生物生命活动规律的实践活动。

(二)微生物形态学发展阶段

17 世纪 80 年代,列文虎克用他自己制造的,可放大 160 倍的显微镜观察牙垢、雨水、井水以及各种有机质的浸出液,发现了许多"活的小动物",并发表了这一"自然界的秘密"。这是首次对微生物形态和个体的观察和记载。随后,其他研究者凭借显微镜对于其他微生物类群进行的观察和记载,充实和扩大了人类对微生物类群形态观察和研究的视野。但是在其后相当长的时间内,对于微生物作用的规律仍一无所知。这个时期也称为微生物学的创始时期。

(三)微生物生理学发展阶段

在19世纪60年代初,法国的巴斯德(Louis Pasteur)和德国的柯赫(Robert Koch)等一批杰出的科学家建立了一套独特的微生物研究方法,对微生物的生命活动及其对人类实践和自然界的作用做了初步研究,同时还建立起许多微生物学分支学科,尤其是建立了解决当时实际问题的几门重要应用微生物学科,如医用细菌学、植物病理学、酿造学、土壤微生物学等。

在这个时期,巴斯德研究了酒变酸的微生物原理,探索了蚕病、牛羊炭疽病、鸡霍乱和狂犬病等传染病的病因以及有机质腐败和酿酒失败的起因,否定了生命起源的"自然发生说",建立了巴氏消毒法等一系列微生物学实验技术。柯赫在继巴斯德之后,改进了固体培养基的配方,发明了倾皿法进行纯种分离,建立了细菌细胞的染色技术、显微摄影技术和悬滴培养法,寻找并确证了炭疽病、结核病和霍乱病等一系列严重传染疾病的病原体等。这些成就奠定了微生物学成为一门科学的基础。他们是微生物学的奠基人。

在这一时期,英国学者布赫纳(E. Buchner)在1897年研究了磨碎酵母菌的发酵作用,把酵母菌的生命活动和酶化学联系起来,推动了微生物生理学的发展。同时,其他学者例如俄国学者伊万诺夫斯基(Ivanovski)首先发现了烟草花叶病毒(Tobacco mosaic virus, TMV),扩大了微生物的类群范围。

(四)微生物分子生物学发展阶段

在上一时期的基础上,20世纪初至20世纪40年代末微生物学开始进入酶学和生物化学研究时期,许多酶、辅酶、抗生素以及许多反应的生物化学和生物遗传学都是在这一时期发现和创立的,并在20世纪40年代末形成了一门研究微生物基本生命活动规律的综合学科——普通微生物学。

20世纪50年代初,随着电镜技术和其他高技术的出现,对微生物的研究进入到分子生物学的水平。1953年沃森(J. D. Watson)和克里克(F. H. Crick)发现了细菌基因体脱氧核糖核酸长链的双螺旋构造。1961年加古勃(F. Jacab)和莫诺德(J. Monod)提出了操纵子学说,指出了基因表达的调节机制和其局部变化与基因突变之间的关系,即阐明了遗传信息的传递与表达的关系。1977年,C. Weose等在分析原核生物16S rRNA和真核生物18S rRNA序列的基础上,提出可将自然界的生命分为细菌、古菌和真核生物三域(domain),揭示了各生物之间的系统发育关系,使微生物学进入到成熟时期。在这个成熟时期,从基础研究来讲,从三大方面深入到分子水平来研究微生物的生命活动规律:① 研究微生物大分子的结构和功能,即研究核酸、蛋白质、生物合成、信息传递、膜结构与功能等。② 在基因和分子水平上研究不同生理类型微生物的各种代谢途径和调控、能量产生和转换,以及严格厌氧和其他极端条件下的代谢活动等。③ 在分子水平上研究微生物的形态构建和分化、病毒的装配,以及微生物的进化、分类和鉴定等,在基因和分子水平上揭示微生物的系统发育关系。尤其是近年来,应用现代分子生物技术手段,将具有某种特殊功能的基因作出了组成序列图谱,以大肠杆菌等细菌细胞为工具和对象进行了各种各样的基因转移、克隆等开拓性研究。在应用方面,开发菌种资源、发酵原料和代谢产物,利用代谢调控机制和固定化细胞、固定化酶发展发酵生产和提高发酵经济的效益,应用遗传工程组建具有特殊功能的"工程菌",把研究微生物的各种方法和手段应用于动、植物和人类研究的某些领域。这些研究使微生物学研究进入到一个崭新的时期。

(五)我国微生物学的发展与贡献

我国是认识和利用微生物历史最为悠久、应用成果最为优秀的国家之一,在酒、酱油、醋等微生物饮料和调味品的制作,豆科植物与非豆科植物的轮作、间作,种痘预防天花等方面都有卓越的实践与记载。现在我国的微生物学事业得到了长足发展。现代化的发酵工业、抗生素工业、生物农药和菌肥的研究与应用以及微生物学基础研究逐步形成一定规模。应用现代微生物学、分子生物学手段在基因水平、分子水平和后基因组水平上的研究也已广泛展开。在世界上有影响的研究成果正不断出现,在某些领域进入了国际先进水平。我国微生物学的发展进入了一个新的时期,然而差距仍十分明显。

第三节 食品微生物学的研究内容和任务

一、食品微生物学的研究内容

食品微生物学(Food Microbiology)是专门研究微生物与食品之间的相互关系的一门科学。它是微生物学的一个重要分支。它是一门综合性的学科,融合了普通微生物学、工业微生物学、医学微生物学、农业微生物学和食品有关的部分,同时又渗透了生物化学、机械学和化学工程的有关内容。食品微生物学是食品科学与工程专业的专业基础课,学习这门课程的目的是使食品专业的学生打下牢固的微生物学基础,熟练掌握食品微生物学技能。

食品微生物学所研究的内容包括:与食品有关的微生物的活动规律;利用有益微生物为人类制造食品;控制有害微生物、防止食品发生腐败变质;检测食品中微生物的方法,制定食品中的微生物指标,从而为判断食品的卫生质量提供科学依据。

二、食品微生物学的研究任务

微生物在自然界广泛存在,在食品原料和大多数食品上都存在着微生物。但是,不同的食品或相同的食品在不同的条件下,其微生物的种类、数量和作用亦不相同。食品微生物学研究的内容包括与食品有关的微生物的特征、微生物与食品的相互关系及其生态条件等,所以从事食品科学的人员应该了解微生物与食品的关系。一般来说,微生物既可在食品制造中起有益作用,又可通过食品给人类带来危害。

(一)有益微生物在食品制造中的应用

早在古代,人们就采食野生菌类,利用微生物酿酒、制酱。但当时并不知道微生物的作用。随着人们对微生物与食品关系的认识日益深刻,逐步阐明微生物的种类及其机理,也逐步扩大了微生物在食品制造中的应用范围。概括起来,微生物在食品中的应用有三种方式:① 微生物菌体的应用。食用菌就是受人们欢迎的食品;乳酸菌可用于蔬菜和乳类及其他多种食品的发酵,所以,人们在食用酸牛奶和酸泡菜时也食用了大量的乳酸菌;单细胞蛋白(SCP)就是从微生物体中所获得的蛋白质,也是人们对微生物菌体的利用。② 微生物代谢产物的应用。人们食用的食品是经过微生物发酵作用的代谢产物,如酒类、食醋、氨基酸、有机酸、维生素等。③ 微生物酶的应用。如酱类就是利用微生物产生的酶将原料中的成分分解而制成的食品。微生物酶制剂在食品及其他工业中的应用日益广泛。

我国幅员辽阔,微生物资源丰富。开发微生物资源,并利用生物工程手段改造微生物菌种,使其更好地发挥有益作用,为人类提供更多更好的食品,是食品微生物学的重要任务之一。

(二)有害微生物对食品的危害及防止

微生物对食品的有害因素主要是引起食品的腐败变质,因而使食品的营养价值降低或完全丧失。有些微生物是使人类致病的病原菌,有些微生物可产生毒素。如果人们食用含有大量病原菌或含有毒素的食物,则可引起食物中毒,影响人体健康,甚至危及生命。所以食品微生物学工作者应该设法控制或消除微生物对人类的这些有害作用,采用现代的检测手段对食品中的微生物进行检测,以保证食品安全性,这也是食品微生物学的任务之一。

总之,食品微生物学的任务在于,为人类提供既有益于健康、营养丰富,又保证生命安全的食品。

本章小结

微生物具有种类繁多、分布广泛,生长繁殖快、代谢能力强,遗传稳定性差、容易发生变异的特点。随着微生物学的不断发展,已形成了基础微生物学和应用微生物学。微生物学经过了史前时期人类对微生物的认识与利用、微生物形态学发展阶段、微生物生理学发展阶段、微生物分子生物学发展阶段等四个阶段。食品微生物学研究的内容包括与食品有关的微生物的活动规律,如何利用有益微生物为人类制造食品,控制有害微生物,防止食品发生腐败变质等内容。

复习思考题

一、名词解释

微生物　　　　微生物学　　　　食品微生物学

二、判断题

1. 微生物的种类极其繁多,目前已发现的微生物达60万种以上,并且每年都有大量新的微生物菌种报道。　　　　　　　　　　　　　　　　　　　　　　　　　　　　　(　　)
2. 一般认为,病毒不是引起食品变质的主要微生物类群。　　　　　　　　　(　　)
3. 一般认为,巴斯德、柯赫是微生物学的奠基人。　　　　　　　　　　　　(　　)

三、选择题

1. 菌种的分离、培养、接种、染色等研究微生物的技术的发明者是(　　)。
   A. 巴斯德　　　　　　　　　B. 柯赫
   C. 列文虎克　　　　　　　　D. 别依林克
2. 第一个发明显微镜并在显微镜下看到微生物个体形态的是(　　)。
   A. 巴斯德　　　　　　　　　B. 柯赫

C. 列文虎克 D. 别依林克

3. 通过曲颈瓶实验证实了空气中的微生物引起了有机质的腐败,从而彻底否定了"自然发生说",并建立病原学说推动微生物学发展的是( )。

A. 柯赫 B. 列文虎克
C. 巴斯德 D. 别依林克

4. 证实炭疽病菌是炭疽病病原菌的是著名的德国细菌学家( )。

A. 柯赫 B. 列文虎克
C. 巴斯德 D. 别依林克

四、填空题

1. 第一个用自制显微镜观察到微生物的学者是_____,被称为微生物学研究的先驱者;而法国学者_____和德国学者_____则是微生物生理学和病原菌学研究的开创者。

2. 微生物学的发展简史可分为_____、_____、_____、_____等阶段。

3. 食品微生物学的研究任务包括_____、_____。

4. 按微生物所在的生态环境来分的学科有_____、_____、_____、_____等。

五、简述题

1. 什么是微生物?什么是食品微生物学?它与微生物学有何异同?
2. 你认为食品微生物学研究的重点任务包括哪些方面?
3. 请举例说出微生物在人类生活中的作用。

第一章　原核微生物

> **知识目标**
> 1. 掌握细菌、放线菌的形态结构及菌落特征，理解细菌、放线菌的繁殖方式。
> 2. 了解引起食品腐败变质的常见的几种细菌的生物学特性。
> 3. 了解蓝细菌、支原体、衣原体、立克次氏体、古细菌的生物学特性。
>
> **技能目标**
> 1. 学会识别常见的细菌、放线菌。
> 2. 能识别由常见细菌在食品生产中引起的腐败现象。
>
> **思政目标**
> 通过介绍我国有"衣原体之父"之称的汤飞凡生平事迹，尤其是其以身试毒发现衣原体的过程，引导学生弘扬科学精神，厚植家国情怀。

原核微生物是指一类没有核膜和核仁，只含有一个由裸露的DNA分子构成的原始核区，没有明显的细胞器，有大量的中间体，只以无性的二分裂方式繁殖的单细胞生物。原核微生物主要包括细菌、放线菌、蓝细菌、立克次氏体、螺旋体、支原体、衣原体、古细菌等。原核微生物与人类的生产、生活及健康息息相关，与食品工业关系密切的主要是细菌和放线菌，特别是细菌。

第一节　细　菌

细菌是一类个体微小、结构简单、细胞壁坚韧、多数以二分裂方式繁殖、水生性较强的单细胞原核微生物。细菌在自然界中分布广泛，凡在温暖、潮湿和富含有机物质的地方均有细菌的活动，且常会散发出难闻的酸败味或臭味。

细菌与人类生产和生活关系密切。由于细菌的营养和代谢类型多种多样，所以它们在自然界的物质循环中，在食品及发酵工业、医药工业、农业、环境保护中都发挥着极为重要的作用。例如用乳酸菌发酵生产酸奶，用棒杆菌和短杆菌等发酵生产味精和赖氨酸，用醋酸杆菌酿造食醋、生产葡萄糖酸和山梨酸，用能形成菌胶团的细菌净化污水，用细菌冶炼金属，用节杆菌生产甾类化合物，用基因工程大肠杆菌生产胰岛素。可见，有些细菌是食品工业生产酒类、调味品、氨基酸、有机酸、核苷酸、酶制剂等重要的生产菌种，给人类带来巨大的收益。但也有不少细菌给人类的生产和生活带来很多麻烦和危害。例如，有的细菌具有致病性，常引起人、动植物的疾病，有的细菌常引起食品、物品的腐败变质，有的细菌是发酵工业重要的污染菌等。

一、细菌的基本形态和空间排列

细菌是单细胞原核生物，每一个细胞就是一个独立生活的个体，所以，细菌的形态就是细胞的形态。许多细菌的个体往往聚集成为群体,但群体中的每一个个体仍然独立地进行生命活动。

细菌的形态是多种多样的,尤其当细菌的生活环境条件改变时,常引起细菌形态的改变,但在一定的条件下,大多数细菌具有一定的基本细胞形态并保持恒定。虽然细菌种类繁多,但其基本形态有三种:球状、杆状和螺旋状,分别称为球菌、杆菌和螺旋菌。

(一)球菌

菌体呈球形或近似球形的细菌称球菌,按其分裂后细胞排列方式不同,又可分为以下几种类型。

1. 单球菌

细菌在一个平面上分裂,分裂后的菌体分散而单独存在,如尿素微球菌(*Micrococcus ureae*)。

2. 双球菌

细菌在一个平面上分裂,分裂后的菌体成对排列,如肺炎双球菌(*Diplococcus pneumoniae*)。

3. 链球菌

细菌在一个平面上分裂,分裂后多个菌体相互连接成链状,如乳酸链球菌(*Streptococcus lactis*)。

4. 四联球菌

细菌在两个互相垂直的平面上分裂,分裂后每四个菌体排列在一起呈"田"字形,如四联球菌(*Micrococcus tetragenus*)。

5. 八叠球菌

细菌在三个互相垂直的平面上分裂,分裂后每八个菌体有规则地堆叠在一起呈立方体,如尿素八叠球菌(*Sarcina ureae*)。

6. 葡萄球菌

细菌在多个不规则的平面上分裂,分裂后菌体不规则地连在一起,形似葡萄串状,如金黄色葡萄球菌(*Staphylococcus aureus*)。

球菌的形态及排列方式如图 1-1 所示。

小视频

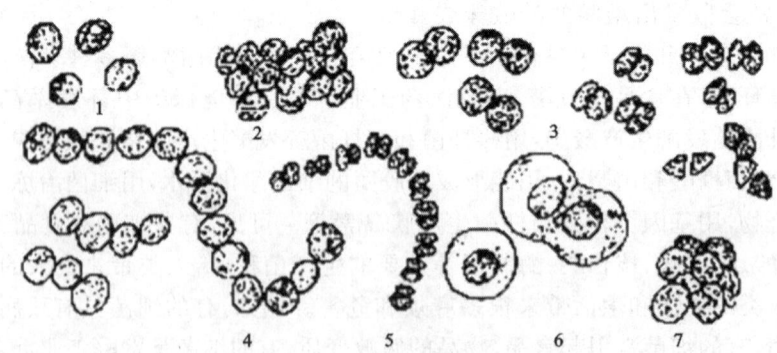

图 1-1 球菌的形态及排列方式

1.单球菌;2.葡萄球菌;3.双球菌;4.链球菌;
5.含有双球菌的链球菌;6.具有荚膜的球菌;7.八叠球菌

(二)杆菌

菌体呈杆状的细菌称杆菌。杆菌是细菌中种类最多的一类。

各种杆菌的长短、粗细、大小差别较大。有的杆菌菌体很长,称为长杆菌;有的杆菌菌体较短,称为短杆菌;还有的杆菌长宽差不多,近似球形,称为球杆菌,如流产布氏杆菌。不同杆菌菌体的两端形状不同,有的杆菌两端呈圆弧状,如大肠杆菌;有的杆菌两端或一端呈平截状,如炭疽杆菌;有的杆菌一端膨大,另一端细小,形如棒状,称棒状杆菌,如谷氨酸棒杆菌;有的菌体中间膨大,形如梭状,称梭状杆菌,如肉毒梭状芽孢杆菌。

杆菌永远沿横轴方向分裂,根据杆菌分裂后排列情况不同分为不同形式(图1-2)。绝大多数杆菌分裂以后是分散独立存在的,称为单杆菌,如大肠埃希杆菌;有的菌体呈链状排列,称为链杆菌,如保加利亚乳杆菌;还有的菌体成对排列,称为双杆菌。杆菌的排列方式、粗细以及菌体两端的形状等都受细菌遗传因素的制约,这些都是认识和鉴别各种杆菌的重要依据。

工农业生产中用到的细菌大多数是杆菌,如用来生产淀粉酶和蛋白酶的枯草杆菌(*Bacillus subtilis*),生产谷氨酸的北京棒杆菌(*Corynebacterium pekinense*)等。

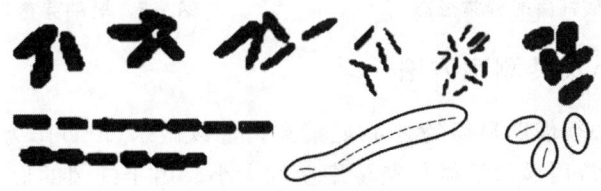

图1-2 各种杆菌的形态

(三)螺旋菌

菌体弯曲的杆菌称为螺旋菌,根据菌体弯曲程度的不同可分为弧菌和螺菌两种类型(图1-3)。

1. 弧菌

弧菌菌体仅一个弯曲,形如弧形、逗号或香蕉状,螺旋不满一环,如霍乱弧菌(*Vibrio cholerae*)。

2. 螺菌

螺菌菌体有多个弯曲,回转如螺旋状,一般螺旋2~6环,如干酪螺菌(*Spirillum tyrogenum*)。

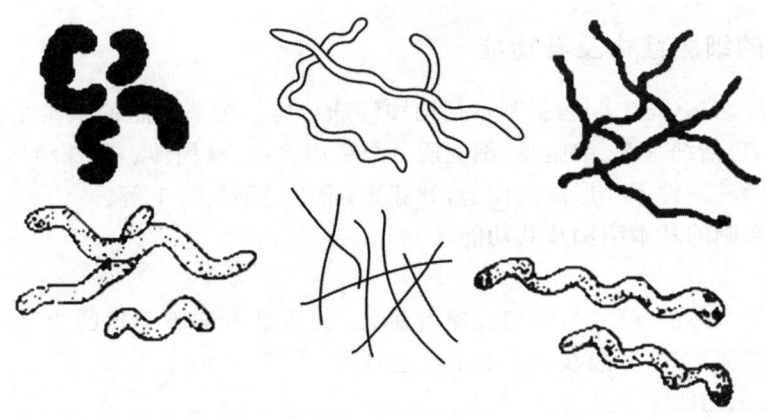

图1-3 弧菌和螺菌的形态

在正常生长条件下,不同种类的细菌形态是相对稳定的,但细菌的形态受环境条件影响很大,例如,改变培养时的温度、培养基的成分与浓度、培养时间、渗透压、pH 值等,都能引起细菌形态发生变化。各种细菌在幼龄阶段和适宜的环境条件下表现出正常形态。一般在适宜的培养条件下培养 18~24h 的菌体形态最典型,并呈现典型的染色反应。但当培养条件改变或菌体老化时,常引起形态的变化,尤其是杆菌。例如,巴氏醋酸杆菌在正常情况下为短杆菌,当培养温度改变时就会成为纺锤形、丝状或链锁状(图 1-4)。乳酪芽孢杆菌在正常情况下呈长杆菌,老熟时则变成分枝形态(图 1-5)。

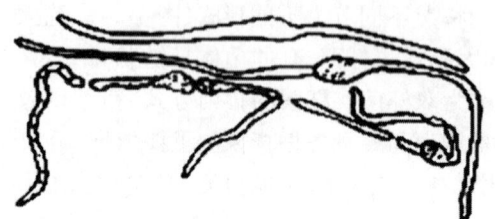
图 1-4 巴氏醋酸杆菌的异常形态

图 1-5 乳酪芽孢杆菌的异常形态

二、细菌的大小及其测定方法

细菌个体很小,必须借助显微镜才能观察到。常以微米(μm)作为测量细菌的长度、宽度或直径的单位。通常用显微测微尺测量细菌的大小。由于细菌的形态和大小受培养条件影响,因此测量菌体大小时以最适培养条件下培养的细菌为准。

球菌的大小以其直径表示。杆菌的大小以宽度×长度来表示。螺旋菌的大小以宽度×长度来表示,但其长度是以其自然弯曲的长度来计算,而不是以真正的长度计算。

大多数球菌的直径为 0.5~2.0μm,杆菌的大小一般为(0.5~1.0)μm×(1.0~5.0)μm,螺旋菌的大小为(0.3~2.0)μm×(1.0~20.0)μm。一般来说,产芽孢的细菌比不产芽孢的细菌大。

细菌的大小还与细菌的固定、染色方法以及培养时间等因素有关。一般细菌在干燥与固定过程中,细胞明显收缩,所以经干燥固定的菌体长度比活菌体长度一般要缩短 1/4~1/3;用衬托菌体的负染色法,其菌体往往大于普通染色法的菌体,甚至有的菌体比活菌体还要大,有荚膜的细菌最容易出现这种情况。

三、细菌的细胞结构及其功能

细菌的细胞结构(图 1-6)包括基本结构和特殊结构。细菌细胞的基本结构是各种细菌所共有的结构,包括细胞壁、细胞膜、细胞质、原核、内含物、核糖体。特殊结构只是部分细菌才具有或仅在特殊条件下才形成的构造,如芽孢、鞭毛、荚膜、纤毛等。

(一)细菌细胞的基本结构及其功能

1. 细胞壁

细胞壁位于菌体的最外层,坚韧而略有弹性,其质量占细胞干重的 10%~20%。各种细菌的细胞壁厚薄不等,一般在 10~80nm 之间。

(1)细胞壁的功能

①细胞壁起着固定菌体外形的作用。细菌失去细胞壁时,各种形态的菌体都成为球形。

②保护作用。一方面,细胞壁保护菌体免受机械破坏或其他破坏。细菌能在一定浓度的低渗透压溶液中生存而菌体不致破裂。而无细胞壁的原生质体只能在等渗透压的环境中生活。这都与细菌的细胞壁具有韧性和弹性有关。另一方面,细胞壁能阻挡酶蛋白和某些抗生素等大分子物质进入细胞,保护细胞免受溶菌酶、消化酶等有害物质的损伤。

(2)细胞壁与革兰氏染色的关系　革兰氏染色法是1884年由丹麦病理学家C. Gram创立的。革兰氏染色法是细菌学中最重要的鉴别染色法。

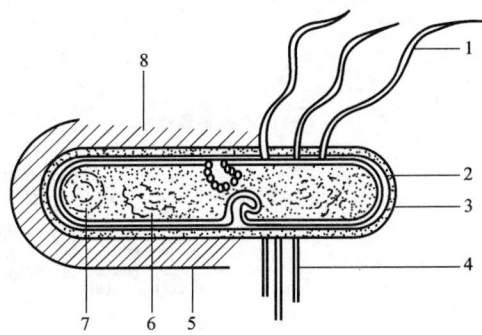

图1-6　细菌细胞的构造模式图
1.鞭毛;2.细胞膜;3.细胞壁;4.纤毛;
5.荚膜;6.核;7.异染粒;8.黏液层

通过革兰氏染色,可将所有细菌区分为两大类,即革兰氏阳性细菌(用G^+菌表示)和革兰氏阴性细菌(用G^-菌表示)。

革兰氏染色的过程为:先在细菌的干涂片上用草酸铵结晶紫染色,然后用碘液媒染,所有细菌都被染成紫色,接着用乙醇脱色,不同种类的细菌脱色效果不同,最后用番红复染,结果有些细菌保持初染色——紫色(称为革兰氏阳性细菌),有些细菌在乙醇的作用下脱去了初染色,而被染上复染色——红色(称为革兰氏阴性细菌)。

革兰氏染色法之所以能将细菌区分为G^+菌和G^-菌,主要是由于这两类细菌的细胞壁的结构和化学组成不同所决定的(表1-1)。

表1-1　G^+菌和G^-菌细胞壁结构和化学组成的区别

细胞壁结构及化学组成	G^+菌	G^-菌
坚韧度	较坚韧	较疏松
肽聚糖	较厚,占细胞壁干重的50%~80%,有四肽链和五肽桥,三维结构	较薄,占细胞壁干重的5%~10%,二维结构,四肽链成分与G^+菌不同,无五肽桥
磷壁酸	特有,占细胞壁干重的50%	无
外膜(脂蛋白、脂质双层、脂多糖)	极少	很厚,占细胞壁干重的80%,特有脂多糖

①G^+菌的细胞壁。G^+菌细胞壁只有一层,厚20~80nm,主要由肽聚糖和穿插在其中的磷壁酸组成,有少量脂多糖。

每个肽聚糖单体是由N-乙酰葡萄糖胺(用G表示)、N-乙酰胞壁酸(用M表示)、短肽及肽桥聚合而成的多层网状结构的大分子化合物。N-乙酰葡萄糖胺和N-乙酰胞壁酸交替排列,并以β-1,4糖苷键连接成聚糖骨架,在聚糖骨架的N-乙酰胞壁酸上有四肽侧链。每个四肽侧链的氨基酸依次为:L-丙氨酸、D-谷氨酸、L-赖氨酸、D-丙氨酸;相邻两个四肽侧链由五肽桥连接在一起,五肽桥由5个甘氨酸组成[图1-7(a)]。

肽聚糖是G^+菌细胞壁的主要成分,其质量占细胞壁干重的50%~80%。肽聚糖很厚,可达50层,呈三维空间的网状结构,这样的结构使G^+菌细胞壁质地致密,机械强度大,较坚韧。

磷壁酸是G^+菌细胞壁的特有成分,其质量约占细胞壁干重的50%。它们构成长链结构穿插在肽聚糖中。按其结合部位不同,磷壁酸可分为壁磷壁酸和膜磷壁酸,壁磷壁酸结合

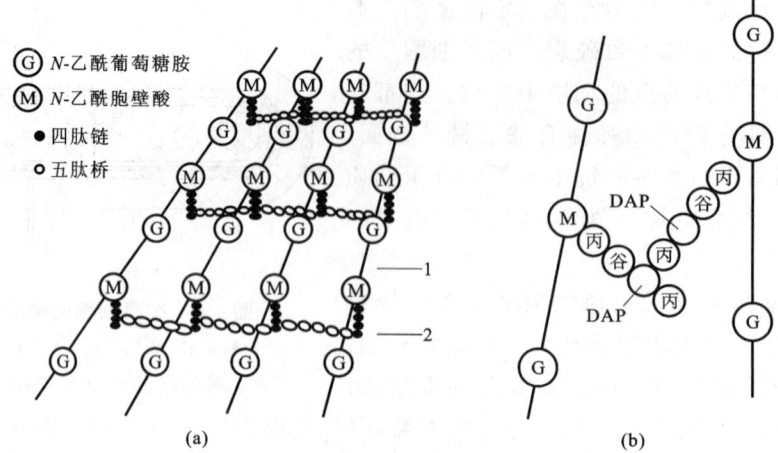

图 1-7 G⁺菌细胞壁肽聚糖结构示意图
1.溶菌酶作用点；2.青霉素作用点
(薛永三. 微生物. 2005)

在肽聚糖的 N-乙酰胞壁酸上,膜磷壁酸结合在细胞膜的磷脂上,另一端均伸出到细胞壁的表面(图 1-8)。

②G⁻菌的细胞壁。G⁻菌细胞壁有两层,由肽聚糖和位于其外侧的外膜层组成。里面的肽聚糖层厚 2~3nm;外膜层厚 8~10nm。

肽聚糖含量较少,仅 1~3 层,其质量占细胞壁干重的 5%~10%。其聚糖骨架与 G⁺菌相似,但不同的是:四肽侧链的第三位——L-赖氨酸被二氨基庚二酸(DAP)取代,而且四肽链之间无五肽桥,二氨基庚二酸与相邻四肽链末端的 D-丙氨酸直接相连,故仅形成单层平面网络二维结构,结构较疏松[图 1-7(b)]。

外膜层由内向外依次是脂蛋白、脂质双层、脂多糖等成分。外膜层很厚,是 G⁻菌的主要成分,其质量约占细胞壁干重的 80%。脂蛋白由脂质和蛋白质组成,脂质部分连接在脂质双层的磷脂上,蛋白质部分连接在肽聚糖的四肽侧链上,使外膜层与肽聚糖层构成一个整体。脂质双层与细胞膜脂质双层相似,由磷脂双层和其内镶嵌的一些跨膜的微孔蛋白质组成。脂多糖是 G⁻菌细胞壁的特有成分,由类脂 A、核心多糖、O-特异性多糖三部分组成,其中,类脂 A 耐热,是细菌内毒素的主要成分。G⁻菌细胞壁结构模式图如图 1-9 所示。

③革兰氏染色原理。G⁺菌的细胞壁肽聚糖含量高,结构致密,脂类物质含量低,用乙醇脱色处理时细胞壁脱水,使肽聚糖层的网状结构孔径缩小,通透性降低,从而使结晶紫-碘复合物不易被洗脱而保留在细胞内,经复染后仍保留初染剂的蓝紫色;G⁻菌的细胞壁肽聚糖含量低且结构疏松,而脂类含量高,当用乙醇脱色处理时,脂类被乙醇溶解,细胞壁通透性增大,使结晶紫-碘复合物被洗脱出来,再用复染剂复染后,细胞被染上复染剂的红色。

2. 细胞膜

细胞膜又称细胞质膜,简称质膜,是在细胞壁内包被细胞质的一层柔软而富有弹性的半透性薄膜,厚度一般为 7~8nm。

(1)细胞膜的结构与化学成分　细胞膜是具有选择性的半渗透性膜,其主要成分是磷脂、蛋白质和糖类。细胞膜的基本结构为磷脂双分子层。脂类分子具有亲水性和疏水性。

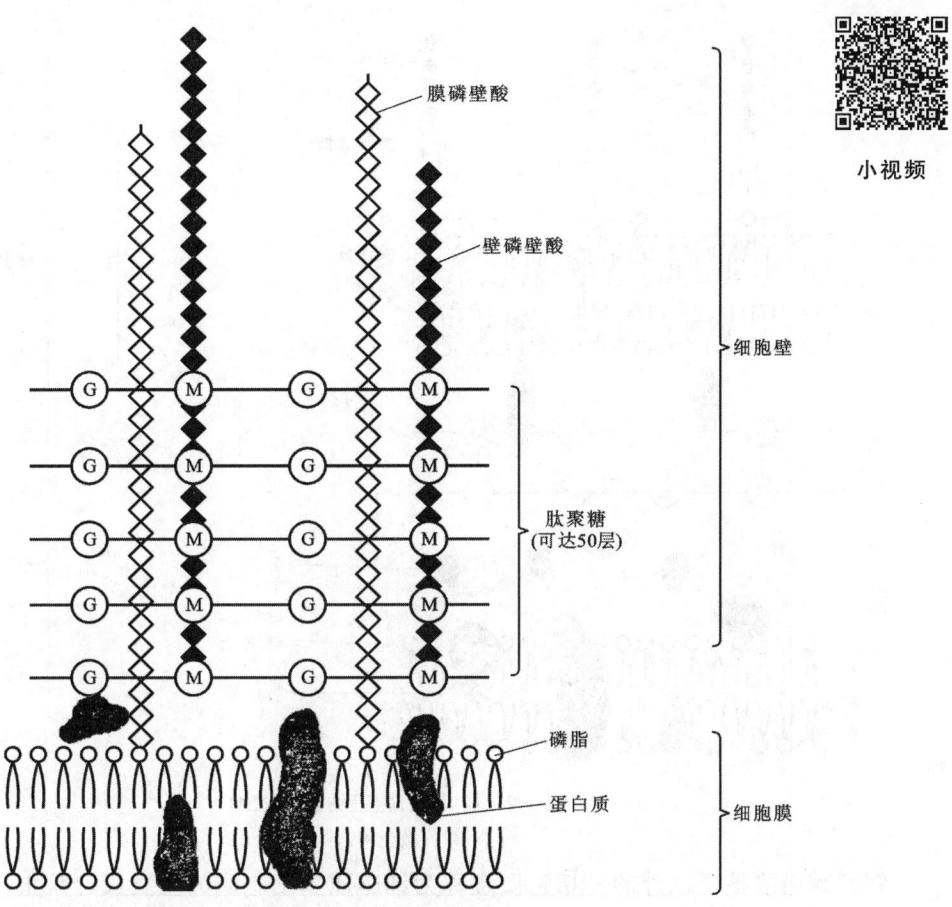

图 1-8 G⁺菌细胞壁结构模式图
（薛永三.微生物.2005）

亲水性极性基团朝向膜两侧,疏水性极性基团朝向膜的中部。在磷脂双分子层中镶嵌着多种膜蛋白,这些膜蛋白多数是具有特殊功能的酶类或载体蛋白,有的位于膜的表面,有的穿过磷脂双分子层伸出膜的两侧。细胞膜以大量折叠陷入细胞质内形成管状或囊状结构称为中间体,中间体的作用是扩大细胞膜的表面积,增加酶的含量,尤其是呼吸酶的含量。

（2）细胞膜的功能

①完成营养物质的运输。细菌细胞从外界环境中吸收营养物质和排除代谢废物均需通过细胞膜来完成。细胞膜上的许多微孔,能允许一些可溶性小分子物质通过。细菌通过细胞膜上的小孔,向细胞外释放水解酶类,将细胞外的大分子物质分解为小分子物质后,再吸收到细胞内。细胞膜上的特异性载体蛋白如透性酶能与膜外特定的营养物质结合,再将其运输到细胞膜内。细胞内的一些代谢废物通过细胞膜上的微孔排泄到细胞外。

②产能场所。细胞膜上含有与氧化磷酸化或光合磷酸化等能量代谢有关的酶类,所以细胞膜是细菌能量代谢的场所。

③生物合成作用。细胞膜上含有多种合成酶类,菌体的许多成分,如肽聚糖、磷壁酸、磷脂、脂多糖等均在细胞膜上合成,所以,细胞膜是合成代谢的场所。

3.细胞质

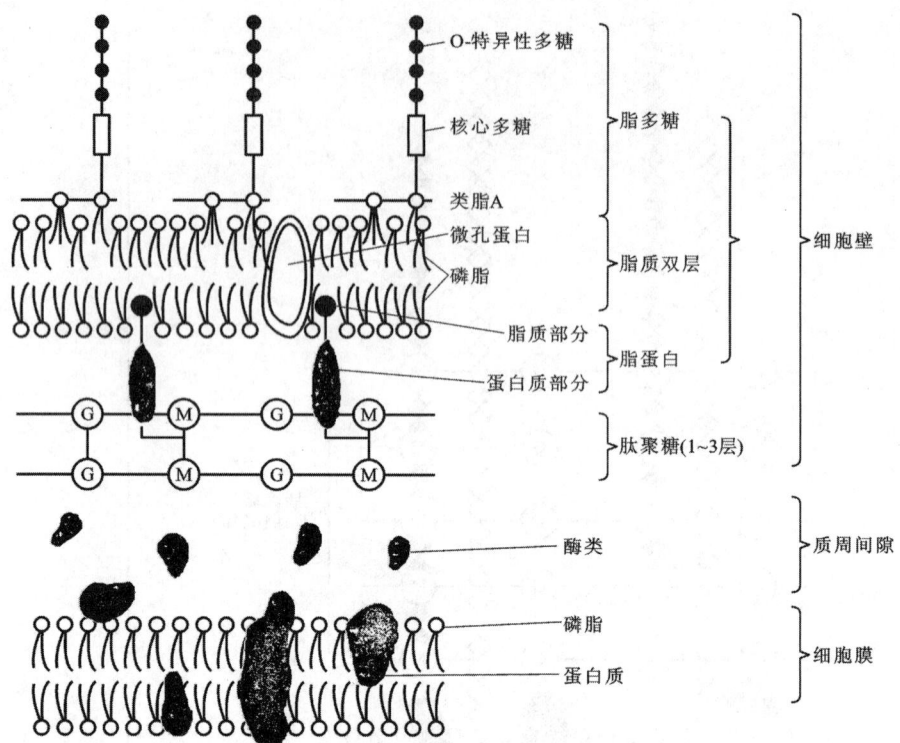

图 1-9 G⁻菌细胞壁结构模式图

（薛永三.微生物.2005）

细胞膜内除核质以外的一切物质统称为细胞质。细胞质的主要成分是蛋白质、核酸、核糖、脂类、糖类、无机盐和水等。细胞质内含有多种酶系统，是细菌细胞进行合成代谢和分解代谢的重要场所。细菌细胞质与其他生物细胞质的主要区别是其核糖核酸含量高，尤其是幼龄细菌含量更高。由于核糖核酸具有较强的嗜碱性，因此，幼龄细菌易被碱性或中性染料所着色。但在老龄菌体内由于形成许多颗粒而染色不均。此外，细胞质中没有真核细胞所具有的细胞器，但含有许多内含物，主要有核糖体、质粒、异染颗粒、肝糖粒、淀粉粒、液泡等。

核糖体是游离在细胞质中的小颗粒，多达几万个，生长繁殖最旺盛的菌体含核糖体最多，其化学成分是蛋白质（40%）和RNA（60%），是合成蛋白质的场所。质粒的化学成分是双链DNA，控制细菌的某些特殊性状。异染颗粒、肝糖粒、淀粉粒等是一些不溶性颗粒，它们是细菌细胞在其生存环境中营养过剩时的积累，在营养缺乏时可被利用。

4.细胞核

细菌细胞核因没有核膜、核仁，所以称为原核、拟核或核区。它是由一条环状双链的DNA分子高度折叠而形成的染色体，还有少量的RNA及蛋白质。细胞核没有固定的形态，但与细胞质区分明显。细胞核携带着细菌的绝大多数遗传信息，是细菌新陈代谢和遗传变异的物质基础。

(二)细菌细胞的特殊结构及其功能

细菌细胞的特殊结构有鞭毛、芽孢、荚膜和纤毛等。

1.鞭毛

有些细菌的表面有从体内伸出的细长而呈波浪状弯曲的丝状物,这种丝状物称为鞭毛。鞭毛是细菌的运动"器官"。鞭毛的长度超过菌体很多倍,但直径小,只有用特殊染色法使鞭毛加粗,才可在光学显微镜下观察到。鞭毛易脱落。

大多数球菌没有鞭毛;杆菌有的产生鞭毛,有的不产生鞭毛;螺旋菌一般都有鞭毛。鞭毛的着生位置和数量是由细菌的遗传特性所决定的,是菌种鉴定的重要依据。根据鞭毛着生的位置、数量及排列情况,可将细菌鞭毛分为以下几种类型(图1-10):

(1) 偏端单毛菌 只有一根鞭毛,位于菌体的一端,如霍乱弧菌(*Vibrio cholerae*)。

(2) 两端单毛菌 菌体的两端各有一根鞭毛,如鼠咬热螺旋体(*Spirochetes morsumuris*)。

(3) 偏端丛毛菌 菌体的一端丛生鞭毛,如铜绿假单胞杆菌(*Pseudomonas aeruginosa*)。

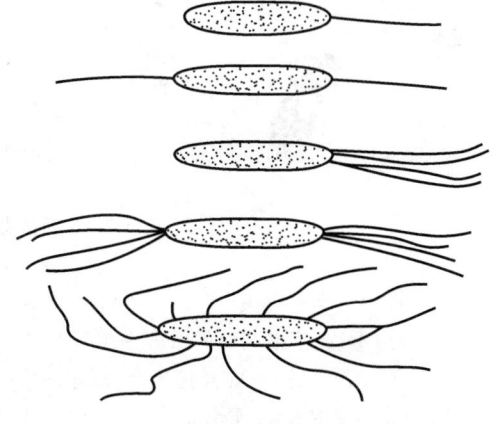

图1-10 细菌的各种鞭毛类型

(4) 两端丛毛菌 菌体的两端丛生鞭毛,如红螺菌(*Spirillum rubrum*)。

(5) 周毛菌 菌体周身长有鞭毛,如大肠杆菌(*E. coli*)。

鞭毛的化学成分主要是蛋白质,还有少量多糖、脂类和核酸。革兰氏阴性细菌的鞭毛最典型。细菌可借助鞭毛在水中或其他液体中运动,其运动的方式和速度与鞭毛着生的位置和数目有关。单毛菌和丛毛菌作直线运动,速度快,有时可摆动;周毛菌作翻转运动,速度慢。一般幼龄细菌在有水的适温环境中能进行活跃的运动;衰老菌或在不良环境中,菌体常因鞭毛脱落而运动不活跃或停止运动。因此,观察细菌鞭毛时,需用幼龄菌体(培养18~24h)。另外,鞭毛与病原微生物的致病性有关。鞭毛还具有抗原性,可进行血清学鉴定。

2. 芽孢

有些细菌在其生长发育后期,在菌体内形成一个圆形或椭圆形、壁厚、含水量低、抗逆性强的休眠孢子,称为芽孢,又称内生孢子。凡是能形成芽孢的细菌统称为芽孢菌,芽孢菌主要分属于需氧芽孢杆菌属和梭状芽孢杆菌属的细菌中。每一个营养细胞内只能形成一个芽孢。有芽孢的菌体称为芽孢体,未形成芽孢的菌体称为营养体。

细菌能否形成芽孢,是由该菌的遗传特性所决定的,此外,与环境条件(如气体、养分、温度、生长因子等)有密切关系。大多数细菌的芽孢在营养缺乏、代谢产物积累、温度较高等生存环境较差时形成。但也有例外,如为了提高苏云金杆菌的芽孢产量,需要用营养丰富的培养基和适宜的环境条件。

芽孢的有无、大小、形状和位置(图1-11)是细菌种类鉴别的重要依据。大多数细菌的芽孢小于菌体的横径。位于菌体中央的称为中央芽孢,有的比菌体宽(如丁酸梭菌、炭疽芽孢杆菌的芽孢),有的比菌体窄(如枯草杆菌的芽孢);有的位于菌体一端,有的比菌体宽(如破伤风杆菌的芽孢),有的比菌体窄(如己酸乙酯菌的芽孢)。芽孢折光性强,必须用特殊染色法才能在显微镜下观察到。

成熟芽孢具有多层结构,主要由孢外壁、芽孢衣、皮层、核心组成。芽孢的核心含有细菌生命活动所必需的全部物质。产芽孢细菌的结构及所含成分如图1-12所示;细菌芽孢构造

小视频

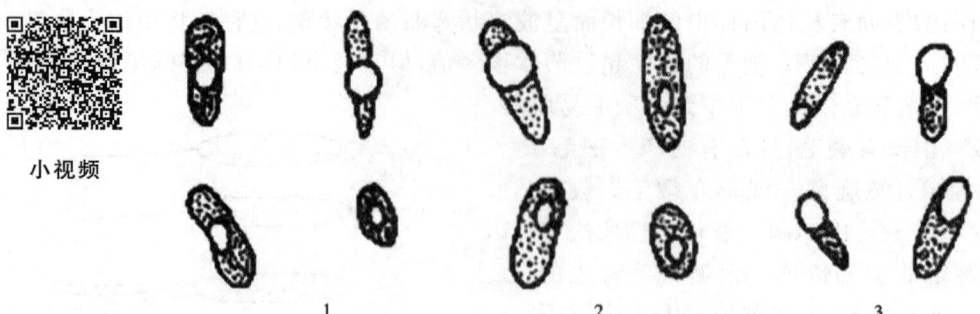

图 1-11　细菌芽孢的位置和大小示意图

1.中央位；2.近端位；3.极端位

模式图见图 1-13。

```
产    ┌芽孢囊：产芽孢细菌的营养细胞外壳
芽    │    ┌孢外壁：主要含脂蛋白,通透性差(有的芽孢无此层)
孢    │    │芽孢衣：主要含疏水性角蛋白,非常致密,无通透性,抗酶解,可抵抗化学药
细    │    │        物侵入
菌    └芽孢┤皮层：是最厚的一层,主要含肽聚糖、2,6-吡啶二羧酸(DPA-Ca),体积较大,
           │        渗透压高,含水量大
           │    ┌芽孢壁：含肽聚糖,可发展成新的细胞壁
           │    │芽孢质膜：含磷脂、蛋白质,可发展成新的细胞膜
           └核心┤芽孢质：含 DPA-Ca、核糖体、RNA 和酶系
                └核区：含 DNA
```

图 1-12　产芽孢细菌的结构及所含成分

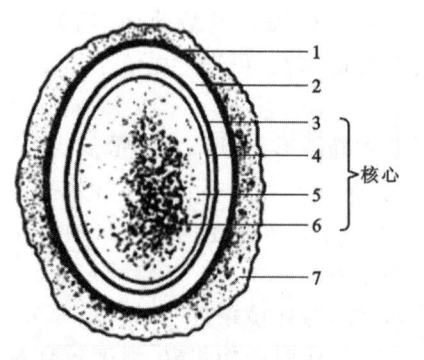

图 1-13　细菌芽孢构造模式图

1.芽孢衣；2.皮层；3.芽孢壁；4.芽孢膜；
5.芽孢质；6.芽孢核区；7.孢外壁
（朱乐敏.食品微生物.2006）

芽孢在形成过程中,菌体发生了一系列复杂的变化,如含水量下降,折光性增强,形成厚而致密的芽孢壁等。因此,芽孢对高温、干燥、化学药品和辐射等具有很强的抵抗能力,尤其耐高温能力强。经研究证明,芽孢耐高温的重要原因是在芽孢形成过程中,同时产生 2,6-吡啶二羧酸（dipicolinic acid,简称 DPA）。DPA 在芽孢内以钙盐形式存在,占芽孢干重的 15%。当芽孢萌发时 DPA 释放出来,同时也就失去了抗热性。芽孢是整个生物界抗逆性最强的生命体。很多芽孢在自然界可存活十几年到几十年。例如,产生肉毒毒素的肉毒梭菌的芽孢,在 pH 值为 7.0 时,需在 100℃的高温下煮 8h 才死亡。自然界抗热性最强的嗜热脂肪芽孢杆菌产生的芽孢,需在 121℃下灭菌 12min 才能死亡。芽孢的存在,增加了食品生产、传染病防治和发酵工业生产中的种种困难。一般在微生物学实验和食品加工生产中的灭菌指标的确定,往往是以完全杀死所有的芽孢为准则。

芽孢是细菌抵抗不良环境条件的一种休眠体。当芽孢遇到适宜条件时开始萌发,通常在芽孢中部、顶部或斜上方以萌发的方式产生一个新的菌体,此为营养体,使细菌恢复正常代谢。一个芽孢萌发只能产生一个营养体。芽孢杆菌生活史见图1-14。

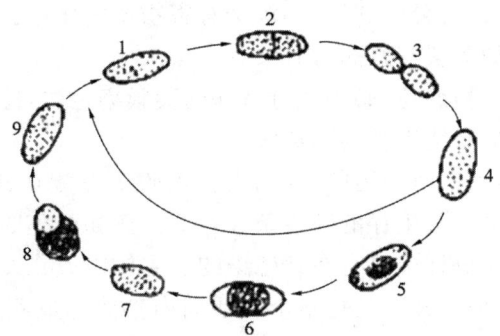

图1-14 芽孢杆菌生活史

1～4.营养细胞繁殖数代；5～9.芽孢的形成和萌发

1.成熟的营养细胞；2.细胞分裂；3.两个子细胞；4.子细胞生长；5.成熟细胞内形成芽孢；
6.成熟的芽孢；7.芽孢从营养细胞内放出；8.芽孢萌发；9.幼小的营养细胞

3.荚膜

某些细菌在一定的环境条件下,向细胞表面分泌的一层疏松、透明的黏液状物质称为荚膜。荚膜一般厚0.2μm。通常是一菌一膜,但也有多菌共膜的,称为菌胶团(图1-15)。根据荚膜的厚度和形状不同可分为以下几种类型：

(1)大荚膜　较厚(超过0.2μm),有明显边缘和一定形状,相对稳定地位于细胞壁外,与细胞壁结合较紧密。

(2)微荚膜　较薄(小于0.2μm),其他特征同大荚膜。

(3)黏液层　没有明显边缘,可以扩散到周围环境中,与细胞壁结合不紧。

(4)菌胶团　多菌共膜,即荚膜包裹在细胞群体外。

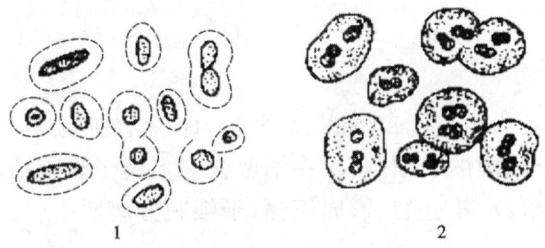

图1-15 细菌的荚膜与菌胶团

1.细菌的荚膜；2.细菌的菌胶团

荚膜的化学成分因菌种不同而异,其中水分约占90%以上,固形物主要是多糖,少数是多肽、脂多糖等。如肺炎链球菌含有多糖,炭疽杆菌含有多肽,巨大芽孢杆菌含有多糖和多肽的复合物,志贺氏痢疾杆菌含有多糖、多肽和类脂的复合物。

荚膜的主要作用如下：

(1)保护作用　保护细菌免受干燥的影响；保护致病菌免受宿主吞噬细胞的吞噬；荚膜作为透性屏障,可保护细菌免受重金属离子的毒害。

(2)储藏养料　荚膜是细菌养料贮藏库,当营养缺乏时荚膜可作为细胞外碳源(或氮源)和能源的储存物质。

（3）表面吸附作用 荚膜中的多糖、多肽、脂多糖等具有较强的吸附能力。产生菌胶团的细菌在污水处理过程中具有分解、吸附和沉降有害物质的作用。

（4）致病性 致病菌的荚膜与致病力有关。

荚膜的折光率很低,不易着色,必须通过特殊的荚膜染色法,使背景和菌体着色,衬托出无色的荚膜,才能在光学显微镜下观察到荚膜。

荚膜不是细菌生命活动中所必需的,细菌失去荚膜仍然能正常生长。荚膜的形成主要由其遗传特性所决定,但也与其生存的环境条件有关。例如肠膜明串珠菌在碳源丰富、氮源不足时容易形成荚膜;而炭疽杆菌只有在其感染的宿主体内或在CO_2分压较高的环境中才能形成荚膜。能产荚膜的细菌并不是在整个生活期内都能形成荚膜,如某些链球菌在生长早期形成荚膜,后期则消失。

到目前为止已大量投产的微生物多糖主要有黄原胶、结冷胶、右旋糖酐、小核菌葡聚糖、热凝多糖、短梗霉多糖。它们已作为乳化剂、悬浮剂、增稠剂、成膜剂、稳定剂、胶凝剂、润滑剂等广泛应用于食品、化工、石油、制药等多个领域。但在食品工业中,由于产荚膜细菌的污染,常造成面包、牛奶、酒类、饮料等食品的黏性变质。如肠膜明串珠菌是制糖工业的有害菌,其常在糖液中繁殖,使糖液变得黏稠而难以过滤,降低了糖的产量和质量。

4. 纤毛

纤毛又称菌毛、柔毛、伞毛、须毛,是有些杆菌(某些革兰氏阴性细菌和少数革兰氏阳性细菌)在菌体外着生的比鞭毛细、短、直、硬,且数目多的蛋白质丝或细管。纤毛不是细菌的运动"器官"。其直径为5～10nm,长为0.2～0.5μm。它可分为普通纤毛和性纤毛。普通纤毛更细、更短,并且数量多,达50～400条,能使细菌相互黏着,或附着在某种物体上或液面上形成菌膜。性纤毛又称性菌毛(F^-菌毛),比普通纤毛粗、长,数量少,每个细菌不超过4条,为中空管状,一般常见于G^-菌的雄性菌株中,其功能是细菌在接合作用时向雌性菌株传递遗传物质。

四、细菌的繁殖

细菌一般以无性繁殖为主,是简单的二均裂殖,即一个细胞通过对称的二分裂,形成两个形态、大小和构造完全相同的子细胞,故在细菌分类上属于裂殖菌。一般细菌均进行横分裂。细菌的裂殖分三个阶段:核分裂、形成横膈、子细胞分离。

1. 核分裂

细菌分裂前先进行DNA复制(图1-16),形成两个原核。随着菌体伸长,原核彼此分开,菌体中部的细胞膜从外向中心作环状推进,然后闭合而形成一个垂直于细胞长轴的细胞质膈膜,把细胞质和原核都分成两部分。

2. 形成横膈

随着细胞膜向内延伸,细胞壁也向内延伸,最后闭合形成横膈壁,将细胞质膈膜分成两层,随后细胞壁横膈也分成两层,形成两个子细胞。

3. 子细胞分离

前两个过程完成后,两个子细胞即开始分离,形成两个完全独立的新细胞。

细菌分裂后常有不同的排列方式。球菌分裂方向不同,分裂后的排列方式有单球菌、双球菌、四联球菌、八叠球菌、葡萄球菌、链球菌等;杆菌分裂面都与长轴垂直,分裂后的排列方式有单生、双生、链状、栅栏状、八字形等(图 1-17)。分裂后的两个子细胞形态和大小相同,称为同形分裂;两个子细胞形态和大小不同,称为异形分裂。异形分裂常出现在陈旧的培养基中。

细菌除无性繁殖外,经电子显微镜观察及遗传学研究证明,也存在有性结合,但其有性结合频率极低。

五、细菌菌落特征

所谓菌落,是指由一个菌体细胞或同种的几个菌体细胞接种在固体培养基上,在适合的环境条件下,菌体生长繁殖后所形成,由无数个个体组成,肉眼可见,具有一定形态特征的群体。细菌菌落特征因种而异,是细菌分类鉴定的依据之一。许多菌落融成一片称为菌苔,如果菌落是由一个菌体繁殖形成,此菌落就是一个纯种细胞群。

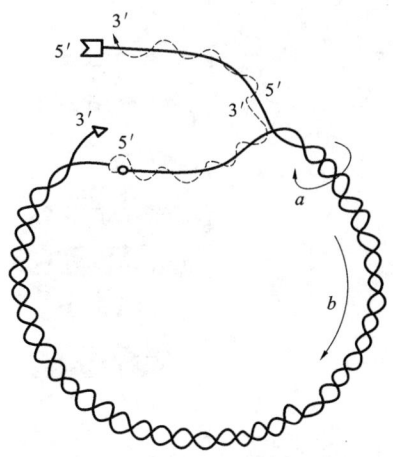

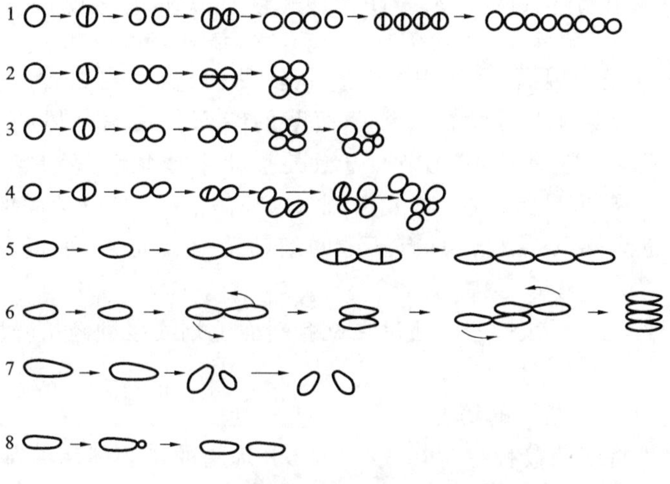

图 1-16 双螺旋 DNA 链的复制

(双链的 1 条断裂,1 条不断,随分叉随复制。虚线表示新复制的对应的 DNA 链)

a.伸开;b.分叉方向

图 1-17 细菌的分裂和排列示意图

1.在一个平面分裂的球菌,形成双球菌或链球菌;2.在两个平面分裂的球菌,形成四联球菌;
3.在三个平面分裂的球菌,形成八叠球菌;4.分裂面不规则的球菌,形成葡萄球菌;
5.二分分裂杆菌,形成链状杆菌;6.二分分裂杆菌,形成栅栏状排列;
7.折断分裂的棒状杆菌,形成"八"字形排列;8.出芽繁殖的杆菌

1. 细菌在固体培养基上的培养特征

不同种类的细菌,其菌落特征有所不同,如表面形状(圆形、不规则形、假根状)、表面状况(光滑、皱褶、龟裂状、同心环状)、隆起形状(扁平、台状、脐状、乳头状)、边缘情况(整齐、波状、裂叶状、锯齿状)、表面光泽(闪光、金属光泽、无光泽)、质地(硬、软、黏、脆、油脂状、膜状),以及菌落大小、颜色、透明程度等方面的差异(图 1-18)。

细菌的菌落特征既受菌种遗传性的制约,同时也受环境条件的影响。同一种细菌常因培养基成分、培养时间、温度不同,菌落特征也有变化。但同一种细菌在同一条件下培养,所形成的菌落特征具有一致性,这是菌种鉴定的重要依据。

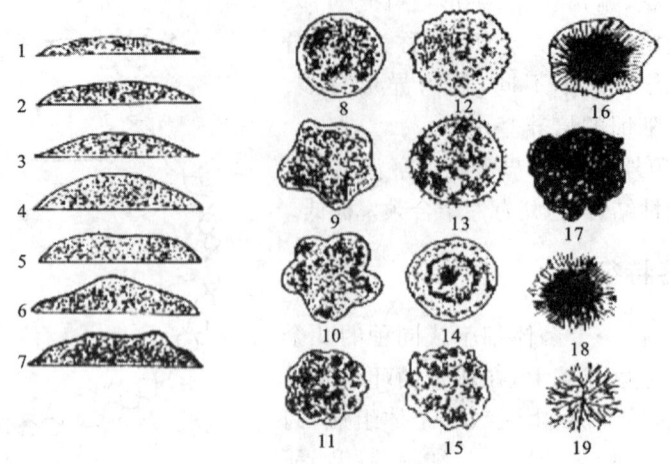

图 1-18 细菌的菌落特征

1~7 侧面观:1.扁平;2.隆起;3.低凸起;4.高凸起;5.脐状;6.乳头状;7.草帽状;
8~19 正面观:8.圆形,边缘完整;9.不规则,边缘波浪;10.不规则,颗粒状,边缘呈叶状;
11.规则,放射状,边缘呈叶状;12.规则,边缘呈扇状;13.规则,边缘呈齿状;
14.规则,有同心圆环,边缘完整;15.不规则,似毛毡状;16.规则,似菌丝状;
17.不规则,卷发状,边缘波状;18.不规则,丝状;19.不规则,根状

细菌的菌落一般呈现湿润、较光滑、较透明、较黏稠、质地均匀、菌落正反面或边缘与中央部位的颜色一致、易挑取等特征。细菌菌落的特征与细菌个体的形态、生理特性有关。例如,球菌的菌落通常是较小、较厚、边缘圆整的半球状菌落;具有荚膜的细菌所形成菌落表面光滑、透明、呈蛋清状,称光滑型(S型)菌落;不具有荚膜的细菌所形成的菌落表面粗糙,称粗糙型(R型)菌落;具有鞭毛的细菌菌落大而薄、平坦、边缘多缺(甚至为树根状)。

此外,细菌的群体生长状态,还可通过在试管斜面上划线接种经培养所形成的培养物来鉴别[图 1-19(b)]。

2. 细菌在半固体培养基上的培养特征

用穿刺接种技术将细菌接种在含 0.3%~0.5% 琼脂的半固体培养基中培养,可根据细菌的生长状态判断细菌的呼吸类型、有无鞭毛和能否运动[图 1-19(a)、(c)]。如果细菌在穿刺线上及穿刺线周围扩散生长,即为有鞭毛、运动的细菌;如果只沿穿刺线上生长,即为无鞭毛、不运动的细菌;如果细菌在培养基的表面及穿刺线的上部生长,即为好氧菌;如果沿整条穿刺线生长,即为兼性厌氧菌;如果在穿刺线底部生长,即为厌氧菌。

3. 细菌在液体培养基中的培养特征

细菌在液体培养基中的特征,因其细胞特征、相对密度、运动能力、与氧气关系等的不同而有所不同。如在液体表面形成菌膜、菌环或菌醭,有的使液体变混浊,有的产生絮状沉淀,有的产生气泡、色素等[图 1-19(d)]。

六、食品中常见的细菌类群

细菌种类繁多,此处仅简单介绍几种与食品生产、发酵、败坏有关的细菌类群。

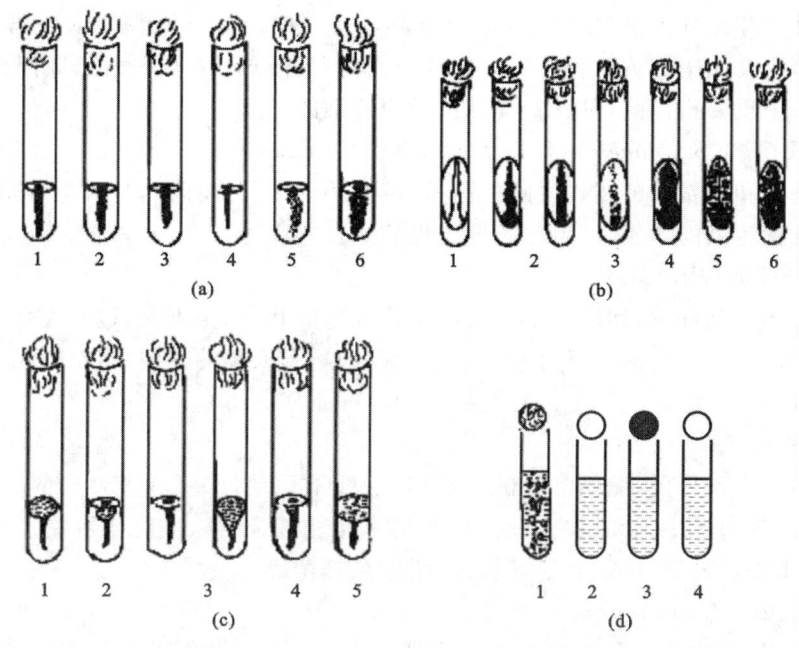

图 1-19 琼脂穿刺、琼脂斜面、明胶穿刺以及肉汤(液体培养)中的培养特征
(a)在琼脂穿刺培养基中的生长:1.丝状;2.有小刺;3.念珠状;4.绒毛状;5.假根状;6.树状
(b)在琼脂斜面培养基中的生长:1.丝状;2.有小刺;3.念珠状;4.扩展状;5.假根状;6.树状
(c)在明胶穿刺培养基中的生长:1.量杯状;2.芜菁状;3.漏斗状;4.囊状;5.层状
(d)在肉汤中生长:1.絮状;2.环状;3.浮膜状;4.膜状

1. 假单胞杆菌属(*Pseudomonas*)

革兰阴性杆菌,无芽孢,需氧,端生鞭毛,许多菌种能产生水溶性色素。本属细菌在自然界中分布极为广泛,常见于土壤、水及各种动、植物体中。

本属中某些菌种具有强烈的分解脂肪和蛋白质的能力,所以在含蛋白质的食品中经常发现。它们污染食品后,可在食品表面迅速生长,产生色素和黏液,造成食品变质。本属菌种中有很多菌可在低温下很好地生长,因此常引起冷藏食品的腐败变质。例如,荧光假单胞菌(*Ps. fluorescens*)能在低温下生长,使肉、牛乳及乳制品腐败。

2. 葡萄球菌属(*Staphylococcus*)

革兰阳性球菌,呈葡萄串状,普遍存在于人类和动物的鼻腔、皮肤及机体的其他部位,以及食品、尘埃和水中。如引起人类食物中毒的金黄色葡萄球菌。

3. 产碱杆菌属(*Alcaligenes*)

革兰阴性无芽孢杆菌,广泛分布于水、土壤、饲料和人畜肠道内。不能分解糖类产酸,能产生灰黄色、棕黄色或黄色色素,能引起多种动物性食品及乳品的发黏变质。

4. 黄杆菌属(*Flavobacterium*)

革兰阴性无芽孢杆菌,端生鞭毛,好氧或兼性厌氧,中温或嗜冷,并能产生脂溶性色素等。该属菌大多来源于水及土壤,有很强的分解蛋白质的能力,常引起乳、蛋、禽、鱼等多种食品的变色腐败。

5. 埃希氏杆菌属（*Escherichia*）和肠杆菌属（*Enterobacter*）

革兰阴性无芽孢杆菌，周生鞭毛，运动或不运动，好氧或兼性厌氧，能发酵葡萄糖和乳糖，产酸产气，是食品中的重要腐败菌。这两个属均归于肠杆菌科的大肠杆菌群，是食品卫生学检查的一个重要指标菌，可反映食品被粪便污染的情况。

6. 沙门氏菌属（*Salmonella*）和志贺氏菌属（*Shigella*）

沙门氏菌属和志贺氏菌属均属肠杆菌科，革兰阴性无芽孢杆菌，是人类重要的肠道致病菌。误食被此菌污染的食品，可引起肠道传染病或食物中毒。

7. 变形杆菌属（*Proteus*）

革兰阴性无芽孢杆菌，幼龄时常常变成缕状或弯曲状，周生鞭毛，运动性强，具有较强的分解蛋白质的能力。该属菌广泛分布于水、土壤、动物和人类的粪便中，是食品腐败菌，并能引起食物中毒。

8. 乳杆菌属（*Lactobacillus*）

革兰阳性无芽孢杆菌，菌体常呈链状排列，一般不运动，厌氧或兼性厌氧。能发酵糖类产生乳酸，广泛分布于牛乳和植物产品中，常用来作乳酸、干酪、酸乳等乳制品的发酵剂，如双歧乳杆菌、干酪乳杆菌、保加利亚乳杆菌、嗜酸乳杆菌等。

9. 明串珠菌属（*Leuconostoc*）

革兰阳性无芽孢球菌，菌体常呈链状排列。常存在于水果和蔬菜中，能在高浓度糖的食品中生长。如肠膜状明串珠菌能利用蔗糖合成大量荚膜物质（葡聚糖），可用来制造代血浆。但是，明串珠菌产生的荚膜物质常给制糖工业造成麻烦。

10. 醋酸杆菌属（*Acetobacter*）

幼龄阶段为革兰阴性菌，老龄时往往变为革兰阳性菌，无芽孢，需氧。具有较强的氧化能力，能将乙醇氧化为醋酸。可用于食醋生产，是酒类饮料的腐败菌，也常常造成水果、蔬菜及其制品等变酸。

11. 芽孢杆菌属（*Bacillus*）

革兰阳性芽孢杆菌，好氧或兼性厌氧。在自然界分布十分广泛，土壤和空气中尤为常见，是食品工业中常见的腐败菌。

12. 梭状芽孢杆菌属（*Clostridium*）

革兰阳性芽孢杆菌，厌氧，形成芽孢后菌体变形。本属菌常引起罐头食品败坏，如毒性极大的肉毒梭菌是肉类罐头灭菌的指示菌，解糖嗜热梭状芽孢杆菌是水果、蔬菜类罐头的败坏菌。

13. 微球菌属（*Micrococcus*）

革兰阳性球菌，某些菌可产生色素，引起食品变色。本属菌耐热、耐盐，有些菌耐冷，可引起冷藏食品的腐败变质。

14. 链球菌属（*Streptococcus*）

革兰阳性球菌，呈链状排列，有些菌存在于人和动物肠道或粪便中，如粪链球菌，引起食品腐败；有些可致人或牲畜患病，如无乳链球菌是常引起牛乳房炎的病原菌。

小资料

细菌的发现

大约在数十亿年前,地球上就已经出现了细菌。在非洲南部发现的一种远古时代的铁细菌的化石,是科学家发现的最古老的细菌化石之一,同时也是最古老的古生物化石之一。后来,一些科学家在对水成岩中的风化型条带状富铁矿的成因进行分析时,竟然发现这种富铁矿是由一种生活在远古的铁细菌形成的,而且,形成这些富铁矿的那些铁细菌生存的年代,最晚也可以追溯到32亿年前。实际上,在非洲、澳大利亚和加拿大等地,都发现了在一些古岩石层中含有远古的单细胞原核生物活动的痕迹。目前发现的最古老的细菌化石,是澳大利亚西部的古代蓝细菌的化石,估计已经有35亿年历史。

第二节 放线菌

放线菌由于其菌落呈放射状而得名。放线菌在自然界的分布十分广泛,土壤、水、空气中均有,尤其在有机质丰富、中性或偏碱性的土壤中较多。绝大多数放线菌是腐生菌,在自然界的物质循环中起着一定作用。放线菌与人类的关系极为密切,它们最大的经济价值在于它们能产生各种抗生素。据不完全统计,到目前为止,已有的近万种抗生素中,有70%都是放线菌产生的,如链霉素、土霉素、金霉素、卡那霉素、井冈霉素、内疗素、春雷霉素等。放线菌还应用于皮革脱毛、石油脱蜡、烃类发酵、污水处理等方面。只有少数放线菌能引起人、动植物病害及食品变质。

一、放线菌的形态特征

放线菌是单细胞原核生物,细胞结构与细菌相似,但形态和功能与霉菌相似,因此常把放线菌看成是细菌向真菌的过渡类型,也可看作是细菌的高级类型。

放线菌的形态比细菌复杂,其细胞为丝状,称为菌丝。放线菌细胞的成分与细菌类似,革兰氏染色阳性。菌丝直径为 $0.5\sim1.0\mu m$。菌丝无隔为单细胞。菌丝是放线菌的孢子萌发形成的。菌丝不断分支缠绕形成具有一定空间形态特征的菌丝体,菌丝体由于形态和功能不同分为三种类型(图1-20)。

1. 基内菌丝

基内菌丝又称营养菌丝,是放线菌的孢子萌发后,伸入培养基吸取营养的菌丝。

2. 气生菌丝

由基内菌丝长出培养基外伸向空间生长的菌丝,称为气生菌丝。气生菌丝较基内菌丝略粗,色暗。

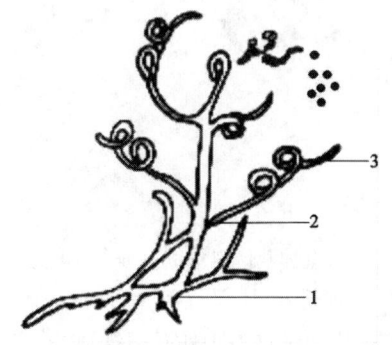

图1-20 放线菌的形态
1.基内菌丝;2.气生菌丝;3.孢子丝

3. 孢子丝

气生菌丝生长发育到一定阶段,在其上部分化出的可形成孢子的菌丝,称为孢子丝。孢子丝的形状和着生方式因种而异。孢子丝形状有直线形、波浪形、螺旋形;孢子丝在气生菌丝上的着生方式有互生、丛生、轮生等(图1-21)。孢子丝生长到一定阶段断裂为孢子。孢子丝的形态、着生状况,以及孢子的形状、颜色等特征是放线菌分类的重要依据。

小视频

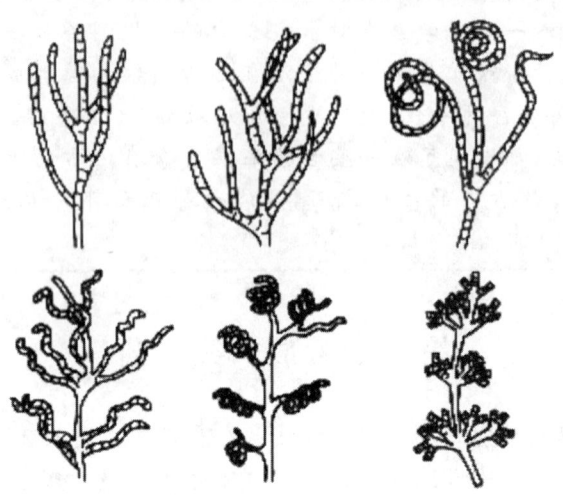

图1-21 放线菌孢子丝形态

二、放线菌的繁殖

放线菌主要通过产生无性孢子的方式进行繁殖,但也能以菌丝断裂的片断进行繁殖。放线菌产生的无性孢子主要有分生孢子、节孢子和孢囊孢子(图1-22)。孢子的形成方式主要为横膈式分裂。

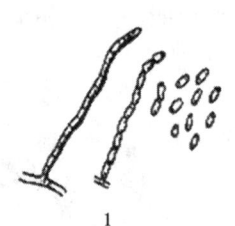  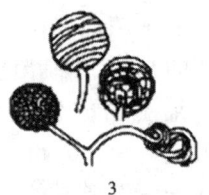

1　　　　　　　　2　　　　　　　　3

图1-22 放线菌孢子形成类型
1.分生孢子;2.节孢子;3.孢囊孢子
(张青,葛菁萍.微生物学.2004)

分生孢子的形成:放线菌生长到一定阶段,孢子丝细胞壁内的原生质围绕核质体,从菌丝的顶部向基部逐渐凝聚成一串体积相等、大小相似的小段,然后每个小段收缩,每个小段周围长出新的细胞膜和细胞壁,形成圆形或椭圆形的孢子,最后孢子丝壁裂开,释放出孢子。

节孢子的形成:节孢子又称粉孢子,孢子丝生长到一定阶段,细胞膜和细胞壁同时内陷,逐渐向内缢缩,形成横膈,把孢子丝缢裂成一串孢子,多为杆状或柱状。

孢囊孢子的形成:有的放线菌通过菌丝盘卷形成孢子囊,或通过菌丝顶端膨大形成孢子囊，孢子囊内产生横膈而形成孢子，孢子囊成熟后释放出孢子。

放线菌也可以通过菌丝断裂的片断形成新的个体，这种现象经常在液体培养放线菌时出现。例如采用液体培养基发酵生产抗生素时，放线菌就是以这种方式繁殖的。

孢子的形状有球形、椭圆形、圆柱状、杆状、梭状等；孢子表面的形态也多样，如光滑、褶皱、疣、刺、毛发、鳞片等；孢子颜色多样，如白色、灰色、红色、绿色、蓝色、橙黄色等。孢子的特征也是菌种鉴定的重要依据。

三、放线菌的菌落特征

放线菌的菌落由菌丝体组成，由于菌丝细，生长缓慢，菌丝分支并相互交错缠绕，所以形成的菌落质地硬而且致密，菌落较小，一般为圆形，不广泛延伸；菌落表面呈绒状，或坚实、干燥、多皱；由于基内菌丝伸入培养基内，菌落紧贴培养基表面，所以菌落与培养基结合紧密，不易用接种环挑起，或用接种铲将整个菌落挑起而不致破碎；幼龄放线菌因气生菌丝尚未分化成孢子丝，其菌落表面与细菌相似；当孢子丝形成大量孢子布满菌落表面时，菌落表面呈现絮状、粉末状、颗粒状的典型放线菌菌落；由于放线菌的菌丝和孢子可产生各种颜色，使菌落正反面常呈现不同的颜色，其中水溶性色素可扩散到培养基中，脂溶性色素则不能扩散。大多数放线菌具有以上菌落特征，如链霉菌属的放线菌。

个别放线菌（如诺卡氏菌属）不形成大量的菌丝，黏着力不强，结构为粉质，用针挑取易破碎。

四、放线菌常见的类群

放线菌种类很多，但对食品造成污染的放线菌很少。现主要介绍以下两个属：

1. 链霉菌属（*Streptomyces*）

链霉菌属是高等放线菌，菌丝无膈膜，多分枝，可形成基内菌丝、气生菌丝和孢子丝，孢子丝内通过原生质凝聚分裂形成孢子（图1-23），多生长在含水量较低、通气较好的土壤中。已知链霉菌属有一千多个菌种，有许多抗生素如链霉素、土霉素、内疗素、春雷霉素等均由此属菌产生。

2. 诺卡氏菌属（*Nocardia*）

此属中的多数种类没有气生菌丝，只有基内菌丝。分枝菌丝会猝然断裂产生球状或杆状的粉孢子，粉孢子以横膈分裂方式形成（图1-24）。菌落为粉质，用针挑时易破。此属菌有些种类可产生抗生素，有些种类可用于石油脱蜡、烃类发酵以及污水处理。

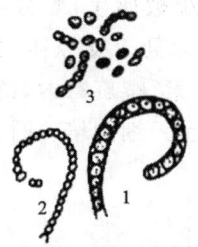

图1-23 凝聚分裂形成孢子
1. 孢子丝的原生质凝聚成小段逐渐趋于圆形；
2. 孢子形成，原来的外壁消失；3. 成熟的孢子

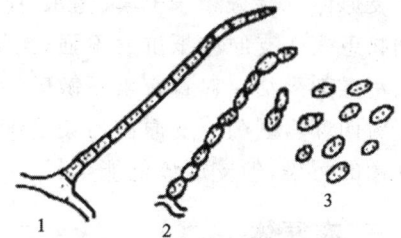

图1-24 横膈分裂形成孢子
1. 孢子丝形成横膈；
2. 沿横膈断裂形成杆状孢子；
3. 成熟的孢子

第三节　其他原核微生物

一、蓝细菌

蓝细菌（Cyanobacteria）是一类含有叶绿素 a，能进行产氧性光合作用的原核微生物。过去称其为蓝藻或蓝绿藻。蓝细菌细胞具有原始核，只有叶绿素，没有叶绿体，革兰氏染色阴性。蓝细菌分布很广，常生长在土壤、岩石、树皮和水中。在水池、湖泊中生长时，可使水的颜色随蓝细菌本身颜色变化而变化。

蓝细菌与人类的关系密切，有的种类富含营养，可供人类食用；有的种类能固氮（有异形胞的蓝细菌能固氮），可增加水体和土壤的氮素营养；有的种类在营养丰富的湖泊或水库中大量繁殖，污染水体，其中有些还产生毒素，通过食物链危害人类健康。

蓝细菌形态差异大，有单细胞体、群体和丝状体。菌体通常呈蓝色或蓝绿色。细胞壁外常有胶鞘或胶被，繁殖方式主要为无性繁殖的二分裂，营养类型为光能自养型。光合作用产氧。

螺旋蓝菌属是蓝细菌常见的一个代表属。螺旋蓝菌，又称螺旋藻，菌体营养丰富，蛋白质含量高达 60%～80%，是目前已知蛋白质含量和质量最高的食物。此外，螺旋藻还含有人体必需的多种维生素和微量元素。每人每天食用 4～8g 螺旋藻粉即可基本满足人体对大部分维生素及微量元素的需要。

二、支原体

支原体（Mycoplasma）又名类菌质体或霉形体，是一类介于细菌与立克次氏体之间的能独立生活的最小原核生物。可通过细菌滤器、没有细胞壁是该菌不同于细菌的最主要特征，因此，细胞柔软，形态多变，具高度多形性，着色力弱，革兰氏染色阴性。在同一培养基中，细胞常出现大小不同的球状、长短不一的丝状及各种分枝状。

支原体最早从患胸膜肺炎的牛体中分离出，又名胸膜肺炎微生物。以后又从羊、猪、鼠、禽及人体中分离到具类似形态及特征的有机体，统称为类胸膜肺炎微生物，现一般称支原体。

大多数支原体借二分裂方式繁殖，有些可以出芽方式或从球状体长出丝状体，丝状体碎裂成球状而进行生长循环。支原体在营养丰富的琼脂培养基上可形成极小的菌落。其典型菌落形似煎鸡蛋。

支原体广泛分布于土壤、污水、昆虫、脊椎动物及人体内，少数腐生，多数寄生而引起人及动物患病。支原体抵抗力不强，比细菌弱，45℃、15min 即被杀死。支原体因无细胞壁，容易被消毒剂灭活。对青霉素不敏感，对强力霉素、氯霉素、红霉素、螺旋霉素、链霉素等敏感，大多对四环素耐药。支原体污染是细胞培养中经常出现的问题。细胞培养时常加青霉素抑制杂菌的污染，但支原体仍能生长。

三、衣原体

衣原体（Chlamydia）是一类能通过细菌滤器，严格细胞内寄生，有独特发育周期的原核细胞型微生物。细胞为球形或椭圆形，有细胞壁，革兰氏染色阴性，以二分裂方式繁殖，仅在脊椎动物的细胞内繁殖。

衣原体与立克次氏体在形态、大小、染色和结构等方面均很相似。不同之处有两点：一是传播时不需要媒介，而是直接由空气传染给鸟类、哺乳动物和人类，引起沙眼、结膜炎、肺炎、肠炎等。二是一旦侵入寄主细胞后，便出现特征性变化。其具有特殊的发育周期，在宿主细胞内的发育阶段存在原体和始体两种细胞形态。当原体以胞饮方式进入宿主细胞后，细胞膜围于原体外形成空泡，原体在空泡中逐渐发育、增大成为始体，进一步发育成许多子代原体，子代原体成熟后从被破坏的感染细胞中释放出来，再去感染新的易感细胞。

四、立克次氏体

立克次氏体（*Rickettsia*）是一类只能寄生在真核细胞内的革兰阴性原核微生物。立克次（Ricketts）于1909年研究落矶山斑疹热时，首次发现这个病原菌。次年，他不幸感染斑疹伤寒而丧命。为纪念他，人们将斑疹伤寒这类病原菌命名为立克次氏体。

立克次氏体的细胞结构与细菌相似，但个体比细菌小，其形态常因不同宿主或不同的发育阶段而呈现不同形态，如球状、双球状、杆状或丝状。有细胞壁，革兰氏染色阴性，无芽孢，不运动，一般以哺乳动物为储存宿主，特别是啮齿动物，并在节肢动物如虱、蚤、蜱和螨的体内生长繁殖，但对宿主一般不致病，并可借卵传给后代，但以它们为媒介叮刺传染，可使人畜致病，如流行性斑疹伤寒、落矶山斑疹热等。立克次氏体不能在人工培养基上生长，可用鸡胚、敏感动物或合适的组织培养物培养。立克次氏体对低温抵抗力强，易被热（56℃、30min）、干燥等杀死；对化学消毒剂敏感，对青霉素不敏感，对四环素、氯霉素等广谱抗生素敏感，而磺胺类药物不但不能抑制其生长，反而能刺激其繁殖。

五、古细菌

古细菌简称古菌，细胞薄而扁平，形态独特多样，如叶片状、棍棒状、盘状、球状、丝状等。细胞壁大多不含肽聚糖，质膜中具有醚键的类脂。大多生活在厌氧、高盐或高热等极端环境中。根据古细菌的生活习性和生理特性不同将其分为三大类群：产甲烷菌、嗜热嗜酸菌、极端嗜盐菌。

产甲烷菌的形态具有多样性，如球形、八叠球状、短杆状、长杆状、丝状、盘状等，是严格的厌氧菌，只能生活在与氧气隔绝的水底、沼泽、水稻田、厌氧处理装置以及动物的消化道特别是反刍动物的瘤胃中。产甲烷菌的营养类型是化能有机营养型或化能无机营养型。人们对产甲烷菌产生兴趣的原因是：产甲烷菌在处理有机废物时能产生清洁的生物能源物质——甲烷。产甲烷菌只能利用简单的 C_1 化合物（甲酸、甲醇等）、乙酸和 CO_2 为碳源，利用 H_2 还原 CO_2 生成甲烷，利用甲烷发酵或利用乙酸呼吸来获取生命活动所需的能量。

本章小结

细菌是单细胞原核微生物，有三种基本形态：球状、杆状和螺旋状。杆菌是细菌中种类最多的一类。细菌个体很小，必须借助显微镜才能观察到。

细菌细胞的基本结构包括细胞壁、细胞膜、细胞质、原核、内含物、核糖体，特殊结构只是部分细菌才具有或仅在特殊条件下才形成的构造，如芽孢、鞭毛、荚膜、纤毛等。

细菌繁殖主要是无性繁殖中的二分裂。菌落是由一个菌体细胞或同种的几个菌体细胞接种在固体培养基上形成的肉眼可见的群体。细菌的菌落一般呈现湿润、较光滑、较透明、较黏稠、质地均匀、菌落正反面或边缘与中央部位的颜色一致、易挑取等特征。细菌菌落特征因种而异,是细菌分类鉴定的依据之一。

放线菌是原核微生物,其细胞为菌丝,无隔,单细胞。菌丝体分为基内菌丝、气生菌丝和孢子丝。放线菌的繁殖主要通过产生无性孢子的方式进行,无性孢子主要有分生孢子、节孢子和孢囊孢子。孢子形成的方式主要为横膈式分裂。放线菌的菌落由菌丝体组成。

复习思考题

一、名词解释

细菌　　芽孢　　鞭毛　　荚膜

二、判断题

1. 芽孢能萌发产生新的菌体,所以芽孢是繁殖器官。（　　）
2. 鞭毛是某些细菌的运动器官。（　　）
3. 蓝细菌含有光合色素,能进行光合作用。（　　）

三、选择题

1. 维持细菌固有形态的结构是（　　）。
   A. 细胞壁　　B. 细胞膜　　C. 芽孢　　D. 荚膜
2. 对外界抵抗力最强的细菌结构是（　　）。
   A. 细胞壁　　B. 细胞膜　　C. 芽孢　　D. 核质
3. 在放线菌发育过程中吸收水分和营养的器官是（　　）。
   A. 基内菌丝　　B. 气生菌丝　　C. 孢子丝　　D. 孢子
4. 下列微生物中,（　　）没有细胞壁。
   A. 支原体　　B. 衣原体　　C. 古细菌　　D. 立克次氏体

四、填空题

1. 细菌的三种基本形态是＿＿＿＿＿＿、＿＿＿＿＿＿和＿＿＿＿＿＿。
2. 放线菌主要通过产生＿＿＿＿＿＿的方式进行繁殖。

五、简述题

1. 简述荚膜的功能。
2. 什么叫菌落?

六、技能题

1. 简答细菌简单染色制片步骤。
2. 说出革兰氏染色制片的注意事项。

第二章 真核微生物

知识目标
1. 掌握酵母菌、霉菌的形态结构及菌落特征,理解酵母菌、霉菌的繁殖方式。
2. 了解食品生产中常用酵母菌和霉菌的生物学特性。
3. 了解引起食品腐败变质的常见的几种酵母菌和霉菌的生物学特性。

技能目标
1. 学会识别常见酵母菌和霉菌的形态特点。
2. 能识别由常见酵母菌和霉菌在食品生产中引起的腐败现象。

思政目标
通过介绍我国科学家提出"菌物界"这一名词,有效推动了中国乃至世界微生物学学科的发展,引导学生弘扬科学精神,厚植家国情怀。

真核微生物是指具有核膜、核仁,能进行有丝分裂,细胞质中存在线粒体、叶绿体等细胞器的微生物,主要包括真菌(酵母菌、霉菌、蕈菌)、微型藻类、原生动物等。真核微生物与原核微生物相比,其个体较大,结构较为复杂,具有各种功能专一的细胞器(如线粒体、叶绿体、内质网、高尔基体、溶酶体、微体等),具有核膜包裹着的完整细胞核(内含结构复杂的染色体)。

真菌是最重要的一类真核微生物,其特点是:无叶绿素,不能进行光合作用,多数具有发达的菌丝体,细胞壁多数含几丁质,营养方式为异养型,以产生大量无性和(或)有性孢子的方式进行繁殖,陆生性较强,主要包括单细胞真菌(酵母菌)、丝状真菌(霉菌)和大型子实体真菌(蕈菌)等。

真菌在自然界中的分布非常广泛,与人类关系密切。真菌在食品、工业、农业等领域起到重要的作用,例如各种酒类、面包、调味品、豆腐乳等的生产,直接作为食品的木耳、香菇、蘑菇、金针菇等,作为名贵药材的灵芝、茯苓、天麻等,发酵工业生产的酒精、抗生素、有机酸、酶制剂等,在农业上用于生产植物生长激素、饲料以及用于生物防治等。但也有的真菌造成食品、物品的腐败变质,产生毒素使人畜中毒,引起农作物的病害及人类的疾病。

由于酵母菌和霉菌在真菌中所占比例很大,与人类关系也最密切,因此,本章主要介绍酵母菌和霉菌。

第一节 酵 母 菌

酵母菌不是分类学上的名称,而是一类非丝状真菌的统称,在真菌分类系统中分属于子囊菌亚门、担子菌亚门与半知菌亚门。其中以子囊菌亚门中的酵母菌为典型代表。

酵母菌喜含糖较高的偏酸性的环境,在自然界中主要分布在果实、植物叶子表面、蔬菜、花蜜、树木汁液、果园土壤、酿造厂等处。酵母菌大多数为腐生型,少数为寄生型。

  酵母菌在食品、发酵、医药、石油等工业中有着极其重要的作用。例如酿酒、甘油发酵、有机酸发酵,以及生产酒精、单细胞蛋白、药用酵母、核糖核酸、核苷酸、细胞色素 C、核黄素、辅酶、脂肪酸等,都是以酵母菌为生产菌种。但是,有的酵母菌也是发酵工业的有害菌,例如,分解酒精的酵母可引起酒类饮料的败坏;耐渗透压酵母可引起果酱、蜜饯和蜂蜜的变质;有的酵母菌引起人、动物和植物的病害。

一、酵母菌的形态特征

  酵母菌为单细胞真核微生物,其形态主要有圆形、卵圆形、椭圆形、柠檬形、香肠形、圆筒形等(图 2-1)。某些酵母菌经过不断的芽殖后,长大的子细胞与母细胞没有立即分离,彼此连成竹节状或藕节状的细胞串,形似霉菌的菌丝,为了与霉菌的菌丝相区别,称之为"假菌丝"(图 2-2)。

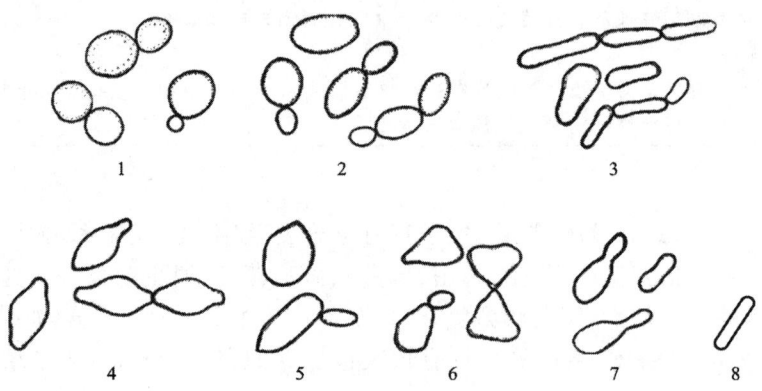

图 2-1　酵母菌细胞形态
1.圆形;2.卵圆形;3.圆筒形;4.柠檬形;5.椭圆形;6.三角形;7.瓶子形;8.香肠形
(诸葛健,李华钟.微生物学.第二版.2009)

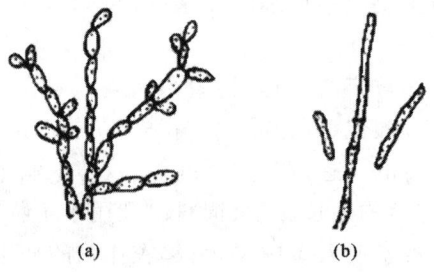

图 2-2　酵母菌的假菌丝
(a)藕节状假菌丝;(b)竹节状假菌丝
(黄秀梨.微生物学实验指导.1999)

  酵母菌的细胞比细菌大(约 10 倍),通常为 $(1\sim5)\mu m \times (5\sim30)\mu m$,用普通光学显微镜即可看到。

  酵母菌的形态与大小因培养条件和菌龄不同而有所变化。一般成熟的细胞大于幼龄细胞,液体培养的细胞大于固体培养的细胞。

二、酵母菌的细胞结构与功能

酵母菌具有典型的真核细胞结构,有细胞壁、细胞膜、细胞质、细胞器、细胞核以及内含物等(图 2-3)。

(一)细胞壁

酵母菌细胞壁厚约 25nm,约占细胞干重的 25%,是一层坚韧的结构。酵母菌细胞壁的坚韧性较细菌细胞壁稍差。

酵母菌细胞壁可分三层。外层是甘露聚糖,占 40%～45%;中间层是蛋白质,占 10%,其中有些是与甘露聚糖相结合的各种酶(聚糖酶、蔗糖酶、酯酶等);内层是葡聚糖,占 35%～45%,是维持细胞壁强度的主要成分。此外,还含有酯类(3%～8%)、少量几丁质(1%～2%),这是同细菌细胞的主要区别之一。有的酵母菌细胞壁会随着菌龄加厚,幼龄酵母菌细胞壁薄,有弹性,但以后逐渐变厚、变硬。

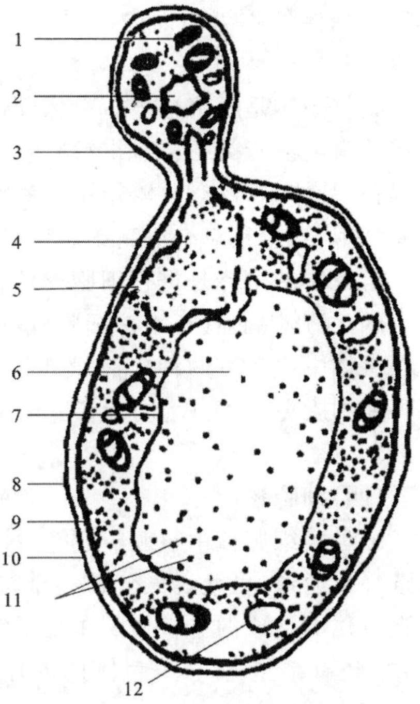

(二)细胞膜

酵母菌细胞膜与细菌基本相同,都是选择性半透膜,都是磷脂双分子层,其间镶嵌着蛋白质。所不同的是酵母菌细胞膜的磷脂双分子层上还镶嵌着原核生物所不具备的物质——固醇。酵母菌细胞膜所含的固醇,主要是麦角固醇和酵母固醇。麦角固醇在紫外光照射下可转化为维生素 D_2,也可能对增加细胞膜的强度有一定作用。

酵母菌细胞膜的主要功能有:选择性吸收营养物质,排出代谢废物;是某些大分子物质合成或作用的场所;调节渗透压。

图 2-3 酵母菌细胞结构模式图

1.线粒体;2.芽体液泡;3.芽体;4.细胞核;
5.核膜孔;6.液泡;7.液泡膜;8.芽痕;9.细胞膜;
10.细胞壁;11.液泡颗粒;12.储藏颗粒

(朱乐敏.食品微生物.2006)

(三)细胞质

酵母菌细胞质是一种黏稠的胶体,幼龄细胞质较黏稠而均匀,着色好;老龄细胞质出现液泡、空泡和多种贮藏物,着色不均匀。细胞质中有一些细胞器,如线粒体、内质网、高尔基体、溶酶体、微体、液泡等。

细胞质含有丰富的酶、各种内含物以及中间代谢产物等,所以细胞质是细胞代谢活动的重要场所;同时还赋予细胞一定的机械强度。

细胞质中的贮藏物以颗粒状态存在,如异染颗粒、肝糖粒、脂肪粒等。异染颗粒是酵母菌细胞的重要成分之一,幼龄阶段较少,但老龄阶段常累积成较大团块,其成分主要是多聚偏磷酸盐和其他无机磷酸盐,其次还有少量脂肪、蛋白质和核酸。

液泡内含有一些水解酶及聚磷酸、类脂、中间代谢物和金属离子等,起着营养物和水解酶类的贮藏库的作用,同时还有调节渗透压的功能。

线粒体是酵母菌细胞的重要细胞器。在有氧条件下,酵母菌细胞内会形成许多线粒体,它富含参与电子传递的载体、氧化磷酸化的酶类和三羧酸循环的酶系,因此,它是酵母菌进行能量代谢的场所,是细胞的能量仓库。它的主要功能是进行氧化磷酸化。

核糖体是一种无膜包裹的颗粒状细胞器,具有合成蛋白质的功能,主要成分是蛋白质(约 40%)和 RNA(约 60%)。

内质网是由膜组成的腔道构成复杂的内膜系统,其网状结构是互相连通的,表面有大量核糖体的称为粗面内质网,是合成酶和蛋白质的场所,同时可能是细胞内外的沟通渠道。

高尔基体是膜聚合体。由粗面内质网合成的蛋白质输送到高尔基体中浓缩,并与其中合成的糖类或脂类结合,形成糖蛋白和脂蛋白的分泌泡,再通过外排作用分泌到细胞外。因此,高尔基体是合成、分泌糖蛋白和脂蛋白,对某些无生物活性的蛋白质原进行酶切加工的重要细胞器,也是对合成新细胞壁和质膜提供原材料的重要细胞器。

溶酶体的功能是进行细胞内消化,它可消化颗粒状或水溶性有机物,也可消化自身细胞产生的碎渣,因而具有维持细胞营养及防止外来微生物或异体物质侵袭的作用。

微体中主要有两种酶,一是依赖于黄素(FAD)的氧化酶,二是过氧化氢酶,它们共同作用可使细胞免受 H_2O_2 的毒害。细胞中约有 20% 的脂肪酸是在过氧化物酶体中被氧化分解的。

(四)细胞核

酵母菌细胞核由核膜、核质与核仁组成。核膜上有许多核孔,是核质与细胞质之间交换的选择性通道,可允许大分子和小颗粒通过。核仁的主要成分是 RNA 和蛋白质,rRNA 就是在核仁内合成的。核质的主要成分是染色体,它是细胞核的主要结构物质,其主要成分是 DNA,还有组蛋白,核染色体携带酵母菌的全部基因,在细胞代谢、繁殖和遗传中起着极为重要的作用。

酵母菌细胞核呈圆形,一般位于细胞的中央,但在老龄细胞中,由于液泡的增大而往往被挤在一边。

三、酵母菌的繁殖和生活史

酵母菌的繁殖方式有无性繁殖和有性繁殖两种,但以无性繁殖为主。

(一)酵母菌的无性繁殖

酵母菌的无性繁殖又可分为出芽繁殖和分裂繁殖两种。

1.出芽繁殖

出芽繁殖简称芽殖,是酵母菌最常见的一种繁殖方式。其繁殖过程为(图 2-4):当酵母菌细胞生长到一定阶段时,在其细胞表面长出一个小突起。同时,细胞核下的液泡产生一根小管,小管可穿过细胞壁进入小突起,随之母细胞的核伸长分裂形成两个子核,其中一个核留在母细胞中,另一个核随母细胞的部分细胞质进入小突起,突起膨大而成芽体,当芽体长大接近母细胞大小时,与母细胞分离,成为新的酵母菌细胞,同时在母细胞上留下一个芽痕,也在子细胞上相应留下一个蒂痕。图 2-5 所示为酿酒酵母的出芽生殖和芽痕。

当酵母菌细胞生长旺盛时,在子细胞尚未脱离母细胞时,又在子细胞上长出新的芽体,如此不断反复,即形成串生细胞,形似霉菌的菌丝,称假菌丝。此外,不同酵母菌的芽殖方式不同,有一端芽殖、两端芽殖、三边芽殖和多边芽殖四种(图 2-6)。

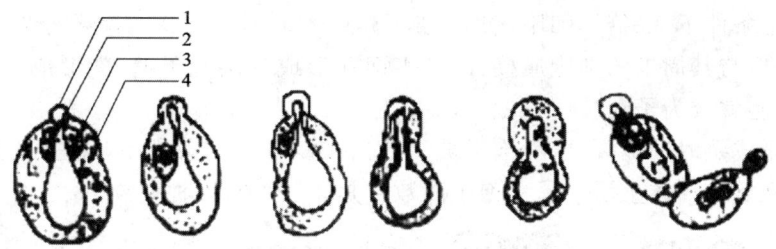

图 2-4　酵母菌的芽殖过程

1.小突起；2.小管；3.细胞核；4.液泡

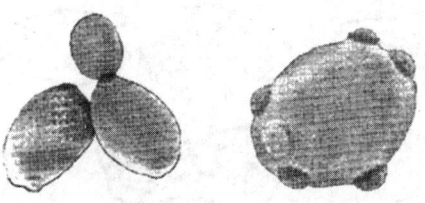

图 2-5　酿酒酵母的出芽生殖和芽痕

(吕嘉枥.食品微生物学.2007)

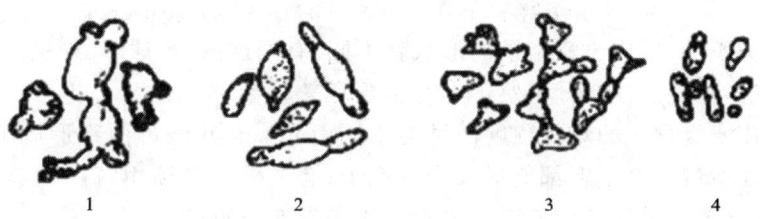

图 2-6　酵母菌的芽殖方式

1.多边芽殖；2.两端芽殖；3.三边芽殖；4.一端芽殖

2.分裂繁殖

某些酵母菌，如裂殖酵母属的酵母是以分裂繁殖的方式进行无性繁殖，其过程与细菌的裂殖相似，如八孢裂殖酵母属。

(二)酵母菌的有性繁殖

有性繁殖是指两个性别不同的细胞相结合形成新个体的繁殖方式。有性繁殖过程一般分为三个阶段，即质配、核配和减数分裂。

质配是指两个性别不同的细胞的原生质融合在同一个细胞中，而两个细胞核不接合，每个核的染色体都是单倍体。核配是指两个核接合成一个双倍体的核。减数分裂是指细胞核中的染色体又恢复到原来的单倍体。

酵母菌有性繁殖主要形成子囊孢子。一般真菌产生子囊孢子的过程相当复杂，但酵母菌有性繁殖过程产生子囊孢子的过程相对简单(图2-7)。

(1)相邻的两个酵母菌细胞，彼此向对方产生一根管状原生质突起，两个突起相互接触并融合成管道，进而两个细胞的原生质融合(质配)、核融合(核配)，即形成了一个二倍体细胞(接合子)。

(2)二倍体细胞较大，代谢活动旺盛。在适宜条件下，二倍体细胞可连续以出芽方式生殖，形成二倍体细胞。

(3)在一定条件下,二倍体细胞核进行2～3次分裂,其中一次为减数分裂,形成4～8个核。每一个子核与其周围的细胞质接合,其表面又形成一层孢子壁,就形成一个子囊孢子,而原来的母细胞就成为子囊。

(4)当子囊成熟时即破裂,子囊孢子被释放出来。在适宜条件下,子囊孢子可萌发形成新的菌体,又开始单倍体生活。子囊孢子的数目是4～8个,因种而异。

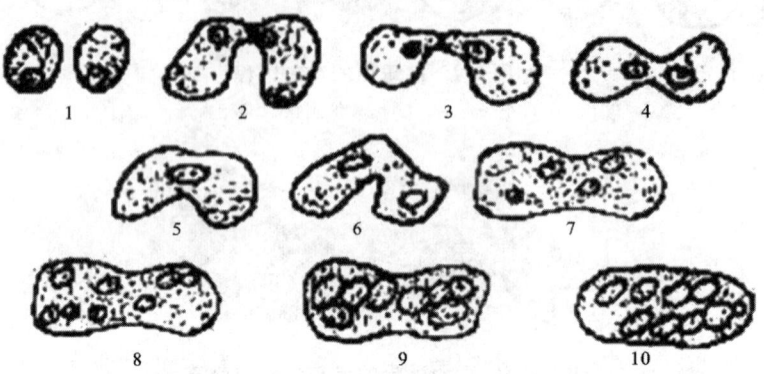

图2-7 酵母菌子囊孢子的形成过程

1～4.2个细胞结合;5.接合子;6～8.核分裂;9～10.形成子囊孢子

酵母菌种类不同,形成子囊孢子的形状就不同,有圆球形、半球形、柠檬形、纺锤形、镰刀形、针形、帽形等,这些往往在分类鉴定上有重要意义。

酵母菌形成子囊孢子的难易程度因种类不同而异。有些酵母菌不形成子囊孢子,而有些酵母菌几乎在所有培养基上都能形成子囊孢子;有的种类必须用特殊培养基才能形成子囊孢子;有些酵母菌在长期的培养中会失去形成子囊孢子的能力。

(三)酵母菌的生活史

生活史又称生活周期,是指上一代个体经过一系列生长、发育而产生下一代个体的全部过程。酵母菌的生活史有三种类型。

1. 单双倍体型

酿酒酵母是这类生活史的典型代表(图2-8)。其特点是:一般情况下都以营养体状态进行出芽繁殖;营养体既可以单倍体形式存在,也能以双倍体形式存在;在特定条件下进行有性繁殖。

(1)子囊孢子在合适条件下萌发形成单倍体营养细胞,单倍体营养细胞不断进行芽殖。

(2)两个性别不同的单倍体营养细胞接合,经过质配、核配,形成双倍体细胞。

(3)双倍体核不立即进行分裂,而是不断进行出芽繁殖,形成双倍体营养细胞。

(4)在一定条件(在生孢培养基和好氧等特定条件)下,双倍体营养细胞转变为子囊,双倍体核经过两次分裂,其中一次为减数分裂,形成4个单倍体子囊孢子。

(5)子囊经过自然破壁或人工破壁后,释放出单倍体子囊孢子。子囊孢子萌发形成新的单倍体营养细胞,再继续进行芽殖。

通常双倍体营养细胞个体大,而且生命力强。因此,发酵工业上多利用双倍体的营养细胞进行生产。

2. 单倍体型

八孢裂殖酵母是这类生活史的典型代表(图2-9)。其特点是:营养细胞为单倍体;无性繁殖方式为裂殖；双倍体细胞不能独立生活。所以，单倍体阶段较长，双倍体阶段很短。

（1）子囊孢子在合适条件下萌发形成单倍体营养细胞，单倍体营养细胞以裂殖方式不断进行繁殖。

（2）两个性别不同的单倍体营养细胞接合，经过质配、核配，形成双倍体细胞，成为幼子囊。

（3）双倍体核立即进行3次分裂（第1次为减数分裂，第2、3次为有丝分裂），形成8个单倍体子囊孢子。

（4）子囊破裂，释放子囊孢子。子囊孢子萌发形成新的单倍体营养细胞，再进行裂殖。

3. 双倍体型

路德类酵母是这类生活史的典型代表（图2-10）。其特点是：营养细胞为双倍体，不断进行芽殖，此阶段较长；单倍体的子囊孢子在子囊内发生接合；单倍体阶段只以子囊孢子的形式存在。所以，双倍体营养细胞阶段长，而单倍体细胞阶段短。

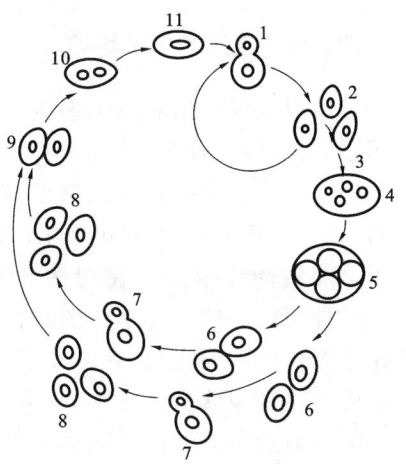

图 2-8 酿酒酵母生活史
1.芽殖；2.二倍体细胞（2N）；3.减数分裂；
4.幼子囊；5.成熟子囊 6.子囊孢子；
7.芽殖；8.营养细胞（N）；
9.接合；10.质配；11.核配

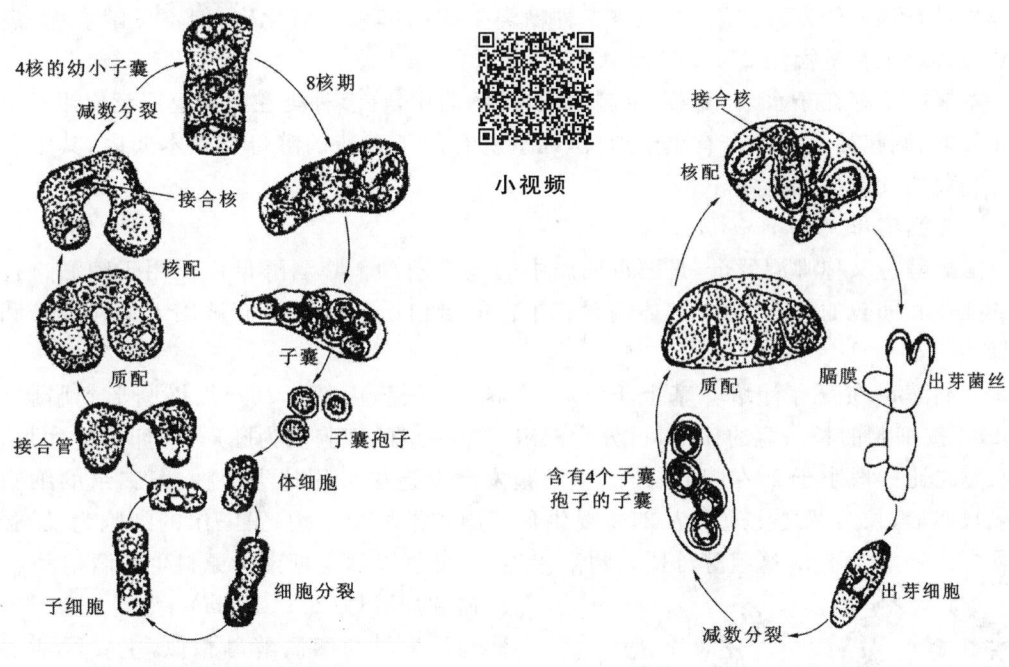

图 2-9 八孢裂殖酵母生活史
（张青，葛菁萍. 微生物学. 2004）

图 2-10 路德类酵母生活史
（张青，葛菁萍. 微生物学. 2004）

（1）双倍体营养细胞进行两次分裂，其中一次为减数分裂，形成4个单倍体子囊孢子，原营养细胞成为子囊。

（2）单倍体子囊孢子在子囊内成对地接合，经过质配、核配，形成双倍体细胞。

（3）接合后的双倍体细胞萌发，突破子囊壁离开子囊，形成双倍体营养细胞。

（4）双倍体营养细胞可独立生活，不断进行芽殖。

四、酵母菌的菌落特征

酵母菌在固体培养基上形成的菌落特征与细菌相似,但大多数酵母菌菌落比细菌菌落大而厚实,一般直径为3～5mm。菌落表面光滑、湿润、黏稠,较透明,易挑取,质地均匀,多为乳白色,少数为红色,个别黑色,菌落正反面或边缘与中央部位的颜色较一致。如果培养时间长,则菌落表面由湿润转为干燥,呈皱缩状。不产假菌丝的酵母菌的菌落更为隆起,边缘十分圆整;产假菌丝的酵母菌的菌落较平坦,表面和边缘较粗糙。

酵母菌在液体培养基中的特征也与细菌相似。有的在培养基底部生长并形成沉淀;有的在培养基中均匀生长;有的在培养基表面生长并形成菌膜或菌醭,而且,不同种类的酵母菌形成菌膜和菌醭的厚度不同,有时甚至变干、变皱。

酵母菌的菌落特征是菌种分类鉴定的重要依据。

五、食品中常见的酵母菌

(一)酵母菌属(Saccharomyces)

酵母菌属为子囊菌亚门,半子囊菌纲,内孢霉目,酵母科。本属酵母菌细胞为圆形、卵圆形、腊肠形,有或无假菌丝。无性繁殖为多边出芽型,有性繁殖可产生1～4个子囊孢子。本属酵母具有强烈的发酵作用,能发酵多种糖类生成乙醇和二氧化碳,但不发酵乳糖、高级烃和硝酸盐。生长适温为25～26℃。

本属广泛存在于水果、蔬菜、果园的土壤、酒曲中,许多种类在工业上广泛应用。酵母菌属在发酵、调味品工业中占有重要地位,几乎所有用于酿造的酵母都在本属内,其中以啤酒酵母和葡萄汁酵母最重要。

1. 酿酒酵母(S. cerevisiae)

酿酒酵母又称啤酒酵母,是酵母菌属中的典型菌种。啤酒酵母广泛用于啤酒、白酒、果酒的酿造和面包的制造,由于其体内含有丰富的蛋白质和维生素而被用于饲料酵母和药用酵母。

啤酒酵母在麦芽汁培养基上于25℃培养3d,细胞由圆形、卵形、椭圆形到腊肠形(图2-11)。按细胞的长与宽的比例,可分为三组。第一组的细胞多为圆形、短卵形或卵形,细胞长与宽之比一般小于2,在啤酒、白酒和酒精发酵制造中多用这类菌种;第二组的细胞为卵形或长卵形,长与宽之比通常为2,主要供葡萄酒和果酒酿造用;第三组的细胞为长圆形,长与宽之比一般大于2,这组酵母比较耐高渗透压,可供以甘蔗糖蜜为原料生产酒精。

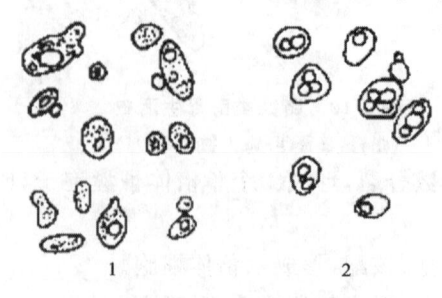

图2-11 啤酒酵母
1.细胞;2.子囊孢子

2. 葡萄汁酵母(S. uvarum)

葡萄汁酵母与酿酒酵母相似,主要区别在于它能发酵棉籽糖和蜜二糖。其可作啤酒酿造底层发酵,或作饲料和药用酵母。

3. 鲁氏酵母(S. rouxii)、蜂蜜酵母(S. mellis)

鲁氏酵母和蜂蜜酵母能在高渗透压溶液的食品中生长,从而引起高糖高盐食品如果酱、蜂蜜、酱油等食品变质。

(二)假丝酵母属(Candida)

假丝酵母属为半知菌亚门,芽孢菌纲,隐球酵母目,隐球酵母科。细胞为球形、卵形、腊肠形,能形成假菌丝,无性繁殖为多边芽殖,未发现有性过程。

1. 热带假丝酵母(C. tropicalis)

热带假丝酵母是最常见的假丝酵母(图 2-12),具有很强的氧化烃类的能力,在 230～290℃的石油馏分的培养基中,经 22h 后,可得到相当于烃类质量 92% 的菌体,所以,它是生产石油蛋白的重要菌种。此外,热带假丝酵母还可利用农副产品和工业废弃物生产菌体蛋白,既扩大了饲料蛋白来源,又减少了工业废水对环境的污染。

图 2-12 热带假丝酵母
1. 细胞;2. 假菌丝

2. 产朊假丝酵母(C. utilis)

产朊假丝酵母细胞为圆形或圆筒形,有时细胞连接成假菌丝,多边出芽繁殖和分裂繁殖(图 2-13)。该菌具有较强的分解糖的能力,能发酵葡萄糖、蔗糖、棉籽糖。该菌体蛋白含量高达干重的 60% 左右,并含有大量的赖氨酸、维生素和多种微量元素。可利用糖蜜、土豆淀粉废水、木材水解液和造纸工业的亚硫酸废液培养产朊假丝酵母,生产富含蛋白质和维生素 B 的食用和饲用单细胞蛋白。

3. 解脂假丝酵母(C. lipolytica)

解脂假丝酵母(图 2-14)分解脂肪和蛋白质的能力很强,主要用于石油发酵,生产食用和饲用蛋白,此外,还可生产维生素、柠檬酸等。

此外,红酵母属(Rhodotorula)与假丝酵母属同属隐球酵母科,常污染食品,在粮食、肉和酸泡菜上形成红斑使食品变色、败坏。毕赤氏酵母属(Pichia)与酵母属同属酵母科,该属菌能耐高浓度酒精,并使之氧化,是饮料酒的污染菌,常在饮料酒和酱油表面形成一层白色干燥的菌醭。汉逊氏酵母属(Hansenula)亦属酵母科,本属酵母是常见的饮料酒类的污染菌。

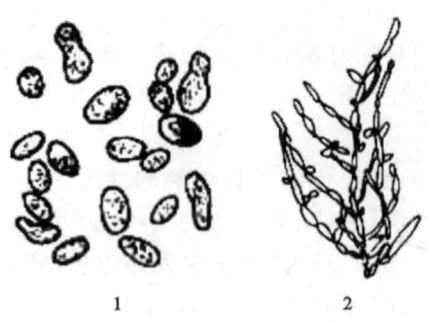

图 2-13 产朊假丝酵母
1.细胞;2.假菌丝

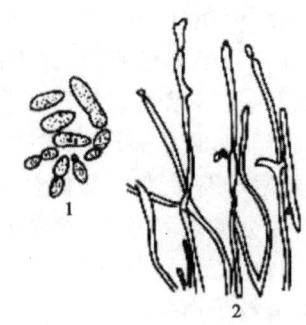

图 2-14 解脂假丝酵母
1.细胞;2.假菌丝

第二节 霉 菌

一、霉菌的概念及其与食品工业的关系

凡是在培养基上长成绒毛状、棉絮状或蜘蛛网状的丝状真菌通称为霉菌。霉菌不是分类学上的名词,在真菌分类学上属于真菌门的各个亚门。

霉菌在自然界的分布很广,主要分布在偏酸性环境中,种类繁多,与人类的关系十分密切,尤其在食品工业中霉菌的利用非常广泛。有些霉菌用来酿酒、制酱、酱油、腐乳,生产有机酸、酒精等。如根霉是淀粉质原料的糖化菌,并能产生一定量的酒精,可用于酿酒;黑根霉、米根霉、华根霉等还能产生有机酸(乳酸、琥珀酸等);曲霉可糖化淀粉,产生有机酸、蛋白酶、果胶酶等,可用于生产酱油、有机酸;高大毛霉、总状毛霉、鲁氏毛霉等能糖化淀粉,产生少量乙醇,产生蛋白酶,有分解大豆的能力,常参与酿酒及豆制品发酵,还可产生有机酸、脂肪酸、果胶酶等。

医药工业利用霉菌生产抗生素、酶制剂、维生素等,农业上利用霉菌发酵饲料、生产农药等。另外,霉菌在自然界的物质转化中起到重要作用。霉菌常造成粮食、水果、蔬菜及农副产品、衣物、原料、器材等发霉变质,少数霉菌能产生毒素引起食物中毒。有些霉菌还是动、植物的致病菌。

二、霉菌的菌丝构成及其特点

构成霉菌营养体的基本单位是菌丝。菌丝是管状细丝,分枝或不分枝。菌丝的宽度一般为 3～10μm,与酵母菌细胞直径相似,许多菌丝交织在一起,称为菌丝体。

(一)菌丝的类型

1.无隔菌丝与有隔菌丝

霉菌的菌丝从结构上分为两大类,即无隔菌丝与有隔菌丝(图 2-15)。

(1)无隔菌丝 菌丝内无横隔膜,称为无隔菌丝。整个菌丝体就是一个单细胞,内含许多细胞核,随菌丝的伸长和分支,只有核的分裂而无细胞分裂。例如毛霉属和根霉属的菌丝就属此类。

(2)有隔菌丝 菌丝内有横隔膜,称为有隔菌丝。菌丝中有很多中央有孔的横隔膜,把菌丝隔成很多段,每两个膈膜之间可看成一个细胞,每个细胞中有一个或几个核,随着菌丝的伸长与分支,不仅有核的分裂,还有膈膜形成,使细胞数目不断增加,所以有膈菌丝为多细胞。细胞之间的原生质和细胞核可通过小孔而沟通。例如曲霉属和青霉属的菌丝就属此类。

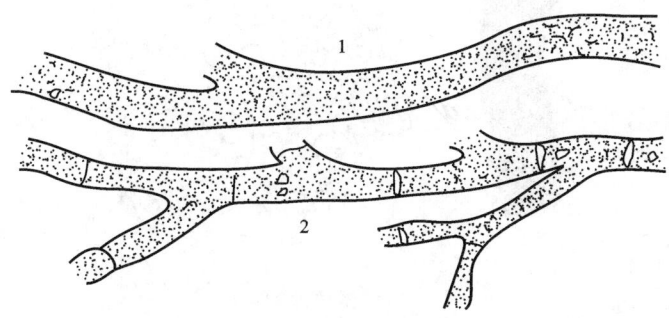

图 2-15 霉菌的菌丝
1. 无膈菌丝;2. 有膈菌丝

2. 营养菌丝、气生菌丝与繁殖菌丝

霉菌的菌丝从功能上可分为三大类,即营养菌丝、气生菌丝和繁殖菌丝。

(1)营养菌丝 在固体培养基上,一部分菌丝伸入基质中,起固定和吸收养分作用的菌丝称为营养菌丝。

(2)气生菌丝 由营养菌丝长出,向空气中生长的菌丝称为气生菌丝。

(3)繁殖菌丝 有的气生菌丝发育到一定阶段分化为可形成孢子的菌丝,称为繁殖菌丝。它可产生各种类型的孢子,属于繁殖器官。

霉菌菌丝的形态特征是识别不同种类霉菌的重要依据。

(二)菌丝的特异化

霉菌的菌丝在一定的条件下,或发育到一定的阶段,可形成各种特殊的组织或结构。这是真菌在长期适应不同外界环境条件的过程中形成的。它们是由很多菌丝聚集在一起而形成的。这些特殊组织或结构可起到繁殖、传播以及增强对不良环境抵抗力的作用。

1. 菌核

由菌丝团组成的一种硬的休眠体称为菌核(图 2-16),是真菌为了度过不良环境所产生的,同时它又是糖类和脂类等营养物质的储藏体。外层颜色较深,质地坚硬,内层组织疏松,呈白色,大小形状因种而异,在条件适宜时可生出分生孢子梗、子实体等。如麦角菌、茯苓、油菜菌核等。

2. 菌索、菌丝束和子实体

菌索和菌丝束是真菌形成的特殊运输结构,是由菌丝平行排列或缠绕集结成的绳索状组织。菌索一般生于树皮下或地下,有白色或各种色泽的根状结构;菌丝束是由正常菌丝发育所形成的简单结构,二者是运输和吸收营养的组织结构,一般在伞菌中产生。子实体是由菌丝束发育而形成的具有一定形状的产孢结构。双孢菇的菌丝束及子实体如图 2-17 所示。

3. 子座

子座由很多菌丝聚集在一起,形成比较疏松的组织,在子座内或子座外可形成繁殖器官。子座有垫状、壳状或其他形状。如冬虫夏草菌(图 2-18),从菌核中长出棒状的柄部和头部子座,在头部周围生有许多子囊壳。

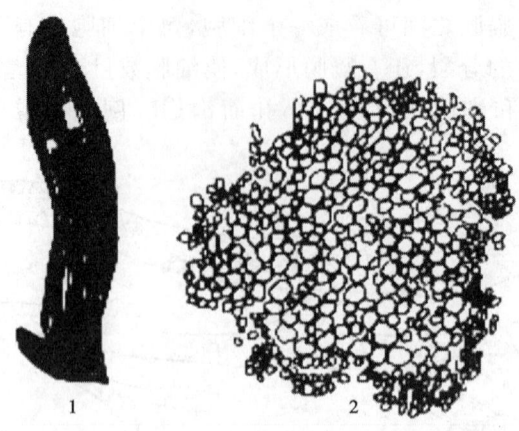

图 2-16　麦角菌的菌核

1. 菌核；2. 菌核横切面

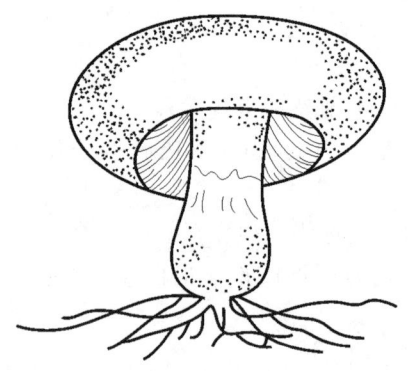

图 2-17　双孢菇的菌丝束及子实体

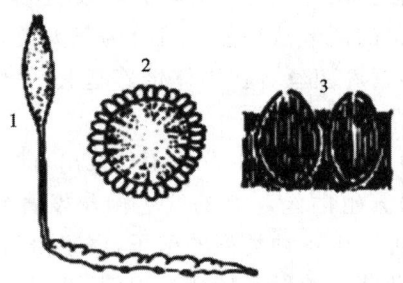

图 2-18　冬虫夏草菌

1. 子座；2. 子座横切面；3. 子囊壳

4. 吸器

吸器(图 2-19)是某些寄生性真菌从菌丝上产生的旁枝，侵入宿主细胞内形成指状、球状或丛枝状结构，用以吸收宿主细胞中的养料。

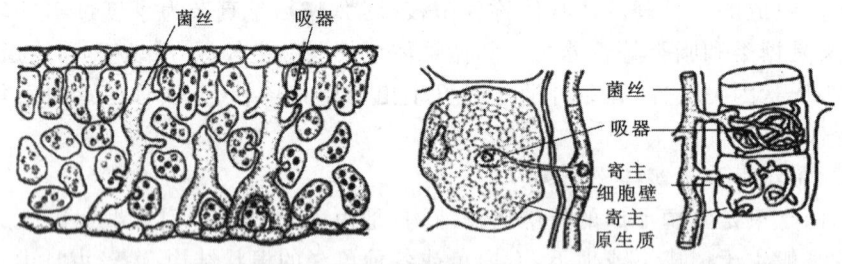

图 2-19　吸器示意图

(吕嘉枥. 食品微生物学. 2007；何国庆，贾英民. 食品微生物学. 2002)

5. 假根

根霉属真菌的匍匐枝与基质接触处分化形成的根状菌丝称为假根(图 2-20)。在显微镜下假根的颜色比其他菌丝要深，它起固着和吸收营养的作用。

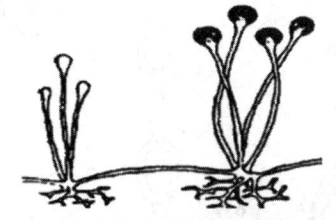

图 2-20　根霉菌的匍匐菌丝和假根

(何国庆,贾英民.食品微生物学.2002)

三、霉菌的菌丝细胞结构

霉菌的菌丝细胞与酵母菌十分相似,由细胞壁、细胞膜、细胞质、细胞核、细胞器和内含物等组成。

细胞壁厚度为 100~250nm,厚实而坚韧。大多数霉菌的细胞壁主要由几丁质组成,少数水生霉菌主要由纤维素组成。细胞膜厚 7~10nm,其成分和结构与酵母菌细胞膜相似。细胞质中含有线粒体、核糖体、内质网、高尔基体、微体以及异染颗粒、肝糖粒、脂肪粒等,幼龄菌丝细胞质均匀稠密,老龄菌丝细胞质稀薄并出现液泡。菌丝细胞中有一至数个核,细胞核直径 0.7~3μm,有核膜、核仁、染色体,核膜上有核孔。

四、霉菌的繁殖和生活史

霉菌具有很强的繁殖能力,繁殖方式可分为无性繁殖和有性繁殖两种。

(一)霉菌的无性繁殖

无性繁殖不经过两性细胞接合,而直接由菌丝细胞分裂或分化形成新个体。霉菌的无性繁殖主要通过产生无性孢子的方式进行繁殖,但也能以菌丝断裂的片断进行繁殖。

无性孢子主要有孢囊孢子、分生孢子、节孢子、厚垣孢子(图 2-21),最常见的是孢囊孢子和分生孢子。一般来说,多数无膈菌丝的霉菌产生孢囊孢子和厚垣孢子;有膈菌丝的霉菌产生分生孢子和节孢子,少数也可产生厚垣孢子。无性孢子的形状、大小、颜色和形成方式也是霉菌鉴别的重要依据之一。

1. 孢囊孢子

在孢子囊内产生的孢子称为孢囊孢子,是内生孢子。在孢子形成时,气生菌丝或孢囊梗顶端膨大形成孢子囊,在孢子囊内每个细胞形成许多细胞核,每一个核外包以细胞质,产生孢子壁,即形成孢囊孢子。产生孢子囊的菌丝叫孢囊梗,孢囊梗伸入孢子囊的膨大部分叫囊轴。当孢子成熟后,孢子囊壁破裂,释放出孢囊孢子。孢囊孢子遇到适宜条件即可萌发形成新的个体。孢囊孢子有两种类型:一种有鞭毛、能游动的叫游动孢子,如水霉的游动孢子;另一种不生鞭毛、不能游动的叫不动孢子,如毛霉、根霉。

2. 分生孢子

在菌丝顶端或由菌丝分化的分生孢子梗上形成的孢子称为分生孢子。由于该孢子是生在菌丝细胞外,所以是外生孢子。它是霉菌中最常见的一类无性孢子。其着生形式有单生、成链或成簇;形状多种多样,有圆形、椭圆形、弯月形、棒状;大小差异很大;多数为单细胞,

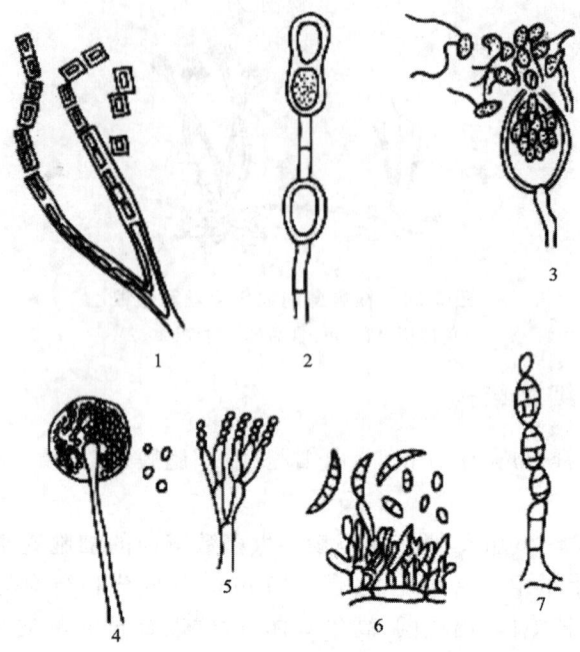

图 2-21 真菌的各种无性孢子
1.节孢子；2.厚垣孢子；3.游动孢子；4.孢子囊及孢囊孢子；
5.分生孢子串生；6.镰刀形分生孢子；7.分生孢子有横纵膈膜

有的为多细胞。如青霉、曲霉等。

3.节孢子

节孢子又称粉孢子或裂孢子，由菌丝断裂形成。当菌丝生长到一定阶段，菌丝产生横膈膜，然后从横膈处断裂，形成许多单个的孢子。孢子常呈圆柱状、筒状，或两端钝圆形的孢子。如白地霉。

4.厚垣孢子

厚垣孢子又称厚壁孢子，它是由菌丝中间（少数在顶端）的个别细胞膨大，原生质浓缩变圆，细胞壁变厚而形成的休眠孢子。其形状有球形、纺锤形或长方形。厚垣孢子对不良环境条件有很强的抵抗力。当菌丝遇到不良的环境条件时，菌丝死亡，但厚垣孢子仍存活，一旦环境条件好转，就能萌发成新的菌丝体。如总状毛霉、地霉等。

(二)霉菌的有性繁殖

霉菌的有性繁殖主要通过产生有性孢子的方式进行。有性孢子的繁殖是由两个性细胞接合而产生的，一般包括质配、核配和减数分裂三个阶段。在霉菌中，有性繁殖不如无性繁殖普遍，仅发生在特定条件下，而且在一般培养基上不常出现。

霉菌常见的有性孢子有卵孢子、接合孢子、子囊孢子、担孢子。一般来说，无膈菌丝的真菌产生卵孢子和接合孢子，有膈菌丝的真菌产生子囊孢子和担孢子。与食品工业有关的主要是接合孢子和子囊孢子。

1.卵孢子

由菌丝分化形成两个形态、大小、性别都不同的配子囊（雄器和藏卵器）相结合而形成的孢子称为卵孢子(图 2-22)。大型配子囊称为藏卵器,小型配子囊称为雄器,藏卵器和雄器内的细胞核都是单倍体。藏卵器中的原生质在与雄器配合之前,收缩成一个或数个原生质团,称为卵球。当雄器与藏卵器配合时,雄器中的细胞质和细胞核通过受精管进入藏卵器与卵球配合(经过质配、核配),此后卵球生出外壁即形成二倍体的卵孢子。卵孢子的数量取决于卵球的数量。如水霉、绵霉。

2. 接合孢子

由菌丝产生的两个形态相同或相似、性别不同的配子囊接合所形成的孢子称为接合孢子。

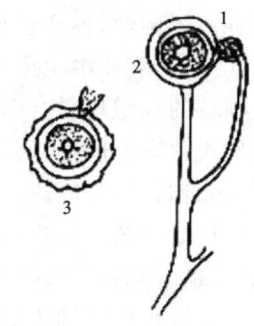

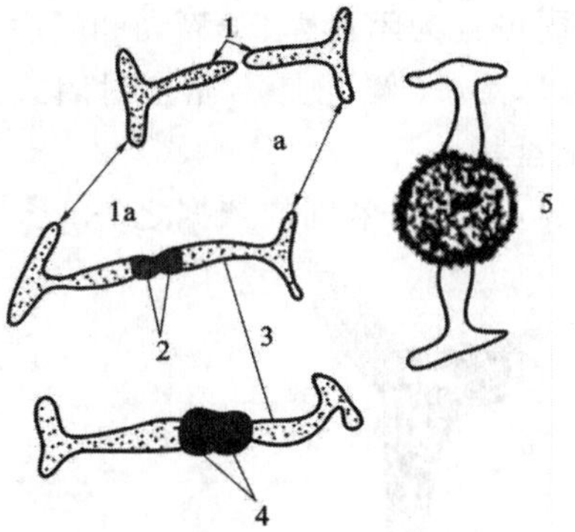

图 2-22　真菌的卵孢子

1.雄器;2.藏卵器;3.卵孢子

性别不同的两个相邻菌丝相遇,各向对方生出极短侧枝,称为原配子囊;两原配子囊相互吸收,并且相接触;原配子囊顶端各自膨大并形成横膈,形成配子囊;相接触的两配子囊之间的横膈消失,使两配子囊中的细胞质和细胞核相配合,同时外部形成厚壁,即形成二倍体的接合孢子(图 2-23)。如根霉、毛霉。

图 2-23　接合孢子的形成

1.原配子囊;2.配子囊;3.配子囊柄;
4.配子囊接合;5.接合孢子;a.菌丝

真菌接合孢子的形成有同宗配合和异宗配合两种方式。同宗配合是指同一个菌丝体的相邻菌丝甚至同一菌丝的分枝菌丝相遇产生雌雄配子囊再配合形成接合孢子。异宗配合是指两个同种而不同品系的菌丝相遇产生雌雄配子囊再配合形成接合孢子。

3. 子囊孢子

由菌丝分化形成两个形态、大小、性别都不同的配子囊(雄器和产囊器)相结合而形成的孢子称为子囊孢子(图 2-24)。大型配子囊称为产囊器,小型配子囊称为雄器。形成子囊孢子是子囊菌的主要特征。

子囊孢子的形成较为复杂。雄器与产囊器相接触,雄器中的细胞质和细胞核通过受精丝进入产囊器,先进行质配,细胞核进行多次分裂,形成多核。核配对排列。在产囊器顶端

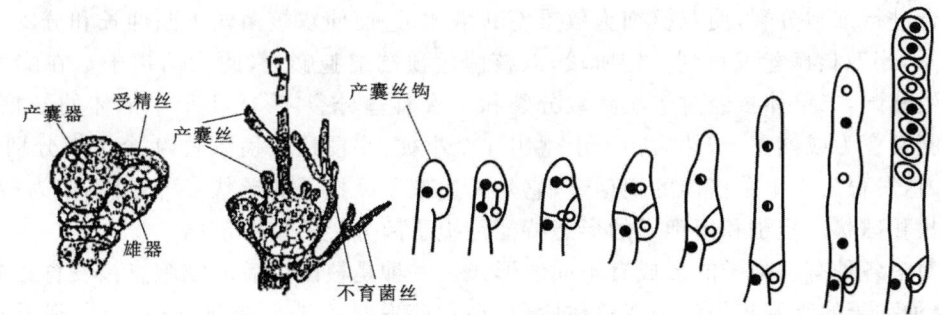

图 2-24　子囊及子囊孢子的形成过程

(张青,葛菁萍.微生物学.2004)

形成许多短菌丝,称产囊丝。成对的细胞核进入产囊丝,而且经过几次同时分裂而形成多核。此后,产囊丝中生出膈膜将其隔成多个细胞,每个细胞中含有1个或2个核,但每个产囊丝顶端的细胞均含2个核,其中1个为雌核的子核,另1个为雄核的子核。产囊丝的顶端细胞伸长并弯曲成钩状体,此钩状体中的2个核进行1次有丝分裂形成4个核,同时又产生膈膜将此钩状体分隔成3个细胞:钩尖(1个核)、钩头(2个核,其中1个为雌核的子核,另1个为雄核的子核)、钩柄(1个核)。钩头伸长,并进行核配,核配后的钩头细胞即为子囊,该细胞(子囊)内的二倍体核进行3次分裂,其中1次为减数分裂,形成8个单倍体子核,每个单倍体子核再包以细胞质,并形成细胞膜和细胞壁,形成8个子囊孢子。因此子囊孢子是在子囊内形成的,所以是内生孢子。子囊是一种囊状结构,有球形、棒状、圆筒形、长方形。

在子囊和子囊孢子的发育过程中,原来的雄器和产囊器下面的细胞生出许多菌丝,它们有规律地将子囊包被,形成子囊果。按子囊果的形态不同可分为闭囊壳、子囊壳和子囊盘三种类型(图2-25)。闭囊壳是完全封闭式的子囊果,呈圆球形;子囊壳是不完全封闭式的子囊果,呈圆球形,留有小孔;子囊盘是开口式的子囊果,呈盘状。

子囊孢子的形状、大小、颜色、纹饰等因菌种不同而异,是霉菌鉴别的依据之一。

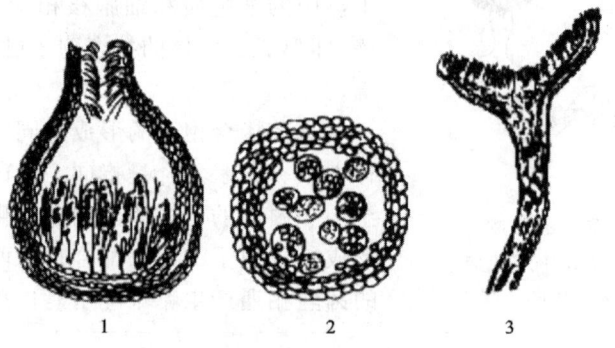

图2-25 子囊果的形态
1.子囊壳;2.闭囊壳;3.子囊盘

4.担孢子

菌丝经过特殊的分化和有性结合形成担子,在担子上形成的有性孢子称为担孢子。担孢子是担子菌特有的有性孢子。

担子菌的两条单核菌丝直接结合形成双核菌丝,担子菌中许多种类的双核菌丝都是靠锁状联合进行细胞分裂,使双核细胞数量不断增加,进而使双核菌丝不断伸长和分支。如图2-26所示,当双核菌丝发育到一定阶段,双核菌丝顶端细胞膨大(此为幼担子),在膨大的细胞内发生核配,二倍体核经过1次减数分裂和1次有丝分裂,形成4个单倍体的子核,此时顶端细胞发育为成熟担子,然后担子上生出4个小梗,小梗顶端稍膨大,4个子核分别进入4个小梗内,发育为4个单倍体的担孢子,它是外生孢子。担子的形状多种多样,多为棒状,但也有管状和球状。担子和担孢子的形态特征是担子菌分类的重要依据。

真菌中各种有性孢子的形成有不同的形式。一种是核配以后的细胞直接发育形成有性孢子,这种孢子的细胞核仍处于双倍体阶段,在它萌发时才进行减数分裂,如卵孢子和接合孢子;另一种是在核配以后,双倍体的细胞核立即进行减数分裂,产生单倍体的有性孢子,如子囊孢子和担孢子。

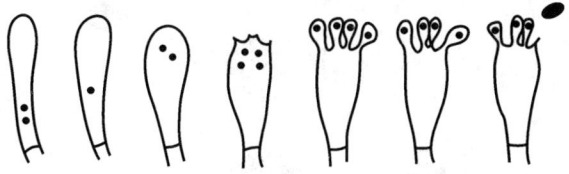

图 2-26 担孢子的形成过程

(三)霉菌的生活史

霉菌的生活史是指霉菌从一个孢子开始经过一定的生长发育,到最后又产生孢子的过程。它包括无性阶段和有性阶段(图 2-27)。

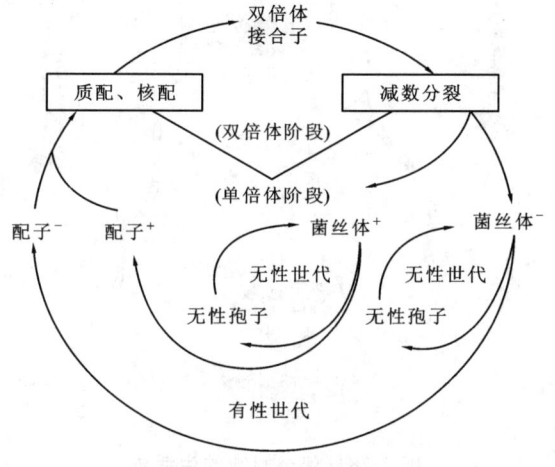

图 2-27 霉菌生活史

(张青,葛菁萍.微生物学.2004)

无性阶段是指霉菌的菌丝体在适宜的条件下产生无性孢子,无性孢子遇适宜环境条件萌发形成新的菌丝体。有性阶段是指在霉菌生长发育后期,从菌丝体上形成配子囊,经过质配、核配,形成二倍体细胞核,有的直接形成二倍体有性孢子,有的经减数分裂形成单倍体有性孢子,有性孢子在适宜的环境条件下萌发,形成新的菌丝体,如匍枝根霉的生活史(图 2-28)。

五、霉菌的菌落特征

霉菌的菌落由菌丝体组成,菌落较大,质地疏松,外观干燥,不透明,由于霉菌菌丝粗而长,因此菌落常呈绒毛状、棉絮状、蜘蛛网状或毡状,菌落与培养基连接紧密,不易挑取,菌落正面与反面的颜色、构造,以及边缘与中心的颜色、构造常不一致。菌落初为白色或浅色,形成孢子后,菌落表面则呈现肉眼可见的不同结构和色泽等特征。有的菌落蔓延生长,扩散至整个培养皿;有的则有局限性。霉菌菌落一般比细菌和放线菌的菌落要大几倍至几十倍。

不同霉菌在一定的条件下培养,一般培养 3~10d 后菌落可呈现出形状、大小、颜色、边缘等不同特征,这是霉菌鉴定的重要依据之一。

小视频

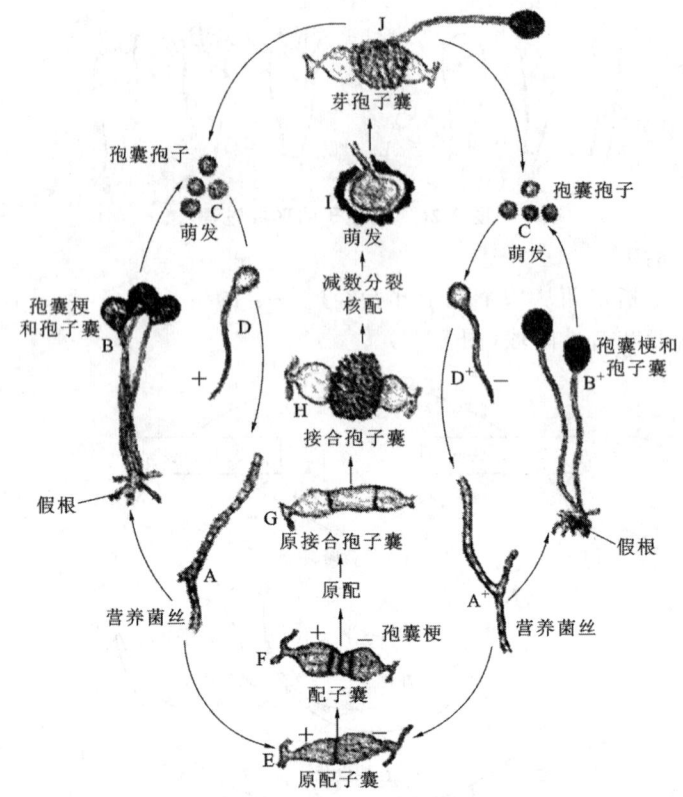

图 2-28 匍枝根霉的生活史
A.菌丝；B.孢囊梗和孢子囊；C.孢囊孢子；D.孢囊孢子萌发；E.原配子囊；F.配子囊；
G.幼龄接合孢子；H.成熟接合孢子；I.接合孢子萌发；J.生芽子囊
（吕嘉枥.食品微生物学.2007）

六、食品中常见的霉菌

(一)毛霉属(*Mucor*)

毛霉是接合菌亚门真菌中的重要类群，属接合菌纲，毛霉目，毛霉科。毛霉种类较多，在自然界广泛分布于空气、土壤和各种物体上，在高温、高湿以及通风不良的条件下生长良好，常引起粮食、水果和蔬菜等食品的腐败变质。毛霉具有很强的分解蛋白质和糖化淀粉的能力，如有名的鲁氏毛霉最初是从我国的小曲中分离出来的，它是最早被用作糖化淀粉制造酒精的菌种；鲁氏毛霉和总状毛霉还能分解大豆蛋白，用于制造豆腐乳和豆豉。

毛霉菌落蓬松呈棉絮状，常蔓延生长不成形。菌丝无隔，无性繁殖产生孢囊孢子，有性繁殖产生接合孢子。毛霉与根霉的主要区别是菌体不产生假根，孢囊梗直接由菌丝体产生，直立，单生或有分枝，梗的顶端为球形孢子囊。当孢子囊成熟放出孢囊孢子后，留下中轴，中轴与孢囊梗连接处不分膈（图2-29）。

毛霉为中温菌，生长适温为30℃，但毛霉对温度的适应性很宽，一般在-4～33℃的范围内均可生长。根据孢囊梗的形态，毛霉可分为以下三种类型（图2-30）：①单枝毛霉群。孢囊梗直立，单生，如高大毛霉。②总状分枝毛霉群。孢囊梗总状分枝，如总状毛霉。③假轴状分枝毛霉群。孢囊梗假轴状分枝，如鲁氏毛霉。

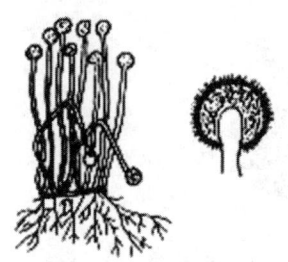

图 2-29　高大毛霉的形态

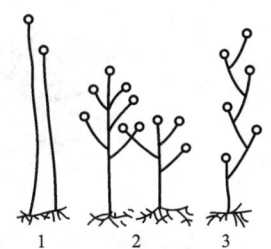

图 2-30　毛霉孢囊梗的分枝类型
1.单枝；2.总状分枝；3.假轴状分枝

（二）根霉属（*Rhizopus*）

与毛霉同科异属。根霉形态特征、分布及作用等都与毛霉相似，主要区别是根霉的气生性强，有假根和匍匐菌丝。匍匐菌丝上有节，节部向下产生假根，起固定和吸收养分的作用。由节部向上长出 2~4 根孢囊梗，孢囊梗不分枝，中轴半球形，与孢囊梗连接处有分膈（图 2-31）。

根霉对淀粉、果胶、蛋白质的分解能力很强，在发酵和酿造工业上常被利用，如米根霉是酒药和曲子的主要糖化菌。有的可进行甾体化合物转化及生产延胡索酸、乳酸等有机酸。但也常造成粮食、水果、蔬菜等食品的霉烂和软腐，如黑根霉可在一切生霉的材料上出现，产生黑色霉变。

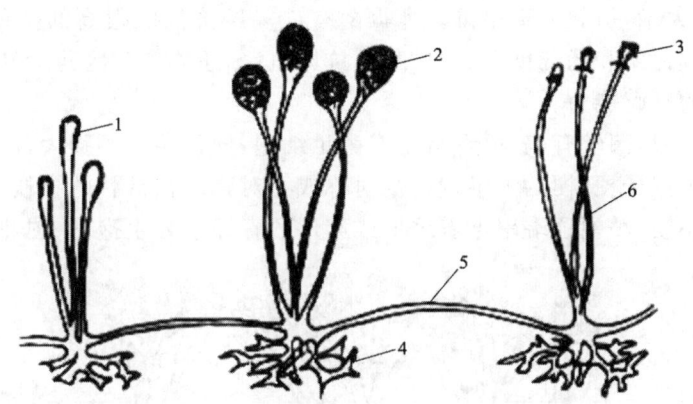

图 2-31　匍枝根霉的匍匐菌丝和假根
1.未成熟的孢子囊；2.成熟的孢子囊；3.孢囊孢子；4.假根；5.匍匐菌丝；6.孢囊梗

（三）曲霉属（*Aspergillus*）

曲霉属不整子囊菌纲，散囊菌目，散囊菌科。曲霉的菌丝有膈。无性繁殖产生分生孢子，分生孢子梗由分化为厚壁细胞的匍匐菌丝上长出，此厚壁细胞为足细胞，分生孢子梗直立向上，顶端膨大成顶囊。顶囊上着生辐射状小梗，小梗有一层或两层，第一层叫初生小梗，第二层叫次生小梗，小梗顶端着生成串分生孢子（图 2-32）。

曲霉具有多种活性强大的酶系，如淀粉酶、蛋白酶、果胶酶等。黑曲霉产生的淀粉酶可用于糖化和液化淀粉，产生的果胶酶可用来澄清果汁，黑曲霉还可生产多种有机酸等；米曲霉可用来生产酱油和酱类。但曲霉中也有一些有害菌，如黄曲霉产生的黄曲霉毒素，具有很强的致癌、致畸作用。

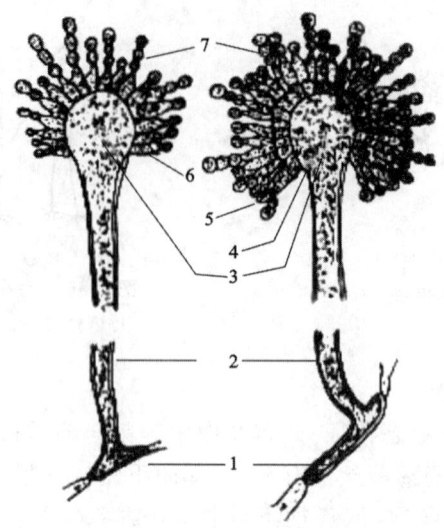

图 2-32　曲霉的形态
1.足细胞；2.分生孢子梗；3.顶囊；4.初生小梗；
5.次生小梗；6.小梗；7.分生孢子

(四)青霉属(*Penicillium*)

青霉与曲霉同属散囊菌科。青霉常造成粮食和水果的败坏,有的还可产生毒素,如橘青霉、黄绿青霉污染大米,引起人畜中毒。青霉菌有许多经济价值很高的菌种,如产黄青霉不仅能产生葡萄糖氧化酶和葡萄糖酸、柠檬酸及抗坏血酸,还能生产医药上的青霉素等。青霉对有机物具很强的分解能力。

青霉与曲霉相似,菌丝有膈,但青霉不产生足细胞,梗顶端也不膨大,由气生菌丝分化形成直立向上的分生孢子梗,梗的上半端产生对称或不对称的扫帚状的分枝,俗称扫帚菌。分枝的最后一级称小梗,小梗顶端串生着球形或卵形的青绿色分生孢子(图 2-33)。

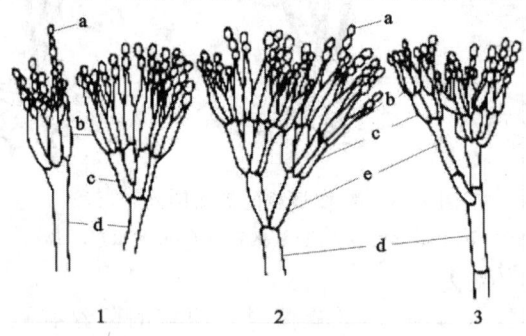

图 2-33　青霉的形态
1.单轮形；2.对称二轮形；3.非对称二轮形
a.分生孢子；b.小梗；c.梗基；d.分生孢子梗；e.副枝

(五)木霉属(*Trichoderma*)

木霉属半知菌亚门的真菌,广泛分布于朽木、动植物残体及土壤和空气中。常见的绿色木霉和康氏木霉可引起大米变黄；木霉寄生于真菌子实体上(如蘑菇),引起减产。木霉产生纤维素酶的能力强,故称纤维素分解菌,是生产纤维素酶的主要菌种之一(图 2-34)。

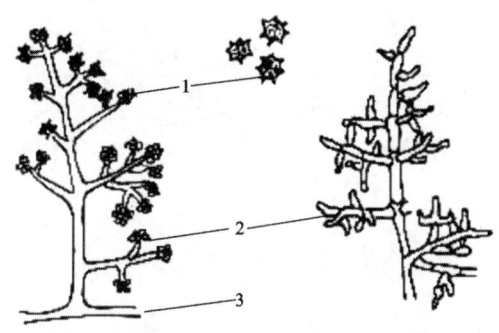

图 2-34 木霉菌的形态
1.孢子；2.小梗；3.菌丝

（六）赤霉属（Gibberella）

赤霉属核菌纲，球壳菌目，肉座霉科。其形态如图 2-35 所示。该菌有许多是植物的病原菌，如有的引起水稻秧苗疯长，是由于该菌能产生赤霉素所致。赤霉素是一种激素，除能刺激植物生长外，还能打破种子和块茎器官的休眠，促进果实膨大和叶菜类增产。

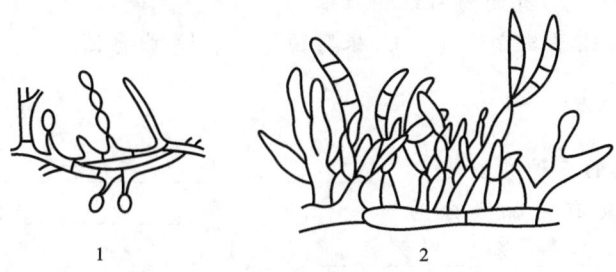

图 2-35 赤霉菌的形态
1.分生孢子梗和小型分生孢子；2.疏松的子座，分枝的分生孢子梗和大型分生孢子

本章小结

　　酵母菌为单细胞真核微生物，其形态主要有圆形、卵圆形、椭圆形、柠檬形、香肠形等，有的酵母菌能形成假菌丝。其细胞结构有细胞壁、细胞膜、细胞质、细胞器、细胞核以及内含物等。
　　酵母菌的繁殖方式有无性繁殖和有性繁殖。无性繁殖包括芽殖和裂殖，芽殖是酵母菌最常见的繁殖方式；有性繁殖主要形成子囊孢子。酵母菌生活史有：单双倍体型、单倍体型和双倍体型。酵母菌在固体培养基上的菌落特征是菌种分类鉴定的重要依据。
　　酵母菌在食品、发酵、医药、石油等工业中有着极其重要的作用。
　　霉菌是丝状真菌，其菌丝分为有膈菌丝与无膈菌丝，营养菌丝、气生菌丝与繁殖菌丝，在一定的条件下可形成各种特殊的组织或结构。
　　霉菌的繁殖主要以形成各种无性孢子（孢囊孢子、分生孢子、节孢子、厚垣孢子）和有性孢子（卵孢子、接合孢子、子囊孢子、担孢子）的方式进行。霉菌的菌落特征是霉菌鉴定的重要依据之一。
　　霉菌与人类的关系十分密切，尤其在食品工业中霉菌的利用非常广泛。

复习思考题

一、名词解释

分生孢子   孢囊孢子

二、判断题

1. 接合孢子是霉菌产生的有性孢子。（   ）
2. 酵母菌最常见的繁殖方式是芽殖。（   ）

三、选择题

1. 酵母菌喜含糖较高的（   ）环境。
   A. 偏酸性   B. 偏碱性   C. 中性   D. 强碱性
2. 下列霉菌中，（   ）有葡萄菌丝和假根。
   A. 毛霉菌   B. 青霉菌   C. 根霉菌   D. 曲霉菌

四、填空题

1. 酵母菌生活史的三种类型是_____、_____和_____。
2. 霉菌菌丝按其有无膈膜分为_____和_____；按其功能不同分为_____、_____和_____。
3. 酵母菌细胞壁可分三层，外层是_____，中间层是_____，内层是_____。

五、简述题

1. 解释营养菌丝、气生菌丝和繁殖菌丝。
2. 真菌常见的无性孢子和有性孢子有哪些？

六、技能题

1. 简答霉菌水浸片的制片步骤。
2. 如何区分酵母菌死、活细胞？

第三章　非细胞微生物

知识目标
1. 掌握病毒及噬菌体的形态结构和化学组成，理解病毒的增殖过程。
2. 了解噬菌体的检测方法及其与发酵工业的关系。

技能目标
1. 学会识别噬菌体在发酵工业中造成的污染。
2. 学会噬菌体检测的方法并会处理噬菌体的污染。

思政目标
通过介绍中国在抗击新型冠状病毒肺炎疫情上表现的出色防控能力与防控成绩，增强对中国特色社会主义制度的认同感，提升学生家国主义情怀，培养和强化学生正确的政治意识。

非细胞微生物分为真病毒和亚病毒。真病毒简称病毒，至少含有核酸和蛋白质两种组分。亚病毒又分为类病毒、拟病毒和朊病毒。类病毒只含具有独立侵染性的 RNA 组分；拟病毒只含不具有独立侵染性的 RNA 组分；朊病毒只含蛋白质一种组分。本章只介绍病毒及其噬菌体。

第一节　病　　毒

病毒是目前已知的最小生物。1982 年俄国科学家伊万诺夫斯基首先发现烟草花叶病的感染因子能够通过细菌通不过的微孔滤器，后来把这种感染因子命名为滤过性病毒，简称病毒。随后牛口蹄疫病毒、细菌病毒、昆虫病毒也相继被发现。随着电子显微镜技术的发展，以及 X-射线衍射技术和超速离心机等先进仪器的应用，人们对病毒的研究已进入到一个崭新的阶段。

病毒广泛分布在自然界中，在有细胞型生物生存的地方都可能有与其相应的病毒存在。在食品与发酵工业中常发现病毒的污染与危害。因此，了解并掌握病毒的特性，对控制病毒对人类的危害，防止病毒对食品的污染，减少噬菌体对发酵工业的污染，具有重要意义。

一、病毒的生物学特性

病毒与其他细胞型微生物相比，具有以下主要特性：
(1) 个体极微小。病毒的个体称为病毒粒子，绝大多数能通过细菌过滤器，必须借助电子显微镜才能看到，常以纳米(nm)为单位来表示其大小。
(2) 无细胞结构，只是由核酸和蛋白质组成的大分子。
(3) 每种病毒只含有一种核酸，或者是 DNA，或者是 RNA。
(4) 专性细胞内寄生。大部分病毒没有酶或酶系不完善，不能独立进行新陈代谢，不能在无生命培养基上生长,必须寄生在活的易感细胞内才能增殖。

按病毒寄生的宿主不同,将病毒分为三类:动物病毒、植物病毒和微生物病毒。如狂犬病毒、口蹄疫病毒、鸡瘟病毒等为动物病毒;烟草花叶病毒、马铃薯黄矮病毒、玉米条纹病毒等为植物病毒;噬菌体为微生物病毒。

(5)以复制方式增殖,依靠宿主细胞进行自我复制繁殖。

(6)在离体条件下,只能以无生命的大分子状态存在,并可长期保持其侵染性。

(7)对一般抗生素不敏感,但对干扰素敏感。

二、病毒的基本形态和大小

病毒的基本形态有球形、卵圆形、砖形、杆形、丝状、蝌蚪状等(图3-1)。动物病毒多呈球形(或多面体形),如脊髓灰质炎病毒、口蹄疫病毒、腺病毒等;但有的呈砖形,如牛痘苗病毒;少数呈子弹形,如狂犬病毒。植物病毒大多呈杆状,如烟草花叶病毒;少数呈丝状,如甜菜黄化病毒;有的呈球形,如花椰菜花叶病毒。微生物病毒多呈蝌蚪状,如噬菌体。

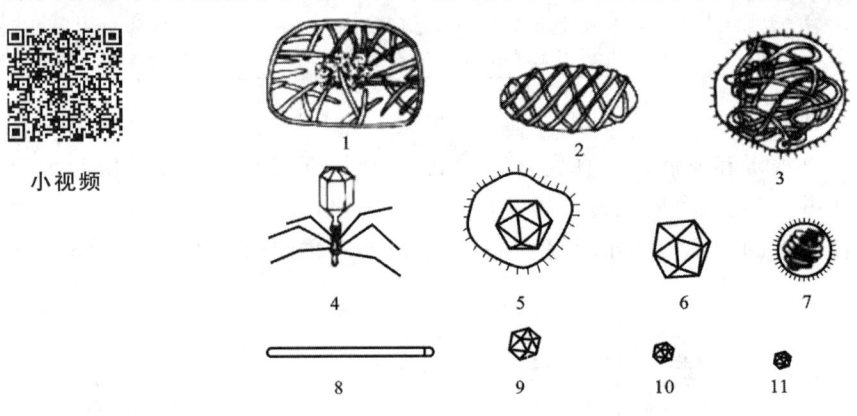

图 3-1　几种病毒的形状

1.牛痘苗病毒;2.传染性脓疱皮炎病毒;3.腮腺炎病毒;4.T-偶数噬菌体;5.疱疹病毒;
6.大蚊病毒;7.流感病毒;8.烟草花叶病毒;9.腺病毒;10.多瘤病毒;11.脊髓灰质炎病毒

大多数病毒的直径在10~300nm之间。病毒大小悬殊,较大的病毒如痘病毒直径为300nm,较小的病毒,如口蹄疫病毒直径为10nm,所以,不能用普通光学显微镜观察其形态,必须用电子显微镜放大几千倍、几万倍,甚至十几万倍才能看到其基本形态。图3-2为病毒与其他微生物的大小比较。

三、病毒的基本结构及其功能

病毒主要由核心和衣壳两部分构成,核心与衣壳合称为核衣壳。有些病毒在核衣壳外还有一层膜称包膜。病毒的基本结构如图3-3所示。结构最简单的病毒没有包膜,只由核衣壳构成,称为裸露病毒,如脊髓灰质炎病毒、腺病毒;有包膜的病毒称为包膜病毒,如流感病毒、冠状病毒。

(一)核心

1.成分

病毒核心的成分是核酸,每种病毒只含有一种核酸,或者是DNA,或者是RNA。含DNA的病毒称为DNA病毒(如腺病毒、冠状病毒),含RNA的病毒称为RNA病毒(如流

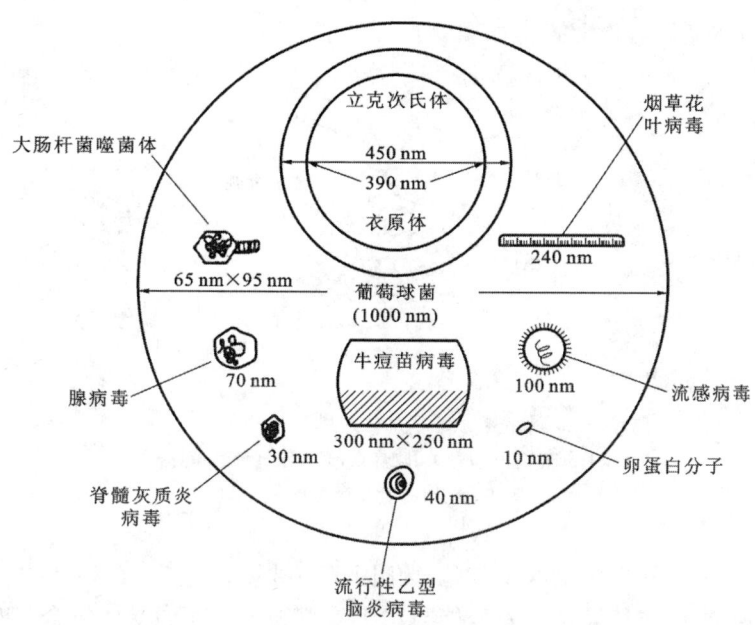

图 3-2 病毒与其他微生物的大小比较
（薛永三.微生物.2005）

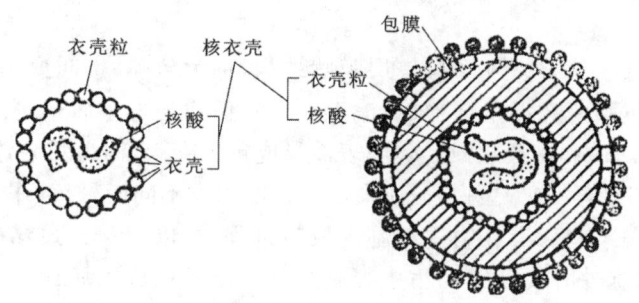

图 3-3 病毒的基本结构
（朱乐敏.食品微生物.2006）

感病毒、风疹病毒、脊髓灰质炎病毒）。大多数植物病毒的核酸为 RNA，少数为 DNA；动物病毒的核酸部分是 DNA，部分是 RNA；噬菌体的核酸大多数为 DNA，少数为 RNA。RNA 病毒多数为单链，极少数为双链；DNA 病毒多数为双链，少数为单链。

2. 功能

核酸是病毒增殖、遗传变异与感染性的重要物质基础。大部分病毒的遗传物质为 DNA，少数 RNA 病毒能以 RNA 为遗传物质。

（二）衣壳

1. 成分

包在病毒核心外的蛋白质外壳称为衣壳。衣壳由壳粒构成，它是电镜下能看到的最小形态学单位，由一种或几种多肽链折叠而成的蛋白质亚单位构成。由于壳粒在壳体上的排列方式不同，使病毒结构呈现不同的对称形式（图 3-4）。

（1）螺旋对称型　核酸是伸展开的，壳粒围绕核酸呈螺旋对称排列。如烟草花叶病毒。

（2）二十面体立体对称型　核酸浓集在一起形成球状或近似球状，衣壳包绕在外面，壳粒排列呈二十面体立体对称形式。如腺病毒。

（3）复合对称型　少数病毒壳粒排列较复杂，壳粒既不呈螺旋对称，也不呈立体对称。如噬菌体。

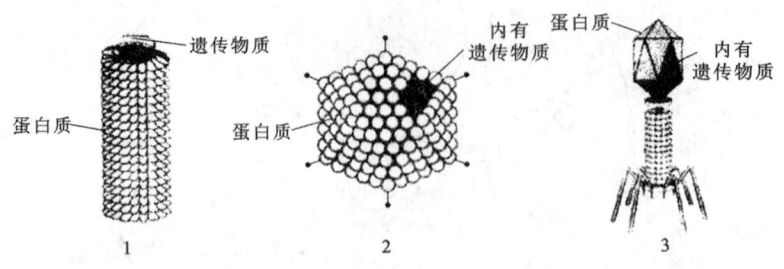

图 3-4　病毒壳粒的排列模式图
1. 烟草花叶病毒；2. 腺病毒；3. 大肠杆菌噬菌体
（董明盛，贾英民. 食品微生物学. 2008）

2. 功能

（1）保护核酸免受外界核酸酶及其他理化因子的破坏。

（2）决定病毒感染的特异性。衣壳能与宿主易感细胞表面的受体结合，使病毒核酸侵入宿主细胞内，引起宿主细胞感染。

（3）使病毒具有抗原性。衣壳蛋白是病毒的主要抗原成分，可刺激机体产生免疫应答。

（三）包膜

有些较大型病毒在核衣壳外面有一层膜状结构，称为包膜，也叫囊膜，如麻疹病毒、腮腺炎病毒。大多数有包膜的病毒呈球形（如流感病毒），但痘病毒呈砖形，狂犬病毒呈子弹形。

包膜由脂质、蛋白质和糖类组成。包膜表面形成包膜突起，称为刺突，嵌附在包膜脂质中，它是多糖与蛋白质的复合物（糖蛋白）。刺突因病毒的种类不同而异，可作为鉴定的依据。

包膜中的脂质是某些病毒在宿主细胞内成熟过程中，以出芽方式穿过宿主细胞膜（少数是由核膜）释放到细胞外时所获得的宿主细胞成分。脂类构成了病毒包膜的脂质双层结构。由于病毒包膜的脂类来源于宿主细胞，其种类和含量均具有对宿主细胞的特异性，所以可决定病毒侵害宿主的特定部位。包膜具有宿主细胞膜的特性，对脂溶剂（如乙醚、氯仿、胆汁等）敏感。呼吸道病毒一般不能侵入消化道，因为该类病毒易被胆汁所破坏。故包膜病毒一般不经消化道感染，而主要通过分泌物、呼吸道飞沫、血液和组织移植等途径传播疾病。糖类也来自宿主细胞。蛋白质由病毒基因组编码而合成。

刺突上含有两种酶：一种叫血凝素，形似三角形，可与宿主易感细胞表面的受体结合，使病毒吸附在宿主细胞上，还能凝集某些动物的红细胞，如脊髓灰质炎病毒、腺病毒、流感病毒、麻疹病毒等。另一种叫神经氨酸酶，形似蕈状，能破坏宿主细胞表面的受体，使包膜上的脂质易与宿主细胞膜融合，便于病毒侵入易感细胞，如流感病毒、腮腺炎病毒等。

刺突与宿主细胞表面的受体结合，使病毒黏附在靶细胞表面，并构成病毒的表面抗原，与病毒的分型、致病性和免疫性等有关，赋予病毒某些特殊功能。

当包膜受到破坏时，包膜病毒也丧失吸附和侵入宿主细胞的能力，从而丧失感染性。

四、病毒的增殖

病毒的增殖又称为病毒的复制，是病毒在活细胞中的繁殖过程。病毒没有活细胞所具备的细胞器,缺乏完整的酶系统,不能单独进行新陈代谢,必须借助宿主细胞供给原料和能量,才能在病毒核酸控制下合成新的病毒核酸和蛋白质并装配成完整的病毒颗粒,然后以一定方式释放到细胞外,再感染其他细胞。

病毒从进入宿主细胞开始,经复制成为成熟的病毒颗粒并释放到细胞外的过程称为复制周期,包括吸附、侵入、生物合成、装配与释放五个连续的过程(图3-5)。

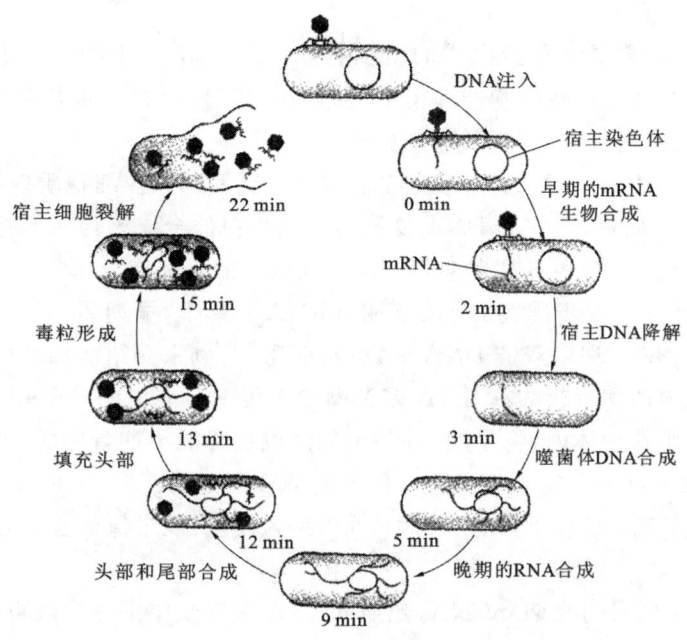

图3-5 T_4 噬菌体的生命周期示意图
(董明盛,贾英民.食品微生物学.2008)

(一)吸附

吸附是指病毒表面蛋白质与宿主细胞的特异接受位点发生特异性结合。这是病毒感染细胞的第一步。例如,流感病毒必须通过其包膜上的血凝素与人的呼吸道黏膜柱状纤毛上皮细胞膜上的黏蛋白结合,才能感染细胞;大肠杆菌T系噬菌体是通过尾丝末端蛋白质吸附在大肠杆菌的细胞壁上的。

(二)侵入

不同种类的病毒,其侵入宿主细胞的方式不同。

(1)有包膜的病毒多数通过包膜与宿主细胞膜融合使核衣壳进入宿主细胞质内。

(2)无包膜病毒一般通过细胞膜以胞饮方式将核衣壳吞入宿主细胞。即病毒与宿主细胞表面受体结合后,细胞膜折叠内陷,将病毒包裹其中,形成类似吞噬泡的结构,使病毒原封不动地穿入细胞质内。

(3)以穿过宿主细胞膜的移位方式进入细胞。如呼肠孤病毒以完整的病毒粒子直接穿过宿主的细胞膜,进入细胞质中。

(4)大肠杆菌T系噬菌体吸附到宿主细胞壁上后,尾部的溶菌酶水解宿主细胞壁的肽聚糖,使之形成小孔,然后通过尾鞘收缩,将头部的DNA注入宿主细胞内,而蛋白质外壳及其他部分则留在宿主细胞外。

完整的病毒粒子进入宿主细胞后,必须脱去包膜或核衣壳,即所谓的脱壳。如进入宿主细胞的核衣壳,被宿主细胞释放的蛋白酶降解而脱壳,使核酸游离出来并进入宿主细胞的一定部位。多数病毒在穿入时已在细胞的溶酶体酶作用下脱壳并释放出病毒的基因组。少数病毒的脱壳较复杂,这些病毒往往是在脱衣壳前,病毒的酶已在起转录mRNA的作用。

(三)生物合成

此过程包括核酸的复制和蛋白质的生物合成。侵入宿主细胞中的病毒在释放核酸之后,接着借助宿主细胞的一些细胞器和宿主细胞的一些酶(以及病毒自身的少数酶)来复制病毒的核酸和合成结构蛋白及其他结构成分。

除痘病毒外,多数双链DNA病毒在细胞核内复制DNA,在细胞质内翻译出病毒蛋白;痘类病毒虽属DNA病毒,但它的DNA复制与衣壳蛋白的合成等均在细胞质内进行。除逆转录病毒以外,多数RNA病毒都在细胞质内合成病毒的全部成分。

病毒的生物合成基本步骤为:转录早期mRNA—翻译"早期蛋白"—复制子代病毒核酸—转录晚期mRNA。现以双链DNA病毒(痘病毒)为例来介绍病毒的生物合成过程。

(1)宿主细胞内的病毒核酸在RNA多聚酶的作用下合成早期mRNA。

(2)在宿主细胞核糖体内,将早期mRNA翻译成病毒的早期蛋白质,如复制子代核酸所需要的DNA多聚酶和抑制宿主细胞正常代谢的调节蛋白质。

(3)在DNA多聚酶催化下,以亲代病毒DNA为模板,以半保留复制方式自我复制出许多子代病毒DNA。

(4)子代DNA转录为晚期mRNA,晚期mRNA在胞浆中翻译成病毒的晚期蛋白质,主要构成子代病毒的衣壳蛋白。

其他单链DNA病毒、双链和单链RNA病毒的生物合成过程与双链DNA病毒基本相似。不同之处就是RNA病毒以RNA作为遗传物质复制子代RNA并转录mRNA,翻译成RNA多聚酶及衣壳蛋白。

(四)装配

装配就是在宿主细胞的一定部位(细胞核或细胞浆),将已合成的核酸和蛋白质组装成完整的有感染性的病毒粒子。

当衣壳蛋白达到一定浓度时,将聚合成衣壳并包裹大小合适的核酸而形成核衣壳。裸露病毒装配成核衣壳即为成熟的病毒粒子;包膜病毒一般是在细胞核内或细胞质内装配核衣壳,然后以出芽方式释放时再包上核膜或细胞质膜后成为成熟病毒。

除痘病毒外,DNA病毒都在细胞核内装配(如腺病毒),RNA病毒与痘病毒在细胞质内装配(如流感病毒、脊髓灰质炎病毒)。

(五)释放

病毒装配后,从被感染细胞内转移到细胞外的过程称为释放。裸露病毒通过细胞破裂释放,即通过宿主细胞溶解或局部破裂而释放出来,如腺病毒;包膜病毒以"出芽"方式经过细胞膜或核膜而成为成熟病毒体释放出来,如痘病毒;有的病毒是通过沿核周与内质网相通的渠道,从细胞内逐渐释放出来;有的病毒是通过细胞之间的接触或通过宿主细胞之间的"间桥"而扩散到新宿主细胞内。

> **小资料**
>
> **梅毒的起源与传播**
>
> 1492年，意大利探险家哥伦布带领船队第一次航行到美洲，船队回到欧洲时，将梅毒传播到意大利、西班牙。1494年法兰西远征意大利，当时梅毒正在意大利国内蔓延，造成法兰西军营中发生梅毒大流行。1495年法兰西士兵回国后，又引起欧洲梅毒流行，同年第一例梅毒病例得到确认。1500年前后，随着商业贸易的发展，梅毒传入我国，1505年在我国广东省首先发现第一个梅毒病例，此后，梅毒便在中国广泛传播开来。

第二节 噬 菌 体

噬菌体在自然界中广泛存在，土壤、空气、水、生物体内都存在，凡有寄主细胞存在的地方，都能找到相应的噬菌体。噬菌体的危害主要存在于发酵工业，如乳制品、酶制剂、氨基酸、有机溶剂、抗生素、微生物农药、菌肥生产等。它可附着在尘埃上随风飘移，所以能长久地扩散并传播到一定的范围，并能脱离寄主而存活。它繁殖迅速，几十分钟至1个小时即可繁殖出数十个至数百个子代噬菌体，因此，一旦发生噬菌体污染，就会导致发酵异常、倒罐，使工业生产遭到严重损失。但在遗传工程中，噬菌体可用作运送核酸的载体，还能应用于医学治疗、细菌鉴定等方面。

一、噬菌体的概念及其主要类型

感染细菌、放线菌、真菌、螺旋体等微生物的病毒称为噬菌体，即微生物病毒。

噬菌体具有其他病毒的共同特性：个体极微小，没有细胞结构，主要由核酸（DNA或RNA）和蛋白质组成，专性细胞内寄生，以复制方式增殖等。

噬菌体的基本形态为蝌蚪形、微球形和纤线形。从形态学角度又可将噬菌体分为六个群：1、2、3群为蝌蚪形，4、5群为微球形，6群为纤线形（图3-6）。

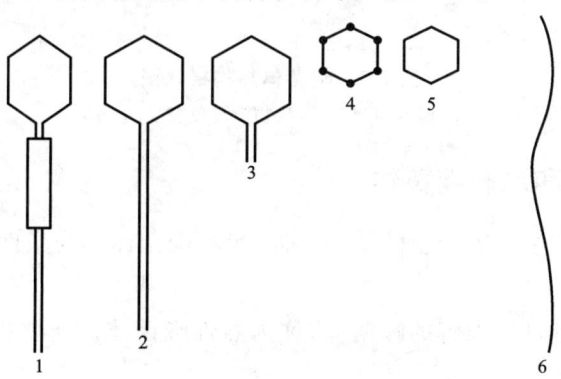

图3-6 噬菌体的形态

1～3.蝌蚪形；4～5.微球形；6.纤线形

（张青，葛菁萍. 微生物学. 2004）

根据噬菌体中核酸的类型不同,可将噬菌体分为 DNA 噬菌体和 RNA 噬菌体。一般多为 DNA 噬菌体,但近年来发现有不少噬菌体所含的核酸是 RNA。

二、噬菌体的结构特点

1 群噬菌体呈蝌蚪形,由头部和尾部构成(图 3-7)。如大肠杆菌 T_4 噬菌体,其构造具有代表性。头部呈二十面体,外壳由蛋白质构成,内含核酸(DNA 双链)。尾部由不同于头部的蛋白质组成,其中间为中空管状体尾髓,外面包围着可收缩的尾鞘,尾鞘末端附有六边形的基片,基片上长有六个刺突,并缠绕着六根细长的尾丝。头尾相接处呈现收缩部分,称为颈部。头部的外壳对包在其中的核酸起到保护作用,尾部为感染时吸附宿主的器官。

2、3 群噬菌体与 1 群噬菌体相似,均为蝌蚪形,所不同的是 2 群噬菌体具有长的不可收缩的尾部,3 群噬菌体具有很短的不可收缩的尾部。4、5 群噬菌体呈球形,均无尾部,其大小一般为 20~60nm,经过染色处理和高度放大,可观察到球形粒子呈二十面体的结构;两者的区别是 4 群噬菌体的外壳顶端蛋白质衣壳粒较大,DNA 单链,5 群噬菌体蛋白质衣壳粒较小,RNA 单链。6 群噬菌体呈纤线形,结构较简单,是一条长达 600~800nm 略弯曲的细丝,DNA 单链,没发现吸附器官。

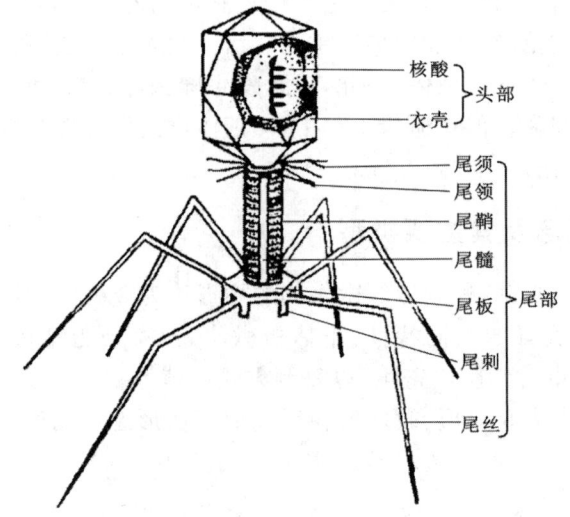

图 3-7 噬菌体结构模式图

(甘晓玲,黄建林.微生物学与免疫学.2009)

三、烈性噬菌体和温和噬菌体

根据噬菌体感染宿主细胞产生的结果不同,可将噬菌体分为烈性噬菌体和温和噬菌体。

(一)烈性噬菌体

凡能引起宿主细胞迅速裂解的噬菌体,称为烈性噬菌体。通常把烈性噬菌体的繁殖看成是噬菌体的正常表现。

烈性噬菌体的宿主如果是细菌就称为敏感细菌。从噬菌体进入细菌开始,到引起细菌裂解并释放出子代噬菌体为止,为一个增殖周期,一般需 15~20min。

在细菌培养液中,细菌被噬菌体感染,细菌裂解,使混浊的菌悬液变澄清,这种现象称为溶菌现象。在固体培养基上,如果噬菌体侵染宿主细胞,使宿主细胞裂解,释放子代噬菌体,子代噬菌体继续侵染宿主细胞使宿主细胞不断裂解,从而形成肉眼可见的,具有一定形态、大小和边缘的空斑,称为噬菌斑(图3-8)。在一定条件下,每个噬菌体可产生一个噬菌斑,所以通过噬菌斑的计数可知接种到平板上噬菌体粒子的相对数目。

在实践中可采用平板法测定每毫升试样中所含有的具有侵染性的噬菌体粒子数,称为噬菌体的效价,又称噬菌斑形成单位数(plaque-forming unit,简称成斑单位,用 pfu 表示)。噬菌斑的形态多样,有的形成晕圈,有的呈多重同心圆,有的近似圆形,大小不一,但在一定条件下,这些特性相当稳定,可作为鉴定噬菌体的依据之一。

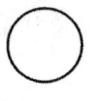   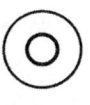   

图3-8　噬菌斑的形态

图中白色为溶菌;黑色为细菌生长

1.透明;2.浑浊;3.浑浊中部透明;4.有菌生长环;5.中心有菌生长点;

6.有生长环与生长点;7.中心有针孔状生长点

(诸葛健,李华钟.微生物学.2009)

(二)温和噬菌体

有些噬菌体侵入宿主细胞后不马上增殖,而是将其核酸整合到宿主染色体上,并随宿主染色体的复制而一起复制,又随宿主分裂被带到子代宿主体内,如此不断延续传代。这种不造成宿主细胞裂解的噬菌体称为温和噬菌体,也叫溶源性噬菌体,这种现象称为溶源现象。

含有噬菌体基因组的细菌称为溶源性细菌。整合在宿主细胞核上的核酸称为原噬菌体。溶源性细菌可以抵抗相应烈性噬菌体的感染,这种抵抗力具有高度的特异性。例如,用弱病毒感染植物细胞,诱发植物的免疫功能,植物不受强病毒的感染,使植物得到保护。

溶源性细菌自发裂解的概率极低,只有极少数(大约10^{-5})溶源性细菌中的噬菌体大量复制而导致细菌裂解,释放噬菌体粒子,使溶源性细菌变成非溶源性细菌,这个过程称为溶源性细菌非溶源化。在低剂量的紫外线照射或其他物理、化学方法影响下也能诱发这种现象。

温和噬菌体侵染敏感细菌所形成的噬菌斑是混浊的,这是因为其中有溶源性细菌生长。

四、噬菌体的监测方法

噬菌斑是一个噬菌体粒子在固体培养基上侵染宿主细胞逐步形成的噬菌体群体。每种噬菌体的噬菌斑具有一定的形状、大小、边缘特征、透明度等,所以可用于噬菌体的鉴定、计数和纯种分离。

在发酵工业生产中,为了有效地防治噬菌体的危害,常需要通过测定噬菌斑来检查噬菌体的存在与否或数量的多少。测定的原理是根据噬菌体在平板培养基上可形成噬菌斑,在液体培养基中可使菌液由混浊变澄清的特性,对噬菌体进行定性或定量分析。噬菌体检查的方法有多种,如双层平板法、单层平板法、载片快速检测法、气体样品的检查法、液体培养检查法等,下面只介绍两种常用的方法。

(一)双层平板法

双层平板法是一种对噬菌体检查和定量测定常用的方法。

在无菌条件下,将含2%琼脂的培养基倒入无菌培养皿内,每皿10mL,凝固后制成平板,以此培养基作为底层。在试管中加入已融化并冷却至45℃左右的含0.6%琼脂的培养基4~5mL,再迅速将待测样品0.1mL和宿主细菌悬浮液(处于对数期的细菌,每毫升约含10^8个细菌)0.2mL加入该试管中,充分混匀后立即倒在底层培养基上并铺平,作为上层,待上层培养基凝固,即形成双层培养基。将此平板培养基倒置于37℃恒温箱中培养18~24h,即可取出观察结果。如果待测样品中有噬菌体存在,会在双层平板上层出现噬菌斑。

根据每个平板培养基中噬菌斑的数目可计算噬菌体的效价,即每毫升被检样品中含有噬菌体的数量,常以单位/mL来表示。计算公式为:

$$效价(单位/mL)=平板培养基中噬菌斑平均数×稀释倍数×10mL^{-1}$$

(二)单层平板法

单层平板法与双层平板法的区别是省略底层培养基,不再用0.6%琼脂培养基与样品混合,而是只将2%琼脂培养基连同菌悬液和待检液,直接在无菌培养皿中铺成平板,凝固后经培养、观察,用同样的方法计算效价。

五、噬菌体与发酵工业的关系

噬菌体在自然界的分布十分广泛,它们可附着在尘埃上到处传播。如果在发酵过程中被噬菌体感染,在短时间内就会发生溶菌现象,出现不正常发酵,甚至停止发酵,给生产造成很大损失。由于目前对已污染噬菌体的发酵液尚无良好的处理办法,应采取预防为主、综合防治,才能减少或避免噬菌体的危害。

(一)噬菌体的危害

1.丙酮、丁醇发酵与噬菌体污染

丙酮、丁醇发酵受噬菌体污染是发酵受害的典型代表。丙酮、丁醇发酵过程中受噬菌体污染后,发酵速度缓慢,产气减少,发酵液对流不旺盛,使生产菌种数量减少,造成发酵逐渐停止。

2.食品工业的噬菌体污染

食品工业采用乳酸菌、醋酸菌、棒状杆菌等生产菌种进行发酵生产各种产品。如果生产过程中受到相应噬菌体污染,使发酵速度减慢,生产周期延长,甚至停止发酵,发酵液变清,不积累发酵产物,生产菌种很快消失,从而破坏整个发酵生产。

3.抗生素发酵与噬菌体污染

1947年,人们使用灰色链霉菌发酵生产链霉素,由于噬菌体污染而出现溶菌现象,使菌体减少,培养液变黑,抗生素效价不上升。1951年以来不断有金色链霉菌被噬菌体污染的报道,以及我国一些四环素发酵工厂被噬菌体污染,都给发酵生产造成很大的损失。

总之,发酵工业和食品工业被噬菌体污染,其危害表现在两个方面:一是发酵周期明显延长,影响产品的产量和质量;二是污染生产菌种,使发酵液变清,不积累发酵产物,严重时无法继续发酵,甚至停产。其原因可能有两个方面:一是生产菌种本身可能携带噬菌体,或使用的生产菌种是溶源性菌;二是生产环境存在噬菌体,没有做好消毒与灭菌工作。

(二)噬菌体的防治

1. 绝不使用可疑的生产菌种

认真检查试管、摇瓶及种子罐中的菌种,坚决废弃可疑菌种,严防因生产菌种不纯而携带噬菌体。

2. 严格保持环境卫生

凡有细菌的地方几乎都有噬菌体存在,所以,保持好环境卫生是消除或减少噬菌体污染的基本措施之一。要建立环境卫生制度,定期进行消毒,使环境保持清洁。

3. 严格控制活菌体的排放

生产过程中的废弃活菌液,必须进行严格消毒或灭菌后才能排放,决不排放或丢弃活菌液,可有效杜绝噬菌体在环境中蔓延。

4. 保证发酵系统和空气过滤系统的合理性与无菌状态

发酵系统和空气过滤系统的设置和设备结构要合理,要便于检查、清洗、消毒和灭菌,不留隐患。

5. 不断筛选抗性菌种,并经常轮换生产菌种

选育和使用抗噬菌体的菌株是防止噬菌体危害的有效措施之一。选育并使用能抵抗当地噬菌体侵染的抗性菌种,而且在生产中要定期轮换使用对各种噬菌体敏感性不同的抗性菌种,对防止噬菌体危害有一定效果。

6. 噬菌体污染后的补救措施

在生产中如果发生噬菌体污染,应及时采取合理措施。

(1)尽快提取产品 若有噬菌体污染时,发酵液中的代谢产物含量较高,应及时提取或补加营养并接种抗噬菌体菌种继续发酵,以减少损失。

(2)使用药物抑制 例如在谷氨酸的发酵过程中,加入0.3%~0.5%草酸盐、柠檬酸铵等金属螯合剂,或加入(1~2)μg/mL金霉素、四环素或氯霉素等抗生素,或加入0.1%~0.2%的吐温-60、吐温-20或聚氧乙烯烷基醚等表面活性剂,均可抑制噬菌体的增殖或吸附。

(3)及时改用抗噬菌体的生产菌株 事先准备好与生产菌种相近而又不相互抑菌的不同抗性菌株,当发生噬菌体污染时,可大量接入此菌的种子液或发酵液,继续进行发酵,可减少损失。

本章小结

病毒是一类个体极微小、无细胞结构、只含一种核酸、专性细胞内寄生、以复制方式增殖的非细胞微生物。病毒的基本形态有球形、卵圆形、砖形、杆形、丝状、蝌蚪状等。大多数病毒的直径在10~300nm之间。核酸构成病毒的核心,蛋白质构成病毒的衣壳,只有核衣壳的病毒称裸露病毒,有包膜的病毒称包膜病毒,包膜由脂质、蛋白质和糖类组成。病毒的复制包括吸附、侵入、生物合成、装配与释放五个连续的过程。

噬菌体的基本形态有蝌蚪形、微球形和纤线形。从形态学角度又可将噬菌体分为六个群。噬菌体由核酸和蛋白质组成。大肠杆菌T_4噬菌体的构造是噬菌体的典型代表。

噬菌体又分烈性噬菌体和温和噬菌体。烈性噬菌体的繁殖是噬菌体的正常表现。噬菌体在培养液中能出现溶菌现象,在固体培养基上出现噬菌斑,噬菌斑可用于噬菌体的鉴定、计数和纯种分离。噬菌体检查的方法常用双层平板法和单层平板法。针对噬菌体的危害，应采取预防为主、综合防治。

复习思考题

一、名词解释

噬菌体　　噬菌斑

二、判断题

1. 病毒既有 DNA 又有 RNA。　　　　　　　　　　　　　　　　　　（　）
2. 病毒失去包膜就会失去感染性。　　　　　　　　　　　　　　　　（　）
3. 噬菌体侵染宿主时只将其核酸注入宿主细胞，而其他部分都留在外面。（　）

三、选择题

1. 烟草花叶病毒是（　　）。
   A. 动物病毒　　　　　　　　B. 植物病毒
   C. 微生物病毒　　　　　　　D. 以上三者都不对
2. 腺病毒的壳粒排列形式是（　　）。
   A. 螺旋对称型　　　　　　　B. 二十面体立体对称型
   C. 复合对称型　　　　　　　D. 以上三者都不对

四、填空题

1. 病毒增殖分 _____、_____、_____、_____ 和 _____ 五个阶段。
2. 病毒的基本形态有 _____、_____、_____、_____ 等。

五、简述题

1. 简述病毒的一般特性。
2. 简述病毒的结构与化学组成。
3. 简述烈性噬菌体与温和噬菌体的区别。

六、技能题

叙述用双层平板法检测噬菌体的步骤。

第四章　微生物的营养

知识目标
1. 了解微生物细胞的化学组成,掌握微生物生长所需的五大营养物质及其生理功能。
2. 理解微生物对营养物质吸收的三种方式,对比三种方式的相同与不同之处。
3. 熟悉微生物的营养类型及其划分的依据。
4. 掌握培养基的配制原则及配制方法。

技能目标
1. 能根据微生物细胞的组成选择合适的碳源、氮源、无机盐等成分。
2. 学会根据不同的生产需要设计合适的培养基。
3. 能根据培养基的配置原则调整培养基的成分和浓度。
4. 学会通过调节培养基的组分来调节pH值。

思政目标
以微生物培养基原料利用为例,分析"以粗代精、以废代好、以野代家"的原则可以降低生产成本,节约资源,使学生在实训过程中养成节约药品、爱惜实验材料的习惯,引导学生养成节约意识、保护环境意识。

　　同其他的生物一样,微生物要想不断地生长繁殖,就必须从它生活的外部环境中吸取所需要的各种营养物质,并加以利用,为机体提供进行各种生理活动所需要的能量并合成本身的细胞物质,保证机体进行正常的生长与繁殖。

　　那些为满足微生物的生长、繁殖和完成各种生理活动所需而被微生物吸收利用的物质称为营养物质(nutrient)。而微生物吸收利用营养物质以获得能量和合成细胞物质的过程称为营养(nutrition)。

第一节　微生物的营养需求

　　自然界微生物的种类繁多,不同的微生物的生长和繁殖过程中所需的营养物质各不相同。微生物对于营养物质的吸收和利用取决于微生物细胞的化学组成。

一、微生物细胞的化学组成

(一)细胞中的化学元素

　　根据微生物细胞中的化学元素在微生物体内的含量多少,可以将细胞中的化学元素分为主要元素(也叫大量元素)和微量元素两种。

　　其中大量元素包括碳、氢、氧、氮、磷、硫、钾、镁、钙、铁等;微量元素包括锌、锰、钠、氯、钼、硒、钴、铜、钨、镍、硼等。它们组成了微生物体内的各种有机物和无机物。组成微生物细胞的各类化学元素的比例常因微生物种类的不同而不同,表4-1为微生物细胞中几种主要元素的含量。并且,微生物细胞的化学元素组成也常随菌龄及培养条件的不同而在一定范围内发生变化。

表 4-1 微生物细胞中几种主要元素的含量

元素	含量(干重,%)		
	细菌	酵母菌	霉菌
碳	50	49.8	47.9
氢	8	6.7	6.7
氧	20	31.1	40.2
氮	15	12.4	5.2
磷	3		
硫	1		

(二)元素在细胞内的存在形式

上述元素主要以水、蛋白质、碳水化合物、脂肪、核酸和无机盐的形式存在于细胞中,其中含量最多的是水分,占菌体鲜重的 70%～90%,除去水分的干物质中,蛋白质、核酸、糖类、脂类等有机物占 90%～97%,无机物占 3%～10%。但其具体组成因菌种的种类、菌龄、培养基组成、培养条件、分析方法等而有所不同。表 4-2 为三种不同菌种的化学组成。

表 4-2 微生物细胞的化学组成

主要成分/%	细菌	酵母菌	霉菌
水分*	75～85	70～80	85～90
蛋白质	50～80	32～75	14～52
碳水化合物	12～28	27～63	7～40
脂肪	5～20	2～15	4～40
核酸	10～20	6～8	1～2
无机盐	2～30	3.8～7	6～12

注:加 * 的为微生物鲜细胞质量的百分数,不加 * 的为干细胞质量的百分数。

二、微生物生长的营养物质及其生理功能

微生物的营养物质按其在机体中的生理作用可区分为碳源、氮源、无机盐、生长因子和水五大类。

小视频

(一)碳源

凡能供给微生物碳素来源的各种含碳化合物称为碳源(source of carbon)。碳源一方面为合成微生物的细胞物质和代谢产物提供了原料,另一方面为微生物生长、繁殖及运动提供了能量。

能作为微生物碳源物质的种类极其广泛,既包括无机碳化合物,如 CO_2 或碳酸盐等,又包括复杂的有机碳化合物,如糖类及其衍生物、脂类、醇类、有机酸、烃类、芳香族化合物等,其中糖类是利用最广泛的碳源,其次是醇类、有机酸类和脂类等。

微生物利用这些含碳化合物的能力因种而异。有的微生物能广泛利用各种类型的碳源物质,如假单胞菌属的有些种可利用 90 种以上的碳源;但有的微生物能利用的碳源范围极

其狭窄，如甲烷氧化菌仅能利用甲烷和甲醇两种有机物，某些纤维素分解菌只能利用纤维素。有些研究者就是通过某些细菌对于碳源的专一性来筛选菌种的。

实验室内常用的碳源主要有葡萄糖、蔗糖、淀粉、甘露醇、有机酸等。工业发酵中利用的碳源主要是糖类物质，如单糖、饴糖、淀粉（玉米粉、山芋粉、野生植物淀粉等）、麸皮、米糠、酒糟、废糖蜜、造纸厂的亚硫酸废液等。此外，为了解决工业发酵用粮与人们食用粮、畜禽饲料用粮的矛盾，目前已广泛开展了以纤维素、石油、CO_2 等作为碳源的代粮发酵的研究工作，并取得了显著成绩。

（二）氮源

凡是能供给微生物氮素来源的含氮化合物均称为氮源（source of nitrogen）。氮源主要用于合成细胞及代谢产物中的含氮化合物，一般不提供能量。只有少数自养细菌（如硝化细菌）能利用铵盐、硝酸盐作为氮源和能源。

同碳源一样，能够被微生物利用的氮源物质也可分为简单的无机氮（如氮气、铵盐和硝酸盐等）以及复杂的有机氮（如蛋白质、氨基酸、核酸、尿素、嘌呤、嘧啶等）。不同的微生物对于氮源的选择也不同。例如：固氮微生物能以分子氮作为唯一氮源，也能利用化合态的有机氮和无机氮。大多数微生物都能利用较简单的化合态氮，如铵盐、硝酸盐等。而有些微生物则只能利用活体中的有机氮化物作氮源。有时，虽然同一种微生物可以同时利用多种氮源，但对于不同氮源的利用程度也是不同的，这就需要根据不同的需要选择最合适的氮源。

实验室中常以碳酸铵、硫酸铵、硝酸盐、尿素、牛肉膏、蛋白胨、酵母膏等作为氮源物质。而工业发酵中常用鱼粉、蚕蛹粉、黄豆饼粉、玉米浆、酵母粉等作氮源。

其中铵盐、硝酸盐、尿素等是水溶性的，而玉米浆、牛肉膏、蛋白胨、酵母膏等是蛋白质的分解产物，因此都可以被菌体直接吸收利用，故称为速效性氮源。而鱼粉、蚕蛹粉、黄豆饼粉等物质中的氮主要以蛋白质的形式存在，菌体利用起来困难，故称为迟效性氮源。

速效性氮源有利于菌体的生长，迟效性氮源有利于代谢产物的形成。在实际工业发酵中，常将速效性氮源与迟效性氮源按一定的比例制成混合氮源加入培养基，以控制微生物的生长时期与代谢产物形成期的长短，提高产量。

（三）无机盐

无机盐（mineral salts）是指为微生物细胞生长提供碳、氮源以外的多种重要元素的物质。它是微生物生长必不可少的一类营养物质。它们在细胞内有着很多重要的功能，有的构成微生物细胞的各种组分，有的具有调节细胞的渗透压、pH 值和氧化还原电位的功能，有的是酶的激活剂（如 Mg^{2+}、Cu^{2+}、Mn^{2+}、Zn^{2+}），还有的可以作为某些微生物生长的能源物质等。无机盐的具体功能见表 4-3。

根据微生物对于无机盐的需要量不同常把无机盐分成常量元素（也叫大量元素）和微量元素。无机盐中的常量元素包括磷、硫、钾、镁、钙、铁（微生物生长所需浓度在 $10^{-4} \sim 10^{-3}$ mol/L）；微量元素包括锌、锰、钠、氯、钼、硒、钴、铜、钨、镍、硼等（微生物生长所需浓度在 $10^{-8} \sim 10^{-6}$ mol/L）。

在配制培养基时，可以通过添加有关化学试剂来补充大量元素，其中首选的是 K_2HPO_4 和 $MgSO_4$，它们可提供四种需要量很大的元素：K、P、S 和 Mg。对其他需要量较少的元素尤其是微量元素来说，因为它们通常混杂在天然有机营养物、无机化学试剂、自来水、蒸馏水、普通玻璃器皿中，如果没有特殊原因，在配制培养基时没有必要另外加入。

表 4-3　无机盐及其生理功能

元素	化合物形式（常用）	生　理　功　能
磷	KH_2PO_4，K_2HPO_4	核酸、核蛋白、磷脂、辅酶等成分
硫	$(NH_4)_2SO_4$，$MgSO_4$	含硫氨基酸（半胱氨酸、甲硫氨酸等）、维生素的成分
镁	$MgSO_4$	己糖磷酸化酶、异柠檬酸脱氢酶、核酸聚合酶等活性中心组分，固氮酶的辅助因子，叶绿素和细菌叶绿素成分
钙	$CaCl_2$，$Ca(NO_3)_2$	某些酶的辅助因子，维持酶（如蛋白酶）的稳定性，芽孢和某些孢子形成所需，建立细菌感受态所需
钠	NaCl	细胞运输系统组分，维持细胞渗透压，维持某些酶的稳定性，某些细菌和蓝细菌生长所需
钾	KH_2PO_4，K_2HPO_4	某些酶的辅助因子，维持电位差和细胞渗透压
钴	$CoSO_4$	维生素 B_{12} 复合物的成分，肽酶的辅助因子
锰	$MnSO_4$	某些酶的辅助因子
铜	$CuSO_4$	氧化酶、酪氨酸酶的辅助因子
锌	$ZnSO_4$	碱性磷酸酶、脱氢酶、肽酶、脱羧酶的辅助因子
铁	$FeSO_4$	细胞色素及某些酶的组分，某些铁细菌的能源物质，合成叶绿素、白喉毒素和氯高铁血红素所需

值得注意的是，许多微量元素是重金属，如果它们过量，就会对机体产生毒害作用，而且单独一种微量元素过量产生的毒害作用更大，因此有必要将培养基中微量元素的量控制在正常范围内，并注意各种微量元素之间保持恰当比例。但如果要配制研究营养代谢的精细培养基时，所用的玻璃器皿是硬质材料、试剂又是高纯度的，这就应根据需要加入必要的微量元素。

（四）生长因子

生长因子（growth factor）通常指那些微生物生长所必需而且需要量很小，但微生物自身不能合成或合成量不足以满足机体生长需要的有机化合物，一般包括维生素、氨基酸及嘌呤、嘧啶等。

维生素在机体中所起的作用主要是作为酶的辅基或辅酶参与新陈代谢。有些微生物自身缺乏合成某些氨基酸的能力，因此必须在培养基中补充这些氨基酸或含有这些氨基酸的小肽类物质，微生物才能正常生长。那些缺乏合成生长因子能力的微生物称为营养缺陷型微生物。例如：谷氨酸棒杆菌就是生物素缺陷型的微生物，工业发酵生产谷氨酸时常常需要额外添加生物素。

嘌呤与嘧啶作为生长因子在微生物机体内的作用主要是作为酶的辅酶或辅基，以及用来合成核苷、核苷酸和核酸。

（五）水

水（water）是微生物细胞的主要成分，占鲜重的 70%～90%。水在微生物中的功能是多方面的：首先它是细胞中生化反应的良好介质，帮助细胞完成营养物质的吸收与代谢产物的分泌；其次，水的比热容高，是热的良好导体，能有效地吸收代谢过程中产生的热并及时地将热迅速散发出体外,从而有效地控制细胞内温度的变化;再者,水分是细胞维持自身正常形态的重要因素;另外,水还是许多有机物中氢和氧的来源。

水在细胞中有结合水和游离水两种存在形式,两者的生理作用不同。结合水不具有一般水的特性,不能流动,不易蒸发,不冻结,不能作为溶剂,也不能渗透。游离水则具有一般水的特性,能流动,容易从细胞中排出,并能作为溶剂,帮助水溶性物质进出细胞。不同细胞及不同细胞结构中游离水的含量有较大差别。一般微生物的孢子中所含游离水的量都较营养体低,这也是孢子耐干旱的原因之一。

第二节　微生物对营养物质的吸收

营养物质能否被微生物利用的一个关键因素是它们能否顺利地进入微生物细胞。而微生物不像高等动物一样具有专门的摄食器官,它们主要靠细胞膜的选择渗透的特性来摄取营养物质。微生物对营养物质的吸收主要有以下几种方式。

一、单纯扩散

单纯扩散(simple diffusion)也称被动扩散(passive transport),是指被输送的物质,靠细胞内外浓度为动力,以透析或扩散的形式从高浓度区向低浓度区的扩散。

单纯扩散是通过细胞膜进行内外物质交换的最简单的方式。这种扩散是非特异性的,为纯粹的物理学过程,在扩散过程中不消耗能量,物质扩散的动力来自参与扩散的物质在膜内外的浓度差,因此营养物质不能逆浓度运输。物质扩散的速率随原生质膜内外营养物质浓度差的降低而减小,直到膜内外营养物质浓度相同时才达到一个动态平衡。但实际上,细胞内的物质总是在不断地被利用,细胞外的物质不断地被运输进来。

采用单纯扩散进入细胞内的都是一些小分子的物质,如水、一些溶于水的小分子(乙醇、甘油)、一些气体分子(O_2、CO_2)以及某些氨基酸等。

二、促进扩散

促进扩散(facilitated diffusion)又称易化扩散、协助扩散,或帮助扩散,是指非脂溶性物质或亲水性物质(如氨基酸、糖和金属离子等)借助细胞膜上的载体蛋白的帮助顺浓度梯度或顺电化学浓度梯度,不消耗化学能(ATP)进入膜内的一种运输方式。载体蛋白是多回旋折叠的跨膜蛋白质,它与被传递的分子特异结合使其越过质膜。其机制是载体蛋白分子的构象可逆地变化,与被转运分子的亲和力随之改变而将分子传递过去。

与单纯扩散一样,促进扩散也是一种被动的物质跨膜运输方式,在这个过程中不消耗能量,参与运输的物质本身的分子结构不发生变化,不能进行逆浓度运输,运输速率与膜内外物质的浓度差成正比。

与单纯扩散不同的是,促进扩散中进行跨膜运输的物质需要借助于载体蛋白的作用力才能进入细胞,而且每种载体蛋白具有较强的专一性,其自身在这个过程中不发生化学变化,而且在促进扩散中载体只影响物质的运输速率,并不改变该物质在膜内外形成的动态平衡状态,被运输物质在膜内外浓度差越大,促进扩散的速率越快,但是当被运输物质浓度过高而使载体蛋白饱和时,运输速率就不再增加,这些性质都类似于酶的作用特征,因此载体蛋白也称为透过酶(permease)。透过酶大多是诱导酶,只有在环境中存在机体生长所需的营养物质时,相应的透过酶才合成。

通过促进扩散进入细胞的营养物质主要有氨基酸、单糖、维生素及无机盐等。促进扩散主要在真核生物中存在,在原核生物中比较少见。

一般微生物通过专一的载体蛋白运输相应的物质,但也有微生物对同一物质的运输是由一种以上的载体蛋白来完成的,例如鼠伤寒沙门氏菌利用四种不同载体蛋白运输组氨酸,酿酒酵母有三种不同的载体蛋白来完成葡萄糖的运输。另外,某些载体蛋白可同时完成几种物质的运输,例如大肠杆菌可通过一种载体蛋白完成亮氨酸、异亮氨酸和缬氨酸的运输,但这种载体蛋白对这三种氨基酸的运输能力有差别。

三、主动运输

主动运输(active transport)是指膜外低浓度物质通过细胞膜上特异性载体蛋白构型变化进入膜内,同时消耗能量,且被运输的物质在运输前后并不发生任何化学变化的一种物质运送方式。

与单纯扩散和促进扩散所不同的是,主动运输在物质运输过程中需要消耗能量,而且可以进行逆浓度运输。与促进扩散相同的是主动运输也需要特异性载体蛋白的参与。载体蛋白通过构象变化而改变与被运输物质之间的亲和力大小,使两者之间发生可逆性结合与分离,从而完成相应物质的跨膜运输。

在主动运输过程中,运输物质所需能量来源因微生物不同而不同,好氧型微生物与兼性厌氧型微生物直接利用呼吸能,厌氧型微生物利用化学能(ATP),光合微生物利用光能,嗜盐细菌通过紫膜利用光能。

主动运输是微生物吸收营养物质的主要方式,很多无机离子、有机离子和一些糖类(乳糖、葡萄糖、麦芽糖等)是通过这种方式进入细胞的,正是因为有了主动运输,才使很多微生物在营养浓度低的环境中得以生存。

四、基团移位

基团移位(group translocation)是指被运输的物质在膜内受到化学修饰,结构发生了变化,以被修饰的形式进入细胞的一种物质运送方式。基团移位也有特异性载体蛋白参与,并需要消耗能量。除了营养物质在运输过程中发生了化学变化这一特点外,该过程的其他特点都与主动运输方式相同。

基团移位主要存在于厌氧型和兼性厌氧型细菌中,主要用于糖(葡萄糖、果糖、甘露糖和N-乙酰葡萄糖胺等)的运输,脂肪酸、核苷、碱基等也可通过这种方式运输。

上述四种运输方式的比较见表4-4。

表4-4 四种跨膜运输方式的比较

运输方式 比较内容	简单扩散	促进扩散	主动运输	基团移位
特异载体蛋白	无	有	有	有
运送速度	慢	快	快	快

续表 4-4

比较内容 \ 运输方式	简单扩散	促进扩散	主动运输	基团移位
运送浓度梯度	由大到小	由大到小	由小到大	由小到大
能量消耗	不需要	不需要	需要	需要
运送前后的溶质分子	不变	不变	不变	改变

第三节 微生物的营养类型

由于各种微生物的生存环境不同,从环境中摄取营养物质的方式也不相同。根据微生物对于主要营养素碳源和能源的摄取方式不同而划分的微生物类型就叫作微生物的营养类型(nutritional types)。

根据微生物对碳源的要求是无机碳化合物还是有机碳化合物,可以把微生物分为自养型微生物和异养型微生物两大类。根据微生物生命活动中能量的来源不同,可将微生物分为化能型微生物(利用分解吸收营养物质时所产生的化学能来维持其生命活动)和光能型微生物(吸收光能来维持其生命活动)。具体分类见表 4-5。

表 4-5 微生物的营养类型

营养类型	主要(或唯一)碳源	能源	电子供氢体	代表菌
光能自养型	CO_2	光能	H_2、H_2S、S、H_2O	蓝细菌、绿硫细菌
光能异养型	有机物	光能	有机物	红螺菌
化能自养型	CO_2	无机物	H_2、H_2S、Fe^{2+}、NH_4^+ 或 NO_2^-	硝化细菌、铁细菌
化能异养型	有机物	有机物	有机物	大肠杆菌

一、光能自养型

光能自养型也称光能无机营养型,是一类能以 CO_2 为唯一碳源或主要碳源并利用光能,以无机物(如 H_2、H_2S、S 等)作为供氢体,使 CO_2 还原为细胞物质,并且释放出硫元素的微生物。该类型的代表是蓝细菌、紫硫细菌、绿硫细菌、藻类。它们含有叶绿素或细菌叶绿素等光合色素,可将光能转变成化学能(ATP)供机体直接利用。其代表性反应为:

$$CO_2 + 2H_2S \xrightarrow[\text{光合色素}]{\text{光能}} [CH_2O] + H_2O + 2S$$

二、光能异养型

光能异养型也称光能有机营养型,是一类不能以 CO_2 作为唯一碳源或主要碳源,而是以简单有机物(如有机酸、醇等)为供氢体,利用光作为能源将 CO_2 还原为细胞物质的微生物。红螺属的一些细菌就是这一营养类型的代表。其代表性反应为:

$$2(CH_3)_2CHOH + CO_2 \xrightarrow[\text{光合色素}]{\text{光能}} 2CH_3COCH_3 + [CH_2O] + H_2O$$

三、化能自养型

化能自养型也称化能无机营养型,是一类利用无机物氧化过程中放出的化学能作为它们生长所需的能量,以 CO_2 或碳酸盐作为唯一或主要碳源进行生长,利用电子供氢体如 H_2、H_2S、Fe^{2+} 或亚硝酸盐等使 CO_2 还原成细胞物质的微生物。这类微生物有硫化细菌、硝化细菌、氢细菌与铁细菌。其代表性反应为:

$$2NH_3+3O_2+2H_2O \longrightarrow 2HNO_2+4H^++4OH^-+能量$$
$$CO_2+4H^+ \longrightarrow [CH_2O]+H_2O$$

四、化能异养型

化能异养型也称化能有机营养型,是一类利用有机化合物(如淀粉、糖类、纤维素、有机酸等)既作为碳源又作为能源的微生物。目前已知的微生物大多数属于这种营养类型(包括绝大多数的细菌、全部真菌、原生动物以及病毒)。

根据化能异养型微生物利用有机物的特性,又可以将其分为下列两种类型:

腐生型微生物:利用无生命活性的有机物作为生长的碳源。

寄生型微生物:寄生在活的细胞内,从寄主体内获得生长所需要的营养物质。

腐生型和寄生型之间还存在中间类型:兼性腐生型或兼性寄生型。

第四节 培 养 基

培养基(culture medium)是指人工配制的,适合微生物生长繁殖或产生代谢产物的营养基质。它是研究微生物特性和利用微生物进行工业化生产的基础。

培养基应具备微生物生长所需要的五大营养素,并且它们之间还应具有合理的配比。此外,培养基还应具有适宜的酸碱度(pH 值)和一定的缓冲能力,以及一定的氧化还原电位、合适的渗透压。培养基一旦配成后必须立即灭菌,否则会滋生杂菌,破坏里面的营养成分。

一、配制培养基的基本原则

(一)明确微生物特点和培养目的

不同的微生物对营养物质的需求是不一样的,因此首先要根据不同微生物的营养需求配制针对性强的培养基。自养型微生物有较强的合成能力,所以培养自养型微生物的培养基完全由简单的无机物组成。异养型微生物的合成能力较弱,所以培养基中至少要有一种有机物,通常是葡萄糖。

培养细菌常用的培养基是肉汤蛋白胨培养基;培养放线菌常用的培养基是高氏 1 号培养基;培养酵母菌常用的培养基是麦芽汁培养基;培养霉菌常用的培养基是察氏培养基。

同一种微生物的培养基未必完全相同,除了考虑微生物的特点外,还要考虑培养目的。如果为了获得菌体或作种子培养基用,一般来说,培养基的营养成分宜丰富些,特别是氮源含量应高些,以利于微生物的生长与繁殖。如果为了获得代谢产物或用作发酵培养基,则所含氮源宜低些,以使微生物生长不致过旺而有利于代谢产物的积累。有时还要根据需要加入一些生长因子或发酵前提物质。

(二)营养物质的浓度和配比要合适

培养基中营养物质浓度合适时微生物才能生长良好,营养物质浓度过低时不能满足微生物正常生长所需,浓度过高时则可能对微生物生长起抑制作用。例如高浓度糖类物质、无机盐、重金属离子等不仅不能维持和促进微生物的生长,反而抑制其生长,甚至造成微生物死亡。

培养基中各营养物质之间的配比也直接影响微生物的生长繁殖和(或)代谢产物的形成与积累,特别是碳氮比(C/N)直接影响微生物的生长繁殖和代谢产物的积累。C/N 一般指培养基中元素碳和元素氮的含量比值,有时也指培养基中还原糖与粗蛋白的含量之比。不同的微生物要求不同的 C/N。如细菌和酵母菌培养基中的 C/N 约为 5:1,霉菌培养基中的 C/N 约为 10:1。在微生物发酵生产中,C/N 直接影响发酵产量。例如,在利用微生物发酵生产谷氨酸的过程中,培养基碳氮比为 4:1 时,菌体大量繁殖,谷氨酸积累少;当培养基碳氮比为 3:1 时,菌体繁殖受到抑制,谷氨酸产量则大量增加。再如,在抗生素发酵生产过程中,可以通过控制培养基中速效氮(或碳)源与迟效氮(或碳)源之间的比例来控制菌体生长与抗生素的合成协调。

(三)控制合适的 pH 值

各类微生物生长繁殖或产生代谢产物的最合适 pH 值条件各不相同,要想满足不同类型微生物的生长繁殖或代谢的需要就必须控制合适的 pH 值。一般来讲,细菌与放线菌适于在 pH 值为 7~7.5 的范围内生长,酵母菌和霉菌通常在 pH 值为 4.5~6 的范围内生长。

在微生物生长繁殖和代谢过程中,由于营养物质被分解利用以及代谢产物的形成与积累,往往会导致培养基的 pH 值发生变化,若不及时控制,可能会抑制微生物的生长,甚至杀死微生物。为了尽可能地减缓在培养过程中 pH 值的变化,在配制培养基时,要加入一定的缓冲物质,通过培养基中的这些成分发挥调节作用。常用的缓冲物质主要有以下两类:

1. 磷酸盐类

这是以缓冲液的形式发挥作用的,通过磷酸盐的不同程度的解离,对培养基的 pH 值的变化起到缓冲作用。其缓冲原理是:

$$H^+ + HPO_4^{2-} \rightleftharpoons H_2PO_4^-$$
$$OH^- + H_2PO_4^- \rightleftharpoons H_2O + HPO_4^{2-}$$

2. 碳酸钙

这类缓冲物质是以"备用碱"的方式发挥缓冲作用的。碳酸钙在中性条件下的溶解度极低,加入到培养基中后,由于其在中性条件下几乎不解离,所以不影响培养基的 pH 值。当微生物生长,培养基的 pH 值下降时,碳酸钙就不断地解离,游离出碳酸根离子,碳酸根离子不稳定,与氢离子形成碳酸,最后释放出二氧化碳,在一定程度上缓解了培养基 pH 值的降低。其缓冲原理是:

$$CO_3^{2-} + 2H^+ \rightleftharpoons H_2CO_3 \rightleftharpoons CO_2 + H_2O$$

(四)原料的选择

在实验研究中可以选择成分清晰、纯度较高的培养基。但在发酵工业中,应尽量利用廉价且易于获得的原料作为培养基成分,因为培养基用量很大,利用低成本的原料更体现出其经济价值。例如,在微生物单细胞蛋白的工业生产过程中,常常利用糖蜜(制糖工业中含有蔗糖的废液)、乳清(乳制品工业中含有乳糖的废液)、豆制品工业废液及黑废液(造纸工业中含有戊糖和己糖的亚硫酸纸浆)等作为培养基的原料。

二、培养基的类型

培养基种类繁多,根据不同的标准可以将其分成不同的类别。

(一)按营养成分的来源分

1. 天然培养基

天然培养基(complex medium)是利用一些天然的动植物组织器官和抽提物,如牛肉膏、蛋白胨、麸皮、马铃薯、玉米浆等制成。它们的优点是取材广泛,营养全面而丰富,制备方便,价格低廉,适宜于大规模培养微生物之用。缺点是成分复杂,每批成分不稳定。实验室常用的牛肉膏蛋白胨培养基便是这种类型。

2. 合成培养基

合成培养基(synthetic medium)是用化学成分完全了解的物质配制而成的培养基,也称化学限定培养基(chemically defined medium)。此类培养基的优点是成分精确,重复性强,一般用于实验室进行营养代谢、分类鉴定和选育菌种等工作。缺点是配制较复杂,微生物在此类培养基上生长缓慢,加上价格较贵,不宜用于大规模生产。如实验室常用的高氏1号培养基、察氏培养基。

3. 半合成培养基

半合成培养基(semi-defined medium)介于天然培养基与合成培养基之间,是用一部分天然物质作为碳、氮源及生长辅助物质,又适当补充少量无机盐类的培养基,如实验室常用的马铃薯、蔗糖培养基。半合成培养基应用最广,它能使绝大多数微生物良好地生长。

(二)按物理状态分

1. 液体培养基

把各种营养物质溶解于水中,混合制成水溶液,调节到适宜的pH值,即成为液体状态的培养基质。液体培养基(liquid medium)有利于微生物的生长和积累代谢产物,常用于大规模工业化生产、观察微生物生长特征和研究生理生化特性。

2. 固体培养基

在液体培养基中加入一定量凝固剂,使其成为固体状态即为固体培养基(solid medium)。理想的凝固剂应具备以下条件:

(1)不被所培养的微生物分解利用,且对微生物无毒害作用。

(2)在微生物生长的温度范围内保持固体状态,且透明度好。

(3)凝固剂凝固点温度不能太低,否则将不利于微生物的生长。

(4)配制方便且价格低廉。

常用的凝固剂是约2%的琼脂或5%~12%的明胶。

3. 半固体培养基

半固体培养基(semi-solid medium)是指在液体培养基中加入少量凝固剂(如0.2%~0.5%的琼脂)而制成的半固体状态的培养基。半固体培养基有许多特殊的用途,如可以通过穿刺培养观察细菌的运动能力,进行厌氧菌的培养及菌种保藏等。

(三)按培养基的用途分

1. 基础培养基

基础培养基(minimum medium)是含有一般微生物生长繁殖所需的基本营养物质的培养基。牛肉膏蛋白胨培养基是最常用的基础培养基。基础培养基也可以作为一些特殊培养基的基础成分,再根据某种微生物的特殊营养需求,在基础培养基中加入所需营养物质。

2. 选择培养基

选择培养基(selective medium)是用来将某种或某类微生物从混杂的微生物群体中分离出来的培养基。根据不同种类微生物的特殊营养需求或对某种化学物质的敏感性不同,在培养基中加入相应的特殊营养物质或化学物质,抑制不需要的微生物的生长,有利于所需微生物的生长。例如,利用以纤维素或石蜡油作为唯一碳源的选择培养基,可以从混杂的微生物群体中分离出能分解纤维素或石蜡油的微生物;利用以蛋白质作为唯一氮源的选择培养基,可以分离出产胞外蛋白酶的微生物;利用以胆固醇作为唯一碳源的选择培养基,可以分离出产胆固醇氧化酶的微生物。

3. 加富培养基

加富培养基(enrichment medium)也称营养培养基,即在基础培养基中加入某些特殊营养物质制成的一类营养丰富的培养基,这些特殊营养物质包括血液、血清、酵母浸膏、动植物组织液等。加富培养基可以用来富集和分离某种微生物,这是因为加富培养基含有某种微生物所需的特殊营养物质,该种微生物在这种培养基中较其他微生物生长速度快,并逐渐富集而占优势,逐步淘汰其他微生物,从而容易达到分离该种微生物的目的。从某种意义上讲,加富培养基类似选择培养基,两者的区别在于:加富培养基是用来增加所要分离的微生物的数量,使其形成生长优势,从而分离出该种微生物;选择培养基则一般是抑制不需要的微生物的生长,使所需要的微生物增殖,从而达到分离所需微生物的目的。

4. 鉴别培养基

鉴别培养基(differential medium)是用于鉴别不同类型微生物的培养基。在培养基中加入某种特殊化学物质,某种微生物在培养基中生长后能产生某种代谢产物,而这种代谢产物可以与培养基中的特殊化学物质发生特定的化学反应,产生明显的特征性变化,根据这种特征性变化,可将该种微生物与其他微生物区分开来。鉴别培养基主要用于微生物的快速分类鉴定,以及分离和筛选产生某种代谢产物的微生物菌种。例如:酪素培养基可以鉴别产蛋白酶菌株;油脂培养基可以鉴别产脂肪酶菌株;糖发酵培养基可以鉴别肠道细菌。

5. 其他

除上述四种主要类型外,培养基按用途划分还有很多种,例如:分析培养基(assay medium)常用来分析某些化学物质(如抗生素、维生素)的浓度,还可用来分析微生物的营养需求;还原性培养基(reduced medium)专门用来培养厌氧型微生物。

课堂讨论

如何证明某种物质是某种微生物的生长因子?

思路:在含碳源、氮源、水、无机盐但缺乏某种物质的培养基中培养微生物,微生物不能生长或生长极差,向培养基加入该种物质,微生物正常生长。

本章小结

本章主要介绍了微生物的营养需求、对营养的吸收方式、营养类型以及培养基四部分内容。微生物生长需要五大营养要素,包括碳源、氮源、无机盐、生长因子和水。这五大营养素要通过具有高度选择性的半透膜——细胞膜来进入到微生物体内。营养物质的分子结构不同,其进入细胞的方式也有差别,主要有四种方式:单纯扩散、促进扩散、主动运输和基团移位。根据微生物生长所需的能源、氢供体和基本碳源的不同,可将微生物的营养类型归纳为光能自养型、光能异养型、化能自养型和化能异养型四种类型。凡是自养型微生物都可以以CO_2作为唯一或主要碳源,而异养型微生物都必须以有机物作为碳源。为满足微生物生长、繁殖代谢而配制的混合养料就叫培养基。配制培养基的时候需要遵循一定的原则。根据标准不同,培养基的分类也不同。按营养成分的来源可分为天然培养基、合成培养基和半合成培养基;按其物理状态可分为液体培养基、固体培养基和半固体培养基;按培养基的用途可分为基础培养基、选择培养基、加富培养基和鉴别培养基等。

复习思考题

一、名词解释

营养　　碳源　　生长因子

二、判断题

1. 同一种物质有时可以既做碳源又作氮源。　　　　　　　　　　　　　　　(　　)
2. 同一种微生物生长和代谢所需要的培养基是相同的。　　　　　　　　　(　　)
3. 主动运输只需要载体而不需要消耗能量。　　　　　　　　　　　　　　(　　)
4. 凡是碳源都能提供能量。　　　　　　　　　　　　　　　　　　　　　(　　)

三、选择题

1. 要将土壤中的自生固氮菌与其他杂菌分离出来,应将它们接种到(　　)。

A. 加入氮源,加入杀菌剂的培养基上

B. 不含氮源,含杀菌剂的培养基上

C. 加入氮源,不加杀菌剂的培养基上

D. 不含氮源,不含杀菌剂的培养基上

2. 家庭制作泡菜并无刻意的灭菌环节,在发酵过程中,乳酸菌产生的乳酸可以抑制其他微生物的生长。当环境中的乳酸积累到一定浓度时,又会抑制乳酸菌自身的增殖。下面对这些现象的描述不正确的是(　　)。

A. 在乳酸菌的调整期和对数期,种内关系主要表现为互助

B. 进入乳酸菌增长的稳定期,由于次级代谢产物的积累,种内斗争趋于激烈

C. 密闭的发酵环境使乳酸菌在调整期和对数期的种间斗争中占据优势

D. 进入稳定期,泡菜坛内各种生物的抵抗力稳定性维持在较高的水平

3. 下列关于微生物营养物质的叙述中正确的是(　　)。

A. 同一物质不可能既作为碳源又作为能源

B. 凡是碳源都能提供能量

C. 除水以外的无机物仅提供无机盐

D. 无机氮源也可提供能量

4. 在用微生物发酵法生产味精的过程中,所用的培养基成分中的生长因子是(　　)。

A. 豆饼水解液　　B. 尿素　　　　C. 玉米浆　　　D. 生物素

5. 在人工培养基中加入含有C、O、H、N四种元素的某种大分子化合物,其作用是(　　)。

A. 作为异养生物的氮源和能源物质

B. 作为异养生物的碳源和能源物质

C. 作为自养生物的氮源、碳源和能源物质

D. 作为异养生物的氮源、碳源和能源物质

四、填空题

1. 在营养物质运输中,能逆浓度梯度方向进行营养物运输的运输方式是_____、_____。

2. 光能自养菌以_____作能源,以_____作碳源。

3. 根据微生物生长所需要的碳源和能源的不同,可把微生物分为_____、_____、_____、_____四种营养类型。

4. 培养基按其制成后的物理状态可分为_____、_____和_____。

5. 半固体培养基多用于检测细菌的_____。

五、简述题

1. 微生物的营养物质有哪几大类?各有什么作用?

2. 什么叫微生物的营养类型?是如何区分的?

六、技能题

王楠同学在做微生物实验时,不小心把圆褐固氮菌与酵母菌混在了一起,他设计下面的实验,分离得到纯度较高的圆褐固氮菌和酵母菌。

实验原理:圆褐固氮菌是自生固氮菌,能在无氮培养条件下生长繁殖,而酵母菌则不能;青霉素不影响酵母菌等真菌的生长繁殖,而会抑制圆褐固氮菌的生长繁殖。

材料用具:略。

主要步骤:

1. 制备两种培养基,一种是无氮不含青霉素的,另一种是有氮且含青霉素的,将两种培养基各自分成两份,依次标上A、a和B、b。

2. 分别从A、B培养基中接种混合菌,适宜条件下培养3~4d。

3. 分别从A、B培养基的菌落中挑取生长良好的菌并分别接种到a、b培养基上,适宜条件下培养3~4d。

请回答：

1. 本实验中，根据上述原理配制的培养基属于什么培养基？
2. 根据所要达到的目的配制上述培养基时除营养要协调外还应注意什么？
3. 实验步骤中第三步的目的是什么？
4. 圆褐固氮菌与根瘤菌的固氮方式的区别是什么？
5. 青霉素抑制圆褐固氮菌的生长繁殖，其作用机理是破坏或抑制其细胞壁的形成。请据此推测不影响酵母菌与真菌生长繁殖的原因是什么。

第五章　微生物的代谢

知识目标
1. 了解分解代谢、合成代谢和能量代谢的概念。
2. 掌握能量代谢的机理以及生物氧化的类型。
3. 理解微生物的分解代谢，掌握糖分解代谢的四种途径。
4. 掌握微生物的发酵途径及其在发酵工业中的应用。
5. 理解初级代谢与次级代谢的概念。

技能目标
1. 能运用微生物分解代谢、合成代谢和能量代谢的理论指导生产、获得初级代谢产物和次级代谢产物。
2. 能通过转化代谢途径提高目的产物的产量。

思政目标
通过对发酵工业酒精作为可再生能源和清洁燃料，将为"碳中和"计划贡献力量等案例分析，激发学生的使命感和责任担当。

微生物的新陈代谢（简称微生物的代谢，metabolism），是营养物质在微生物体内所经历的一切化学变化的总称，包括物质代谢和与其相伴的能量代谢。微生物从外界环境吸收适当的营养物质，在细胞内合成新的细胞物质和贮藏物质，并储存能量的过程，叫作合成代谢（anabolism）或者同化作用。合成代谢也是将简单的小分子物质合成复杂大分子的过程。微生物将衰老的细胞物质和从外界吸收的营养物质进行分解变成简单物质，并产生一些中间产物作为合成细胞物质的基础原料，最终将不能利用的废物排出体外，一部分能量以热量的形式散发的过程，叫作分解代谢（catabolism）或者异化作用。异化作用也是将大分子物质降解成小分子物质的过程。无论是合成代谢还是分解代谢都伴随着能量代谢。能量代谢是指微生物在物质代谢过程中能量的释放、转换和利用过程。

根据代谢产物对微生物的作用不同还可将微生物的代谢分为初级代谢和次级代谢。初级代谢是指微生物从外界吸收各种营养物质，通过分解代谢和合成代谢，生成维持生命活动的物质和能量的过程。初级代谢的产物叫作初级代谢产物。常见的初级代谢产物有糖类、氨基酸、核酸等。次级代谢是指微生物在一定的生长时期，以初级代谢产物为前体，合成一些对微生物的生命活动无明确功能的物质的过程。次级代谢的产物叫作次级代谢产物。常见的次级代谢产物有抗生素、色素、毒素等。

第一节　微生物的能量代谢

能量代谢贯穿于整个新陈代谢的始终，微生物各种生命活动所需要的能量主要是由呼吸作用也称生物氧化所获得的。生物氧化就是发生在细胞内的一切产能性氧化反应的总称，它也是生物体新陈代谢的重要基本反应。生物氧化过程中能产生大量的能量，分段释放，并以高能键形式贮藏在 ATP 分子内，供需时使用。

一、微生物的呼吸类型

微生物有不同的产能代谢途径，根据在底物氧化时脱下的氢和电子的受体不同，可将微生物的呼吸分为有氧呼吸（也称好氧呼吸，aerobic respiration）、无氧呼吸（也称厌氧呼吸，anaerobic respiration）和发酵（fermentation）三种类型。有氧呼吸是指以分子氧作为最终电子受体的生物氧化过程；无氧呼吸是指以无机氧化物（如 NO_3^-、SO_4^{2-}、CO_2）作为最终电子受体的生物氧化过程；发酵是指以有机物（基质未彻底氧化的产物，如丙酮酸）作为最终电子受体的氧化过程。有氧呼吸氧化最彻底，放能最多；无氧呼吸其次；发酵作用氧化不彻底，放能最少。

根据微生物呼吸类型不同，可以将微生物分为好氧微生物（aerobe）、厌氧微生物（anaerobe）和兼性厌氧微生物（facultative aerobe）。好氧微生物亦称需氧微生物、需氧菌，它在有氧环境中生长繁殖，氧化有机物或无机物进行产能代谢，以分子氧为最终电子受体进行有氧呼吸，包括大多数细菌、放线菌和真菌。厌氧微生物亦称厌氧菌，是一类在无氧条件下比有氧环境中生长好，而不能在空气（18％氧气）和（或）10％二氧化碳浓度下的固体培养基表面生长的细菌。这类细菌缺乏完整的代谢酶体系，其能量代谢以无氧呼吸或发酵的方式进行，如肉毒梭菌和破伤风梭菌。兼性厌氧微生物又称兼嫌气性微生物、兼嫌气菌、兼性好氧菌，是在有氧或无氧环境中均能生长繁殖的微生物，在有氧或缺氧条件下，可通过不同的氧化方式获得能量。如酵母菌在有氧环境中进行有氧呼吸，在缺氧条件下发酵葡萄糖生成酒精。

二、生物氧化链

微生物从呼吸底物脱下氢和电子向最终受氢（电子）体转移的过程中，要经过一系列的中间传递体，而这些中间传递体按一定的顺序排列成链，按顺序将氢和电子转移，最终将电子传给氢，这种"链"称为呼吸链，也称为生物氧化链。它主要由脱氢酶、辅酶 Q（CoQ）、细胞色素组成。真核生物的呼吸链在线粒体内膜上，原核生物的呼吸链在细胞质膜上。它的主要功能就是传递氢和电子，同时将电子传递过程中释放的能量合成 ATP。

三、ATP 的产生

ATP 是生物体内能量的主要传递者。当微生物获得能量后，都是先将它们转换成 ATP。当需要能量时，ATP 分子上的高能键水解，重新释放出能量。ATP 是一种高能磷酸化合物，ADP 与无机磷 Pi 合成 ATP 的过程叫作磷酸化。微生物体内 ATP 合成的方式有三种：底物水平磷酸化、氧化磷酸化和光合磷酸化。

小视频

（一）底物水平磷酸化

底物分子中的能量直接以高能键形式转移给 ADP 生成 ATP，这个过程称为底物水平磷酸化（substrate level phosphorylation）。例如，糖酵解途径中产生的高能磷酸化合物甘油酸-1,3-二磷酸和烯醇式磷酸丙酮酸在酶的作用下，高能磷酸基团转移到 ADP 分子上生成 ATP。又如，三羧酸循环中产生的高能硫酯化合物琥珀酰辅酶 A 在酶的作用下水解成琥珀酸,同时使 GDP 磷酸化为 GTP,GTP 再与 ADP 作用生成 ATP。

(二)氧化磷酸化

底物脱氢或失电子的过程与磷酸化这两个过程紧密地耦联在一起,氧化释放的能量用于 ATP 合成,这个过程就称为氧化磷酸化(oxidative phosphorylation)。氧化是磷酸化的基础,而磷酸化是氧化的结果。例如,糖代谢中的三羧酸循环和脂肪酸 β-氧化是在线粒体内生成 NADH(还原当量),可立即通过电子传递链进行氧化磷酸化。

(三)光合磷酸化

在光照条件下,叶绿体将 ADP 和无机磷 Pi 结合形成 ATP 的过程叫作光合磷酸化(photo phosphorylation)。光能营养型微生物可通过光合磷酸化方式获得能量。

第二节 微生物的分解代谢

糖、蛋白质、脂类等营养物质被微生物利用之前,通常都需要被分解成小分子的物质。营养物质不同,分解的方式也不一样。

一、微生物糖代谢的途径

糖类是异养微生物的主要碳素来源和能量来源,包括各种多糖、双糖和单糖。多糖必须在细胞外由相应的胞外酶水解,才能被吸收利用;双糖和单糖被微生物吸收后,立即进入分解途径,被降解成简单的含碳化合物,同时释放能量,供应细胞合成所需的碳源和能源。

微生物糖代谢的主要途径有 EMP 途径(Embden-Meyerhof-Parnas Pathway)、HMP 途径(Hexose-Mono-Phosphate Pathway)、ED 途径(Entner-Doudorof Pathway)、PK(Phospho-Ketolase Pathway)和 HK(Phospho-Hexose-Ketolase Pathway)途径(磷酸解酮酶途径)等四种。

(一)EMP 途径

EMP 途径(图 5-1)又称糖酵解途径或己糖二磷酸途径,它是 20 世纪 40 年代由 Embden、Meyerhof 和 Parnas 三人研究清楚的。这是绝大多数微生物共有的一条基本代谢途径。对于专性厌氧(无氧呼吸)微生物来说,EMP 途径是产能的唯一途径。在这条途径中,葡萄糖所含的碳原子只有部分氧化,所以产能较少。通过 EMP 途径,1 分子葡萄糖转变成 2 分子丙酮酸,产生 2 分子 ATP 和 2 分子 NADH+H$^+$。总反应式为:

$$C_6H_{12}O_6 + 2NAD^+ + 2ADP + 2Pi \rightarrow 2CH_3COCOOH + 2NADH + 2H^+ + 2ATP + 2H_2O$$

EMP 途径的特征性酶是 1,6-二磷酸果糖醛缩酶,它催化 1,6-二磷酸果糖裂解生成 2 个磷酸丙糖,其中磷酸二羟丙酮可以转为 3-磷酸甘油醛,2 个磷酸丙糖经磷酸烯醇式丙酮酸生成 2 分子丙酮酸。丙酮酸是 EMP 途径的关键产物,由它出发在不同微生物中可以进行多种发酵。

(二)HMP 途径

HMP 途径又称磷酸戊糖途径(图 5-2)。它是循环途径。开始时需要有 6 分子葡萄糖以 6-磷酸葡萄糖的形式参与,循环一次用去 1 分子葡萄糖,产生大量 NADPH+H$^+$ 形式的还原力。其总反应式为:

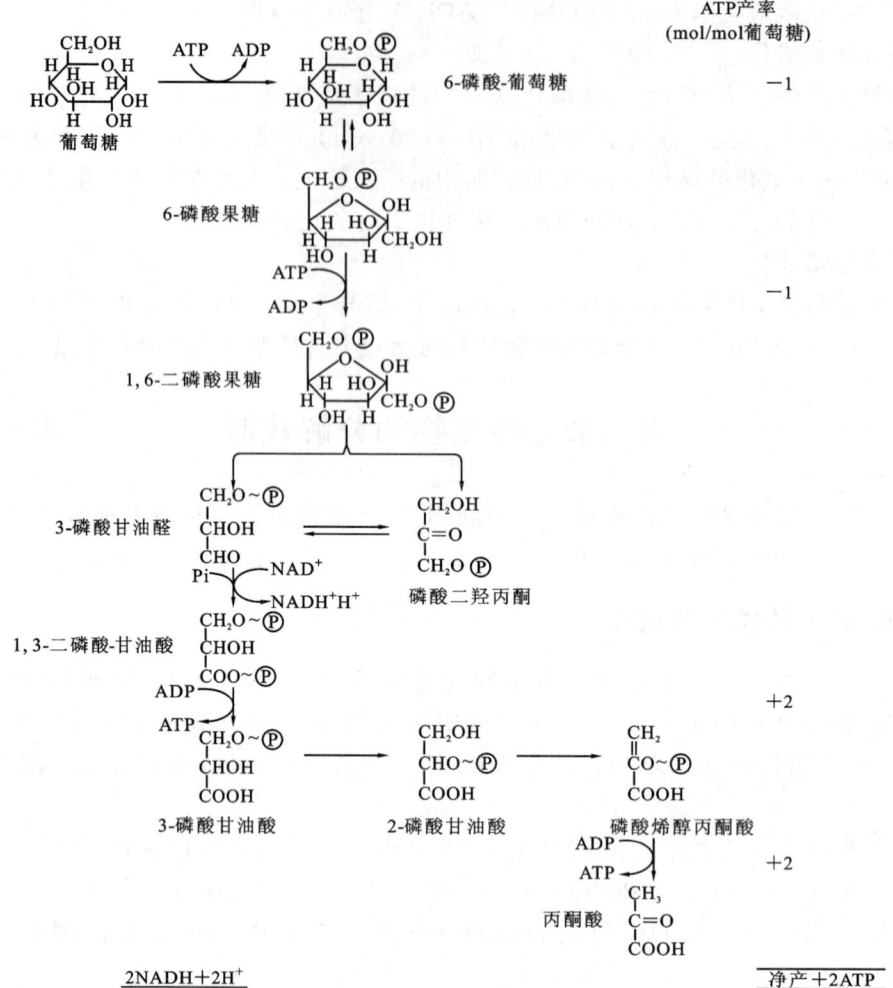

图 5-1 EMP 途径

"-1"代表消耗 ATP 数,"+2"代表生成 ATP 数

6-磷酸葡萄糖+12NADP$^+$+6H$_2$O→5,6-磷酸葡萄糖+12NADPH+12H$^+$+6CO$_2$+Pi

HMP 途径主要是提供生物合成所需的大量还原力(NADPH+H$^+$)和各种不同长度的碳架原料。例如,5-磷酸核糖用于核苷酸、核酸及 NAD(P)$^+$、FAD(FMN)、CoA 等辅酶的合成;4-磷酸赤藓糖用于苯丙氨酸、酪氨酸、色氨酸和组氨酸等芳香族氨基酸的合成。HMP 途径还与光能和化能自养微生物的合成代谢密切联系,途径中的 5-磷酸核酮糖可以转化为固定 CO$_2$ 时的 CO$_2$ 受体——1,5-二磷酸核酮糖。

有 HMP 途径的微生物中往往同时存在 EMP 途径。单独具有 HMP 途径的微生物较少见,已知的仅有弱氧化醋杆菌和氧化醋单胞菌。

(三)ED 途径

ED 途径又称 2-酮-3-脱氧-6-磷酸葡糖酸裂解途径,此途径最早由 Entner 和 Doudoroff 两人发现(图 5-3)。总反应式为:

C$_6$H$_{12}$O$_6$+ADP+Pi+NADP$^+$+NAD$^+$→2CH$_3$COCOOH+ATP+NADPH+H$^+$+NADH+H$^+$

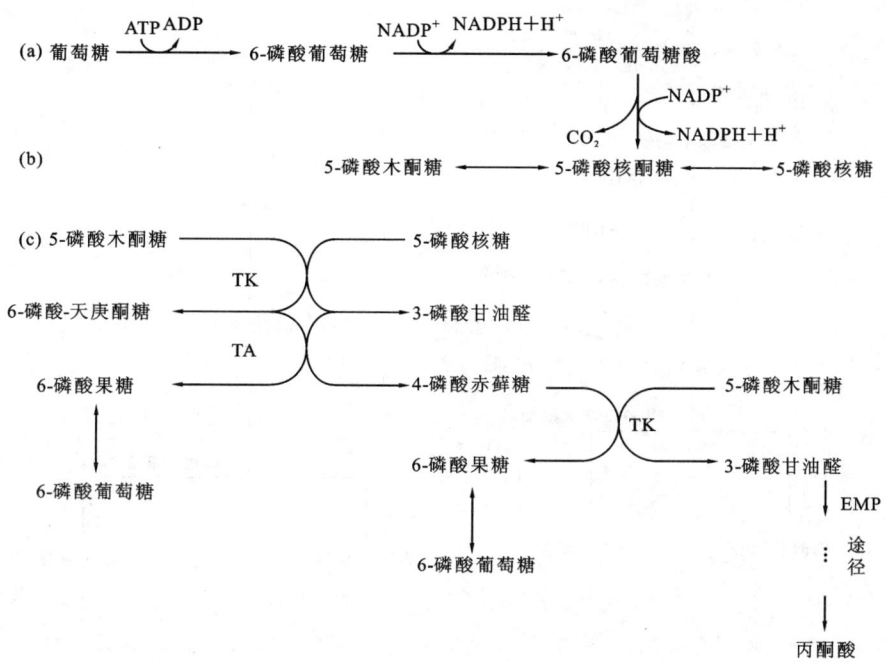

图 5-2　HMP 途径（TK 为转羟乙醛酶，TA 为转二羟丙酮基酶）

这条途径的特点是：葡萄糖经转化成为 2-酮-3-脱氧-6-磷酸葡糖酸后，经脱氧酮糖酸醛缩酶催化，裂解成丙酮酸和 3-磷酸甘油醛，后者经 EMP 途径后半部酶催化，转化成丙酮酸，结果和 EMP 途径一样，都自每分子葡萄糖产生两分子丙酮酸，但产生的能量水平只有 EMP 途径的一半，即产生 1 分子 ATP。

能利用这条途径的微生物远不如前两者那样普遍，一般存在于好氧生活的革兰氏阴性细菌中。此途径可独立存在，也可与 HMP 途径同时存在。

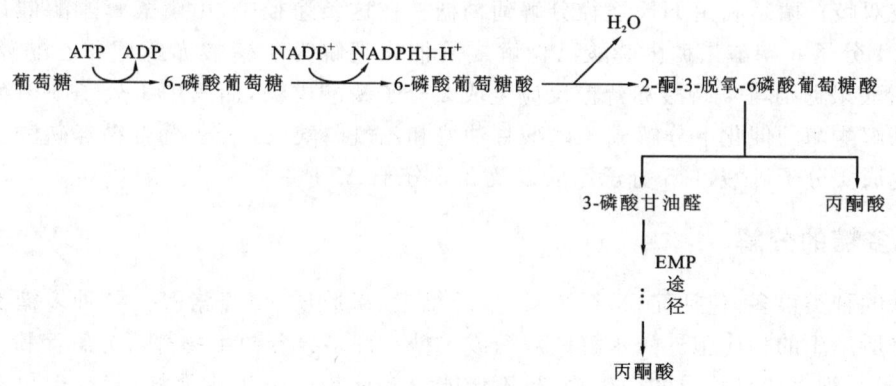

图 5-3　ED 途径

（四）磷酸解酮酶途径

该途径的特征性酶是磷酸解酮酶，根据解酮酶的不同，把具有磷酸戊糖解酮酶的称为 PK 途径（图 5-4），把具有磷酸己糖解酮酶的称 HK 途径（图 5-5）。

肠膜状明串珠菌利用 PK 途径分解葡萄糖。途径中的关键反应为 5-磷酸木酮糖裂解成乙酰磷酸和 3-磷酸甘油醛，关键酶是磷酸戊糖解酮酶，乙酰磷酸通过进一步反应生成乙醇，

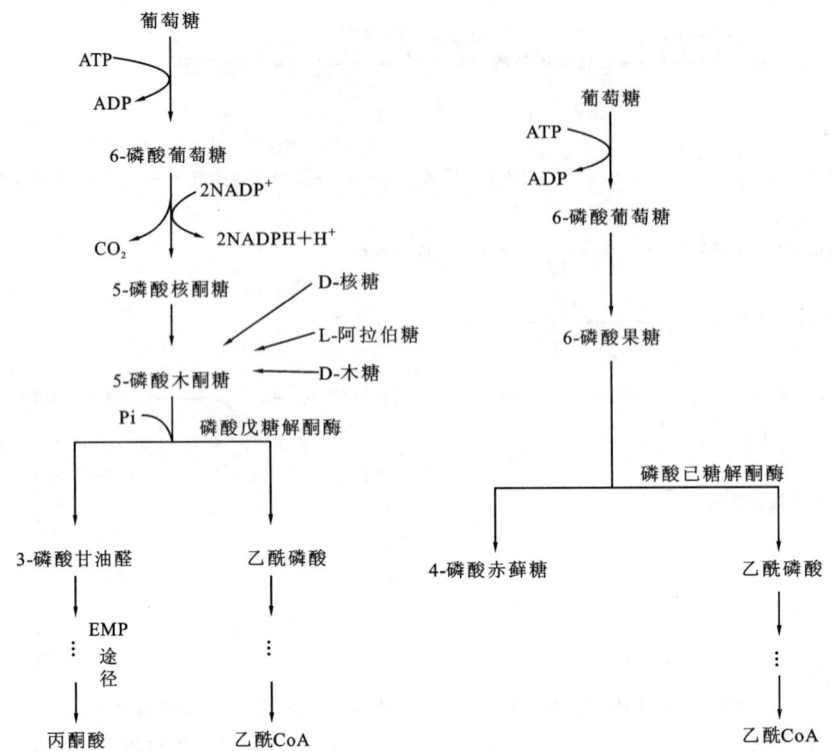

图 5-4 磷酸戊糖解酮酶(PK)途径　　图 5-5 磷酸己糖解酮酶(HK)途径

3-磷酸甘油醛经丙酮酸转化为乳酸。总反应式为：

$C_6H_{12}O_6 + ADP + Pi + NAD^+ \rightarrow CH_3CHOHCOOH + CH_3CH_2OH + CO_2 + ATP + NADH + H^+$

1分子葡萄糖经PK途径产生乳酸、乙醇、ATP和$NADH+H^+$各1分子。

两歧双歧杆菌是利用HK途径分解葡萄糖。在这条途径中，由磷酸解酮酶催化的反应有两步。1分子6-磷酸果糖由磷酸己糖解酮酶催化裂解为4-磷酸赤藓糖和乙酰磷酸；另1分子6-磷酸果糖则与4-磷酸赤藓糖反应生成2分子磷酸戊糖，而其中1分子5-磷酸核糖在磷酸戊糖解酮酶的催化下分解成3-磷酸甘油醛和乙酰磷酸。1分子葡萄糖经磷酸己糖解酮酶途径生成1分子乳酸、1.5分子乙酸以及2.5分子ATP。

二、多糖的分解

多糖的种类很多，包括淀粉、纤维素、半纤维素、果胶质、甲壳素等。各种多糖都可被不同微生物所产生的相应胞外酶水解成双糖或单糖。许多异养微生物都可分解淀粉。能分解纤维素、半纤维素和果胶质的微生物，虽不像能分解淀粉的微生物那样广泛，但也有不少细菌、放线菌和真菌都有这种能力。至于能分解甲壳素、透明质酸和细菌细胞壁糖肽的微生物，则专化于少数的微生物种类。

(一)淀粉的分解

微生物对淀粉的分解是由微生物分泌的淀粉酶催化进行的。微生物产生的淀粉酶主要有以下几种：

1. α-淀粉酶(又称液化酶)

这种酶可从直链淀粉的内部任意切割 α-1,4 糖苷键而不能切割 α-1,6 糖苷键。淀粉经该酶作用之后黏度很快下降。最终产物是麦芽糖和少量葡萄糖。不少微生物都可产生α-淀粉酶，芽孢杆菌属、梭菌属和曲霉属中的种产生得较多。

2. β-淀粉酶（又称糖化酶）

这种酶是从直链淀粉分子的外端（即非还原端）开始作用于 α-1,4 糖苷键，每次水解出一个麦芽糖分子，但这种酶不能水解也不能越过 α-1,6 糖苷键。分解产物是麦芽糖和分子较大的极限糊精。能产生 β-淀粉酶的细菌很少，但能产生 β-淀粉酶的真菌却不少，根霉和黑曲霉、米曲霉等都可产生大量 β-淀粉酶。

3. 葡萄糖淀粉酶

这种酶是从淀粉分子的非还原端开始，每次切割下一个葡萄糖分子。但对 α-1,6 糖苷键作用缓慢。黑曲霉、米曲霉可产生这种酶。

4. 极限糊精酶

这种酶专门分解 α-1,6 糖苷键，切下支链淀粉的侧枝。黑曲霉和米曲霉也可产生这种酶。

(二) 纤维素和半纤维素的分解

纤维素和半纤维是世界上最丰富的碳水化合物。天然纤维素的分解涉及两种酶：C_1 酶和 C_x 酶。分解过程如下：

$$\text{天然纤维素} \xrightarrow{C_1 \text{酶}} \text{水合非结晶纤维素} \xrightarrow{C_1, C_x \text{酶}} \text{纤维二糖} + \text{葡萄糖} \xrightarrow{\text{纤维二糖酶}} \text{葡萄糖}$$

产生半纤维素酶的微生物主要有曲霉、根霉和木霉等。

(三) 果胶质的分解

果胶是构成高等植物细胞间质的主要物质。分解果胶质的酶也是一个多酶复合物。天然果胶质的分解步骤如下：

$$\text{天然果胶质（原果胶）} \xrightarrow{\text{原果胶酶}} \text{水可溶性果胶} \xrightarrow{\text{果胶甲酯水解酶}} \text{果胶酸} \xrightarrow{\text{果胶酸酶}} \text{半乳糖醛酸} \rightarrow \text{糖代谢途径}$$

分解果胶的微生物主要是一些细菌和真菌，如芽孢杆菌、梭状芽孢杆菌、节杆菌、黄杆菌、假单胞菌，以及曲霉、青霉、根霉、毛霉和镰刀霉等。

(四) 几丁质（甲壳质）的分解

几丁质是真菌细胞壁和昆虫体壁的组成成分，是不易被分解的含氮多糖类物质，一般生物都不能分解它，只有某些细菌和放线菌能分解和利用它。甲壳质的分解步骤如下：

$$\text{甲壳素} \xrightarrow{\text{甲壳素酶}} \text{甲壳二糖} \xrightarrow{\text{甲壳二糖酶}} \text{N-乙酰氨基葡萄糖}$$

三、蛋白质和氨基酸的分解

(一) 蛋白质的分解

蛋白质是由氨基酸组成的大分子化合物，蛋白质的分解产物为肽和氨基酸，分解步骤如下：

$$\text{蛋白质} \xrightarrow{\text{蛋白酶}} \text{肽} \xrightarrow{\text{肽酶}} \text{氨基酸}$$

微生物分解蛋白质的能力因菌种不同而有很大差异。一般来说，真菌水解蛋白质的能力较细菌强。细菌中只在芽孢杆菌、梭菌、假单胞菌、变形杆菌和肠杆菌等属中少数菌种才有分解力强的蛋白酶，而且它们只有在大量生长时才合成蛋白酶。因此，在开始生长时如果只供给纯蛋白质作为氮源，它们大多不能生长，加入少量可被迅速利用的氮源如蛋白胨，细菌得以大量生长繁殖并产生蛋白酶，分解蛋白质。

（二）氨基酸的分解

氨基酸分解时，多数情况下，首先脱去氨基生成 NH_3 和 α-酮酸，这是氨基酸分解代谢的主要途径，叫作脱氨基作用。少数情况下，氨基酸首先脱去羧基生成 CO_2 和胺，此为氨基酸一般分解代谢的次要途径，叫作脱羧基作用。

$$\underset{NH_2}{\underset{|}{R-\overset{H}{\underset{|}{C}}-COOH}} \begin{array}{c} \xrightarrow{\text{脱氨基作用}} R-CO-COOH+NH_3 \\ (\alpha\text{-酮酸}) \\ \xrightarrow{\text{脱羧基作用}} R-CH_2NH_2+CO_2 \\ (\text{胺}) \end{array}$$

1. 氨基酸的脱氨基作用

氨基酸的脱氨基方式主要有氧化脱氨基作用、转氨基作用和联合脱氨基作用三种。

（1）氧化脱氨基作用

α-氨基酸在酶的催化下氧化生成 α-酮酸，此时消耗氧并产生氨，此过程称氧化脱氨基作用。

（2）转氨基作用

在酶的催化下，一种 α-氨基酸的氨基可以转移到 α-酮酸上，从而形成相应的 1 分子 α-酮酸和 1 分子 α-氨基酸，这种作用称为转氨基作用，也称为氨基移换作用。

（3）联合脱氨基作用

转氨基作用虽然在体内普遍进行，但仅仅是氨基的转移，而未彻底除去（脱掉）。也就是说，通过转氨基作用，一种 α-氨基酸脱去氨基变成 α-酮酸，同时另一种 α-酮酸获得氨基而变成另一种 α-氨基酸，其总结果是：一种氨基酸变成另一种氨基酸。所谓联合脱氨基作用是转氨基作用与氧化脱氨基作用或与嘌呤核苷酸循环配合进行的脱氨基方式。

2. 氨基酸的脱羧基作用

氨基酸脱羧生成伯胺是氨基酸分解代谢的另一途径。氨基酸在脱羧酶的作用下脱去羧基，生成伯胺和 CO_2。

$$\underset{\underset{NH_3^+}{|}}{R-CH-COO^-} \xrightarrow{\text{氨基酸脱羧酶}} R-CH_2-NH_2+CO_2$$

微生物中普遍存在氨基酸脱羧酶，但在正常生理状态下，脱羧作用不是氨基酸分解代谢的主要方式。

四、脂肪和脂肪酸的分解

（一）脂肪的分解

脂肪是脂肪酸和甘油的结合物。某些微生物能产生脂肪酶，将脂肪水解为甘油和脂肪酸。甘油和脂肪酸可被微生物摄入细胞内，进行代谢。

甘油三酯 $\xrightarrow{\text{脂肪酶}}$ 甘油 + R_1COOH + R_2COOH + R_3COOH

产生脂肪酶的微生物有根霉、假丝酵母、白地霉等。

(二)脂肪酸的分解

微生物分解脂肪酸的主要途径是β-氧化,因脂肪酸作用发生在β-碳原子上而得名。脂肪酸氧化可以供应机体所需要的大量能量。以16个碳原子的饱和脂肪酸硬脂酸为例,其β-氧化的总反应为:

$CH_3(CH_2)_{14}COSCoA + 7NAD^+ + 7FAD + HSCoA + 7H_2O \rightarrow 8CH_3COSCoA + 7FADH_2 + 7NADH + 7H^+$

第三节 微生物发酵的代谢途径

一、醋酸发酵

醋酸发酵是将糖或醇类转化为醋酸(乙酸)的微生物学过程。其生物化学反应为:

$2CH_3CH_2OH + O_2 \xrightarrow{\text{乙醇脱氢酶}} 2CH_3CHO + 2H_2O$

$2CH_3CHO + O_2 \xrightarrow{\text{乙醛脱氢酶}} CH_3COOH$

参与醋酸发酵的微生物主要是细菌,统称为醋酸细菌。它们之中既有好氧性的醋酸细菌,例如纹膜醋酸杆菌(*Acetobacter aceti*)、氧化醋酸杆菌(*Acetobacter oxydans*)、巴氏醋酸杆菌(*Acetobacer pasteurianus*)、氧化醋酸单胞菌(*Acetomonas oxydans*)等,也有厌氧性的醋酸细菌,例如热醋酸梭菌(*Clostriolium themoacidophilus*)、胶醋酸杆菌(*Acetobacter xylinum*)等。

二、柠檬酸发酵

柠檬酸发酵是指在有氧条件下,己糖转化为柠檬酸并积累于环境中的微生物学过程。通常,柠檬酸仅仅是己糖好氧分解的中间产物,边产生边转化,不会在环境中积累。然而,有些霉菌却能在好氧代谢己糖时,在环境中积累柠檬酸。己糖转化为柠檬酸的生化反应为:

$$C_6H_{12}O_6 + 1.5O_2 \xrightarrow{\text{柠檬酸产生菌}} \begin{array}{c} CN_2-COOH \\ | \\ HO-C-COOH \\ | \\ CH_2-COOH \end{array}$$
(柠檬酸)

柠檬酸发酵中常常伴有草酸的形成。草酸是柠檬酸继续氧化的产物。

$$\begin{array}{c} CN_2-COOH \\ | \\ HO-C-COOH \\ | \\ CH_2-COOH \end{array} + 2H_2O + 3O_2 \xrightarrow{\text{柠檬酸产生菌}} 3 \begin{array}{c} COOH \\ | \\ COOH \end{array} + H_2O$$
(柠檬酸) (草酸)

环境的pH值对上述反应具有调节作用。当pH值较低时,发酵的产物以柠檬酸为主;pH值升高后,则以草酸为主。此外也受温度的影响。温度偏高,柠檬酸产量降低,草酸产量增加。

能够进行柠檬酸发酵的微生物有曲霉属（*Aspergillus*）、青霉属（*Penicillium*）及橘霉属（*Citromyces*）的某些种,其中以黑曲霉（*Aspergillus niger*）的产酸能力最强,是目前常用的柠檬酸发酵菌。

三、酒精发酵

酒精发酵是丙酮酸在无氧条件下生成乙醇的过程。典型的酒精发酵是指由酵母菌,尤其是酿酒酵母所进行的产生乙醇的过程。其产物是乙醇和二氧化碳,生成途径是葡萄糖经 EMP 途径降解为 2 分子丙酮酸,然后在脱羧酶的作用下生成乙醛和 CO_2,乙醛接受糖酵解中产生的 $NADH+H^+$ 的氢,在乙醇脱氢酶的作用下还原成乙醇。在厌氧条件下,每分子葡萄糖经酵母菌酒精发酵后产生 2 分子乙醇、2 分子 CO_2 和 2 分子 ATP。反应式如下:

$$C_6H_{12}O_6+2ADP+2Pi \xrightarrow{\text{酵母菌}} 2CH_3CH_2OH+2CO_2+2ATP$$

某些细菌也能进行酒精发酵,其产物也是乙醇和二氧化碳,但它们的乙醇生成途径不同于酵母菌,是经过 ED 途径。由于细菌的酒精发酵与酵母菌的酒精发酵由葡萄糖分解成乙醇的途径完全不同,所以产能水平也不相同,前者是后者的一半。

四、乳酸发酵

许多细菌能利用葡萄糖产生乳酸,产生乳酸的这类细菌通常称为乳酸细菌。乳酸发酵有同型乳酸发酵和异型乳酸发酵之分。同型乳酸发酵的发酵产物中只有乳酸,代表菌种有乳酸链球菌、乳酪链球菌、干酪乳杆菌等；异型乳酸发酵的发酵产物中除乳酸外,同时含有乙酸、乙醇、CO_2 和 H_2 等,发酵途径较复杂,代表菌种是肠膜状明串珠菌。

同型乳酸发酵的过程是:葡萄糖经 EMP 途径降解为丙酮酸,丙酮酸在乳酸脱氢酶的催化下被 $NADH+H^+$ 还原为乳酸,其结果是 1 分子葡萄糖产生 2 分子乳酸和 2 分子 ATP。其总反应式为:

$$C_6H_{12}O_6+2ADP+2Pi \xrightarrow{\text{乳酸菌}} 2CH_3CHOHCOOH+CH_3CH_2OH+2ATP$$

异型乳酸发酵途径的特点是有磷酸酮糖裂解反应。该途径中葡萄糖经 6-磷酸葡萄糖酸生成 5-磷酸核酮糖,再经异构作用生成 5-磷酸木酮糖。后者经磷酸酮糖裂解反应生成 3-磷酸甘油醛和乙酰磷酸。3-磷酸甘油醛进一步转变成丙酮酸后可以通过还原丙酮酸生成乳酸,而乙酰磷酸则还原为乙醇。因此,异型乳酸发酵产物中除乳酸外,尚有乙醇和 CO_2,并且只产生 1 分子 ATP,相当于同型乳酸发酵的一半。

乳酸发酵在工业上用于生产乳酸,在农业上用于青贮饲料的发酵。此外,在食品加工上也有广泛应用。制作青贮饲料、腌泡菜和渍酸菜的原理是人为地创造缺氧条件以抑制好氧性腐败微生物的生长,促使乳酸细菌利用植物中的可溶性养分进行乳酸发酵,产生乳酸。由于产生乳酸后使 pH 值下降,因此,可通过乳酸发酵抑制其他微生物的活动。并且无论腌泡菜、渍酸菜或青贮饲料都不会降低营养价值,还使其提高营养。这是因为乳酸细菌既无分解纤维素的酶,又无水解蛋白质的酶,因此,它们不会破坏植物细胞,也不会使蛋白质降解。因而乳酸在饲料青贮过程中起到了防腐、增加饲料风味和促进牲畜食欲的作用。

第四节 微生物独特的合成代谢

微生物的合成代谢(也称同化作用)是指从简单的小分子物质合成复杂的大分子物质。微生物的合成代谢主要包括细胞结构物质(蛋白质、碳水化合物、脂肪、核酸)的合成和次级代谢产物(维生素、抗生素、激素、毒素、色素)的合成。在微生物的合成代谢中,就异养菌而言,无论是哪一种物质的合成,其过程都可以分为三级:第一级是降解反应,为合成代谢提供碳的骨架及能量;第二级是小分子合成反应,在第一级反应中形成的许多碳化合物可以经过一系列酶的催化,合成小分子如氨基酸、氨基己糖、核苷酸,这些都是合成大分子的基本成分;第三级是把小分子化合物转变为大分子化合物,如蛋白质、核酸、多糖等。

一般生物体共有的合成代谢有糖类、脂类、蛋白质和核酸的合成。而微生物特有的合成代谢有固氮作用、一些结构大分子(如肽聚糖)的合成等。

一、固氮作用

微生物将分子态氮(N_2)还原为氨(NH_3)的作用称为生物固氮作用。根据固氮微生物的固氮特点以及与植物的关系,可以将它们分为自生固氮微生物、共生固氮微生物和联合固氮微生物三类。

自生固氮微生物在土壤或培养基中生活时,可以自行固定空气中的分子态氮,对植物没有依存关系。常见的自生固氮微生物有圆褐固氮菌、厌氧性自生固氮菌等。共生固氮微生物只有和植物互利共生时,才能固定空气中的分子态氮。常见的共生固氮微生物有与豆科植物互利共生的根瘤菌。有些固氮微生物如固氮螺菌、雀稗固氮菌等,能够生活在玉米、雀稗、水稻和甘蔗等植物根内的皮层细胞之间。这些固氮微生物和共生的植物之间具有一定的专一性,但是不形成根瘤那样的特殊结构。这些微生物还能够自行固氮,它们的固氮特点介于自生固氮和共生固氮之间,这种固氮形式叫作联合固氮。

固氮作用是在固氮酶的催化下进行的。固氮酶是一种能够将分子氮还原成氨的酶。固氮酶是由两种蛋白质组成的:一种含有铁,叫作铁蛋白;另一种含有铁和钼,叫作钼铁蛋白。只有铁蛋白和钼铁蛋白同时存在,固氮酶才具有固氮的作用。生物固氮过程可以用下面的反应式概括表示:

$$N_2 + 6H^+ + nMg\text{-}ATP + 6e^- \xrightarrow{\text{固氮菌}} 2NH_3 + nMg\text{-}ADP + nPi$$

生物固氮在自然界氮循环中具有十分重要的作用,也是生命科学中的重大基础研究课题之一。研究生物固氮可以为植物特别是粮食作物提供氮素、提高产量、降低化肥用量和生产成本、减少水土污染和疾病、防治土地荒漠化、建立生态平衡和促进农业可持续发展。

二、肽聚糖的合成

肽聚糖是细胞壁特有的一大类结构大分子物质,在G^+细菌细胞壁中占细胞干重的1/5,具有重要的生理功能。它还是青霉素、万古霉素、环丝氨酸(恶唑霉素)与杆菌肽等许多抗生素作用的靶物质。

肽聚糖生物合成分为在细胞质中、细胞膜上以及细胞膜外合成3个阶段。

以金黄色葡萄球菌的肽聚糖合成为例：

第一个阶段：在细胞质中合成胞壁酸五肽（与载体 UDP 相结合）；

第二个阶段：在细胞膜上由 N-乙酰胞壁酸五肽与 N-乙酰葡萄糖胺合成肽聚糖单体——双糖肽亚单位（有细菌萜醇的脂质载体参与）；

第三个阶段：已合成的双糖肽插在细胞膜外的细胞壁生长点中并交联形成肽聚糖（转糖基作用，形成 β-1,4-糖苷键）。

本章小结

本章主要介绍了微生物的能量代谢、分解代谢、合成代谢。微生物各种生命活动所需要的能量主要是由生物氧化作用所获得的。生物氧化过程中能产生大量的能量，分段释放，并以高能键形式贮藏在 ATP 分子内，供需时使用。营养物质被微生物利用之前，通常都需要被分解成小分子的物质，营养物质不同，分解方式也不一样。微生物的发酵在食品工业中的应用主要有四种：醋酸发酵、柠檬酸发酵、酒精发酵和乳酸发酵。微生物的合成代谢有固氮作用、一些结构大分子（如肽聚糖）的合成等。

复习思考题

一、名词解释

新陈代谢　　　合成代谢　　　分解代谢　　　初级代谢
次级代谢　　　生物氧化链　　底物水平磷酸化　氧化磷酸化
光合磷酸化　　氧化脱氨基作用　转氨基作用　　联合脱氨基作用

二、判断题

1. ATP 是生物体内能量的唯一传递者。（　　）
2. 多糖必须在细胞内由相应的胞内酶水解，才能被吸收利用。（　　）
3. 糖在微生物的代谢中，既可做碳源又可做能源。（　　）
4. 微生物分解脂肪酸的主要途径是 β-氧化。（　　）
5. 醋酸细菌都是厌氧菌。（　　）
6. 柠檬酸仅仅是己糖好氧分解的中间产物，边产生边转化，不会在环境中积累。（　　）
7. 微生物的次生代谢产物是微生物主代谢不畅通时，由支路代谢产生的。（　　）
8. 乳酸发酵和乙酸发酵都是在厌氧条件下进行的。（　　）
9. 葡萄糖彻底氧化产生 30 个 ATP，大部分来自糖酵解。（　　）
10. 丙酮丁醇发酵是在好气条件下进行的，该菌是一种梭状芽孢杆菌。（　　）

三、选择题

1.（　　）从直链淀粉的内部任意切割 α-1,4 糖苷键而不能切割 α-1,6 糖苷键。

　　A. α-淀粉酶　　　　　　B. β-淀粉酶

C. 葡萄糖淀粉酶　　　　　D. 极限糊精酶

2. 微生物体内 ATP 合成的方式有哪几种？（　　）

A. 底物水平磷酸化　　　　B. 氧化磷酸化

C. 还原磷酸化　　　　　　D. 光合磷酸化

3.（　　）从直链淀粉分子的外端开始作用于 α-1,4 糖苷键，每次水解出 1 个麦芽糖分子，但这种酶不能水解也不能越过 α-1,6 糖苷键。

A. α-淀粉酶　　　　　　　B. β-淀粉酶

C. 葡萄糖淀粉酶　　　　　D. 极限糊精酶

4.（　　）从淀粉分子的非还原端开始，每次切割下 1 个葡萄糖分子，但对 α-1,6 糖苷键作用缓慢。

A. α-淀粉酶　　　　　　　B. β-淀粉酶

C. 葡萄糖淀粉酶　　　　　D. 极限糊精酶

5.（　　）专门分解 α-1,6 糖苷键，切下支链淀粉的侧枝。

A. α-淀粉酶　　　　　　　B. β-淀粉酶

C. 葡萄糖淀粉酶　　　　　D. 极限糊精酶

6. 在原核微生物细胞中单糖主要靠（　　）途径降解生成丙酮酸。

A. EMP　　　　　　　　　B. HMP

C. ED　　　　　　　　　　D. HK

7. 合成氨基酸的重要前体物 α-酮戊二酸来自（　　）。

A. EMP 途径　　　　　　　B. ED 途径

C. TCA 循环　　　　　　　D. HMP 途径

8. 在下列微生物中能进行产氧光合作用的是（　　）。

A. 链霉菌　　　　　　　　B. 蓝细菌

C. 紫硫细菌

四、填空题

1. 微生物有不同的产能代谢途径，根据在底物氧化时脱下的氢和电子的受体不同，可将微生物的呼吸分为_____、_____和_____三种类型。

2. 根据微生物呼吸类型不同，可以将微生物分为_____、_____和_____。

3. 蛋白质的分解产物为_____和_____。

4. 氨基酸的脱氨基方式主要有_____、_____和_____三种。

5. 在厌氧条件下，每分子葡萄糖经酵母菌酒精发酵后产生_____分子乙醇、_____分子 CO_2 和_____分子 ATP。

6. 乳酸发酵有_____和_____两种类型。

7. 微生物将_____还原为氨的作用称为生物固氮作用。

8. 肽聚糖生物合成分为_____、_____以及_____ 3 个阶段。

9. 1 分子葡萄糖经有氧呼吸彻底氧化可产生_____分子 ATP。

五、简述题

1. 简述同型乳酸发酵和异型乳酸发酵的异同。
2. 简述生物固氮作用的重要意义。
3. 举例说明微生物的几种发酵类型。

六、技能题

一酵母突变株的糖酵解途径中,从乙醛到乙醇的路径被阻断,它不能在无氧条件下的葡萄糖平板上生长,但可以在有氧条件下的葡萄糖平板上生长,试解释这一现象。

第六章 微生物的生长与控制

知识目标
1. 了解微生物生长的概念。
2. 理解环境条件对微生物生长的影响和控制方法，以及工业上常用的微生物培养技术。
3. 掌握几种常用的微生物生长量的测定方法，微生物的生长曲线及对生产实践的指导意义，微生物的诱变育种和常用的微生物菌种保藏的方法。

技能目标
1. 能够运用微生物生长量的相关理论知识完成微生物生长量的测定。
2. 能够运用微生物生长规律的相关理论知识完成微生物生长曲线的绘制，并能够运用微生物的生长曲线来指导生产实践。
3. 能够运用微生物菌种保藏的相关知识完成生产菌种的保藏工作。

思政目标
通过分析微生物连续培养在生产实践中的应用，引导学生养成节约意识和创新意识。

第一节 微生物的生长

微生物生长是代谢的结果，当合成代谢超过分解代谢时，单个细胞物质量增加，表现为个体质量和体积增大，这就是生长。当个体生长达到一定程度时，细胞开始出现数量的增多，这就是繁殖。可以说生长是繁殖的基础，繁殖则是生长的结果。

一、微生物生长的概念

微生物生长是细胞物质有规律地、不可逆增加，导致细胞体积增大的生物学过程。这是微生物个体生长的定义。当微生物生长到一定阶段，由于细胞结构的复制与重建并通过特定方式产生新的生命个体，即引起个体数量增加，这是微生物的繁殖。微生物的生长是一个逐步发生的量变过程，而繁殖是一个产生新的生命个体的质变过程。在高等生物中生长与繁殖这两个过程可以明显分开，但在低等生物中特别是在单细胞的微生物世界里，由于个体微小，生长与繁殖这两个过程是紧密联系又很难划分的过程。因此在讨论微生物生长时，往往将这两个过程放在一起讨论，这样，微生物生长又可以定义为在一定时间和条件下细胞数量的增加，这是微生物群体生长的定义。

二、微生物生长量的测定

研究微生物的生长过程，需要对微生物的生长作定量测定。目前微生物生长的测定方法有多种，根据研究对象或目的不同主要有以下几种。

(一)微生物细胞数目的测定方法

1. 细胞总数计数法

细胞总数计数法是用来计量细胞悬液中细胞数量的一种方法,一般包括显微镜直接计数法、涂片计数法和比浊法。

(1)显微镜直接计数法 这类方法是利用特定的血球计数板,在显微镜下计算一定容积里样品中微生物的数量。此法的缺点是不能区分死菌与活菌。血球计数板是一块特制的载玻片,上面有特定面积($1mm^2$)和高度($0.1mm$)的计数室,在$1mm^2$的面积里又被刻划成25个(或16个)中格,每个中格进一步划分成16个(或25个)小格,但整个计数室都是由400个小格组成(如图6-1所示)。

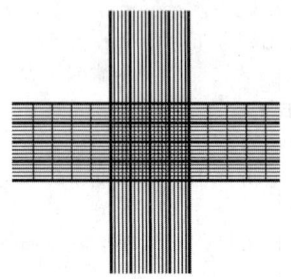

图 6-1 血球计数板和血球计数板计数网的分区与分格

将稀释的样品滴在计数板上,盖上盖玻片,然后在显微镜下计算4~5个中格的菌体总数,并求出每个小格所含菌体的平均数,再按下面公式求出每毫升样品所含的菌体数。

每毫升原液所含菌体数=每小格平均菌体数×400×10000×稀释倍数

(2)涂片计数法 用计数板附带的0.01mL吸管吸取定量稀释的细菌悬液,放置在刻有$1cm^2$面积的玻片上,使菌液均匀地涂布在$1cm^2$面积上,固定后染色,在显微镜下任意选择几个乃至十几个视野来计算细胞数量。根据计算出的视野面积核算出$1cm^2$中的菌数,然后按$1cm^2$面积上的菌液量和稀释度计算每毫升原液中的含菌数。

每毫升原液的含菌数=视野中的平均菌数×$1cm^2$/视野面积×100×稀释倍数

(3)比浊法 比浊法是测定菌悬液中细胞数量的快速方法。其原理是:菌悬液中的细胞浓度与混浊度成正比,与透光度成反比。细胞越多,浊度越大,透光量越少。因此,测定菌悬液的光密度(或透光度)可以反映细胞的浓度。将未知细胞数的菌悬液与已知细胞数的菌悬液相比,求出未知菌悬液所含的细胞数。浊度计、分光光度仪是测定菌悬液细胞浓度的常用仪器。比浊法如图6-2所示。此法比较简便,但使用有局限性。菌悬液颜色不宜太深,不能混杂其他物质,否则不能获得正确结果。

2. 活菌计数法

活菌计数法是通过测定样品在培养基上形成的菌落数来间接确定其活菌数的方法,故又称平板计数法(图6-3)。活菌计数法的特点是计算的结果是活菌落。在进行活菌计数时要注意样品的稀释度,保证一个活细胞可形成一个菌落。

(1)涂布平板法 用灭菌的涂布器将一定体积(不大于0.1mL)的适当稀释度的菌液涂布在琼脂培养基的表面,然后保温培养到有菌落出现,记录菌落的数目并换算成每毫升试样中的活细胞数量。

(2)倒平板法 将样品稀释到一定浓度,取一定体积(0.1~1mL)倒入冷却至45℃的固体

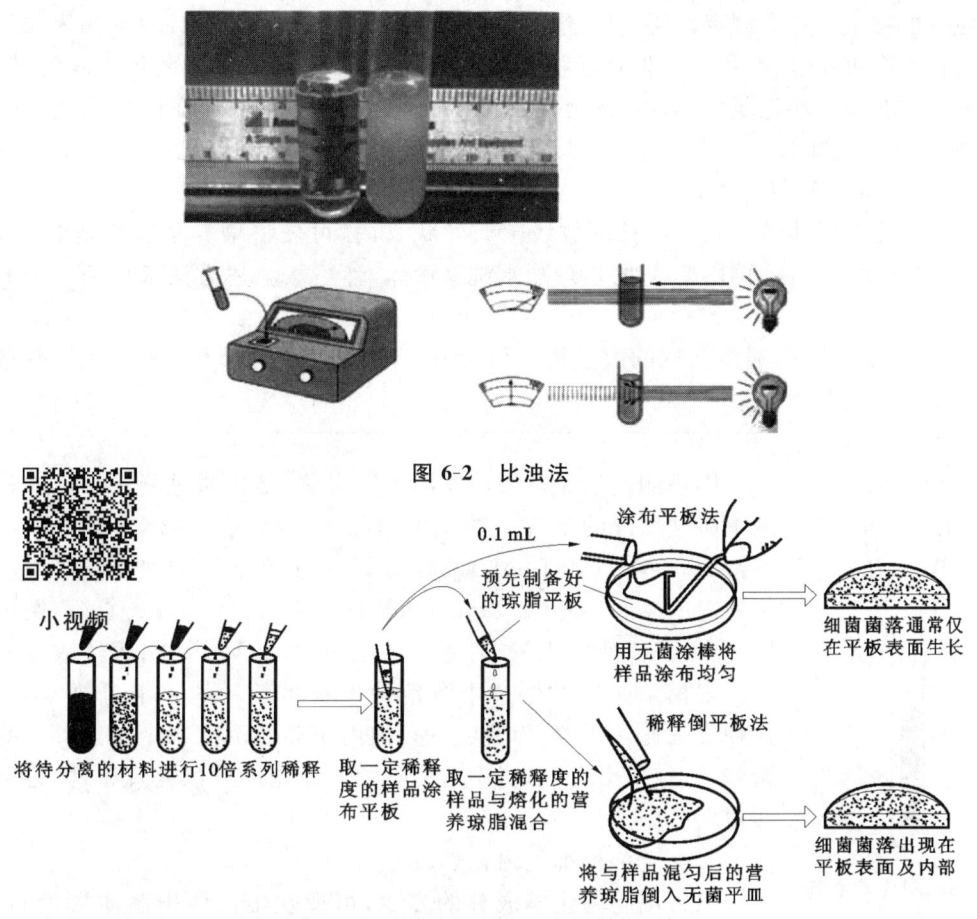

图 6-2 比浊法

图 6-3 涂布平板法和倒平板法

培养基中混合,然后倒入无菌平皿中制成平板,培养后出现菌落,由菌落数推算出活菌总数。

(3)滤膜过滤法 当待测样品中菌落数很少时,可以将样品通过膜过滤器,然后将膜转到相应的培养基上进行培养,对形成的菌落进行统计(图 6-4)。

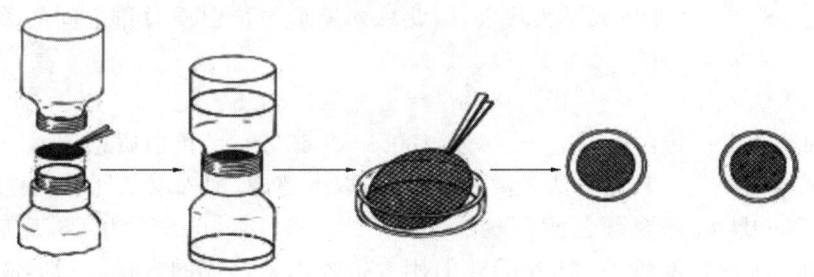

图 6-4 滤膜过滤法

(二)微生物生理指标的测定方法

测定微生物生长的相关生理指标,也可以间接地反映出微生物的生长量,常用以下方法来测定。

1. 重量法

此法是根据每个细胞有一定的质量的原理而设计的。它可以用于单细胞、多细胞以及丝状体微生物生长量的测定。将一定体积的样品通过离心或过滤将菌体分离出来,经洗涤、离心后直接称重,求出湿重。如果是丝状体微生物,过滤后用滤纸吸去菌丝之间的自由水,再称重求出湿重。不论是细菌样品还是丝状菌样品,均可以将它们放在已知质量的平皿或烧杯内,于105℃烘干至恒重,取出放入干燥器内冷却,再称量,求出微生物干重。一般说来,干重为湿重的10%~20%。

如果要测定固体培养基上生长的放线菌或丝状真菌,可先将培养基加热至50℃,使琼脂熔化,过滤得菌丝体,再用50℃的生理盐水洗涤菌丝,然后按上述方法求出菌丝体的湿重或干重。

干重法较为烦琐,通常获取的微生物产品为菌体,如活性干酵母和一些以微生物菌体为活性物质的饲料和肥料。

2.体积测量法

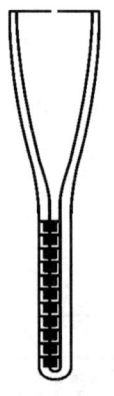

图6-5 刻度离心管

体积测量法又称测菌丝浓度测定法,是指通过测定一定体积培养液中所含菌丝的量来反映微生物的生长状况。具体方法是取一定量的待测培养液(如10mL)放在有刻度的离心管中(如图6-5所示),设定一定的离心时间(如5min)和转速(如5000rpm),离心后,倒出上清液,测出上清液体积V,则菌丝浓度为$(10-V)/10$。菌丝浓度测定法是大规模工业发酵生产中测定微生物生长量的一个重要监测指标。这种方法比较粗放,简便、快速;但由于离心沉淀物中夹杂着一些固体营养物,结果会有一定偏差,而且需要设定一致的处理条件,否则偏差会很大。

3.测定菌种细胞内化学成分

菌种细胞内化学成分的多少,可反映出群体中菌体数量的多少。测定菌种细胞内化学成分的方法较复杂,操作困难,但较准确。

(1)测定含氮量 微生物细胞的含氮量一般比较稳定,所以常作为生长量的指标。大多数细菌的含氮量为其干重的12.5%,酵母菌为7.5%,霉菌为6.0%。根据其含氮量再乘以6.25,即可测得其粗蛋白的含量(包括了杂环氮和氧化型氮)。细菌中蛋白质含量占细菌固形物的50%~80%,一般以65%为代表,因此总含氮量与蛋白质总量之间的关系可按下列公式计算:

$$蛋白质总量=含氮量\times 6.25$$

$$细胞总量=蛋白质总量\div[50\%\sim 80\%(或65\%)]=蛋白质总量\times 1.54$$

(2)氨基氮的测定 具体方法是离心发酵液,取上清液,加入甲基红和盐酸作指示剂,加入0.02N的NaOH调色至颜色刚刚褪去,加入上清液18%的中性甲醛,反应片刻,加入0.02N的NaOH使之变色,根据NaOH的用量折算出氨基氮的含量。培养液中氨基氮的含量可间接反映微生物的生长状况。

(3)其他生理物质的测定 P、DNA、RNA、ATP、NAM(乙酰胞壁酸)等的含量以及产酸、产气、产CO_2(用标记葡萄糖做基质)、耗氧、黏度、产热等指标,都可用于生长量的测定。也可以根据反应前后的基质浓度变化、最终产气量、微生物活性等方面的测定反映微生物的生长。

(4)商业化快速微生物检测法 微生物检测的发展方向是快速、准确、简便、自动化。当前很多生物制品公司利用传统微生物检测原理,结合不同的检测方法,设计了形式各异的微生物检测仪器设备,这些仪器设备正逐步应用于医学微生物检测和科学研究领域。例如全自动微生物快速检测系统(图 6-6),可以在数小时内获得检测结果,样本颜色及光学特征都不影响读数,对酵母菌和霉菌检测同样具有高度敏感性。

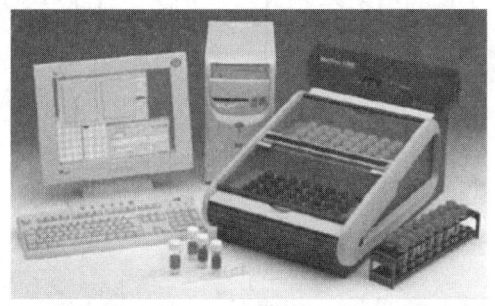

图 6-6　全自动微生物快速检测系统

(三)菌丝长度的测定方法

对于丝状微生物,特别是丝状真菌,通常是通过测定菌丝的长度变化来反映它们的生长速率,主要采用的有如下几种方法。

1.培养基表面菌体生长速率测定法

培养基表面菌体生长速率测定法主要测定一定时间内在琼脂培养基表面菌落直径的增加值。一般采用载玻片培养法,方法如图 6-7 所示。

2.培养料中菌体生长速率测定法

培养料中菌体生长速率测定法主要测定一定时间内在固体培养料中菌丝体向前延伸的距离。这种方法常用于食用菌菌丝体生长速率的测定。

3.单个菌丝顶端生长速率测定法

单个菌丝顶端生长速率测定法的具体操作是,将待测菌株点植接种于培养基平板的中心,生长一定时间后,将平板置于显微镜载物台上,同时校对所用显微镜的目镜测微尺,并计算每一格的长度。在菌落边缘选择单根菌丝的顶端在低倍镜下聚焦,然后将目镜测微尺与菌丝平行,并选择菌丝开始出现侧枝的部位与目镜测微尺上的一条刻度线重合,这个点即为"参照点",每隔一定时间测量一次菌丝生长的长度。图 6-8 所示为霉菌菌丝生长速率测定的示意图。

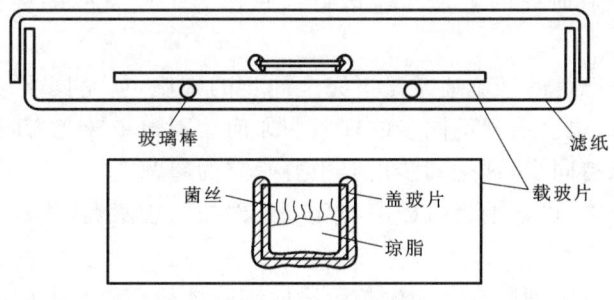

图 6-7　载玻片培养法

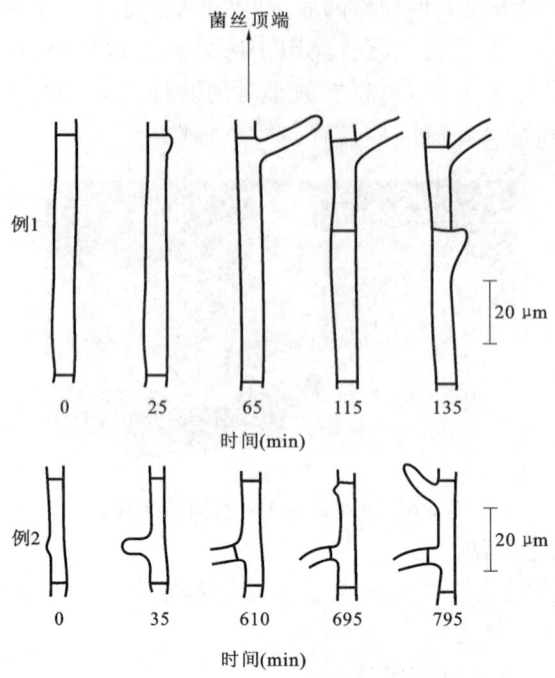

图 6-8 霉菌菌丝生长

第二节 微生物的生长规律

研究微生物的生长规律,需要从研究微生物的个体生长和群体生长两个方面着手。

一、微生物的个体生长和同步生长

下面以细菌为例介绍微生物的个体生长和同步生长。细菌细胞个体极其微小,对其个体生长进行研究较为困难。目前对细菌的个体生长进行研究主要有两种方法:一是利用电子显微镜观察细胞的超薄切片,二是采用同步培养方法。同步培养能使群体中处于个体生长的不同阶段的细胞转变成能同时进行生长或分裂的群体细胞。以同步培养方法使群体细胞处于同一生长阶段,并同时进行分裂的生长方式称为同步生长。同步培养细胞常被用来研究在单个细胞上难以研究的生理与遗传特性和作为工业发酵的种子,它是一种理想的材料。

用一般培养方法获得的细胞通常是不完全同步的细胞,就是同步培养方法获得的同步细胞经几次传代之后,也会出现不同步的现象。如何使不同步转变为同步,以及如何使同步细胞能较长时间地保持同步,这是同步培养中要研究的课题。

同步培养方法很多,可归纳为机械法与环境条件控制法两类。

(一) 机械法

这是一类根据微生物细胞在不同生长阶段的细胞体积和质量不同或根据它们同某种材料结合不同的原理设计出来的方法。其中常用的有以下几种方法。

(1) 离心法 将不同步的细胞培养物悬浮在不被这种细菌利用的不同梯度糖溶液里,通过密度梯度离心将不同细胞分布成不同的细胞带,每一细胞带的细胞大致是处于同一生长期的细胞,然后分别将它们取出进行培养,就可以获得同步细胞。

(2)过滤分离法 将不同步的细胞培养物通过孔径大小不同的微孔滤器,从而将大小不同的细胞分开,分别将滤液中的细胞取出进行培养,获得同步细胞。

(3)硝酸纤维素滤膜法 根据细菌能紧紧结合到硝酸纤维素滤膜上的特点,将细菌悬液通过垫有硝酸纤维素滤膜的过滤器,然后将滤膜颠倒过来,再将培养基流过滤器,以洗去未结合的细菌,然后将滤器放在适宜条件下培养一段时间,其后仍将培养基流过滤器,这时新分裂产生的细菌被洗下,分部收集并通过培养获得同步细胞。

图 6-9(a)、(b)分别为硝酸纤维素滤膜法和离心法获得同步细胞的步骤。

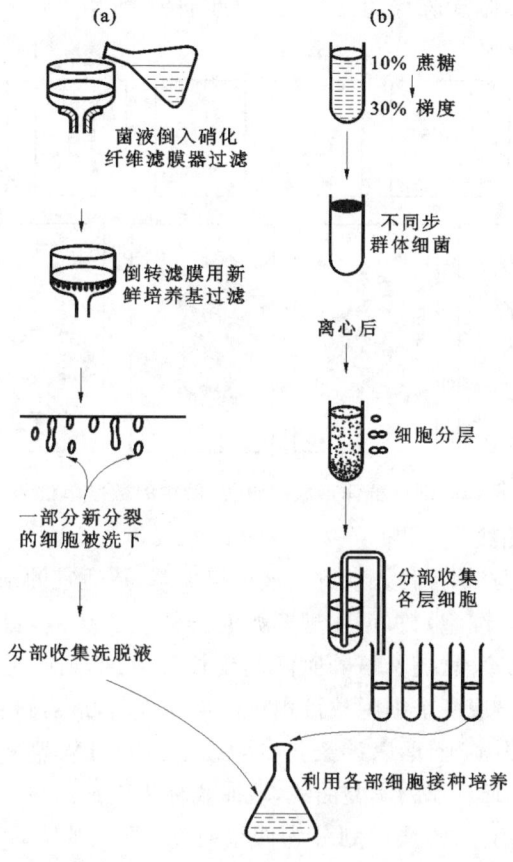

图 6-9 机械法获得细胞同步培养
(a)硝酸纤维素滤膜法;(b)离心法

(二)环境条件控制法

这类技术是根据细菌生长与分裂对环境因子要求不同的原理设计的一类获得同步细胞的方法。

(1)温度控制 最适宜生长温度有利于细菌生长与分裂,不适宜温度如低温不利于细菌生长与分裂。通过适宜与不适宜温度的交替处理之后,通过培养可获得同步细胞。

(2)培养基成分控制 培养基中的碳、氮源或生长因子不足,可导致细菌缓慢生长直至生长停止。因此将不同步的细菌在营养不足的条件下培养一段时间,然后转移到营养丰富的培养基里培养,能获得同步细胞。另外也可以将不同步的细胞转接到含有一定浓度的、能抑制蛋白质等生物大分子合成的化学物质如抗生素等的培养基里,培养一段时间后,再转接到完全培养基里培养也能获得同步细胞。

环境条件控制获得同步细胞的机理还不完全了解,有可能是这种处理导致细胞内某些物质合成,而这些物质的合成和积累可导致细胞分裂,从而获得同步细胞。

二、微生物的群体生长及其规律

微生物个体细胞的生长时间一般很短,很快就进入繁殖阶段,即微生物的群体生长阶段(如图 6-10 所示)。微生物群体的生长表现为细胞数目或群体细胞物质的增加。工业发酵的过程就是微生物群体细胞新陈代谢的过程,因此研究微生物群体生长的规律对于发酵工业生产具有重要的指导意义。

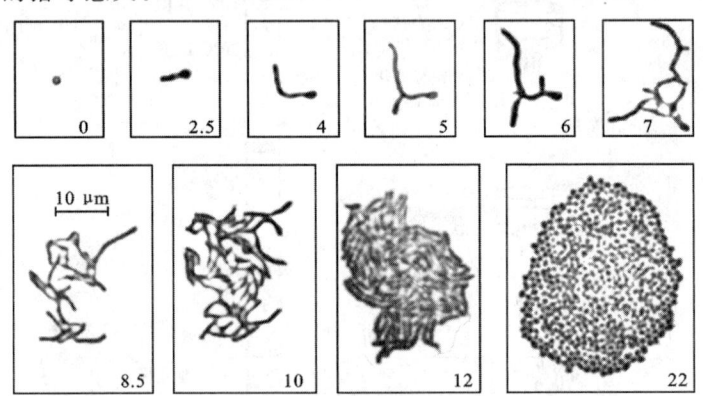

图 6-10　细菌群体形成的过程(图中的数字单位为 h)

(一)微生物的生长曲线

如将少量微生物纯培养物接种入新鲜的液体培养基,在适宜的条件下培养,定期取样测定单位体积培养基中的菌体(细胞)数,可发现开始时群体生长缓慢,后逐渐加快,进入一个生长速率相对稳定的高速生长阶段,随着培养时间的延长,生长达到一定阶段后,生长速率又表现为逐渐降低的趋势,随后出现一个细胞数目相对稳定的阶段,最后转入细胞衰老死亡期。如用坐标法作图,以培养时间为横坐标,以计数获得的细胞数的对数为纵坐标,可得到一条定量描述液体培养基中微生物生长规律的实验曲线,该曲线称为生长曲线,如图 6-11 所示。

从图 6-11 可见,细菌生长曲线可划分为四个时期,即延滞期、指数期、稳定期和衰亡期。生长曲线表现了细菌细胞及其群体在新的适宜的理化环境中,生长繁殖直至衰老死亡的动态学变化过程。生长曲线各个时期的特点,反映了所培养的细菌细胞与其所处环境间进行物质与能量交流,以及细胞与环境间相互作用与制约的动态变化。深入研究各种单细胞微生物生长曲线各个时期的特点与内在机制,在微生物学理论与应用实践上都有着十分重大的意义。

(二)微生物生长曲线各阶段的说明

1. 延滞期

这是培养基接种之后开始的一个适应期。当微生物从一种环境进入新的培养环境时,必须重新调整其小分子和大分子的组成,包括酶和细胞结构成分,以适应新环境,因而又有调整期之称。这个时期的生长曲线平坦稳定,细菌繁殖极少。工业生产上应尽可能缩短延

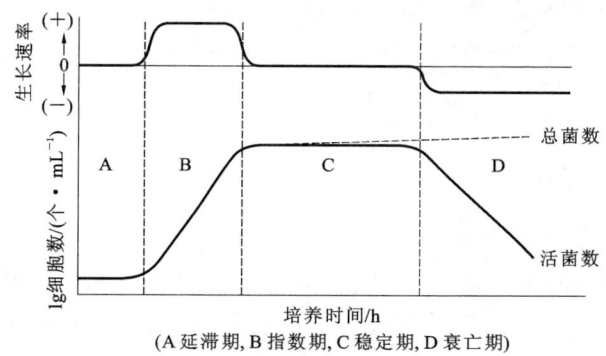

图 6-11 细菌生长曲线

滞期。延滞期的长短因菌种、接种菌量、菌龄以及营养物质等不同而异,一般为 1~4h,通常可采取处于快速生长繁殖中的健壮菌种细胞接种、适当增加接种量、采用营养丰富的培养基、使种子培养基与下一步培养用的发酵培养基的营养成分以及培养的其他理化条件尽可能保持一致等措施,可以有效地缩短延滞期,缩短发酵周期。此期中细菌体积增大,代谢活跃,为细菌的分裂增殖,储备充足的酶、能量及中间代谢产物的重要时期。

2. 指数期

指数期(图 6-12)又称对数期,此期在生长曲线上表现为活菌数直线上升,细菌以稳定的几何级数快速增长,若以乘方的形式表示,即为 2^n;这里的指数"n"为细胞分裂的次数或增殖的代数,也即一个细菌繁殖 n 代产生 2^n 个子代菌体,此时期可持续几小时至几天不等。此期细菌形态、染色性、生物活性都很典型,对外界环境因素的作用敏感,因此在研究微生物的代谢和遗传时,宜用这个时期的细胞;在微生物发酵中以该生长后期的细胞作为种子,接种合适的发酵培养基可以缩短延滞期,从而缩短发酵周期,提高劳动生产率与经济效益。

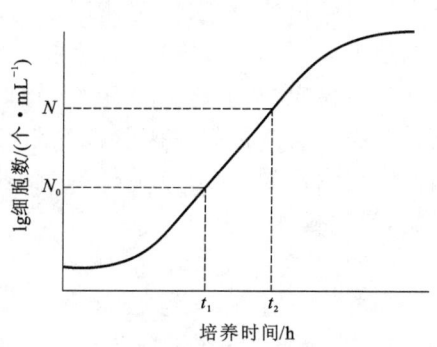

图 6-12 生长曲线的指数期

培养基中细胞的最初个数和生长一段时间后的细胞个数之间存在如下关系:

$$N = N_0 \times 2^n$$

式中 N——细胞最终数目;

N_0——细胞初始数目;

n——指数生长期细胞繁殖代数。

细胞每分裂一次所需要的时间称为代时,以符号 G 表示,$G=t/n$。t 是指数生长期时间,可从细胞最终数目(N)时的培养时间 t_2,减去细胞初始数目(N_0)时的培养时间 t_1 而求得,即 $t=t_2-t_1$。

因此,如果已知指数生长期的初始细胞数和指数生长期的最终细胞数,就可以计算出其繁殖的代数(n)。计算方法如下:

$$N = N_0 \times 2^n$$
$$\lg N = \lg N_0 + n\lg 2$$

$$\lg N - \lg N_0 = n\lg 2$$
$$n = \frac{\lg N - \lg N_0}{\lg 2} = \frac{\lg N - \lg N_0}{0.301}$$
$$n = 3.322(\lg N - \lg N_0)$$

根据 n、t，可以算出代时 G：

$$G = \frac{t_2 - t_1}{3.322(\lg N - \lg N_0)}$$

微生物的代时因种而异，即使同一个种，其代时也受培养基成分及环境条件的影响。细菌每繁殖一代，一般需要 20min，如大肠杆菌在 37℃ 的肉汤培养基中，代时为 17min；但结核分枝杆菌每繁殖一代则需要 14h 左右。酵母菌的代时一般要长些，需要 2h 以上，如啤酒酵母为 2h。

3. 稳定期

根据细菌指数期生长规律，一个细菌如大肠杆菌细胞的质量大约只有 10^{-12} g，不难计算，如果其代时为 20min，在指数生长 72h 后，所产生的细胞总量将会接近于地球的质量。然而事实上难以得到这样的结果。因为在这一时段内，一定存在某些因素抑制菌体的生长与繁殖。由于培养基中营养物质消耗、毒性产物（有机酸、H_2O_2 等）积累、pH 值下降等不利因素的影响，细菌繁殖速度渐趋下降，死亡数开始逐渐增加，此期细菌增殖数与死亡数渐趋平衡。到指数末期，微生物生长速度降低，繁殖率与死亡率逐渐趋于平衡，活菌数基本保持稳定，从而进入稳定期，该时期可以维持相当长的时间。由于不少代谢产物特别是次级代谢产物都在该阶段大量合成，所以该阶段对工业发酵是很重要的，如要获得菌体或代谢产物，此时是最佳的"收获季节"。为了生产需要，可以在菌种或工艺上采取措施，设法延长这个时期。

4. 衰亡期

随着稳定期的继续发展，生长环境的继续恶化和营养物质的短缺，细菌繁殖速度越来越慢，死亡菌数明显增多。活菌数与培养时间呈反比关系，此期细菌变长、肿胀或畸形衰变，甚至菌体自溶，难以辨认其形，生理代谢活动趋于停滞。

细菌生长曲线各阶段的特征如表 6-1 所示。

表 6-1 细菌生长曲线各阶段的特征

生长阶段	特 征
延滞期	细胞不分裂，但细胞变大，细胞内 RNA 含量增高，原生质呈碱性，合成代谢活跃，易合成新的诱导酶，对外界环境变化敏感。接种物中死细胞较多或培养基不丰富时延滞期较长
指数期	细胞分裂最快，细胞进行平衡生长，酶系活跃，代谢旺盛。生长速率由营养成分和培养条件决定
稳定期	新繁殖的细胞与死亡细胞数目相等，菌体产量达到最高，细胞开始储藏糖原、脂肪等储藏物，产芽孢的细菌开始形成芽孢，开始合成次生代谢产物。可能由于营养物的消耗或抑制生长的代谢产物积累，细胞停止增殖，但仍存活
衰亡期	死亡细胞数目超过新生细胞数目，细胞形态多样，细胞开始自溶，开始释放次生代谢产物

微生物的生长曲线,反映了一种微生物在一定的生活环境(如试管、摇瓶、发酵罐)中的生长繁殖和死亡规律。它既可作为营养物和环境因素对生长繁殖影响的理论研究指标,也可作为调控微生物生长代谢的依据,以指导微生物的生产实践。

(三)微生物的生长曲线对生产实践的指导意义

掌握微生物的群体生长繁殖规律对生产菌种的选择和发酵生产过程的控制具有十分重要的作用。

1. 延滞期与发酵生产过程

延滞期的长短与生产菌种的菌龄、接种量以及培养基成分有直接关系。使用指数期菌龄的微生物作为生产"种子",延滞期较短;如使用延滞期或衰亡期菌龄的微生物作为生产"种子",则延滞期较长。接种量大,延滞期较短;接种量小,延滞期较长。培养基成分丰富的,延滞期较短;培养基成分与种子培养基一致,延滞期较短。

2. 指数期与发酵生产过程

指数期的菌体细胞是代谢、生理研究的良好材料;是增殖噬菌体的最适宿主菌龄;是发酵生产中用作"种子"的最佳种龄;是革兰氏染色菌种鉴定的最佳时期。

3. 稳定期与发酵生产过程

稳定期是发酵生产中以菌体为终产品的最佳收获期。某些代谢产物特别是次生代谢产物发生在此阶段,某些细菌的芽孢也发生在此阶段,故又称为代谢产物合成期;对稳定期的理论研究导致了连续培养原理的提出和工艺技术的改进。

4. 衰亡期与发酵生产过程

衰亡期与菌种的遗传特性有关,有些细菌的培养要经历所有的生长时期,几天以后死亡,有些细菌培养几个月乃至几年以后仍然有一些活的细胞。衰亡期的形成与菌体是否产芽孢有关,产芽孢的细菌更易于幸存下来。衰亡期的形成与营养物质的消耗和有毒物质的生成有关,补充营养和能源,以及中和环境毒性,可以减缓衰亡期细胞的死亡速率,延长菌种的存活时间。

第三节 环境条件对微生物生长的影响

在微生物研究或生产实践中,常常需要控制不期望的微生物生长,以达到研究或生产的目的。任何杀死或抑制微生物的方法都可以达到控制微生物生长繁殖的目的,一种方法是通过营养条件进行控制,另一种方法就是通过环境因素进行控制,包括温度、干燥、辐射、过滤等物理方法和消毒剂、防腐剂、化学治疗剂等化学方法。

一、物理因素对微生物生长的影响与控制

(一)温度

温度是影响微生物生长繁殖最重要的因素之一。在一定温度范围内,机体的代谢活动与生长繁殖随着温度的上升而增强,当温度上升到一定高度,开始对机体产生不利的影响,如再继续升高,则细胞功能急剧下降以至死亡。

1. 微生物生长温度三基点

与其他生物一样,任何微生物的生长温度尽管有高有低,但总有其最低生长温度、最适

生长温度和最高生长温度这三个重要指标,这就是生长温度的三个基本点,简称生长温度三基点。

最低生长温度是指微生物能进行繁殖的最低温度界限,处于这种温度条件下的微生物生长速率很低,如果低于此温度则生长完全停止。不同微生物的最低生长温度不一样,这与它们原生质体的物理状态和化学组成有关,也可随环境条件而变化。

最适生长温度是指某一微生物分裂代时最短或生长速率最高时的培养温度。但是,同一种微生物,不同的生理生化过程有着不同的最适温度,也就是说,最适生长温度并不等于生长量最高时的培养温度,也不等于发酵速度最高时的培养温度或累积代谢产物量最高时的培养温度,这一点在生产实践中应注意加以区分。例如,嗜热链球菌的最适生长温度为37℃,最适发酵温度为47℃,累积产物的最适温度为37℃。真菌的最适生长温度往往也不一定是产生子实体的最适温度。如香菇进行菌丝生长时温度为22~26℃,而子实体形成的最适温度为20℃。因此,在生产上要根据微生物不同生理代谢过程温度的特点,采用分段式变温培养或发酵,这对提高发酵生产的效率具有十分重要的意义。现在,国外利用电子计算机,通过对发酵温度最佳点的计算,发现在青霉素发酵生产时,各阶段如采用变温培养,比在25℃下进行恒温培养,青霉素产量可提高14%以上。

最高生长温度是指微生物生长繁殖的最高温度界限。在此温度下,微生物细胞易于衰老和死亡。

2. 微生物生长的温度类型

根据不同微生物对温度的要求和适应能力不同,可以把它们区分为低温、中温和高温三种不同的类型。

(1)低温型微生物　低温型微生物也称为嗜冷微生物,它们一般能在0℃或更低的温度下生长,超过20℃以上的温度将抑制它们的生长发育。低温型微生物生长的温度范围为-10~30℃,最适温度为10~20℃。它们一般分布在高纬度的陆地和海洋中及冷藏食品上,包括细菌、真菌和藻类等许多类群,其中研究较多的是藻类,如能在寒带冰河雪原表面生长的雪藻和可在极地冰块下面生长的硅藻。低温型微生物往往也是造成冷冻食品腐败的主要原因。

低温型微生物能在低温下生长的主要原因是它们有能在低温下保持活性的酶和细胞质膜类脂中的不饱和脂肪酸含量较高,因而能在低温下继续保持其半流动性并执行其生理功能,进行活跃的物质传递,支持微生物生长。低温型微生物的酶类在30~40℃的情况下会很快失活。

(2)中温型微生物　中温型微生物生长的温度范围是10~45℃,最适生长温度为25~40℃,可进一步分为体温型和室温型两大类。体温型微生物绝大多数是人或温血动物的寄生或兼性寄生微生物,以35~40℃为最适生长温度。室温型微生物则广泛分布于土壤、水、空气及动植物表面和体内,是自然界中种类最多、数量最大的一个温度类群,其最适生长温度为25~30℃。

(3)高温型微生物　高温型微生物生长的温度范围是25~80℃,以50~60℃为最适生长温度,主要分布在高温的自然环境(如火山、温泉和热带土壤表层)及堆厩肥、沼气发酵等人工高温环境中。比如堆肥在发酵过程中温度常高达60~70℃。能在55~70℃中生长的微生物有芽孢杆菌属、梭状芽孢杆菌属、高温放线菌属、甲烷杆菌属等。分布于温泉中的细菌,有的可在接近于100℃的高温中生长。如在PCR技术中使用的DNA聚合酶就是从水生栖热菌种中分离出来的。有些耐高温的微生物,常给食品工业和发酵工业等带来损失。

表6-2为不同温度类型微生物的生长温度及分布。

表6-2　不同温度类型微生物的生长温度及分布

微生物类型	生长温度/℃				分布的主要场所
	范围	最低	最适	最高	
低温菌	−10～30	−10	10～20	30	极地,兼性嗜冷水及冷藏食品上
中温菌	10～45	10	25～30 (35～40)	45	土壤、水、空气、动植物体表面及体内
高温菌	25～80	25	50～60	80	温泉、堆肥土壤、表层水、加热器等

3. 温度对微生物的影响

温度对微生物的影响是广泛的,改变温度必然会影响微生物体内所进行的多种生物化学反应。适宜的温度能刺激微生物的生长,不适的温度会改变微生物的形态、代谢、毒力等,甚至导致其死亡。总的来讲,温度是通过影响微生物膜的液晶结构、酶和蛋白质的合成与活性,以及RNA的结构和转录等来影响微生物的生命活动。

4. 控制温度在生产实践中的应用

利用温度对微生物的影响,在实验室和发酵生产实践中可以采用低温或高温的方法抑制和杀死有害的微生物。最常采用的是高温方法,即热力灭菌。热力灭菌是利用高温使菌体蛋白变性,从而失去活性,达到灭菌的目的。常用的方法有干热灭菌和湿热灭菌两种。

(1) 干热灭菌　干热灭菌法是指在干燥环境(如火焰或干热空气)进行灭菌的技术。一般有火焰灭菌法和干热空气灭菌法。

① 火焰灭菌法:火焰灭菌法是指用火焰直接烧灼的灭菌方法。该方法灭菌迅速、可靠、简便,适用于实验室的金属器械(镊子、剪子、接种环等)(图6-13)、玻璃试管口和瓶口等的灭菌,不适合药品的灭菌。具体做法是将器械放在火焰上烧灼1～2 min。若为搪瓷容器,可倒少量95%的乙醇,慢慢转动容器,使乙醇分布均匀,点火燃烧至熄灭1～2min。

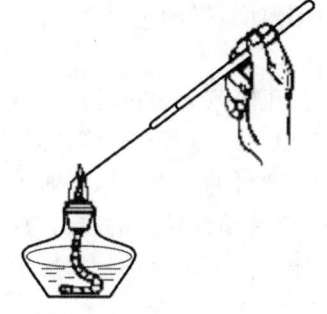

图6-13　接种环的火焰灭菌法

② 干热空气灭菌法:干热空气灭菌法常采用电热烤箱和微波消毒的方法。电热烤箱是利用烤箱的热空气消毒灭菌。烤箱通电加热后的空气在一定空间不断对流,具有均一效应的热空气直接穿透物体,达到灭菌目的。一般繁殖体在干热温度80～100℃中经1h可被杀死,芽孢、病毒需160～170℃经2h方可被杀死。电热烤箱法适用于玻璃器皿、瓷器以及液体石蜡、各种粉剂、软膏等。灭菌后待箱内温度降至40～50℃以下才能开启箱门,以防器皿炸裂。

微波消毒是利用一种高频电磁波杀菌。其杀菌的作用原理,一为热效应,电磁波所到之处产生分子内部剧烈运动,使物体里外温度迅速升高;二为综合效应,诸如化学效应、电磁共振效应。微波消毒目前已广泛应用于食品、药品的消毒,用微波灭菌手术器械包、微生物实验室用品等亦有报告。若物品先经1%过氧乙酸或0.5%新洁尔湿化处理后,可起协同杀菌作用,再经微波照射 2min,杀芽孢率可由 98.81%增加到 99.98%～99.99%。微波对人体有一定危害,其热效应可损伤睾丸、眼睛晶状体等,长时间照射还可致神经功能紊乱。使用时可设置不透微波的金属屏障或戴特制防护眼镜等。

(2)湿热灭菌 湿热灭菌法是指用饱和水蒸气、沸水或流通蒸汽进行灭菌的方法。由于蒸汽潜热大,穿透力强,容易使蛋白质变性或凝固,所以该法的灭菌效率比干热灭菌法高,是药物制剂生产过程中最常用的灭菌方法。湿热灭菌法可分为煮沸消毒法、高压蒸汽灭菌法、间歇蒸汽灭菌法和巴氏消毒法。

①煮沸消毒法:将水煮沸至 100℃,保持 5～10min 可杀灭微生物繁殖体,保持 1～3h 可杀灭芽孢。如向水中加入 1%～2%碳酸氢钠,沸点可达 105℃,能增强杀菌作用,还可去污防锈。在高原地区气压低、沸点低的情况下,要延长消毒时间(海拔每增高 300m,需延长消毒时间 2min)。此法适用于不怕潮湿、耐高温的搪瓷、金属、玻璃、橡胶类物品。

煮沸前物品应刷洗干净,打开轴节或盖子,将其全部浸入水中。大小相同的碗、盆等均不能重叠,以确保物品各面与水接触。锐利、细小、易损物品用纱布包裹,以免撞击或散落。玻璃、搪瓷类物品放入冷水或温水中煮;金属、橡胶类物品则待水沸后放入。消毒时间均从水沸后开始计时。若中途再加入物品,则重新计时。消毒后及时取出物品,保持其无菌状态。经煮沸灭菌的物品的"无菌"有效期不超过 6h。

②高压蒸汽灭菌法:高压蒸汽灭菌法是实验室及发酵生产中常用的灭菌方法。在常压下水的沸点为 100℃,如果加压则可提供高于 100℃的蒸汽,加之蒸汽热穿透力强,可迅速引起蛋白质凝固变性。所以高压蒸汽灭菌法在湿热灭菌法中效果最佳、应用较广。

高压蒸汽灭菌常在高压蒸汽锅中进行,它是一个密闭的系统,通常具有夹层,夹层和锅中可以充满饱和蒸汽,并可在一段时间内使之维持一定的温度和压力。使用时要完全排出锅内的空气而代之以饱和蒸汽。如有空气混存,则锅内温度将低于同样压力由纯饱和蒸汽产生的温度,影响灭菌效果。由此可知,高压蒸汽灭菌是高温致死微生物而绝非压力的作用。

高压蒸汽灭菌法适用于各种耐热物品的灭菌,如一般培养基、生理盐水及各种缓冲溶液、玻璃器皿、工作服等,常采用 $15lb/in^2$ 的蒸汽压,121℃的温度下处理 15～30min,即可达到灭菌的目的。灭菌所需时间和温度取决于被灭菌物品的性质、体积与容器类型等。对体积大、热传导性较差的物品,加热时间应适当延长。实验室常用手提式高压蒸汽灭菌锅和立式高压蒸汽灭菌锅进行高压蒸汽灭菌(图 6-14)。

图 6-14 手提式和立式高压蒸汽灭菌锅

③间歇蒸汽灭菌法：间歇蒸汽灭菌法是用流通蒸汽反复进行几次处理的灭菌方法。将待灭菌物品置于阿诺氏灭菌器或蒸锅（蒸笼）及其他灭菌器中，常压下100℃处理15～30min，以杀死其中的营养细胞。冷却后，置于一定温度（28～37℃）保温过夜，使其中可能残存的芽孢萌发为营养细胞，再以同样方法加热处理。如此反复三次，可杀灭所有芽孢和营养细胞，以达到灭菌的目的。此法的缺点是灭菌比较费时，一般只用于不耐热的药品、营养物、特殊培养基等的灭菌。在缺乏高压蒸汽灭菌设备时也可用此法灭菌。

④巴氏消毒法：巴氏消毒法也称低温消毒法、冷杀菌法，是一种利用较低的温度既可杀死病菌又能保持物品中营养物质风味不变的消毒法。

巴氏消毒法是以法国科学家巴斯德的名字命名的，并且一直沿用至今，随着科学技术的发展，当今使用的巴氏杀菌程序种类繁多。一般的巴氏消毒法是指低温消毒，比如牛奶在62.8℃灭菌30min，这种方法如今只被小型乳品厂用来生产一些奶酪制品，采用这一方法，可杀死牛奶中各种生长型致病菌，灭菌效率可达97.3%～99.9%，经消毒后残留的只是部分嗜热菌、耐热性菌以及芽孢等，但这些细菌多数是乳酸菌，不但对人无害反而有益健康。另一种改良的方法是高温短时法，就是在71.7℃灭菌15s，如今被广泛应用于饮用牛奶的生产。而有机牛奶的消毒多采用高温瞬时巴氏消毒法（图6-15），就是在141℃灭菌2s。用这种方法消毒的牛奶，可最大限度地保持牛奶的品质、颜色、味道和营养。

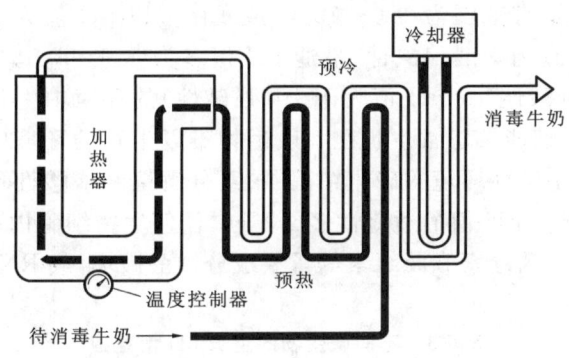

图6-15　高温瞬时巴氏消毒法的操作流程图

湿热灭菌与干热灭菌各有特点，互相很难完全取代，但总的说来，湿热的消毒效果较干热好，所以使用也十分普遍。湿热灭菌较干热灭菌效果好主要有三个原因：①蛋白质在含水多时易变性，含水量越多，越易凝固；②热蒸汽穿透能力强，传导快；③蒸汽具有潜热，当蒸汽与被灭菌的物品接触时，可凝结成水而放出潜热，使温度迅速升高，加强灭菌效果。

（二）渗透压

微生物细胞通常具有比环境高的渗透压，因而很容易从环境中吸收水分。除极端的生态条件以外，适合于微生物生长的渗透压范围较广。微生物在等渗透压下生长良好。微生物在浓度为5～8.5g/L的NaCl溶液中形态和大小不变，并生长良好。在低渗透压（NaCl溶液浓度等于或低于0.1g/L）下除能破坏去壁的细胞原生质体的稳定性以外，一般不对微生物的生存带来威胁。而高渗透压（NaCl溶液浓度等于或高于200g/L）下会使细胞原生质脱水而发生质壁分离，因而能抑制大多数微生物的生长。如图6-16所示。利用这一原理可以在食品加工和日常生活中用高浓度的盐或糖来加工蔬菜、肉类和水果等，是在民间流传已久的防腐方法。常用的食盐浓度为10%～15%,蔗糖浓度为50%～70%。

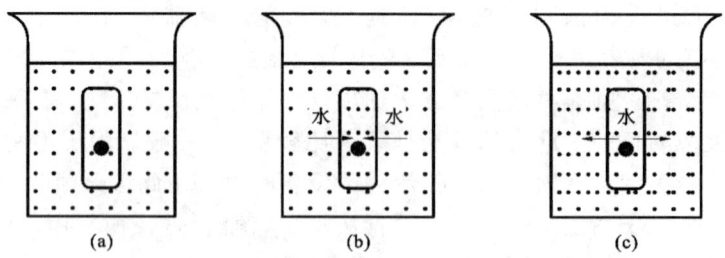

图 6-16　细菌在不同渗透压溶液中的反应
(a)等渗溶液;(b)低渗溶液;(c)高渗溶液

(三)酸碱度

微生物的生长繁殖所需要的环境都有一定的酸性、碱性或中性,这种酸性、碱性或中性可以用氢离子浓度的对数即pH值来表示。pH值大于7时是碱性,数值越大碱性越强;pH值小于7时是酸性,数值越小酸性越强。每种微生物的生长所需要的环境都有一个pH值范围,也有一个最适合生长的pH值。环境的酸碱度对微生物生长是十分重要的,微生物能在pH值为1～11的范围内生长,但不同种类微生物的适应能力各不相同,每一种微生物都有其最适pH值和能适应的pH值范围(如表6-3所示)。大多数细菌、藻类和原生动物的最适pH值为6.5～7.5,适宜范围为4.0～10.0;放线菌多以pH值为中性至微碱性为宜,最适pH值为7.0～8.0;真菌一般偏酸性,最适pH值多为5.0～6.0。只有极少数的微生物能够在pH值低于2(强酸性)或pH值大于10(强碱性)的环境中生长,被称为嗜酸微生物或嗜碱微生物。因为它们能够正常生长在一般生物难以生存的环境中,所以它们是极端环境下生长的微生物,如嗜碱性环境的硝化细菌、尿素分解菌和嗜酸性环境的硫杆菌、乳酸杆菌等。无论微生物对环境pH值的适应性多么不同,任何生物细胞内的pH值都近于中性,这就可避免DNA、ATP、菌绿素和叶绿素等重要成分被酸破坏,或RNA、磷脂类等被碱破坏的可能性。

表 6-3　不同微生物的生长 pH 值范围

微生物	pH 值		
	最低	最适	最高
嗜酸乳杆菌	4.0～4.6	5.8～6.6	6.8
放线菌	5.0	7.0～8.0	10.0
酵母菌	3.0	4.8～6.0	8.0
黑曲霉	1.5	5.0～6.0	9.0

发酵过程中培养液中的pH值是微生物在一定环境条件下代谢活动的综合指标,是一项重要的发酵参数,对菌体的生长和产品的积累有很大的影响,因此必须掌握发酵过程中pH值的变化规律,以便对发酵过程进行合理有效的控制。微生物生长阶段和产物合成阶段的最适pH值往往不一样,这不仅与菌种的特性有关,也取决于产物的化学性质。因此,为了更有效地控制生产,必须充分了解微生物生长和合成产物的最适pH值。

(四)氧气

分子态氧(O_2)大量存在于空气中,自然界微生物生活在含氧量不同的环境中,氧与微生物代谢和生态有密切关系。分子态氧对许多微生物是必需的,而对某一些种类则起抑制甚至毒害作用。图 6-17 为分子氧浓度和分压对好氧菌、厌氧菌、兼性厌氧菌生长的影响示意图。按照微生物与氧气的关系,可把它们分成好氧菌和厌氧菌两大类,并可进一步细分为五类。

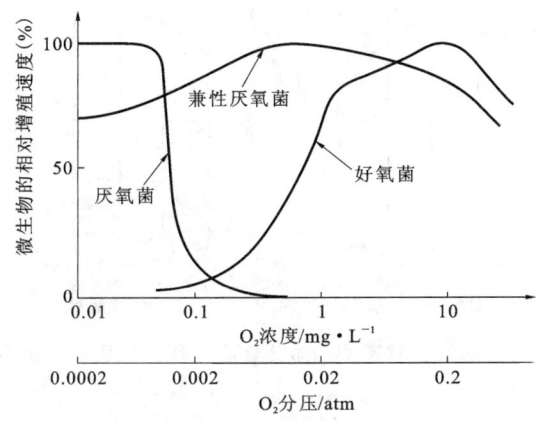

图 6-17 分子氧浓度和分压对三类微生物生长的影响

1. 专性好氧菌

专性好氧菌必须在较高浓度分子氧的条件下才能生长,它们有完整的呼吸链,以分子氧作为最终氢受体,含有超氧化物歧化酶(SOD)和过氧化氢酶。绝大多数真菌和许多细菌、放线菌都是专性好氧菌。

2. 兼性厌氧菌

兼性厌氧菌主要是以在有氧条件下的生长为主,同时也可兼在厌氧条件下生长,有时也称"兼性好氧菌"。它们在有氧条件下通过呼吸产能;在无氧条件下借发酵或无氧呼吸产能。兼性厌氧菌细胞中含有超氧化物歧化酶(SOD)和过氧化氢酶。许多酵母菌和不少细菌都是兼性厌氧菌。如酵母菌在有氧环境中进行有氧呼吸,在无氧条件下发酵葡萄糖生成酒精。许多肠道细菌,如大肠杆菌等均属此类。

3. 微好氧菌

微好氧菌只能在较低的氧分压下才能正常生长,它们也是通过呼吸链并以氧作为最终氢受体产生能量。

4. 耐氧菌

耐氧菌是一类可在分子氧存在下进行发酵性厌氧生活的厌氧菌。它们的生长不需要任何氧,但分子氧对它也无毒害。它们不具有呼吸链,仅依靠专性发酵和底物水平磷酸化而获得能量。耐氧菌的耐氧机制是细胞内存在超氧化物歧化酶(SOD)和过氧化物酶,但缺乏过氧化氢酶。一般的乳酸菌多数是耐氧菌。

5. 专性厌氧菌

专性厌氧菌是指在无氧的环境中才能生长繁殖的微生物。此类微生物缺乏完善的呼吸酶系统,只能进行无氧发酵,不但不能利用分子氧,而且游离氧对其还有毒性作用。如破伤风杆菌、肉毒杆菌、甲烷菌等都属于此类。在生产实践中人们利用甲烷菌等产生沼气,利用厌氧菌处理各种有机废物和废水。

图 6-18 为上述五类对氧关系不同的微生物在半固体琼脂柱中的生长状态。

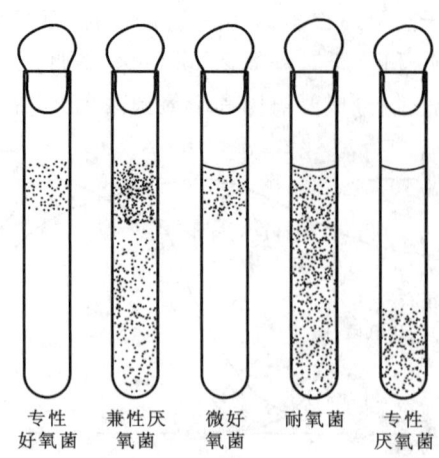

专性　　兼性厌　　微好　　耐氧菌　　专性
好氧菌　　氧菌　　氧菌　　　　　　厌氧菌

图6-18　五类对氧关系不同的微生物在半固体琼脂柱中的生长状态

(五) 辐射

自然界中的一切物体,只要温度在绝对温度零度以上,都可以电磁波的形式时刻不停地向外传送热量,这种传送能量的方式称为辐射。辐射灭菌是利用电磁辐射产生的电磁波杀死大多数物体上的微生物的一种有效方法。用于灭菌的电磁波有微波、紫外线(UV)和电离辐射等。它们都能通过特定的方式控制微生物的生长或杀死微生物。电离辐射包括 X 射线、γ 射线、α 射线和 β 射线等。它们的共同特点是波长短、能量大,能使被照射的物质分子发生电离作用产生自由基,自由基能与细胞内的大分子化合物作用使之变性失活。电离辐射灭菌效果可靠,无残留毒性,穿透力强,可对完整的物体灭菌,一般采用 ^{60}Co 辐射的 γ 射线灭菌,也有少数采用 ^{137}Cs,或采用电子加速器,利用高能电子束灭菌。但是电离辐射灭菌目前在我国应用得并不普遍,这是由于辐射源造价高,灭菌成本并不比用热和环氧乙烷气体低。表 6-4 为辐射的种类、来源和特性等的比较。

表6-4　辐射的种类、来源和特性

辐射种类	放射源	性　质	能量范围	危险性	辐射深度
X 射线	X 光机	电离辐射	50～300kV	有穿透力,危险	几毫米至几厘米
γ 射线	放射性同位素或核反应	与 X 射线相似的电离辐射	几百万电子伏特	穿透力强,危险	几厘米
中子:快中子慢中子热中子	核反应堆或加速器	不带电荷的粒子,比氢原子略重,只有通过它与被击中的原子核的作用才能观察到	100 万～几百万电子伏特	很危险	几厘米
β 射线	放射性同位素或加速器	电子(+或－),比 α 粒子的电离密度小得多	几百万电子伏特	有时有危险	几毫米
α 射线	放射性同位素氢核	电离密度大	200 万～900 万电子伏特	内照射,很危险	十分之几毫米

紫外线灭菌是指用紫外线照射杀灭微生物的方法。紫外线不仅能使核酸蛋白变性,而且能使空气中的氧气产生微量臭氧,从而达到共同杀菌的作用。用于紫外线灭菌的波长一

一般为 200～300nm。紫外线灭菌方法适于被照射物体表面灭菌、无菌室空气的灭菌；不适用于药液的灭菌及固体物料的深部灭菌。由于紫外线是以直线传播，可被不同的表面反射或吸收，穿透力微弱，普通玻璃可吸收紫外线，因此装于容器中的药物不能用紫外线来灭菌。紫外线灭菌目前是我国空气和表面消毒的常用方法。

紫外线杀菌原理是通过紫外线对细菌、病毒等微生物的照射，以破坏其生命中枢 DNA 的结构，导致相邻的胸腺嘧啶（T）形成二聚体，形成嘧啶水合物和使 DNA 发生断裂与交联（图 6-19），导致微生物的蛋白质无法形成，使其立即死亡或丧失其繁殖能力。一般紫外线在 1～2s 内就可达到灭菌的效果。目前已证明，紫外线能杀灭细菌、霉菌、病毒和单胞藻类。事实上，所有的微生物对紫外线都很敏感。细菌受致死量的紫外线照射后，3h 若给以可见光的照射，部分细菌又能恢复活力，细菌的这种特性称为光复活作用。细菌的光复活作用是在光复活酶的作用下完成的，缺乏该酶的细菌则不具有光复活的能力。光复活作用最有效的可见光的波长为 510nm。应用紫外线杀菌时，室内必须清洁，消毒时，灯管距物体表面的垂直距离不超过 1m，灯管周围 1.5～2m 处为有效杀菌范围，消毒时间为 1～2h。当空气相对湿度为 45%～60% 时，照射 3h 可杀灭 80%～90% 的病原体。

近年来，相关人员对紫外线与化学消毒剂联合作用进行了一些研究，如紫外线和醇类消毒剂的协同作用，紫外线和表面活性剂的联合应用。在国外，目前将紫外线和乙型丙内酯合用对血液、血浆和血液制品实施灭菌，以防艾滋病和病毒性肝炎。

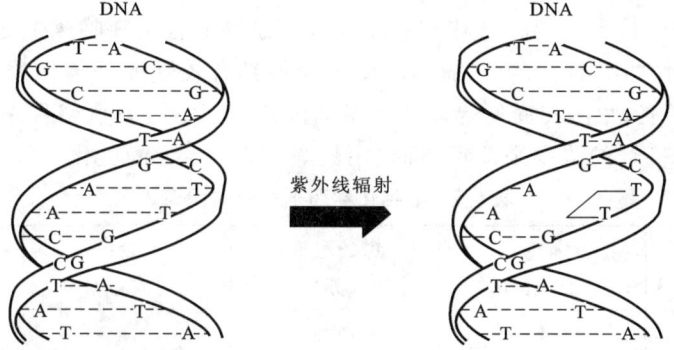

图 6-19　紫外线照射后的 DNA——断裂分子链和胸腺嘧啶二聚体，阻止细胞的复制

微波消毒是当前深受重视的一项消毒技术。微波的功率越大，杀菌作用越强。微波不仅用于医学灭菌和消毒，也可用于药品和食品的保藏。

（六）干燥

水分是微生物正常生命活动必不可少的。生活在干燥环境中的微生物会导致细胞失水而造成代谢停止以至死亡。微生物的种类、环境条件、干燥的程度等均影响干燥对微生物的作用。休眠孢子抗干燥能力很强，在干燥条件下可长期不死，这一特性已用于菌种保藏，如用砂土管来保藏有孢子的菌种。自从 Scott 1957 年提出水分活度（A_W，water activity）的概念以来，人们在研究水分与微生物的关系问题时，已经越来越多地开始采用水分活度来表示。各类微生物的生长都需要一定的水分活度，只有环境中的水分活度大于某一临界值时，特定的微生物才能生长。一般来说，细菌的 A_W 大于 0.9，酵母菌的 A_W 大于 0.87，霉菌的 A_W 大于 0.8，一些耐渗透压微生物除外。在日常生活中常采用晒干或红外线干燥等方法对粮食、食品等进行干燥保藏，以防止霉变。此外，在密封条件下，用石灰、无水氯化钙、五氧化二磷、浓硫酸、氢氧化钾或硅胶等作吸湿剂,也可很好地达到食品、药品和器材等长期防霉变的目的。

二、化学因素对微生物生长的影响与控制

许多化学药物能够抑制或杀死微生物,故广泛用于消毒、防腐和治疗疾病。其中通过破坏微生物细胞结构或代谢机能而杀死微生物的化学药剂称为杀菌剂;另一类不破坏细胞结构而只干扰新细胞物质合成和微生物生长繁殖的化学药剂称为抑菌剂。杀菌剂和抑菌剂的作用机制复杂而多样,根据对菌体的作用机理不同大致可分为:

(1)使菌体蛋白质变性或凝固,如高浓度酚类、醇类、重金属盐类、酸碱类、醛类等。
(2)损伤胞浆膜,如低浓度酚类、表面活性剂、醇类等脂溶剂。
(3)干扰细菌的酶系统和代谢,如某些氧化剂、低浓度重金属盐类。
(4)改变核酸的功能,如染料、烷化剂等。

依照化学性质和应用目的不同,可以将杀菌剂和抑菌剂区分为有机化学类药剂、无机化学类药剂、表面活性剂、化学治疗剂等类型。

(一)有机化学类药剂

有机化学类药剂主要有酚、醇、醛、酸及其他几种新型有机杀菌剂。

1.酚及其衍生物

酚及其衍生物是医学上普遍使用的一种环境消毒剂。使用最早的是苯酚,有效杀菌浓度为2%~5%,由于具有难闻的气味和对皮肤有刺激性而很少在临床上使用。

苯酚的衍生物,如甲酚、间苯二酚和六氯苯酚等具有较强的杀菌作用和较小的刺激性,它们在医院常用于痰、脓液和粪便等以及手术前的消毒,如煤酚皂(俗称来苏尔)是乳化的甲酚溶液,常用3%~5%的浓度来消毒桌面、用具等。表6-5为酚类化学药剂性能对照表。

表6-5 酚类化学药剂性能对照表

品名 特点	苯酚 (石炭酸)	煤酚皂液 (来苏尔)	复合酚 (农福)	氯甲酚溶液 (4-氯-3-甲基苯酚)
杀菌能力	弱	稍强	强	很强
刺激性、腐蚀性	强	强	强	无
对人和动物的安全性	差 (强致癌并有蓄积毒性)	差 (强致癌并有蓄积毒性)	差 (强致癌并有蓄积毒性)	安全
对环境的安全性	差 (环境污染严重)	差 (环境污染严重)	差 (环境污染严重)	较安全
使用范围	环境	环境	环境	车辆、环境、器物等

2.醇类

醇类化学药剂目前应用最为广泛的是乙醇。乙醇属中效型,能杀灭细菌繁殖体、某些致病菌(如结核杆菌)及大多数真菌和病毒,但不能杀灭细菌芽孢,短时间不能灭活乙肝病毒,适用于皮肤、物体表面及医疗器械的消毒。乙醇浓度在70%~75%时灭菌力最强,效果最好。乙醇浓度过高,则会在菌体表面形成一层蛋白膜,妨碍乙醇分子进入细胞内,影响杀菌效果。加入1%的稀酸或碱可增强其效力,若与其他杀菌剂混合使用可大大增强试剂的杀菌能力。

3.醛类

醛类化学药剂对微生物的杀灭作用主要依靠醛基。此类药物主要作用于菌体蛋白的巯基、羟基、羧基和氨基,可使之烷基化,引起蛋白质凝固造成菌体死亡。福尔马林是37%～40%的甲醛水溶液,加热后易挥发,常用于保存生物标本和空气消毒,在高浓度下作用可杀死芽孢。甲醛穿透力差,不能穿透物品深部,而且消毒受温度、湿度的影响大,进行甲醛消毒时必须密封不漏气,以保证消毒的效果和防止气体外逸对人体造成危害。表6-6为醛类杀菌剂性能对照表。

表6-6 醛类杀菌剂性能对照表

特点 \ 品名	甲醛（多聚甲醛）	戊二醛			邻苯二甲醛
		碱性戊二醛	酸性戊二醛	强化酸性戊二醛	
杀菌能力	一般	强	强	很强	很强
刺激性、腐蚀性	强	较弱	较弱	较弱	无
对人和动物的安全性	差	较安全	较安全	较安全	安全
对环境的安全性	差	较安全	较安全	较安全	安全
稳定性	不稳定	不稳定	较稳定	较稳定	很稳定
使用范围	环境	带畜、环境、器械、水体等	带畜、环境、器械、水体等	带畜、环境、器械、水体等	带畜、环境、器械、水体等

4.酸类

酸类能抑制微生物(尤其是霉菌)酶和代谢的活性,对细菌繁殖体及芽孢均有杀灭作用。酸类物质易损伤物品,故一般不用于居室消毒。5%的盐酸可消毒、洗涤食具、水果;乳酸和醋酸常用于空气消毒,100m^3空间用10g乳酸熏蒸30min,即可杀死葡萄球菌及流感病毒。有机酸类常加在食品、饮料或化妆品中以防止霉菌等微生物的生长,如山梨酸及其钾盐常用于酸性食品如乳酪的保存,苯甲酸及其钠盐常用于其他酸性食品和饮料中。

5.环氧乙烷

环氧乙烷的杀菌原理是通过对微生物蛋白质分子的烷基化作用,干扰酶的正常代谢而使微生物死亡。环氧乙烷气体和液体都有杀菌作用,但一般作为气体消毒剂使用,杀菌谱广,杀菌力强,可杀灭所有微生物,属高效灭菌剂。环氧乙烷使用浓度为50mg/L,常将其用于皮革、塑料、医疗器械、医疗用品包装后的消毒或灭菌,而且对大多数物品无损害,可用于精密仪器、贵重物品的消毒,尤其对纸张色彩无影响,常将其用于书籍、文字档案材料的消毒。

(二)无机化学类药剂

无机化学类药剂主要包括卤化物、重金属、氧化剂、无机酸和碱等。

1.卤化物

卤化物对细菌原生质体及其他结构成分有高度的亲和力,易渗入细胞,进入细胞后与菌体原浆蛋白的氨基或其他基团相结合,使菌体有机物分解或丧失功能,呈现杀菌作用。在卤素中氟、氯的杀菌力最强,其次为溴、碘,但氟和溴在一般消毒时不用,而以碘和氯最常用。质量分数为2%的碘酊常用于皮肤消毒,质量分数为5%的碘酊一般用于消毒手术部位。氯主要包括氯气和氯化物。氯气使用浓度为 0.3～1.5g/L,可用于饮水消毒,也可用于游泳池和垃圾场的消毒。氯化物如次氯酸也是常用的消毒剂,其杀灭微生物的有效成分常以有效氯表示,一般使用浓度为质量分数 5%～20%,常用作食品、器具、家庭用具、车间、牛奶场、少量饮水的就地处理和实验室的消毒。氯化物应现用现配,不能用于金属制品及有色纺织品的消毒。

2. 重金属及其化合物

一些重金属离子是微生物细胞的组成成分,当培养基中这些重金属离子浓度低时,对微生物生长有促进作用,浓度高时则会产生毒害作用;还有一些重金属离子,无论浓度大小,对微生物的生长均会产生有害或致死作用。重金属离子具有很强的杀菌效力,其易与带负电荷的菌体蛋白质结合,使之变性或沉淀,或与酶的—SH 基结合,使酶失去活性。此外,微量的重金属离子还能在细胞内不断累积并最终对生物产生毒害作用。重金属及其化合物主要有汞化合物、硫酸铜、银盐和含砷化合物。汞化合物有二氯化汞($HgCl_2$)、氯化亚汞(Hg_2Cl)、氯化汞(HgCl)和有机汞。二氯化汞又名升汞,是杀菌力极强的化学药剂之一,对金属有腐蚀性,有剧毒,应妥善保管。升汞一般的使用浓度为 0.05%～0.1%,用于非金属器械及厩舍用具的消毒。硝酸银可以预防新生儿淋菌性眼炎,浓度大时可以治疗急性扁桃体炎、咽炎、鼻出血、肥厚性鼻炎以及尿道感染。

3. 氧化剂

氧化剂可通过对细胞成分的氧化作用达到杀菌目的。常用的氧化剂有高锰酸钾和过氧化氢,前者常用作卫生和实验室消毒,后者还可用作食品包装材料和镜片的杀菌。高锰酸钾在日常生活中应用较广泛。质量分数为 1% 的高锰酸钾常用于皮肤黏膜、水果蔬菜的消毒。过氧乙酸的质量分数为 0.2%～0.3% 时常用于塑料、玻璃制品的消毒;质量分数为 0.5% 时常用于消毒厩舍、饲槽、车辆及场地等。

4. 碱类

碱类包括氢氧化钠、氢氧化钾、生石灰等碱类物质。其作用机理是氢氧根离子可以水解蛋白质和核酸,使微生物的结构和酶系统受到损害,同时可分解菌体中的糖类而杀灭细菌和病毒。质量分数为 2%～4% 的碱类热溶液用于被细菌和病毒污染的厩舍、饲槽、运输车船的消毒;质量分数为 3%～5% 的氢氧化钠热溶液用于消毒被细菌芽孢污染的场地。氢氧化钠不能用于皮肤、铝制品等的消毒。加水配成质量分数为 10%～20% 的生石灰可用于墙壁、围栏、场地及排泄物等的消毒,需现用现配。

(三)表面活性剂

能降低表面张力的物质称为表面活性剂,这类物质加入到培养基中,可影响细胞的生长与分裂。表面活性剂能聚集在菌体表面,引起菌膜损伤并和菌体蛋白作用表现出杀菌能力。胆汁、胆盐、肥皂、洗衣粉都是表面活性剂,还有一些人工合成的阳离子表面活性剂,如洗必泰、新洁尔灭等。如质量分数为 0.05%～0.1% 的新洁尔灭常用于洗手,或皮肤黏膜、手术器械消毒。

(四)化学治疗剂

化学治疗剂是一类能选择性地抑制或杀死人畜和家禽体内的病原微生物并可用于临床治疗的特殊化学药剂。化学治疗剂与杀菌剂或抑菌剂不同,有机化学类药物、无机化学类药物或表面活性剂在杀灭病原微生物的同时,对动物体的组织细胞也有损害作用,所以只能外用或用于环境的消毒,其中少数不被吸收的化学消毒剂亦可用于消化道的消毒,但化学治疗剂对于宿主和病原微生物的作用具有选择性,它们能阻碍微生物代谢的某些环节,使其生命活动受到抑制或使其死亡,而对宿主细胞的毒副作用甚小,所以可以内用。化学治疗剂主要有抗代谢物和抗生素。

三、工业上常用的微生物培养技术

工业上常用的微生物培养技术主要有分批培养、连续培养和补料分批培养。

(一)分批培养

在一个相对独立、密闭的系统中,一次性投入培养基对微生物进行接种培养的方式称为分批培养。由于它的培养系统的相对密闭性,故分批培养也叫密闭培养。如在微生物研究中用三角瓶作为培养容器进行的微生物培养一般是分批培养。前面讨论的关于生长曲线的研究所用的培养方法就是分批培养法。分批培养因为生长曲线的重要阶段不能延长,故有批次明显、周期短的特点。由于分批培养的相对简单与操作方便,在微生物学研究与发酵工业生产实践中仍被广泛采用。

(二)连续培养

在分批培养发酵时,微生物的生长和产物的形成同时或分阶段进行,若将新鲜的培养基连续加入均匀搅拌的培养物中,同时排出含有细胞和发酵产物的发酵液,就可进行连续培养,并可在较长的时期内维持生长。而且,细胞浓度、培养环境(例如营养物和产物浓度)可不随时间而变化,维持稳定状态。这种培养方式与培养环境不断变化的分批培养显然不同。所以连续培养为研究微生物对环境的影响以及在最佳环境条件下连续生产细胞和代谢产物提供了一种独特的方法。图 6-20 为微生物连续培养装置。

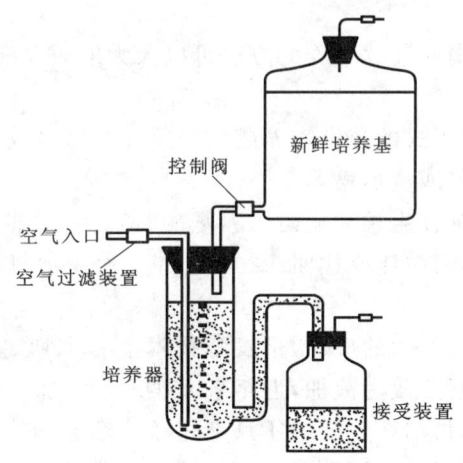

图 6-20 微生物连续培养装置

连续培养的一个重要特征是使微生物的增殖速度和代谢活性处于某种稳定状态。连续培养的方法大致可以分为两类,即恒化器法和恒浊器法。"恒化"指的是恒定的化学环境,"恒浊"指的是恒定的细胞浓度。

恒化器和恒浊器装置相似,都有一个恒定体积的培养容器,并且是依靠流加和排出来维持培养槽内液体体积的恒定,只是培养过程中对微生物生长的控制方法不同。图 6-21 为简单的恒化器和恒浊器的示意图。

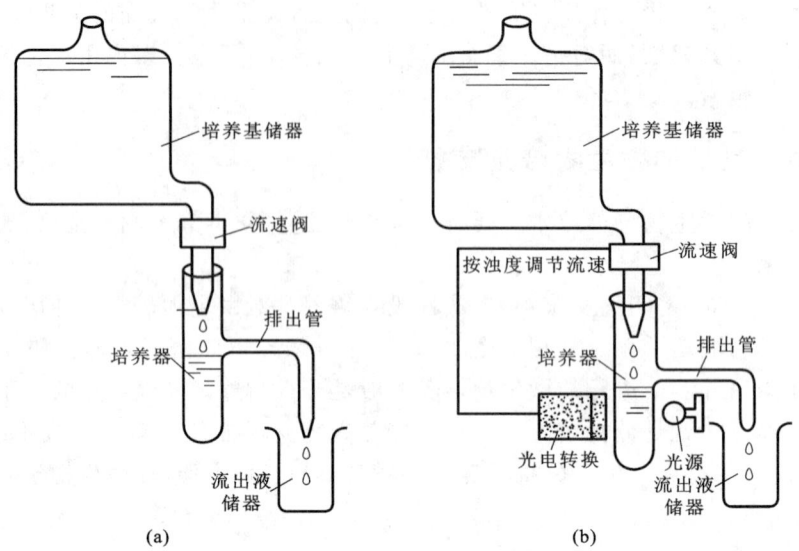

图6-21 恒化器与恒浊器简图
(a)恒化器；(b)恒浊器

恒化器法与恒浊器法都是在一固定容器内培养微生物,当微生物进入指数生长期时,要不断地加入新鲜的培养基,同时流出培养物,以使培养器中培养物的体积保持恒定。恒化器是通过调节培养液的流速来进行控制的,其最基本的操作条件是由流速决定的稀释速率不等于或不超过微生物的最大生长速率。恒浊器是在恒化器的基础上添加浊度控制仪而构成的。

发酵工业上采用多罐串联连续培养的方法可以大大缩短发酵周期,提高设备的利用率。

(三)补料分批培养

在生产实践中,完全封闭式的分批培养或纯粹的连续培养较为少见,更多见的是两者的折中形式——补料分批培养或流加培养。

补料分批培养是根据菌株生长和初始培养基的特点,在分批培养的某些阶段适当补加部分配料成分或碳源,以提高菌体或代谢产物的产率。补料分批培养操作方便,所以在发酵工业中得到了广泛的应用。

补料分批培养在发酵过程中的应用,是发酵技术上一个划时代的进步。补料技术本身也由少次多量、少量多次,逐步改为流加,近年来又实现了流加补料的微机控制。但是,发酵过程中的补料量或补料率,目前在生产中还只是凭经验确定,或者根据一至两个一次检测的静态参数(如基质残留量、pH值、溶解氧浓度等)设定控制点,有一定的盲目性,很难同步地满足微生物生长和产物合成的需要,也不可能完全避免基质的调控反应。因而现在的研究重点在于如何实现补料的优化控制。

目前,运用补料分批培养技术进行生产和研究的范围十分广泛,包括氨基酸、生长激素、抗生素、维生素、酶制剂、有机溶剂、有机酸、核苷酸、高聚物等,几乎遍及整个发酵行业。它不仅被广泛用于液体发酵中,在固体发酵及混合培养中也有应用。随着研究工作的深入及微机在发酵过程自动控制中的应用,补料分批培养技术将日益发挥出其巨大的优势。

第四节 微生物的菌种选育

在正常生理条件下，微生物依靠其代谢调节系统，趋向于快速生长和繁殖，但在食品发酵生产中，培养微生物的主要目的是使其积累大量的代谢产物，因此要采取种种措施打破微生物原有的正常代谢途径。在食品发酵工业中，良好的菌种是发酵生产的基础和核心，挑选符合生产需要的菌种可以通过以下几种途径：一是根据有关信息向菌种保藏机构、工厂或科研单位直接索取或购买，可直接用于生产；二是根据所需菌种的形态、生理、生态和工艺特点的要求，从自然界特定的生态环境中以特定的方法分离出新菌株，并根据菌种的遗传特点改良菌株的生产性能，使产品产量、质量不断提高；三是对现有的菌种进行遗传改造，以适应食品生产的要求，如利用现代的原生质体融合技术或基因工程手段选育菌种。

一、从自然界中分离筛选菌种

从自然界分离筛选新菌种一般包括采样、增殖培养、纯种分离和性能测定等步骤。

(一) 采样

采样地点的确定要根据筛选的目的、微生物的分布概况及菌种的主要特征与外界环境关系等，进行综合、具体的分析来决定。一般采样以土壤为主，有机质丰富的肥沃土壤中的微生物的数量最多。采样的对象也可以选择植物、腐败物品、某些水域等。

采样地点不同，采样的方法也不同。以土壤为例，选好地点后，用无菌刮铲或土样采集器，取离地面 5~15cm 处的土壤几十克，盛入预先消毒好的牛皮纸袋或塑料袋中，扎好，记录采样时间、地点、环境情况等。一般土壤中芽孢杆菌、放线菌和霉菌的孢子忍耐不良环境的能力较强，不太容易死亡。但是，由于采样后的环境条件与天然条件有着不同程度的差异，因此采好的样品应及时处理，暂不能处理的也应贮存于 4℃ 以下，但贮存时间不宜过长。

(二) 增殖培养

收集到的样品，如含所需菌种较多，可直接进行分离。如果样品含所需菌种很少，就要设法增加该菌种的数量，进行增殖（富集）培养。所谓增殖培养，就是给混合菌群提供一些有利于所需菌种生长或不利于其他菌种生长的条件以促使所需菌种大量繁殖，从而有利于分离。

增殖培养可以通过配制选择性培养基或设定一定的培养条件得以实现。例如，筛选纤维素酶产生菌时，以纤维素作为唯一碳源进行增殖培养，使得不能分解纤维素的菌种不能生长；筛选脂肪酶产生菌时，以植物油作为唯一碳源进行增殖培养，能更快、更准确地将脂肪酶产生菌分离出来。除碳源外，微生物对氮源、维生素及金属离子的要求也有不同，适当地控制这些营养条件有利于提高分离效果。另外，控制增殖培养基的 pH 值和温度，也是提高分离效率的一条好途径。

(三) 纯种分离

通过增殖培养，样品中的微生物还是处于混杂生长状态，还不能得到微生物的纯种，所以有必要进行分离纯化，获得纯种。常用的分离方法有画线分离法、稀释分离法和组织分离法。画线分离法是指用接种环或接种针挑取样品,在固体培养基表面进行有规则的画线,沿着画线的方向菌样逐渐被稀释,最后经培养将会得到单菌落。稀释分离法是指通过不断地稀释使被分离的样品分散到最低限度,然后吸取一定量注入平板,使每一微生物都远离其他微生物而单独生长,经培养成为单菌落。组织分离法主要用于食用菌菌种(图 6-22)或某些植物病原菌的分离。分离时,首先用 10% 漂白粉或 0.1% 升汞液对植物或器官组织进行表面消毒,用无菌水洗涤数次后,移植到培养皿中的培养基上,于适宜温度培养数天后,可见微生物向组织块周围扩展生长。经菌落特征和细胞特征观察确认后,即可由菌落边缘挑取部分菌种移接到斜面培养基上再进行培养。

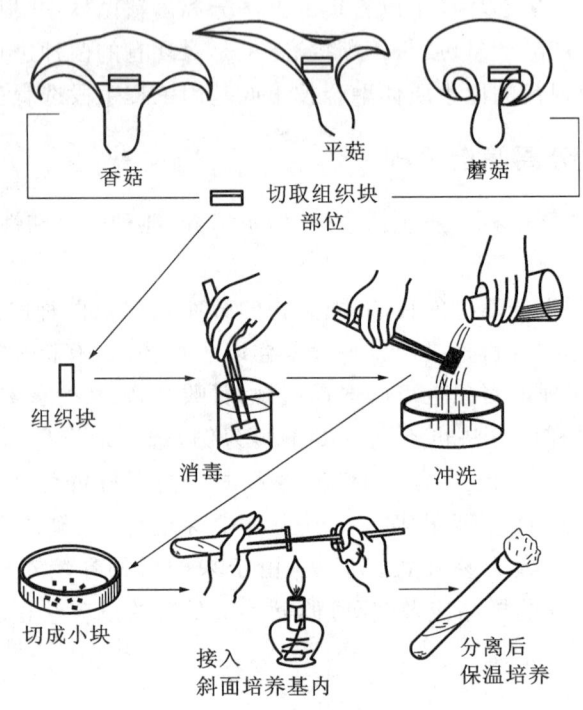

图 6-22　食用菌组织分离法操作过程

画线分离法简单且较快,而稀释分离法在培养基上分离的菌落单一均匀,获得纯种的概率大,特别适宜于分离具有蔓延性生长的微生物。为了提高筛选工作效率,应在增殖培养过程中采用相应的选择性控制条件。

(四) 生产性能和毒性的测定

由于纯种分离后得到的菌株数量非常大,如果对每一菌株都做全面或精确的性能测定,工作量巨大,而且是不必要的,因此可适当简化,一般采用两步法,即初筛和复筛,经过多次重复筛选,直至获得 1~3 株较好的菌株,作为发酵生产用菌种。这种直接从自然界分离得到的菌株称为野生型菌株。

自然界的一些微生物在一定条件下会产生毒素,为了保证食品的安全性,凡是与食品工业有关的菌种,除啤酒酵母、脆壁酵母、黑曲霉、米曲霉和枯草杆菌无须做毒性试验外,其他微生物均需通过两年以上的毒性试验。

二、微生物的诱变育种

从自然界直接分离得到的菌种,往往还不完全符合工业生产的要求,如产量低、副产物多、生长周期长等,因而对菌种的要求不能仅停留在"选"种上,还要进行"育"种,即根据菌种的形态、生理上的特点改良菌种。诱变育种是通过物理或化学诱变剂处理菌种,提高突变概率,扩大变异幅度,从中选出具有优良特性的变异菌株。诱变育种和其他育种方法比较,具有速度快、收效大、方法简便等优点,是当前菌种选育的一种重要方法,在生产中的应用十分普遍,当今发酵工业所使用的高产菌株,几乎都是通过诱变育种来提高生产性能的。

(一)诱变育种工作流程

诱变育种的整个流程主要包括诱变过程和筛选过程,具体工作流程为:出发菌种(砂土管或冷冻管)→斜面(或肉汤培养24h)→单孢子悬浮液(或细菌悬液)→诱变处理(处理前后的孢子液或细菌悬液活菌计数)→涂布平板→挑取单菌落传种斜面→摇瓶初筛→挑出高产菌株→留种保藏→传种斜面→摇瓶复筛→挑出高产菌株做稳定性试验和菌种特性考察→中试考察→大型投产实验。

(二)诱变过程

由出发菌种开始,制出新鲜孢子悬浮液(或细菌悬浮液)进行诱变处理,然后以一定稀释度涂布平板,至平板上长出单菌落为止的过程为诱变过程。

1. 出发菌种的选择

出发菌种的纯一性、菌种系谱、形态、生理、传代、保存等特性,对诱变效果影响很大。挑选出发菌种可以参考以下原则。

(1)选择纯种作为出发菌种　选择纯种作为出发菌种就是选择遗传性状稳定的菌种株为出发菌种。采用纯种可以排除异核体的影响,获得较好的育种效果。从工业生产上讲,选择纯种作为出发菌种,就是要选择单细胞或孢子发育的菌种为出发菌种。

(2)选择遗传特性好的菌种为出发菌种　选择出发菌种,不仅是选产量高的,还应该考虑与生产工艺、产品质量有关的因素,如产孢子多、色素少、生长速度快等有利于发酵产物合成的性状。特别重要的是选择的出发菌种应当具有我们所需要的代谢特性,例如用生命力旺盛而发酵产量又不很低的形态回复突变株作为出发菌种,常可收到好的效果。

(3)选择对诱变剂敏感的菌种为出发菌种　选择对诱变剂敏感的菌种作为出发菌种,不但可以提高变异频率,而且高产突变的出现概率也大。生产中经过长期选育的菌种,有时会对诱变剂不敏感。在此情况下,应设法改变菌种的遗传特性,以提高菌种对诱变剂的敏感性。

2. 斜面培养

出发菌种的斜面培养非常重要,要根据菌种的要求选择最佳培养基和培养条件,掌握好斜面培养时间,选取对诱变剂最敏感的斜面种龄进行单孢子悬浮液的制备。

3. 单孢子悬浮液制备

这一步的关键是制备一定浓度的分散均匀的单细胞或单孢子悬浮液,要对上步培养的斜面菌种进行收集、过滤、洗涤,并用生理盐水或缓冲溶液制备菌悬液。

分散均匀的菌悬液可以先用玻璃珠振荡分散,再用脱脂棉或滤纸过滤,经处理,分散度可达90%以上,这样,可以保证菌悬液均匀地接触诱变剂,获得较好的诱变效果。

4. 孢子或细胞计数

诱变处理前后的孢子或细胞悬液要计数,以控制菌悬液的孢子或细胞数和统计诱变致死率。霉菌孢子或酵母菌细胞的浓度为 $10^6 \sim 10^7$ 个/毫升,放线菌和细菌的浓度大约为 10^8 个/毫升。菌悬液的细胞可用平板计数法、血球计数板的光密度法测定,但以平板计数法较为准确。诱变致死率采用平板活菌计数来测定。

5. 诱变处理

诱变处理就是选择合适的诱变剂和使用剂量处理单孢子或单细胞悬液。常用的诱变剂有物理诱变剂和化学诱变剂两大类。常用的物理诱变剂有紫外线、X 射线、γ 射线、α 射线、β 射线、超声波等。常用的化学诱变剂有碱基类似物、烷化剂、羟胺、吖啶类化合物等。物理诱变剂中最常用的为紫外线,一般采用 15W 紫外灯,垂直工作距离为 30cm,照射时间不短于 10~20s。化学诱变剂的种类很多,根据它们对 DNA 的作用机制可以分为三大类:第一类是烷化剂,它与一个或多个核酸碱基起化学变化,因而引起 DNA 复制时碱基配对的转换而发生变异,例如硫酸二乙酯、亚硝酸、甲基磺酸乙酯、N-甲基-N′-亚硝基胍等。第二类是一些碱基类似物,它们通过代谢作用渗入到 DNA 分子中而引起变异,例如 5-溴尿嘧啶、5-氨基尿嘌呤、8-氮鸟嘌呤等。第三类是吖啶类,它造成 DNA 分子增加或减少 1~2 个碱基,从而引起碱基突变点以下全部遗传密码在转录和翻译时产生错误。

诱变处理不但取决于诱变剂,还与出发菌株的遗传特性有关。一般对于遗传上不稳定的菌株,可采用温和的诱变剂,或采用已见效果的诱变剂;对于遗传上较稳定的菌株,则采用强烈的、不常用的、诱变谱广的诱变剂。要重视出发菌株的诱变系谱。不要经常采用同一种诱变剂反复处理,以防止诱变效应饱和;但也不要频繁变换诱变剂,以避免造成菌种的遗传特性复杂,不利于高产菌株的稳定。

诱变处理通常要经过多次试验确定一个合适的诱变剂量。就一般微生物而言,诱变频率往往随剂量的增高而增高,但达到一定剂量后,再提高剂量会使诱变频率下降。在诱变剂的浓度上有人主张采用致死率较高的剂量,例如采用致死率 90%~99.9% 的剂量,认为高剂量虽然负变株多,但变异幅度大。也有人主张采用中等剂量,例如致死率 75%~80% 或更低的剂量,认为这种剂量不会导致太多的负变株和形态突变株,因而高产菌株出现率较高;更为重要的是,采用低剂量诱变剂可能更有利于高产菌株的稳定。

6. 中间培养及单菌落分离

对于刚经诱变剂处理的菌株,有一个表现迟滞的过程,需三代以上的繁殖才能将突变性状表现出来。据此应让处理后的细胞在液体培养基中培养几小时,使细胞的遗传物质复制,繁殖几代,以得到纯的变异细胞。这样,稳定的变异就会显现出来。经过中间培养后对稳定遗传的纯种细胞进行涂布培养,分离单菌落。

(三)筛选过程

经过中间培养后可分离出大量的较纯的单菌落,接着就要从几千万个菌落中筛选出几个性能良好的正突变菌株,然后将被挑选的单菌落传种斜面后,在模拟发酵工艺的摇瓶中培养,再测定其生产能力。筛选过程需要花费大量的人力和物力,工作量很大。简洁而有效的筛选方法是育种工作成功的关键,为了花费最少的工作量,在最短的时间内取得最大的筛选成效,要求采用效率较高的科学筛选方案和手段。

在实际工作中,为了提高筛选效率,往往将筛选工作分为初筛和复筛两步进行。初筛的目的是去掉不符合要求的大部分菌株,把与生产性状类似的菌株尽量保留下来,使优良菌种不至于漏掉。因此,初筛工作以量为主,其次是测定的精确性。初筛的手段应尽可能快速、简单。复筛的目的是确认符合生产要求的菌株,所以,复筛步骤以质为主,应精确测定每个菌株的生产指标。常用的筛选方法有以下几种。

1. 菌体形态变异分析法

经过诱变后有些菌体的形态变异与产量的变异存在着一定的相关性,这就能很容易地将变异菌株筛选出来。尽管相当多的突变菌株并不存在这种相关性,但是在筛选工作中应尽可能捕捉、利用这些直接的形态特征性变化。这种鉴别方法只能用于初筛。

2. 平皿快速检测法

平皿快速检测法是利用菌体在特定固体培养基平板上的生理生化反应,将肉眼观察不到的产量性状转化成可见的"形态"变化。常采用的方法有纸片培养显色法、变色圈法、透明圈法、生长圈法和抑制圈法等。这些方法较粗放,一般只能定性或半定量测定,常只用于初筛,但它们可以大大提高筛选的效率。平皿快速检测法的缺点是由于平皿培养的种种条件与摇瓶培养不同,尤其是与发酵罐深层液体培养时的条件有很大的差别,有时会造成两者的结果不一致。

(1) 纸片培养显色法　具体操作是将饱浸某种指示剂的滤纸片搁于固体培养基培养皿中,用牛津杯架空,下放小团浸有 3% 甘油的脱脂棉以保湿,将待筛选的菌悬液稀释后接种到滤纸上,保温培养形成分散的单菌落,菌落周围将会产生对应的颜色变化。从指示剂变色圈与菌落直径之比可以了解菌株的相对产量性状。指示剂可以是酸碱指示剂,也可以是能与特定产物发生反应,产生颜色的化合物。

(2) 变色圈法　具体操作是将指示剂直接掺入固体培养基中,然后进行待筛选菌悬液的单菌落培养,或将指示剂直接喷洒在已培养成分散单菌落的固体培养基表面,在菌落周围形成变色圈。如在含淀粉的平皿中涂布一定浓度的产淀粉酶菌株的菌悬液,使其呈单菌落,然后喷上稀碘液,发生显色反应。变色圈越大,说明菌落产酶的能力越强。而从变色圈的颜色又可粗略判断水解产物的情况。图 6-23 为淀粉琼脂培养基。

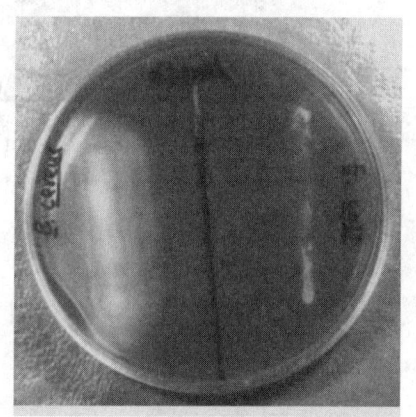

图 6-23　淀粉琼脂培养基

(3) 透明圈法　具体操作是在固体培养基中掺入溶解性差、可被特定菌利用的营养成分,造成混浊、不透明的培养基背景。然后将待筛选的菌悬液稀释涂布于培养基表面,经过培养可在菌落周围形成透明圈,透明圈的大小反映了菌落利用此物质的能力。在培养基中掺入可溶性淀粉、酪素或 $CaCO_3$ 可以分别用于检测菌株产淀粉酶、产蛋白酶或产酸能力的大小。图 6-24 为牛乳培养基。

(4) 生长圈法　具体操作是利用一些有特别营养要求的微生物作为工具菌,若待分离的菌在缺乏上述营养物的条件下能合成该营养物,或能分泌酶将该营养物的前体转化成营养物,那么,在这些菌的周围就会有工具菌生长,形成环绕菌落生长的生长圈。该法常用来选育氨基酸、核苷酸和维生素的生产菌。工具菌往往都是对应的营养缺陷型菌株。图 6-25 为生长谱鉴定用培养皿底部图示。

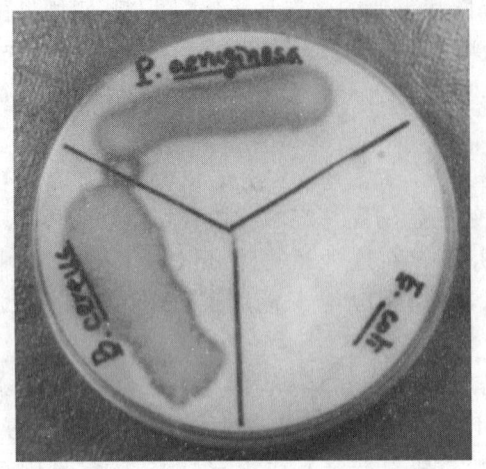

图 6-24　牛乳培养基

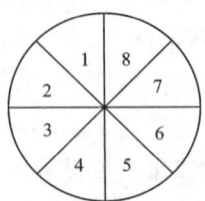

图 6-25　生长谱鉴定用培养皿底部图示
（1～8 为营养物质）

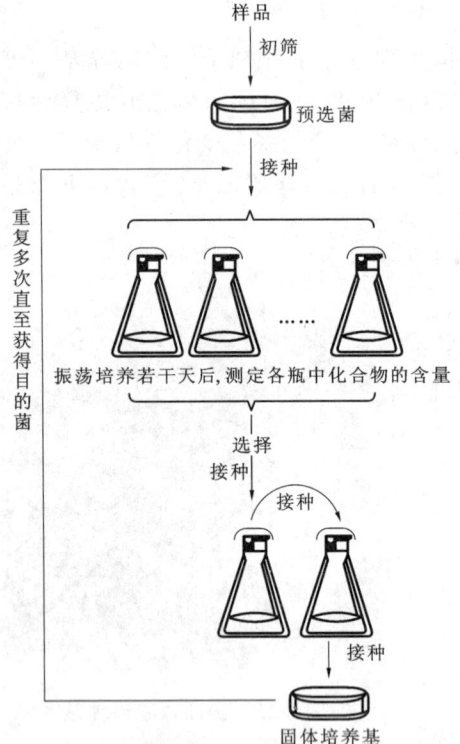

图 6-26　摇瓶培养法

3. 摇瓶培养法

这是生产上一直使用的传统方法（见图 6-26）。具体操作是将待测菌株的单菌落分别接种到三角瓶培养液中振荡培养，再对培养液进行分析测定。摇瓶与发酵罐的条件较为接近，所测得的数据就更有实际意义。摇瓶筛选的优点是培养条件与生产培养条件相接近，但工作量大、时间长、操作复杂。

4. 筛选自动化和筛选工具微型化

近年来，在研究筛选自动化方面有很大进展，筛选实验实现了自动化和半自动化，省去了烦琐的劳动，大大提高了筛选效率。筛选工具的微型化也是很有意义的，例如用一些小瓶子取代现有的发酵摇瓶，在固定框架中振荡培养，可使操作简便，又可加大筛选量。但筛选工具微型化的实验结果的准确性还有待提高。

三、微生物的杂交育种

微生物的杂交育种是指将两个基因型不同的菌株经细胞结合、核融合、减数分裂，产生具有各种新性状的重组体，然后经分离和筛选，获得符合要求的生产菌株。尽管一些优良菌种的选育主要是采用诱变育种的方法，但是某一菌株长期使用诱变剂处理后，其生活能力一般要逐渐下降，如生长周期延长、孢子量减少、代谢减慢、产量增加缓慢等。因此，常采用杂交育种的方法继续优化菌株。另外，由于杂交育种是选用已知性状的供体和受体菌种作为亲本，因此不论在方向性还是自觉性方面，都比诱变育种前进了一大步，所以它是微生物菌种选育的另一重要途径。但由于杂交育种的方法复杂,工作进度慢,因此还很难像诱变育种那样得到普遍的推广和应用。

四、原生质体融合育种

原生质体融合育种是 20 世纪 60 年代发展起来的基因重组技术,最早是在动物细胞实验中发展起来的,后来在酵母菌、霉菌、细菌、放线菌以及高等植物中也得到了应用。原生质体融合技术是继转化、转导和接合等微生物基因重组方式之后,又一个极其重要的基因重组技术。应用原生质体融合技术后,细胞间基因重组的频率大大提高了,原生质体的重组频率已大于 10^{-1}(而诱变育种一般仅为 10^{-8})。如今,能借助原生质体融合技术进行基因重组的细胞极其广泛,包括原核微生物、真核微生物以及动植物和人体的细胞。发生基因重组亲本的选择范围也更大,原来的杂交技术一般只能在同种微生物之间进行,而原生质体融合可以在不同种、属、科,甚至更远缘的微生物之间进行,这为利用基因重组技术培育更多、更优良的生产菌种提供了可能。

原生质体融合育种的步骤主要包括标记菌株的筛选和稳定性验证、原生质体制备、等量原生质体加聚乙二醇促进融合、涂布于再生培养基、再长出菌落、选择性培养基上画线生长、分离验证、挑取融合子进一步试验保藏、生产性能筛选。图 6-27 为原生质体融合技术过程示意图。

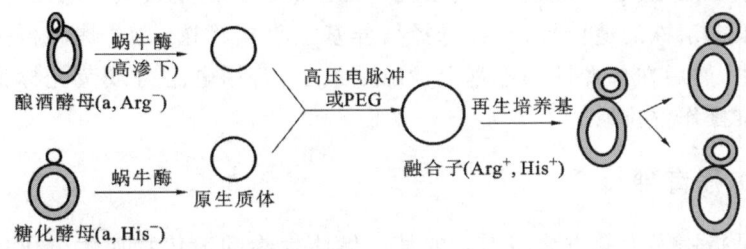

图 6-27 原生质体融合技术

(一)标记菌株的筛选和稳定性验证

获得标记菌株的方法是采用常规诱变育种方法,筛选出营养缺陷型或抗药性标记菌株作为亲株,同时要求标记必须稳定。

(二)原生质体制备

微生物原生质体的制备多用酶解法来进行,需选择合适的酶系进行细胞脱壁。可根据微生物细胞壁的不同结构和组成用不同的酶来处理。例如,细菌多用溶菌酶,真菌多用纤维素酶,酵母菌多用蜗牛酶等,再结合一些其他措施以提高酶对细胞壁作用的敏感性,如采用复合酶液作用菌体或在处理液中添加 EDTA 和巯基乙醇等。制备原生质体需注意的问题有:

1. 菌龄

一般宜采用指数生长期的菌体。

2. 酶的浓度

不同种类的微生物所用酶的浓度有所不同。在一定范围内当酶液浓度增加时,原生质体化也加快,如超过一定范围,反应速率不再明显提高。如酶液浓度过高或作用时间过长,原生质体再生率会降低。反之,如酶液浓度过低则不利于原生质体的形成。

3. 酶解温度

酶解温度在 25～40℃之间,一般采用 35℃左右,酵母菌多数采用 30℃左右为宜,青霉以 33℃为佳,而曲霉则以 25℃效果较好。

4. 渗透压稳定剂

细胞壁溶解后,不论原来的细胞是杆状、球状还是丝状,形成的原生质体都呈球状。由于原生质体对渗透压敏感,所以必须使它处于高渗环境中以维持它的稳定性,否则就会在低渗条件下破裂失活。渗透压稳定剂多采用 KCl、NaCl 等无机物和甘露醇、山梨醇、蔗糖、丁二酸钠等有机物。菌株不同,最佳稳定剂亦有差异。在细菌中多用蔗糖、丁二酸钠、NaCl 等,在酵母菌中多用山梨醇、甘露醇等,在霉菌中多用 KCl 和 NaCl 等。稳定剂的使用浓度一般均在 0.3～0.8mol/L 之间。

(三)原生质体融合

把二亲株原生质体混合在一起,用 PEG(聚乙二醇)助融,然后将融合子涂布在再生平板上,保温培养后检出重组子。PEG 的助融作用是原生质体能够高频融合重组的重要条件。

(四)融合子的检出

融合子的检出是指从融合后的反应系统中检出那些经过遗传交换并发生重组的融合子的过程。一般根据亲株的遗传标记,在选择培养基上直接筛选,为了提高再生率,也可在高渗培养基上再生,然后在选择性培养基上检出重组子;若用电融合或荧光标记融合,也可在显微镜下用纤维操作仪挑取。

五、基因工程育种

基因工程是指用人为的方法将需要的某一供体生物的遗传物质大分子提取出来,在离体条件下进行切割后(或用人工合成的基因),把它和作为载体的分子连接起来,然后导入某一受体细胞中,以让外来的遗传物质在其中"安家落户",进行正常的复制和表达,从而获得新物种的一种崭新的育种技术(图 6-28)。基因工程是人们在分子生物学理论指导下的一种自觉的、能像工程一样可事先设计和控制的育种新技术,是一种可完成超远缘杂交的育种新技术。基因工程作为一种最新、最有前途的定向育种技术已引起世界各国的重视。我国也已将基因工程列为重点科研项目之一。基因工程育种的主要操作步骤如下:

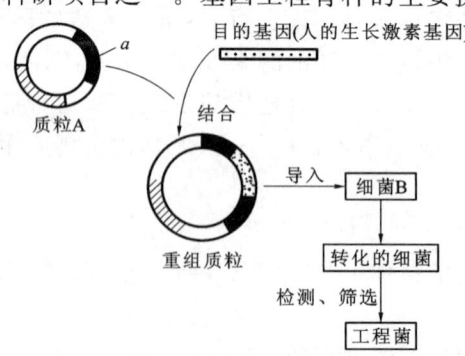

图 6-28 基因工程育种示意图

a 点为目的基因与质粒 A 的结合点

(一)提取目的基因和载体

一般通过化学合成法、物理法(包括密度梯度离心法、单链酶法、分子杂交法)、鸟枪无性繁殖法、酶促合成法(逆转录法)、Norther杂交分析法、cDNA文库筛选法等方法提取所需要的目的基因。

基因工程载体主要是质粒和病毒。载体一般为环状DNA,其要求有自我复制能力、分子小、拷贝数多、易连接和易筛选等特点。

(二)目的基因与载体体外重组

对目的基因与载体DNA均采用限制性内切酶处理,从而获得互补黏性末端或人工合成黏性末端。然后把两者放在较低的温度(5~6℃)下混合"退火"。由于每一种限制性内切酶所切断的双链DNA片段和黏性末端有相同的核苷酸组分,所以当两者相混时,凡黏性末端上碱基互补的片段,就会因氢键的作用而彼此吸引,重新形成双链,这时,在外加连接酶的作用下,供体的DNA片段与质粒DNA片段的裂口处被"缝合",形成一个完整的有复制能力的环状重组体——嵌合体。

(三)载体传递

通过载体把供体的遗传基因导入到受体细胞内。

(四)复制、表达

在理想情况下,进入受体细胞的杂交质粒(或杂种噬菌体),可通过自我复制得到扩增,并使受体细胞表达出为供体细胞所固有的部分遗传性状,成为"工程菌"。

(五)筛选、繁殖

当前,由于分离纯净的基因功能单位还很困难,所以通过重组后的"杂种质粒"的性状是否符合原定的"设计蓝图",以及它能否在受体细胞内正常增殖和表达等能力还需经过仔细检查,以便能在大量个体中设法筛选出所需要性状的个体。目前重组子筛选和鉴定主要通过表型法、DNA鉴定筛选法、选择性载体筛选法、分子杂交选择法、免疫学方法和mRNA翻译检测法等方法来实现。

第五节 微生物的菌种保藏及复壮

在发酵食品生产中,菌种保藏工作是一项重要的微生物学基础工作。菌种保藏的主要任务是把从自然界分离得到的野生型或经人工选育得到的用于工业生产等方面的优良菌株,用各种适宜的方法妥善保存,使之达到不死、不衰、不变异、不污染,在长时间内保持原有的生产性状和生命活力,以便于生产使用。

一、微生物的菌种保藏

微生物菌种保藏的方法很多,其共同的目的是把菌株的优良性状保存下来,防止退化、死亡或杂菌污染。菌种保藏的一般程序是选取优良的纯菌种,最好是用其分生孢子或芽孢等休眠体,在其休眠和停止生长的条件下保藏。微生物生长要求适宜的温度、水分、空气和营养物质等,如将菌种处于低温、干燥、无氧和缺乏营养的条件下,就可以使菌种暂时处于休眠状态。其中低温是保藏菌种的重要因素,也是常用的一种简单易行的方法。与低温相关的保藏方法,如冷冻干燥法、超低温保藏法等,都是利用低温条件下细胞与环境的特殊平衡原理而设计的。

在选择保藏方法时,尽可能考虑操作经济简便而又达到保持菌株优良性状不变的目的。现行的菌种保藏方法有下列几种。

(一)斜面低温保藏法

将菌种接种在适宜的固体斜面培养基上,菌体长满斜面后,棉塞部分用油纸包扎好,移至 4~6℃的冰箱中保藏。保藏时间依微生物的种类而有不同,霉菌、放线菌及有芽孢的细菌保存 2~4 个月移种一次。酵母菌 2 个月,细菌最好每月移种一次。斜面低温保藏法的培养时间和培养温度影响其保藏质量。培养时间过短,保存时容易死亡;培养时间长,生产性能衰退。一般以稍低于生长最适温度培养至菌种成熟进行保藏效果较好。

此法为实验室和工厂菌种室常用的保藏法,其优点是操作简单,使用方便,不需特殊设备,能随时检查所保藏的菌株是否死亡、变异与污染杂菌等;其缺点是容易变异,因为培养基的物理、化学特性不是严格恒定的,屡次传代会使微生物的代谢改变,而影响微生物的性状,污染杂菌的机会较多。

(二)液体石蜡保藏法

本方法的原理是在长好的斜面菌上覆盖灭菌的液体石蜡,达到菌体与空气隔绝,使菌处于生长和代谢停止状态,同时石蜡油还防止水分蒸发,在低温下达到较长期的保藏菌种的目的。保藏温度要求在-4~4℃。液体石蜡保藏法适用于不产孢子的菌种。

具体操作是:菌种是经斜面培养得到的健壮菌体,斜面不宜过长;选择纯净优质石蜡油,置于三角烧瓶中经过 121℃高压蒸汽灭菌 1~2h,将其放入烘箱中(160℃左右)干热处理,去除灭菌时渗入的水分,待石蜡油变得清澈透明后冷却即可加入斜面,斜面上不能出现气泡,液体石蜡添加量以高出斜面顶部约 1cm 为宜。然后将试管直立,置低温(4~6℃)干燥处或室温下保存(有的微生物在室温下比冰箱中保存的时间还要长)。

此法实用而且效果好。霉菌、放线菌、芽孢细菌可保藏 2 年以上,酵母菌可保藏 1~2 年,一般无芽孢细菌也可保藏 1 年左右,甚至用一般方法很难保藏的脑膜炎球菌,在 37℃温箱内也可保藏 3 个月之久。此法的优点是制作简单,不需特殊设备,且不需经常移种。缺点是保存时必须直立放置,所占位置较大,同时也不便携带。从液体石蜡下面取培养物移种后,接种环在火焰上烧灼时,培养物容易与残留的液体石蜡一起飞溅,应特别注意。

(三)干燥-载体保藏法

此法适用于产孢子或芽孢的微生物的保藏。主要操作是将菌种接种于适当的载体上,如河砂、土壤、硅胶、滤纸及麸皮等,以保藏菌种。以砂土保藏用得较多,具体制备方法为:将河砂经 24 目筛子过筛后用 10%~20%盐酸浸泡 3~4h,以除去其中所含的有机物,用水漂洗至中性,烘干,然后装入小试管中,高度约 1cm,121℃间歇灭菌 3 次。用无菌吸管将孢子悬液滴入砂粒小管中,经真空干燥 8h,于常温或低温下保藏均可,保存期为 1~10 年。土壤法以土壤代替砂粒,不需酸洗,经风干、粉碎,然后同法过筛、灭菌即可。此法多用于能产生孢子的微生物如霉菌、放线菌,因此在抗生素工业生产中应用最广,效果亦好,但应用于营养细胞效果不佳。

(四)冷冻保藏

冷冻保藏是指将菌种置于-20℃以下的温度保藏。冷冻保藏是微生物菌种保藏非常有效的方法。通过冷冻,使微生物代谢活动停止。一般而言,冷冻温度愈低,效果愈好。为了保藏的效果更好,通常在培养物中加入一定的冷冻保护剂;同时还要认真掌握好冷冻速度和解冻速度。冷冻保藏的缺点是培养物运输较困难。常用的冷冻保藏技术主要有以下几种。

1. 普通冷冻保藏技术

将菌种培养在小的试管或培养瓶斜面上,待生长适度后,将试管或瓶口用橡胶塞严格封好,于冰箱的冷冻室(−20℃)中贮藏,或于温度范围在−5~20℃的普通冰箱中保存。或者将液体培养物或从琼脂斜面培养物收获的细胞分别接到试管内,严格密封后,置于冰箱中保存。用此方法可以维持若干微生物的活力1~2年。应注意的是,经过一次解冻的菌株不宜再用来保藏。这一方法虽简便易行,但不适宜多数微生物的长期保藏。

2. 超低温冷冻保藏技术

要求长期保藏的微生物菌种,一般都应在−60℃以下的超低温冷藏柜中进行保藏。超低温冷冻保藏的一般方法是:先离心收获指数生长中期至后期的微生物细胞,再用新鲜培养基重新悬浮所收获的细胞,然后加入等体积的20%甘油或10%二甲亚砜冷冻保护剂,混匀后分装入冷冻管或安瓿中,于−70℃超低温冰箱中保藏。超低温冰箱的冷冻速度一般控制在1~2℃/min。若干细菌和真菌菌种可通过此保藏方法保藏5年而活力不受影响。

3. 液氮冷冻保藏技术

近年来,大量有特殊意义和特征的高等动、植物细胞能够在液氮中长期保藏,并发现在液氮中保藏的菌种的存活率远比其他保藏方法高且回复突变的发生率极低。液氮冷冻保藏技术已成为工业微生物菌种保藏的最好方法。

液氮冷冻保藏菌种的步骤是:先制备冷冻保藏菌种的细胞悬液,分装0.5~1mL入玻璃安瓿或液氮冷藏专用塑料瓶,玻璃安瓿用酒精喷灯封口。然后以1~2℃/min的致冷速度降温,直到温度达到相对温度之上几度的细胞冻结点(通常为−30℃)。待细胞冻结后,将致冷速度降为1℃/min,直到温度达到−50℃,将安瓿迅速移入液氮罐中于液相(−196℃)或气相(−156℃)中保存。进行液氮冷冻保藏时应严格控制致冷速度。如果无控速冷冻机,则一般可用如下方法代替:将安瓿或液氮瓶置于−70℃冰箱中冷冻4h,然后迅速移入液氮罐中保存。在液氮冷冻保藏中,最常用的冷冻保护剂是二甲亚砜和甘油,最终使用浓度一般为甘油10%、二甲亚砜5%。所使用的甘油一般用高压蒸汽灭菌,而二甲亚砜最好为过滤灭菌。

(五)冷冻真空干燥保藏法

冷冻真空干燥保藏法又称冷冻干燥保藏法,简称冻干法。它通常是用保护剂制备拟保藏菌种的细胞悬液或孢子悬液于安瓿管中,再在低温下快速将含菌样冻结,并减压抽真空,使水升华将样品脱水干燥,形成完全干燥的固体菌块,并在真空条件下立即融封,造成无氧真空环境,最后置于低温下,使微生物处于休眠状态,而得以长期保藏。常用的保护剂有脱脂牛奶、血清、淀粉、葡聚糖等高分子物质。

由于此法同时具备低温、干燥、缺氧的菌种保藏条件,因此保藏期长,一般达5~15年,而且存活率高,变异率低,是目前被广泛采用的一种较理想的保藏方法。除不产孢子的丝状真菌不宜用此法外,其他大多数微生物如病毒、细菌、放线菌、酵母菌、丝状真菌等均可采用这种保藏方法。但该法操作比较烦琐,技术要求较高,且需要冻干机等设备。

使用保藏菌种时可在无菌环境下开启安瓿管，将无菌的培养基注入安瓿管中，固体菌块溶解后，将其接种于适宜该菌种生长的斜面上适温培养即可。

二、菌种的退化与复壮

(一)菌种的退化

菌种退化是指由于自发突变而使某物种原有的一系列生物学性状发生量变或质变的现象。

1. 菌种退化的现象

菌种衰退的具体表现有以下几个方面：

(1)菌落和细胞形态改变。每一种微生物在一定的培养条件下都有一定的形态特征，如果典型的形态特征逐渐减少，就表现为退化。例如，某些食用菌双核菌丝生长白色、浓密的角形菌落；菌丝长势变稀，菌球少，毛刺少；镜检时，大量的菌丝由原来的锁状联合变成无锁状联合而出现大量单核化菌丝。

(2)生长速度缓慢，产孢子越来越少。例如，"5406 放线菌"的菌苔变薄，生长缓慢，不产生丰富的橘红色的孢子层，甚至有时只长一些黄绿色的基内菌丝。

(3)代谢产物生产能力下降，即出现负突变。例如，药用菌产生有药理活性次生代谢产物的能力大幅度下降，这在生产上是十分不利的。

(4)致病菌对宿主侵染能力下降。如白僵菌对宿主致病能力的降低等。

(5)对外界不良条件(包括低温、高温或噬菌体侵染等)的抵抗能力下降等。如抗噬菌体菌株变为敏感菌株等。

2. 菌种退化的原因

菌种退化不是突然发生的，而是从量变到质变的逐步演变过程。开始时，在群体细胞中仅有个别细胞发生自发突变(一般均为负变)，不会使群体菌株性能发生改变。经过连续传代，群体中的负变个体达到一定数量，发展成为优势群体，从而使整个群体表现为严重的衰退。导致这一现象的原因有以下几方面：

(1)基因突变　菌种退化的主要原因是有关基因的负突变。如果控制产量的基因发生负突变，则表现为产量下降；如果控制孢子生成的基因发生负突变，则产生孢子的能力下降。

(2)连续传代　连续传代是加速菌种退化的一个重要原因。一方面，传代次数越多，发生自发突变(尤其是负突变)的概率越高；另一方面，传代次数越多，频繁地无性繁殖一般都是负变异占绝对优势，这种变异长期积累，当达到一定程度时，就会出现菌丝减弱、产量降低等现象，且能遗传给后代，成为退化。

(3)不适宜的培养和保藏条件　不适宜的培养和保藏条件是加速菌种衰退的另一个重要原因。不良的培养条件(如营养成分、温度、湿度、pH值、通气量等)和保藏条件(如营养、含水量、温度、氧气等)，不仅会诱发衰退型细胞的产生，还会促进衰退型细胞迅速繁殖，在数量上大大超过正常细胞，造成菌种衰退。

(4)长期低温保藏　菌种长期保存或长期使用后，菌丝长势减弱，容易提前出现老化现象。菌株在低温下保藏，并未停止其生命活动，仍然存在着变异的潜在可能。

3. 防止菌种衰退的措施

根据菌种退化原因的分析，可以制定出一些防止菌种衰退的措施，主要有以下几个方面：

(1) 控制传代次数　尽量避免不必要的移种和传代，将必要的传代降低到最低限度，以降低自发突变的概率。生产中应减少菌种移接次数，当获得优良菌种后，转管扩接最多不要超过5次。

(2) 创造良好的培养条件　创造一个适合原种的良好培养条件，可以防止菌种衰退。如培养营养缺陷型菌株时应保证适当的营养成分，尤其是生长因子；培养一些抗性菌时应添加一定浓度的药物于培养基中，使回复的敏感型菌株的生长受到抑制，而生产菌能正常生长；控制好碳源、氮源等培养基成分和pH值、温度等培养条件，使之有利于正常菌株生长，限制退化菌株的数量，防止衰退。

(3) 利用不易退化的细胞移种传代　在放线菌和霉菌中，由于它们的菌丝细胞常含几个细胞核，甚至是异核体，因此用菌丝接种就会出现不纯和衰退，而孢子一般是单核的，用它接种就不会发生这种现象。在实践中，若用灭过菌的棉团轻巧地对放线菌进行斜面移种，避免了菌丝的接入，从而防止了菌种的衰退；另外，有些霉菌（如构巢曲霉）若用其分生孢子传代就易衰退，而改用子囊孢子移种则能避免衰退。

(4) 采用有效的菌种保藏方法　有效的菌种保藏方法是防止菌种退化极其必要的措施。在实践中，应当有针对性地选择菌种保藏的方法。例如，啤酒酿造中常用的酿酒酵母，保持其优良发酵性能最有效的保藏方法是－70℃低温保藏，其次是4℃低温保藏。若采用对于绝大多数微生物保藏效果很好的冷冻干燥保藏法和液氮保藏法来保藏酿酒酵母，其效果并不理想。

一般斜面冰箱保藏法只适用于短期保藏，而需要长期保藏的菌种，应当采用砂土保藏法、冷冻干燥保藏法及液氮保藏法等方法。对于比较重要的菌种，尽可能采用多种保藏方法。

(5) 定期进行分离纯化　定期进行分离纯化，对相应指标进行检查，也是有效防止菌种衰退的方法。例如食用菌一般每次出菇后，都应挑选符合本品种特征的优良子实体进行组织分离，每年进行一次孢子分离，并经出菇鉴定后，选择性状优良者再进行组织分离。

(二) 菌种的复壮

退化菌种的复壮可通过纯种分离和性能测定等方法来实现，其中一种方法是从退化菌种的群体中找出少数尚未退化的个体，以达到恢复菌种的原有典型性状。另一种方法是在菌种的生产性能尚未退化前就经常有意识地进行纯种分离和生产性能的测定工作，以达到菌种的生产性能逐步提高。这些方法实际上是一种利用自发突变不断从生产中进行选种的工作。具体菌种的复壮措施如下：

1. 纯种分离法

通过纯种分离，可将衰退菌种细胞群体中一部分仍保持原有典型性状的单细胞分离出来，经扩大培养，就可恢复原菌种的典型性状。常用的分离纯化的方法可归纳成两类：一类较粗放，只能达到"菌落纯"的水平，即从种的水平来说是纯的。例如采用稀释平板法、涂布平板法、平板画线法等方法获得单菌落。另一类是较精细的单细胞或单孢子分离方法。它可以达到"细胞纯"即"菌株纯"的水平。后一类方法应用较广，种类很多，既有简单地利用培养皿或凹玻片等作分离室的方法，也有利用复杂的显微操纵器的纯种分离方法。对于不长孢子的丝状菌，则可用无菌小刀切取菌落边缘的菌丝尖端进行分离移植，也可用无菌毛细管截取菌丝尖端单细胞进行纯种分离。

2. 宿主体内复壮法

对于寄生性微生物的衰退菌株,可通过接种到相应昆虫或动植物宿主体内来提高菌株的毒性。例如,苏云金芽孢杆菌经过长期人工培养会发生毒力减退、杀虫率降低等现象,可用退化的菌株去感染菜青虫的幼虫,然后再从病死的虫体内重新分离典型菌株,如此反复多次,就可提高菌株的杀虫率。

3. 淘汰法

将衰退菌种进行一定的处理(如药物、低温、高温等处理),往往可以淘汰已衰退个体而达到复壮的目的。如有人曾将"5406放线菌"的分生孢子在低温(−10~30℃)下处理5~7d,使其死亡率达到80%,结果发现在抗低温的存活个体中留下了未退化的健壮个体。

4. 遗传育种法

即把退化的菌种重新进行遗传育种,从中再选出高产而不易退化的稳定性较好的生产菌种。

本章小结

微生物的生长是一个复杂的生命活动过程,它包括个体生长和群体生长两个层面。研究微生物的生长状况不仅要看个体细胞质量的增加,同时要看群体细胞数目的增加。由于研究微生物个体的生长有一定的困难,因此研究微生物的生长一般研究其群体生长。微生物的生长受物理因素和化学因素的影响,掌握微生物的生长规律和环境条件对微生物的影响,对于利用微生物有着十分重要的指导意义。

菌种是一个国家的重要自然资源,菌种选育是微生物学研究的一项基础工作,诱变育种、原生质体融合育种和基因工程育种是微生物育种常用的基本方法,其中诱变育种是最常用的工业育种技术。优良的菌种来之不易,是珍贵的财富,防止菌种的退化以及对菌种进行复壮和保藏是微生物遗传育种的基础,也是微生物实验的基本操作。

复习思考题

一、名词解释

生长曲线　　巴氏消毒法　　分批培养
连续培养　　补料分批培养　　诱变育种

二、判断题

1. 干热灭菌较湿热灭菌的效果好,因为干热灭菌的灭菌温度高。　　　　　　　　(　)
2. 引起冷藏食品腐败的微生物属于嗜温微生物。　　　　　　　　　　　　　　　(　)
3. 实验室通常使用血球计数板测微生物的总菌数。　　　　　　　　　　　　　　(　)
4. 使用手提灭菌锅灭菌后,为了尽快排除锅内蒸汽,可直接打开排气阀排气。　　(　)
5. 紫外线具有很强的杀菌能力,因此可以透过玻璃进行杀菌。　　　　　　　　　(　)
6. 酒精是常用的表面消毒剂,其100%浓度消毒效果优于70%浓度。　　　　　　　(　)

7. 分批培养时,细菌首先经历一个适应期,此时期细胞数目并不增加。( )

三、选择题

1. 下列物品中最适合湿热灭菌的是( )。
   A. 培养皿　　　　B. 培养基　　　　C. 接种针　　　　D. 血清
2. 接种环常用的灭菌方法是( )。
   A. 火焰灭菌　　　B. 干热灭菌　　　C. 高压蒸汽灭菌　D. 间歇灭菌
3. 培养细菌的适宜温度是( )℃。
   A. 17　　　　　　B. 4　　　　　　C. 27　　　　　　D. 37
4. 微生物彻底灭菌是以杀死( )为标准。
   A. 荚膜　　　　　B. 鞭毛　　　　　C. 菌毛　　　　　D. 芽孢
5. 杀灭细菌芽孢最有效的方法是( )。
   A. 煮沸法　　　　B. 流动蒸汽消毒法　C. 加压蒸汽灭菌法　D. 紫外线照射
6. 果汁、牛奶常用的灭菌方法为( )。
   A. 巴氏消毒　　　B. 干热灭菌　　　C. 间歇灭菌　　　D. 高压蒸汽灭菌
7. 常用于饮水消毒的消毒剂是( )。
   A. 石灰　　　　　B. $CuSO_4$　　　C. $KMnO_4$　　　D. 漂白粉
8. 干热灭菌法要求的温度和时间为( )。
   A. 105℃,2h　　　B. 121℃,30min　　C. 160℃,2h　　　D. 160℃,4h
9. 常用于消毒的酒精浓度为( )。
   A. 99.8%　　　　B. 30%　　　　　C. 70%~75%　　　D. 50%
10. 将少量的细菌接种到新鲜培养基后,一般不立即进行繁殖,这是生长曲线的( )。
    A. 延滞期　　　　B. 指数期　　　　C. 稳定期　　　　D. 衰亡期
11. 实验室进行培养基高压蒸汽灭菌的工艺条件是( )。
    A. 121℃/30min　　B. 115℃/30min　　C. 130℃/30min　　D. 121℃/60min
12. 使用手提式灭菌锅灭菌的关键操作有( )。
    A. 排冷气彻底　　　　　　　　　B. 灭菌时间适当
    C. 灭菌结束排气不能太快　　　　D. A~C
13. 一个细菌每10min繁殖一代,经1h将会有( )个细菌。
    A. 64　　　　　　B. 32　　　　　　C. 9　　　　　　D. 1
14. 下述哪个时期细菌群体倍增时间最快?( )
    A. 延滞期　　　　B. 指数期　　　　C. 稳定期　　　　D. 衰亡期
15. 下面关于微生物最适生长温度的判断,正确的是( )。
    A. 微生物群体生长繁殖速度最快时的温度
    B. 发酵的最适温度
    C. 积累某一代谢产物的最适温度
    D. 无法判断

四、填空题

1. 微生物在培养过程中生长繁殖一段时间后,环境 pH 值会_____。
2. 在寻常的烤箱中,在 160℃ 达到灭菌效果所需的时间大约是_____。
3. 无分枝单细胞微生物群体生长曲线的四个阶段为_____、_____、_____和_____。
4. 实验室保藏菌种常用的方法为_____。
5. 生长曲线是以_____为横坐标,以_____为纵坐标。

五、简述题

1. 为何 70%~75% 的酒精消毒效果好?
2. 灭菌锅中的空气排除度对灭菌效果有何影响?
3. 简述防止菌种衰退的措施。
4. 简述诱变育种的工作流程。

第二篇　微生物与现代食品工业

第七章　微生物与食品生产

知识目标
1. 了解微生物发酵食品的形态特征、理化特性、常见种类。
2. 了解微生物发酵食品的生产工艺及其控制措施。
3. 熟悉食品工业中微生物酶制剂的常见种类、性质、生产菌。
4. 熟悉微生物酶在食品工业中的应用。
5. 掌握微生物发酵食品的环境条件。

技能目标
1. 能够制备食品工业中常用的发酵剂。
2. 能够对食品微生物菌种进行扩大培养。
3. 会用简易的方法生产馒头、面包。
4. 能够用简单方法制作（生产）酸牛乳、食醋或酱油、腐乳、酸菜。

思政目标
通过介绍我国是最早开始利用和改造微生物的国家之一，古代先民结合我国当时的生产力，创造了世界上独一无二的开放式固态发酵技术，激发学生的民族自豪感及爱国主义情怀。

第一节　食品工业中常用的细菌及其应用

一、乳酸菌

(一)乳酸菌的概念及其分布

乳酸菌一词并非生物分类学名词，而是指能够利用发酵性糖类产生大量乳酸的一类微生物的统称。虽然有些霉菌也能产生大量乳酸，但以乳酸细菌为主要类群，因而通常将乳酸细菌称之为乳酸菌。

乳酸菌在自然界中广泛分布。它们不仅栖息在人和各种动物的肠道及其他器官中，而且在植物表面和根际、人类食品、动物饲料、有机肥料、土壤、江、河、湖、海中都发现大量乳酸菌的存在。这类细菌在工业、农业、医药等领域具有很高的应用价值。乳酸菌主要分布在乳杆菌属（*Lactobacillus*）、链球菌属（*Streptococcus*）、明串珠菌属（*Leuconostoc*）、片球菌属（*Pediococcus*）、双歧杆菌属（*Bifidobacterium*）。

(二)乳杆菌属

1. 乳杆菌属的形态特征

其细胞呈多样形杆状:长或细长杆状、弯曲形短杆状及棒形球杆状,一般成链排列。革兰氏染色阳性,有些菌株革兰氏染色或甲烯蓝染色显示两极体,内部有颗粒物或呈现条纹。通常不运动,有的能够运动且有周生鞭毛。无芽孢;无细胞色素,大多不产色素。

2. 乳杆菌属的生理生化特点

化能异氧型,营养要求严格,生长繁殖需要多种氨基酸、生物素、肽、核酸衍生物。根据碳水化合物发酵类型,可将乳杆菌属划分为三个类群,即:①同型发酵群:发酵葡萄糖产生85%以上的乳酸,不能发酵戊糖和葡萄糖酸盐。②兼异型发酵群:发酵葡萄糖产生85%以上的乳酸,能发酵某些戊糖和葡萄糖酸盐。③异型发酵群:发酵葡萄糖产生等物质量的乳酸、乙酸和乙醇、CO_2,pH值为6.0以上可还原硝酸盐,不液化明胶,不分解酪素,联苯胺反应阴性,不产生吲哚和H_2S,多数菌株可产生少量的可溶性氮。微好氧性,接触酶反应阴性,厌氧培养生长良好,生长温度为2~53℃,最适生长温度为30~40℃。耐酸性强,生长最适pH值为5.5~6.2,在pH值小于或等于5的环境中可生长,而在中性或碱性条件下生长速率降低。自然界分布广泛,极少有致病性菌株。

3. 乳杆菌属的代表种

(1)保加利亚乳杆菌(*L. bulgaricus*) 细胞形态呈长杆状,两端钝圆。固体培养基生长的菌落呈棉花状,易与其他乳酸菌区别。能利用葡萄糖、果糖、乳糖进行同型乳酸发酵产生D型乳酸(有酸涩味,适口性差),不能利用蔗糖。该菌是乳酸菌中产酸能力最强的菌种,其产酸能力与菌体形态有关,菌形越大,产酸越多,最高产酸量为2%。如果菌形为颗粒状或细长链状,产酸较弱,最高产酸量为1.3%~2.0%。蛋白质分解力较弱,发酵乳中可产生香味物质乙醛。最适生长温度为37~45℃,温度高于50℃或低于20℃不生长。常作为发酵酸奶的生产菌。

(2)嗜酸乳杆菌(*L. acidophilus*) 细胞形态比保加利亚乳杆菌小,呈细长杆状,能利用葡萄糖、果糖、乳糖、蔗糖进行同型乳酸发酵产生DL型乳酸,生长繁殖需要一定的维生素等生长因子,37℃培养生长缓慢,2~3d可使牛乳凝固。因而,在发酵剂制造及嗜酸菌乳生产中,常在原料乳培养基中添加5%的番茄汁或胡萝卜汁。蛋白质分解力较弱。最适生长温度为37℃,20℃以下不生长,耐热性差。最适生长pH值为5.5~6.0,耐酸性强,能在其他乳酸菌不能生长的酸性环境中生长繁殖。

嗜酸乳杆菌是能够在人体肠道定殖的少数有益微生物菌群之一。其代谢产物有机酸和抗菌物质——乳杆菌素、嗜酸乳素、酸菌素可抑制病原菌和腐败菌的生长。另外,该菌在改善乳糖不耐症,治疗便秘、痢疾、结肠炎,激活免疫系统,抗肿瘤,降低胆固醇水平等方面都具有一定的功效。

(三)链球菌属

1. 链球菌属的形态特征

链球菌属细胞呈球形或卵圆形,成对或成链排列。革兰氏染色阳性,无芽孢,一般不运动,不产色素。但肠球菌群中的某些种能运动或产色素。

2. 链球菌属的生理生化特点

其营养类型为化能异养型,同型乳酸发酵产生右旋乳酸,兼性厌氧型,接触酶反应阴性,厌氧培养生长良好。根据生理生化特性可将链球菌属分为四个种群(见表7-1)。

表7-1 链球菌属不同种群生理生化特征

	化脓性群	绿色群	肠球菌群	乳酸链球菌群
抗原群	A,B,C,F,G	未分群	D	N
鲜血琼脂平板培养	溶血	变绿	变绿或溶血	无
最适生长温度/℃	37	37	35～37	25
60℃,30min 存活	—	—	＋	＋
6.5% NaCl	—	—	＋	—
pH 值为 9.6	—	—	＋	—
0.1% 次甲基蓝	—	—	＋	＋
40% 胆汁	—	—	＋	＋

注:乳品工业中应用最多的是链球菌属中的乳酸链球菌群。

3.链球菌属的代表种

(1)嗜热链球菌($St.\ thermophilus$)　细胞形态呈链球状。某些菌株若不经过中间牛乳培养则在固体培养基上得不到菌落。能利用葡萄糖、果糖、乳糖和蔗糖进行同型乳酸发酵产生 L 型乳酸(适口性好)。在石蕊牛乳中不还原石蕊,可使牛乳凝固。蛋白质分解力较弱,在发酵乳中可产生香味物质双乙酰。该菌的主要特征是能在高温条件下产酸,最适生长温度为 40～45℃,温度低于 20℃不产酸。耐热性强,能耐 65～68℃的高温。常作为发酵酸乳、瑞士干酪的生产菌。

(2)乳酸链球菌　细胞形态呈双球、短链或长链状。同型乳酸发酵。在石蕊牛乳中可使牛乳凝固。牛乳随便放置时,牛乳凝固的 90%是由该菌所致。产酸能力弱,最大乳酸生物量 0.9%～1.0%。可在 4% NaCl 肉汤培养基和 0.3%亚甲基蓝牛乳中生长。能水解精氨酸产生 NH_3,对温度适应范围广泛,10～40℃均产酸,最适生长温度为 30℃。而对热抵抗力弱,60℃、30min 全部死亡。常作为干酪、酸制奶油及乳酒和酸泡菜发酵剂的菌种。

(3)乳脂链球菌　细胞比乳酸链球菌大,长链状;同型乳酸发酵,产酸和耐酸能力均较弱;产酸温度较低,为 18～20℃,37℃以上不产酸、不生长。由于该菌耐酸能力差,菌种保藏非常困难,需每周转接菌种一次或在培养基中添加 1%～3%的 $CaCO_3$ 保藏。不能在 4% NaCl 肉汤培养基和 0.3%亚甲基蓝牛乳中生长,不水解精氨酸。此菌常作为干酪、酸制奶油发酵剂的菌种。

(四)明串珠菌属

1.明串珠菌属的形态特征

细胞呈球形或豆状,成对或成链排列。革兰氏染色阳性,不运动,无芽孢。

2.明串珠菌属的生理生化特点

化能异养型,生长繁殖需要复合生长因子——烟酸、硫胺素、生物素和氨基酸,不需要泛酸及其衍生物。利用葡萄糖进行异型乳酸发酵产生 D 型乳酸、乙酸或醋酸、CO_2,可使苹果酸转化为 L 型乳酸。通常不酸化和凝固牛乳,不水解精氨酸,不水解蛋白,不还原硝酸盐,不溶血,不产吲哚。兼性厌氧型,接触酶反应阴性。生长温度范围为 5～30℃,最适生长温度为 25℃。

3.明串珠菌属的培养特征

固体培养,菌落一般小于 1.0mm,光滑、圆形、灰白色;液体培养,通常混浊均匀,但长链状菌株可形成沉淀。

4. 代表种——肠膜状明串珠菌（L. mesenterides）

细胞呈球形或豆状，成对或短链排列。固体培养，菌落直径小于 1.0mm；液体培养，混浊均匀。利用葡萄糖进行异型乳酸发酵，在高浓度的蔗糖溶液中生长，合成大量的荚膜物质——葡聚糖，形成特征性黏液，最适生长温度 25℃，生长的 pH 值范围为 3.0～6.5，具有一定的嗜渗压性，可在含 4%～6% 的 NaCl 培养基中生长。该菌不仅是酸泡菜发酵重要的乳酸菌，而且已被用于生产右旋糖苷的发酵菌株，右旋糖苷是代血浆的主要成分。

（五）片球菌属

1. 片球菌属的形态特征

细胞呈球形，成对或四联状排列。革兰氏染色阳性，无芽孢，不运动，固体培养，菌落大小可变，直径 1.0～2.5mm。无细胞色素。

2. 片球菌属的生理生化特点

化能异养型，生长繁殖需要复合生长因子——烟酸、泛酸、生物素和氨基酸，不需要硫胺素、对-氨基苯甲酸和钴胺素。利用葡萄糖进行同型乳酸发酵产生 DL 型或 L 型乳酸。通常不酸化和凝固牛乳，不分解蛋白质，不还原硝酸盐，不产吲哚。兼性厌氧，接触酶反应阴性。生长温度 25～40℃，最适生长温度 30℃。该属中，嗜盐片球菌（Pc. halophilus）耐 NaCl 浓度 18%～20%，是参与酱油酿造的重要乳酸菌；乳酸片球菌（Pc. acidilactici）可在含 6%～8% 的 NaCl 环境中生长，耐 NaCl 浓度 13%～20%，是酸泡菜发酵中重要的乳酸菌。

（六）双歧杆菌属

1. 双歧杆菌属的形态特征

细胞呈多样形态：Y 字形、V 字形、弯曲状、勺形，典型形态为分叉杆菌，因而取名 bifidus（拉丁语是分开、裂开之意）。革兰氏染色阳性，亚甲基蓝染色菌体着色不规则。无芽孢和鞭毛，不运动。

2. 双歧杆菌属的生理生化特点及其功能性

化能异养型，对营养要求苛刻，生长繁殖需要多种双歧因子（能促进双歧杆菌生长，不被人体吸收利用的天然或人工合成的物质），能利用葡萄糖、果糖、乳糖和半乳糖，通过果糖-6-磷酸支路生成物质的量之比为 2∶3 的乳酸和乙酸及少量的甲酸和琥珀酸。蛋白质分解力微弱，能利用铵盐作为氮源，不还原硝酸盐，不水解精氨酸，不液化明胶，不产生吲哚，联苯胺反应阴性。专性厌氧，接触酶反应阴性，对氧的敏感性存在不同菌种或菌株的差异，多次传代培养后，菌株的耐氧性增强。生长温度为 25～45℃，最适生长温度 37℃。生长 pH 值 4.5～8.5，最适生长 pH 值为 6.5～7.0，不耐酸，酸性环境（pH ≤ 5.5）对菌体存活不利。

双歧杆菌是人体肠道有益菌群，它可定殖在宿主的肠黏膜上形成生物学屏障，具有拮抗致病菌、改善微生态平衡、合成多种维生素、提供营养、抗肿瘤、降低内毒素、提高免疫力、保护造血器官、降低胆固醇水平等重要生理功能，其促进人体健康的有益作用远远超过其他乳酸菌。

（七）乳酸菌在食品工业中的应用

在发酵食品行业中应用最广泛的是乳酸菌。经过乳酸菌发酵作用制成的食品称为乳酸发酵食品。科学研究的不断深入，逐步揭示了乳酸菌对人体健康有益作用的机理，因而乳酸发酵食品更加受到人们的重视,在食品工业中占有越来越重要的地位。

1. 发酵乳制品

发酵乳制品是指良好的原乳经过微生物(主要是乳酸菌)发酵作用后制成的具有特殊风味、较高营养价值和一定保健功能的乳制品。其种类包括:发酵乳饮料(酸牛乳、酸豆乳、乳酒等)、干酪和酸制奶油。下面简单介绍几种主要产品。

(1)酸牛乳(yoghurt) 酸牛乳是新鲜牛乳经过乳酸菌发酵后制成的发酵乳饮料;根据生产方式可分为凝固型、搅拌型、饮料型三种。

①菌种的选择和发酵剂的制备。发酵剂是指生产发酵乳制品过程中用于接种的特定的微生物培养物。通常用于酸牛乳生产的发酵剂菌种是保加利亚乳杆菌和嗜热链球菌混合发酵剂。两菌株的混合比例对酸乳风味和质地起重要作用。常见的杆菌和球菌的比例是1:1或1:2。

酸牛乳发酵剂制备的工艺流程为:菌种活化→母发酵剂→中间发酵剂→工作发酵剂。

技术要点包括:

● 菌种活化:将液体菌种或冻干菌种接种于115℃、10min灭菌后的复原脱脂乳试管培养基中,42℃培养,凝乳后立即进行传代移植。一般传代移植2～3次后,保加利亚乳杆菌42℃、3～5h凝乳,嗜热链球菌42℃、6～8h凝乳,即为活化完毕。

● 母发酵剂的制备:活化菌种接种量为1%,42℃培养,凝乳后即为母发酵剂。

● 中间发酵剂的制备:利用母发酵剂接种量1%,42℃培养,凝乳后制成中间发酵剂。

● 工作发酵剂的制备:利用中间发酵剂接种量1%～3%,42℃培养,凝乳后即为工作发酵剂。

②凝固型酸乳的生产。凝固型酸牛乳的生产是以新鲜牛乳为主要原料,经过净化、标准化、均质、杀菌、接种发酵剂、分装后,通过乳酸菌的发酵作用,使乳糖分解为乳酸,导致乳的pH值下降,酪蛋白凝固,同时产生醇、醛、酮等风味物质,再经冷藏和后熟制成乳凝状的酸牛乳。

凝固型酸牛乳的生产工艺流程为:原料鲜乳→净化→标准化→均质→杀菌→冷却→接种→分装→发酵→冷却→冷藏后熟→成品。

技术要点包括:

● 原料鲜乳的质量要求:必须选择合格的鲜牛乳,不能选用初乳、末乳、乳房炎乳、病牛乳、酒精阳性乳和高酸度乳,乳中不得含有抗生素。

● 净化:利用离心机除去牛乳中的白细胞及其异物。

● 标准化调制:为了增加非脂乳固体含量(不得低于12%),改善风味,提高黏度,有利于酸牛乳的凝固性和硬度,需添加脱脂乳粉0.25%～0.5%、蔗糖4%～8%。

● 均质:原料乳经过均质后,可使酸牛乳质地细腻,凝固均匀,防止乳脂肪上浮。一般采用60℃、8～10MPa进行均质。

● 杀菌:原料乳加热处理除杀菌外,还有钝化酶、调节黏度的作用。可采用90～95℃、5～10min或135℃、2～3s进行杀菌。杀菌后立即冷却至40～45℃。

● 接种:向40～45℃杀菌后的原料乳中接入工作发酵剂。两菌混合培养的发酵剂接种2%～3%,两菌单独培养的发酵剂各接种1%～1.5%。一般接种量大,有利于保加利亚乳杆菌生长;接种量小,则有利于嗜热链球菌生长。接种后立即分装,分装后迅速封盖发酵。

● 发酵:发酵温度控制在 42℃,3~5h 后,pH 值降至 4.1~4.2(酸度为 65~70°T),酸牛乳凝固状态良好,即为发酵终点。一般发酵前期,嗜热链球菌生长旺盛,代谢产生 L 型乳酸;发酵后期,保加利亚乳杆菌生长旺盛,代谢产生 D 型乳酸。温度控制偏低,有利于球菌生长,发酵时间延长;温度控制偏高,有利于杆菌生长,发酵时间缩短。

● 冷却和低温后熟:冷却的目的是抑制乳酸菌生长,防止产酸过度。当酸牛乳冷却至 10℃ 左右即可转入冷库进行低温后熟。后熟过程中,形成香味物质和光滑细腻的质地,防止乳清析出和过度产酸。后熟温度 0~5℃,后熟期 12~24h。

③搅拌型酸乳(纯酸乳)的生产。搅拌型酸乳即纯酸乳,其生产工艺与凝固型酸乳基本相似,所不同的是:前者为先发酵,再搅拌,后分装;后者为先分装,后发酵,不搅拌。

搅拌型酸乳的生产工艺流程为:原料鲜乳→净化→标准化调制→均质→杀菌→冷却→接种发酵剂→发酵→搅拌破乳→冷却→分装→冷藏后熟→成品。

技术要点包括:

● 发酵:发酵在发酵罐中进行。42℃ 发酵 3~5h,当发酵乳 pH 值达 4.5~5.0 时,终止发酵。如果终止发酵时的 pH 值在 5.3 以上时,进行搅拌破乳,则引起乳清分离。

● 搅拌破乳:发酵结束后,将品温降至 38℃,进行搅拌。若使用宽叶轮搅拌器,则要求转速为 1~2r/min,搅拌时间 4~8min。如果搅拌激烈,不仅会降低酸乳的黏度,而且由于大量空气的混入,导致凝乳层下面形成乳清层的分层现象。

④饮料型酸乳(活性乳)的生产。饮料型酸乳是酸凝乳与适量无菌水、稳定剂和香精混合,再经均质处理、分装、冷却后制成的凝乳粒子直径在 0.01mm 以下、液体状的酸牛乳。

饮料型酸乳的生产工艺流程为:原料鲜乳→净化→标准化调制→均质→杀菌→冷却→接种发酵剂→发酵→混合(无菌水、稳定剂、香精)→均质→分装→冷却→成品→入库冷藏。

技术要点包括:

● 原料鲜乳的净化、标准化、均质、杀菌、冷却、接种发酵剂、发酵等工艺与凝固型酸乳工艺相同。

● 混合:为了制成均匀稳定的饮料型酸乳即活性乳,需在发酵后的凝乳中添加无菌水、稳定剂、香精等。一般加水量为凝乳的 50%。稳定剂分为两大类:一类为人工合成型,如海藻酸丙二醇酯(PGA)和低甲氧基果胶(LM 果胶);另一类为天然型,如明胶、琼脂、海藻酸钠、果胶等。目前使用较多的是 PGA 和 LM 果胶,添加量前者为 0.2%,后者为 0.3%。添加方法一般是将稳定剂用水溶解,灭菌冷却后添加至凝乳中,搅拌均匀。

● 均质、分装、冷却和冷藏:将上述混合乳在 10MPa 下进行均匀处理,然后分装到包装容器中,迅速冷却至 10℃ 以下。由于饮料型酸乳中含有活性乳酸菌,因此应置于 0~5℃ 下冷藏。

小视频

(2)干酪(cheese) 干酪的种类目前已达 800 余种,根据原料,有牛乳干酪和羊乳干酪之分;根据乳脂肪含量,有脱脂干酪、全脂干酪和稀奶油干酪之别;根据含水量和硬度,分为特硬质干酪、硬质干酪、半硬质干酪、软质干酪;根据成熟度,分为新鲜干酪(生干酪)和成熟干酪。

①发酵剂菌种。用于发酵剂的菌种大多是乳酸菌,但有的干酪使用丙酸菌和霉菌。多数乳酸菌发酵剂为多菌混合发酵剂,根据最适生长温度不同,可将干酪生产的

乳酸发酵剂菌种分为两大类：一类是适温型乳酸菌，包括乳酸链球菌、乳脂链球菌、乳脂明串珠菌、丁二酮链球菌、嗜柠檬酸链球菌。前三种链球菌主要将乳糖转化为乳酸，后两种链球菌主要将柠檬酸转化为丁二酮。另一类是嗜热型乳酸菌，包括嗜热链球菌、坚忍链球菌、乳酸乳杆菌、嗜热乳杆菌、保加利亚乳杆菌、瑞士乳杆菌、嗜酸乳杆菌、发酵乳杆菌（异型）、短乳杆菌（异型）、布氏乳杆菌（异型）、干酪乳杆菌（兼异型）、植物乳杆菌（兼异型），其中后两种乳杆菌具有脂肪分解酶和蛋白质分解酶。

②干酪生产。不同品种干酪的风味、颜色、质地等特性不同，其生产工艺也不尽相同，但都有共同之处。

一般工艺流程为：原料乳检验→净化→标准化调制→杀菌→冷却→添加发酵剂、色素、$CaCl_2$ 和凝乳酶→静置凝乳→凝块切割→搅拌→加热升温、排出乳清→压榨成型→盐渍→生干酪→发酵成熟→上色挂蜡→成熟干酪。

技术要点包括：

● 原料乳的检验和预处理：生产干酪的原料必须是由健康乳畜分泌的新鲜优质乳汁。感官检验合格后，测定酸度小于 18°T，酒精试验呈阴性，细菌总数小于 50 万个/毫升，必要时进行抗生素试验。然后进行过滤净化，按照不同产品要求进行标准化调制。70～75℃杀菌 15min。根据发酵剂菌种的最适生长温度，冷却至接种温度。

● 接种发酵剂及添加色素、$CaCl_2$、凝乳酶和静置凝乳：在接种温度下，接种混合发酵剂 1%～3%。为了使产品均匀一致，需添加色素安那妥或胡萝卜素 3%～12%。原料乳杀菌后，可溶性 Ca^{2+} 浓度降低，通过添加 0.01% $CaCl_2$ 则有利于干酪凝固和品质改善。干酪制造中，乳液凝固一般使用凝乳酶。凝乳酶的种类有犊牛产生的皱胃酶、木瓜产生的木瓜蛋白酶和微生物产生的凝乳酶。其添加量应根据其效价而定，即 1 份凝乳酶在 30～35℃、40min 内可凝固的乳量一般为 10000～15000 份。添加凝乳酶后，搅拌均匀，静置 40min，即可形成凝乳。

● 凝块切割、搅拌加热、排出乳清：凝乳达到一定硬度后，用干酪刀将其纵横切割成小块，然后轻轻搅拌，使乳清分离。加热升温可使凝块收缩，有利乳清分离，加热时应缓慢升温（1～2℃/min），制造软质干酪升温至 37～38℃，硬质干酪则升温至 47～48℃。凝块收缩到适当硬度时，即可排出乳清，此时乳清酸度约为 0.12%。

● 压榨和盐渍：将排出乳清后的凝块均匀地放在压榨槽内，压成饼状，再将凝块分成大小相等的小块在模坠中压榨成型（10～15℃），保持 6～10h。盐渍的目的是硬化凝块、改善风味并起到防腐作用，一般将粉碎的食盐撒在干酪表面或将干酪浸在 20% 的 NaCl 溶液中，8～10℃保持 3～7d，使干酪的含盐量达 1%～3%。压榨成型并盐渍后的干酪称为生干酪，可以直接食用，但大多数干酪要经过发酵成熟。

● 发酵成熟：发酵成熟的温度为 10～15℃，相对湿度为 85%～95%。成熟期：软质干酪为 1～4 个月，硬质干酪长达 6～8 个月。发酵成熟后的干酪具有独特的芳香风味和细腻均匀的自然状态。

● 上色挂蜡：为防止成熟干酪氧化、污染及水分散失，常常在其表面保持一层石蜡，近年来改进为塑料膜包装。

(3) 酸制奶油（sour cream）

①发酵剂菌种。目前都采用混合乳酸菌发酵剂生产酸制奶油。菌种要求产香能力强，

而产酸能力相对较弱,因此,可将发酵剂菌种分为两大类:一类是产酸菌种,主要是乳酸链球菌和乳脂链球菌,可将乳糖转化为乳酸,但乳酸生成量较低。另一类是产香菌种,包括嗜柠檬酸链球菌、副嗜柠檬酸链球菌和丁二酮链球菌,可将柠檬酸转化为羟丁酮,再进一步氧化为丁二酮,赋予酸制奶油特有的香味。

②酸制奶油的生产

工艺流程为:原料乳→离心分离→脱脂乳→稀奶油→标准化调制→加碱中和→杀菌→冷却→接种发酵剂→发酵→物理成熟→添加色素→搅拌→排出酪乳→洗涤→加盐压炼→包装→成品。

技术要点包括:

● 原料乳的检验和预处理:生产酸制奶油的原料乳要求新鲜合格、达二级以上标准。然后采用奶油分离机在温度32~35℃和转速5000r/min的条件下分离出稀奶油。经过标准化调制,使稀奶油的含脂率达30%~35%;为了防止乳脂肪在酸性条件下氧化以及酪蛋白在杀菌时的酸性条件下沉淀,常采用$Ca(OH)_2$或Na_2CO_3中和稀奶油,使乳酸度达0.2%。85~90℃杀菌5min,迅速冷却至20℃。

● 接种发酵剂进行发酵:接种混合发酵剂3%~6%,20℃发酵2~6h,使乳酸度达0.3%,即中止发酵。通过乳酸菌的发酵作用,使稀奶油中的乳糖转化为乳酸,柠檬酸转化为羟丁酮,再进一步氧化为丁二酮,同时生成发酵中间产物甘油和脂肪酸,赋予产品特有的风味。

● 物理成熟:发酵结束后,在3~5℃下进行物理成熟3~6h,使乳脂肪结晶固化,有利于搅拌并排出酪乳。

● 添加色素:为了使产品质量均一,一般添加安那妥0.01%~0.05%。

● 搅拌、排酪乳:搅拌是为了破坏脂肪球膜以便形成大的脂肪球团。一般温度控制在10~15℃,搅拌5min后,排出酪乳。酪乳的含脂率要求小于0.5%。

● 洗涤、加盐压炼:在低于搅拌强度1~2℃条件下,用纯净水洗涤2~3次,除去脂肪表面的酪乳。然后在奶油粒中添加2.5%~3.0%的粉碎食盐,抑制杂菌生长并改善风味。再在压炼台上将奶油粒压制成奶油层,使水滴和食盐均匀分布于奶油层中。

● 包装与贮藏:酸制奶油的包装有大包装(木桶或木箱)和小包装(模型全装)两种形式。包装后在0℃以下贮藏,贮藏期:0℃、2~3周,-15℃、6个月。

2. 果蔬汁乳酸菌发酵饮料

果蔬汁乳酸菌发酵饮料是一种新型饮料,它综合了乳酸菌和果蔬汁两方面的营养保健功能,而且产品的原料风味和发酵风味浑然一体,所以深受消费者喜爱。下面以番茄汁乳酸菌发酵饮料的生产为例进行讨论。

其生产工艺流程为:番茄→清洗→热烫→榨汁→均质→调节pH值→杀菌→冷却→接种发酵剂→发酵→加糖调配→包装→成品。

技术要点包括:

● 番茄汁的制备:选择新鲜、红皮、成熟度一致的番茄为原料。清洗后在90~95℃热水中热烫3min,然后在榨汁机中榨汁。再经胶体磨均质5min,移至发酵罐,用Na_2CO_3溶液调节pH值至6.4。90~95℃杀菌20min,迅速冷却至40℃。

● 接种发酵剂:用于番茄汁乳酸菌发酵饮料生产的发酵剂是采用保加利亚乳杆菌和嗜热链球菌以1:1比例制成的混合发酵剂。

● 发酵：42℃发酵30h，pH值降至4.0～4.5，发酵结束。

3. 益生菌制剂

益生菌（probiotic bacteria or probiotic organism），又称正常菌群或生理性菌群，是指与人或动物保持共生关系的一类有益微生物菌群，对宿主具有改善微生态平衡、提供营养、提高免疫力、促进健康等重要的生理功能。常见的此类微生物有双歧杆菌、嗜酸乳杆菌等。益生菌制剂是一类新型生物制剂，国外称益生素（probiotics），国内则称微生态制剂（microecologics）。近年来，益生素作为一类重要的"功能食品"迅速崛起，益生素的生产成为全球发展最快的行业之一，在食品工业中占有越来越重要的地位。

就双歧杆菌制品来看，目前生产规模和产量逐年增加，品种已达70多种，产品形式分为液态型和固态型两种。液态产品有双歧杆菌发酵乳饮料、双歧杆菌口服液、双歧杆菌果蔬复合汁饮料；固态产品有双歧杆菌乳粉和干酪、双歧杆菌干制糖果和糕点、双歧杆菌粉剂和胶囊。目前常见的双歧杆菌酸牛乳饮料生产工艺流程为：

原料鲜乳 → 净化 → 标准化调配 → 均质 → 杀菌 → 冷却 →
$\begin{bmatrix} 接种双歧杆菌工作发酵剂→发酵→冷却 \\ 接种普通酸奶工作发酵剂→发酵→冷却 \end{bmatrix}$→按一定比例混合→灌装→冷藏→成品。

二、醋酸菌

（一）醋酸菌的主要种类

醋酸菌不是细菌分类学名词，在细菌分类学中主要分布于醋酸杆菌属（*Acetobacter*）和葡萄糖氧化杆菌属（*Glucomobacter*）。前者最适生长温度30℃以上，氧化酒精生成醋酸的能力强，有些能继续氧化醋酸生成CO_2和H_2O，而氧化葡萄糖生成葡萄糖酸的能力弱，不要求维生素能同化主要有机酸；后者最适生长温度为30℃以下，氧化葡萄糖生成葡萄糖酸的能力强，而氧化酒精生成醋酸的能力弱，不能继续氧化醋酸生成CO_2和H_2O，需要维生素，不能同化主要有机酸。用于酿醋的醋酸菌种大多属于醋酸杆菌属。

（二）醋酸杆菌属的生物学特性

细胞呈椭圆形杆状，革兰氏染色阳性，无芽孢，有鞭毛或无鞭毛，运动或不运动，其中极生鞭毛菌不能将醋酸氧化为CO_2和H_2O，而周生鞭毛菌可将醋酸氧化成CO_2和H_2O，不产色素，菌体培养形成菌膜。

化能异养型，能利用葡萄糖、果糖、蔗糖、麦芽糖、酒精作为碳源，可利用蛋白质水解物、尿素、硫酸铵作为氮源，生长繁殖需要的无机元素有P、K、Mg。严格好氧，接触酶反应阳性，具有醇脱氢酶、醛脱氢酶等氧化酶类。因此除能氧化酒精生成醋酸外，还可氧化其他醇类和糖类生成相应的酸和酮。具有一定的产酯能力。最适生长温度30～35℃，不耐热。最适生长pH值为3.5～6.5。某些菌株耐酒精和耐醋酸能力强，不耐食盐，因此醋酸发酵结束后，添加食盐除调节食醋风味外，还可阻止醋酸菌继续将醋酸氧化为CO_2和H_2O。

（三）主要醋酸菌种

1. 纹膜醋酸杆菌（*A. aceti*）

培养时液面形成乳白色、皱衬状的黏性菌膜；摇动时，液体变混。能产生葡萄糖酸，最高产醋酸量8.75%，生长温度范围为4～42℃，最适生长温度30℃，能耐14%～15%的酒精。

2. 奥尔兰醋酸杆菌(A. orleanense)

它是纹膜醋酸杆菌的亚种,也是法国奥尔兰地区用葡萄酒生产食醋的菌种。能产生葡萄糖酸,产酸能力较弱,最高产醋酸量2.9%,耐酸能力强,能产生少量的酯。生长温度范围为7~39℃,最适生长温度30℃。

3. 许氏醋酸杆菌(A. Schutzenbachii)

它是法国著名的速酿食醋菌种,也是目前酿醋工业重要的菌种之一,产酸能力强,最高产醋酸量达11.5%。对醋酸没有进一步的氧化作用,耐酸能力较弱。最适生长温度25~27.5℃,最高生长温度37℃。

4. As 1.41 醋酸杆菌

它属于恶臭醋酸杆菌的混浊变种,是我国酿醋工业的常用菌种之一。细胞呈杆状,常成链排列。固体培养,菌落隆起,表面光滑,灰白色。液体培养,液面形成菌膜并沿容器上升,液体不混浊。产醋酸量6%~8%,产葡萄糖酸能力弱,可将醋酸进一步氧化为CO_2和H_2O。最适生长温度28~30℃,最适生长pH值3.5~6.5,耐酒精浓度8%。

5. 沪酿1.01 醋酸杆菌

它属于巴氏醋酸杆菌的巴氏亚种,是从丹东速酿醋中分离得到的,也是目前我国酿醋工业常用菌种之一。细胞呈杆状,常成链排列。液体培养时液面形成淡青色薄层菌膜。氧化酒精生成醋酸的转化率达93%~95%。

(四)醋酸菌在食品工业中的应用

1. 熟料固态酿醋(传统酿造法)

食醋的传统酿造是将粮食等原料经过粉碎、浸渍、蒸煮、冷却后,首先通过霉菌糖化或糖化酶制剂作用,使淀粉糖化分解为可发酵性糖类。其次,通过酵母菌的发酵作用,使可发酵糖类转化为酒精。然后,通过醋酸菌的发酵作用,使酒精氧化为醋酸。最后,经过加盐、淋醋、陈酿、过滤、煎醋(杀菌)等工艺制成成品食醋。

(1)糖化剂菌种的选择及其制备 糖化剂是指接种使用的能够把淀粉转化为可发酵性糖类的微生物培养物或酶制剂。由于曲霉菌具有丰富的淀粉酶、糖化酶和蛋白酶等酶系统,因此,常用曲霉菌制成糖化曲作为酿醋的糖化剂。适于酿醋的糖化剂曲霉菌种主要有:AS3.4309 黑曲霉、AS3.758 宇佐美曲霉、AS3.324 甘薯曲霉、东酒一号、沪酿3.040 米曲霉、沪酿3.042 米曲霉、AS3.683 米曲霉、AS 3.800 黄曲霉等。酿醋所用糖化剂的类型包括大曲、小曲、麸曲、红曲、液体曲、淀粉酶制剂。

(2)酒母菌种的选择及其制备 酒母是指接种使用的并能够利用可发酵性糖进行酒精发酵的酵母菌培养物。不同酵母菌种的发酵能力和产生的风味物质不尽相同。上海香醋使用501黄酒酵母;高粱酿醋及速酿醋选择南阳混合酵母(1308酵母);高粱、大米、甘薯等多种原料酿醋使用K字酵母;淀粉质原料酿醋的菌种有 AS 2.109、AS2.399 酵母;糖蜜酿醋的菌种有AS2.1189、AS2.1190 酵母。为了增加食醋香味,使用的产酯酵母菌有 AS 2.300、AS 2.388、中国食品发酵研究所的1295和1312等。

(3)醋母菌种的选择及其制备 醋母是指生产中接种使用的并能够氧化酒精生成醋酸的醋酸菌培养物。目前我国食醋酿造使用最多的醋酸菌种是 AS1.41 醋酸杆菌和沪酿1.011 醋酸杆菌。

醋母制备的工艺流程如下:

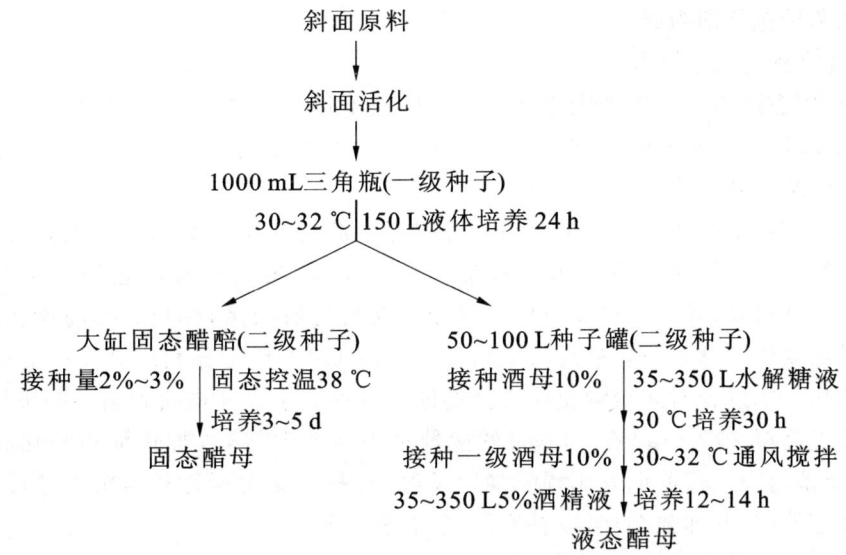

(4) 传统酿醋工艺

其工艺流程为：甘薯干或碎米、高粱→粉碎→添加麸皮、谷糠→润水浸渍→蒸煮→冷却过筛→接种麸曲、酒母→加水拌匀→入缸→淀粉糖化、酒精发酵、倒醅→接种醋母→添加粗谷糠拌匀→醋酸发酵、倒醅→加盐→后熟→淋醋→陈酿→澄清→配兑→煎醋(杀菌)→成品。

技术要点包括：

● 原料处理：甘薯干等粉碎后与细谷糠混匀，加水浸渍，150kPa加压蒸料40min，冷却过筛消除团粒。

● 接种麸曲、酒母，加水拌匀、入缸：熟料降温，夏季至30～33℃，冬季至40℃以下，再次加水拌匀；将麸曲铺于表面，将酒母撒上，拌匀后入缸，每缸装料160kg，醋醅含水量60%～62%，醅温24～28℃。

● 淀粉糖化、酒精发酵、倒醅：入缸后使醅温升至38℃时，翻醅降温，控制品温不超过40℃，此阶段边糖化边发酵，5～6d后，醅温降至33～35℃，酒精度达8%时，淀粉糖化及酒精发酵结束。

● 接种醋母、添加粗谷糠、醋酸发酵、倒醅：酒精发酵结束后，每缸拌入粗谷糠10kg，接种醋母8kg(5%)，使醅温升至40℃时，倒醅、降温通风。12～15d后，醅温下降，醋酸含量达7%以上，醋酸发酵结束。

● 加盐、后熟：醋酸发酵结束，为防止醋酸菌继续氧化醋酸生成CO_2和H_2O，应及时加盐处理，加盐量为1.5%～2.0%(夏多冬少)，加盐后，后熟2d。

● 淋醋：淋醋是用水将成熟醋醅中的有效成分溶解出来得到醋液。采用三套循环法进行淋醋：先用二醋浸泡成熟醋粗醅20～24h，得到头醋；剩下的头渣用三醋浸泡得到二醋；缸内二渣用清水浸泡得三醋。淋出三醋后的残渣含酸量仅为0.1%。如果将醋醅加热至70～80℃，24h后再淋出的醋称为熏醋。

● 陈酿：有两种方法：一种是醋醅陈酿，即将成熟醋醅压实盖严，封存20～30d；另一种是醋液陈酿，即将淋出的醋液封存30～60d。通过陈酿可增加食醋香味。

● 澄清、配兑、煎醋：陈酿醋或头醋进入澄清池沉淀，得到澄清醋。调整其浓度、成分，使其符合标准。除现销醋和高档醋外，一般需加入0.1%苯甲酸钠防腐剂。生醋加温至

80℃瞬时杀菌后包装即为成品。

2. 酿醋的新生工艺技术

(1)生料固态酿造法　生料固态酿造法是原料不进行蒸煮,而是经过粉碎、浸泡后直接进行糖化和发酵,可以降低能耗,简化生产工艺。它是20世纪70年代开始发展起来的并正在完善之中的酿醋新工艺。

生料酿醋的技术关键就是要采取措施解决好生淀粉糖化困难和防止细菌污染的问题。其工艺技术特点是:①原料粉碎要细。一般高粱及玉米的粉碎度要求达到100%通过20目筛、70%通过30目筛、50%通过40目筛,增加生淀粉与酶的接触面积,提高糖化酶解速率。②加大辅料麸皮使用量。一般麸皮与主料的比例为1.4:1,充分利用麸皮中的淀粉酶对生淀粉进行糖化。③选育对淀粉糖化活力高的曲霉菌种。④提高麸曲和酒母的接种量。一般麸曲接种量提高至20%~50%,而酒母的接种量提高至10%,以加快淀粉糖化和酒精发酵进程,防止杂菌污染。⑤前期采用稀醪静置发酵,有利于淀粉糖化和酒精发酵,后期加入辅料后进行固态发酵,并加强翻拌,以补充氧气,有利于醋酸发酵。

生料酿醋的工艺流程为:原料→粉碎→添加麦麸、水、麸曲、酵母→混合拌匀→稀醪糖化、酒精发酵→添加麦麸、稻壳、酵母→混合拌匀→固态醋酸发酵→加盐→陈酿→淋醋→配制→成品。

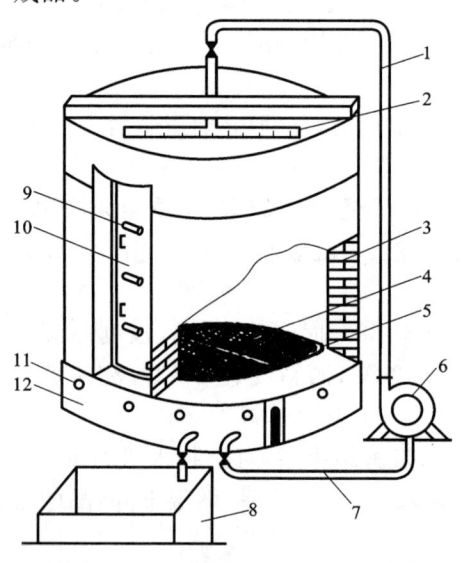

图 7-1　通风回流喷淋式醋酸发酵池

1.回流管；2.喷淋管；3.水泥池壁；4.木架；
5.竹篾假底；6.水泵；7.醋汁管；8.储酒池；9.温度计；
10.出渣门；11.通风孔；12.醋汁存留处

(2)酶法液化通风回流喷淋制醋　酶法液化通风回流喷淋制醋是采用淀粉酶制剂将淀粉液化,利用自然通风和醋汁回流喷淋代替传统人工倒醅的新工艺。它可以提高原料利用率,降低能耗,实现管道化和机械化生产。其工艺技术特点是:①采用α-淀粉酶制剂将原料淀粉液化,再加麸曲糖化,提高了原料利用率,产醋率提高16%。②前期液态酒精发酵,后期固态醋酸发酵。③醋酸发酵池设有假底,假底的池壁上开设通风孔,让空气自然进入,利用固态醋醅的疏松度,使醋酸菌得到足够的氧,全部醋醅都能均匀发酵。④利用假底下积存的温度较低的醋汁,定时回流喷淋在醋醅上,以降低醅温,调节发酵温度,保证发酵在适宜温度下进行。通风回流喷淋式醋酸发酵池的结构见图7-1。

酶法液化通风回流喷淋制醋的工艺流程为:碎米→浸泡→磨浆→添加淀粉酶、$CaCl_2$和Na_2CO_3→调浆→升温液化→100℃灭酶→冷却→接入麸曲→糖化→冷却→加水稀释、调节pH值、接入酒母→液体酒精发酵→添加麸皮和谷糠,接入醋母→拌匀入池→固态醋酸发酵→加盐→淋醋→配制→灭菌→成品。

(3)空气自吸式罐液体深层发酵制醋　空气自吸式罐液体深层发酵制醋是将淀粉质原料经液化、糖化、酒精发酵后,在空气自吸式发酵罐中完成液体深层醋酸发酵的新工艺。具有原料利用率高,机械化程度高,生产周期短(7d),产品质量稳定等优点;缺点是醋的风味较差。该工艺自20世纪70年代起在我国应用,目前生产厂商已达80余家,国外则更为普遍。

空气自吸式罐液体深层发酵制醋工艺技术的主要特点是:①淀粉液化和糖化工艺与酶法液化通风回流喷淋制醋工艺相同。②液态酒精发酵。而且为了改善产品香味,采用酒母、增香酵母和乳酸菌混菌进行酒精发酵。③醋酸发酵采用空气自吸式发酵罐(图7-2)液体深层发酵。其优点是:省略了空压机和空气净化系统,投资少,耗能低,而且进气后形成的气泡少,溶氧多,很好地满足了醋酸菌对溶氧的要求。进气的原理是:搅拌器空腔中的转子叶轮在液体中高速旋转,液体甩向边缘,转子中心形成负压。由于转子空腔由管道与大气相通,因此,空气被不断吸入并甩向叶轮外缘,在叶轮周围形成强烈的气流混合流,扩散到整个罐的发酵液中,完成提供溶解氧和对发酵液的搅拌作用。④醋酸发酵液的后处理一般采用熏醅淋醋和延长陈酿时间的方法,使醋液增香。

空气自吸式罐液体深层发酵制醋的工艺流程为:大米→浸泡→磨浆→添加α-淀粉酶、$CaCl_2$、Na_2CO_3→调浆→升温液化→100℃灭酶→冷却→接入麸曲→糖化→冷却→加水稀释,接入酒母、增香酵母和乳酸菌液→酒精发酵→空气自吸式罐液体深层醋酸发酵→杀菌→浸泡熏醅淋醋→陈酿→压滤→配制→成品。

(4)速酿醋　速酿醋是将白酒、种醋、酵母液、水等按比例配制成醋酸发酵原料液,通过离心泵循环喷洒在含有醋酸菌填充料(木炭、榉木、刨花、芦苇等)的耐酸陶瓷速酿塔上,原料液自上而下流动,空气自下而上流动,使酒精氧化为醋酸,再经陈酿后制成。所以速酿醋也称塔醋,呈无色或略带微黄色,澄清透明,醋香味纯。目前我国生产速酿醋主要集中在东北地区。速酿塔结构见图7-3。

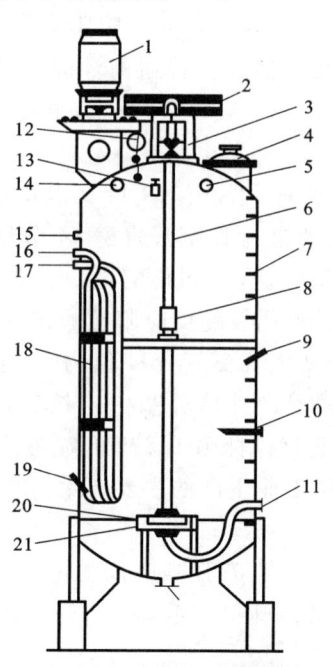

图7-2　空气自吸式醋酸发酵罐
1.电动机;2.皮带传动;3.轴承座;4.人孔;5.视镜;6.轴;
7.扶梯;8.联轴节;9.插玻璃温度计;10.取样口;11.进气口;
12.压力表;13.排气口;14.进料口;15.备用口;16.冷却水出口;
17.冷却水入口;18.冷却列管;19.插仪表温度计;20.定子;21.转子

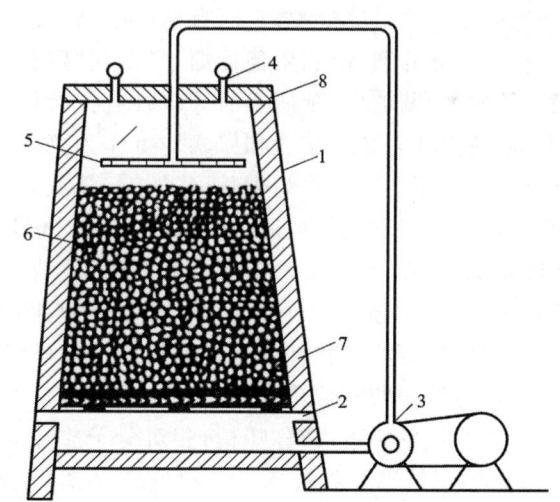

图7-3　速酿塔结构示意图
1.陶瓷塔臂;2.通风管;3.离心泵;4.排气孔;
5.喷淋管;6.填充料;7.插温度表;8.木盖

三、谷氨酸菌

(一)谷氨酸菌的主要种类

谷氨酸菌在细菌分类学中属于棒杆菌属(Corynebacterium)、短杆菌属(Brevibacterium)、小杆菌属(Microbacterium)和节杆菌属(Arthrobacter)中的细菌。目前我国谷氨酸发酵最常见的生产菌种是北京棒杆菌 AS 1.299 和钝齿棒杆菌 AS 1.542。

1. 北京棒杆菌 AS 1.299(Corynebacterium pekinense n. sp. AS1.299)

细胞呈短杆或棒状，有时略呈弯曲状，两端钝圆，排列为单个、成对或 V 字形。革兰氏染色阳性。无芽孢，无鞭毛，不运动。

普通肉汁固体平皿培养，菌落圆形，中间隆起，表面光滑湿润，边缘整齐，菌落颜色开始呈白色，直径 1mm，随培养时间延长变为淡黄色，直径增大至 6mm，不产水溶性色素。普通肉汁液体培养，稍混浊，有时表面呈微环状，管底有粒状沉淀。

化能异养型，能利用葡萄糖、果糖、甘露糖、麦芽糖、蔗糖以及乙酸、柠檬酸作为碳源迅速进行谷氨酸发酵，不分解淀粉，纤维素、铵盐和尿素均可作为氮源，能还原硝酸盐，不同化酪蛋白。需要多种无机离子，需要生物素作为生长因子，同时加入硫胺素具有明显的促生长作用。好氧或兼性厌氧，过氧化氢酶反应阳性。最适生长温度 30～32℃，最适生长 pH 值 6.0～7.5。在 7.5% 的 NaCl 或 2.6% 的尿素肉汁培养基中生长良好，10% 的 NaCl 或 3% 的尿素肉汁培养基中生长受到抑制。不受钝齿棒杆菌 AS 1.542 的噬菌体侵染。

2. 钝齿棒杆菌 AS 1.542(Corynebacterium crenatum n. sp. AS 1.542)

细胞呈短杆或棒状，两端钝圆，排列为单个、成对或 V 字形。革兰氏染色阳性。无芽孢，无鞭毛，不运动。细胞内次极端有异染颗粒并存在数个横隔。普通肉汁固体平皿培养，菌落扁平，呈草黄色，表面湿润无光泽，边缘较薄呈钝齿状，不产水溶性色素，直径 3～5mm。普通肉汁液体培养混浊，表面有薄菌膜，管底有较多沉淀。

化能异养型，能利用葡萄糖、果糖、甘露糖、麦芽糖、蔗糖、水杨苷、七叶灵以及乙酸、柠檬酸、乳酸、葡萄糖酸、延胡索酸等多种有机酸作为碳源迅速进行谷氨酸发酵，不分解淀粉、纤维素、油脂和明胶。铵盐和尿素均可作为氮源，能还原硝酸盐，不同化酪蛋白。要求多种无机离子，需要生物素作为生长因子。好氧或兼性厌氧，过氧化氢酶反应阳性。20～37℃生长良好，39℃生长微弱，最适生长温度 30℃。pH 值为 6～9 生长良好，pH 值为 10 生长减弱，pH 值为 4～5 不生长。在 7.5% 的 NaCl 或 2.5% 的尿素肉汁培养基中生长良好，10% 的 NaCl 和 3% 的尿素肉汁培养基中生长受到抑制。不受北京棒杆菌 1.299 的噬菌体侵染。

利用谷氨酸棒状杆菌生产味精的工艺已经成为味精工业生产的主要技术。

(二)谷氨酸发酵及味精生产

L-谷氨酸单钠，俗称味精，相对分子质量为 187.13。它具有强烈的肉类鲜味，用水稀释 3000 倍，仍能感觉到鲜味，所以它被广泛用于食品菜肴的调味品。我国于 1963 年开始采用谷氨酸发酵法生产味精。

1. 谷氨酸菌的扩大培养

谷氨酸发酵生产通常采用谷氨酸菌二级扩大的种子液获得发酵所需的菌量。

扩大培养的工艺流程为：斜面原种→斜面活化(32℃,18～24h)→200mL 液体振荡培养(32℃,12h)→1000mL 三角瓶(一级种子)→50～500L 种子罐(二级种子)。

2.谷氨酸发酵及味精生产工艺

(1)工艺流程　淀粉质原料→粉碎→调浆→水解糖化→冷却→中和→脱色→过滤→添加氮源、无机盐和生长因子→接种二级种子→谷氨酸发酵→谷氨酸提取→加碱中和→除铁脱色→浓缩→干燥→过筛→包装→成品味精。

(2)技术要点

①原料的处理。淀粉质原料必须经过水解糖化后才能用于谷氨酸发酵，目前我国谷氨酸发酵大多采用酸解法进行淀粉糖化。

②发酵培养基的制备。常用的氮源是尿素和氨水，C/N 比为 100∶25，比一般工业发酵培养基[C/N 为 100∶(0.5～2)]的氮源用量大得多。

③谷氨酸发酵条件控制。前期温度为 30～32℃，中后期温度为 34～36℃。发酵前期 pH 值控制在 7.5 左右，发酵后期通过流动尿素的方法控制 pH 值在 7.0～7.2 之间。溶氧量主要由通风量和搅拌速度决定，通风量大小对谷氨酸发酵存在显著影响。发酵前期以低通风量为宜[溶氧系数 K_d 保持 $5×10^{-7}$ 摩尔氧/(mL·min)]；发酵中后期以高通风量为宜。

④谷氨酸提取。目前我国大多采用等电气法提取谷氨酸，一般提取率可达 80% 以上。

⑤味精的制造。谷氨酸与纯碱作用生成谷氨酸单钠的过程称为谷氨酸的中和。加入 Na_2CO_3 形成味精，即可制得味精粗品，进一步进行除铁、脱色和结晶处理，即可制备味精成品。

(三)5′-肌苷酸发酵

呈味核苷酸发酵生产始于 20 世纪 60 年代的日本，发展迅速。在日本的发酵工业制品中，呈味核苷酸生产仅次于抗生素、谷氨酸，名列第三位，年产量高于酒精、酶制剂和有机酸。目前我国呈味核苷酸的生产也以 4% 的速度增长，年产量达 50t 以上。目前国内外生产的呈味核苷酸主要是 5′-肌苷酸。5′-肌苷酸的主要用途是作为助鲜剂，它单独存在时鲜味不显著，与味精混合时，鲜味随着 5′-肌苷酸含量的增加而成倍提高。

1.5′-肌苷酸的生物合成途径

5′-肌苷酸(5′-IMP)的生物合成途径(也称 Denovo 途径)如图 7-4 所示。

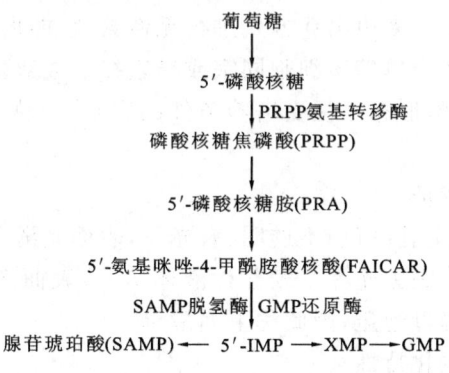

图 7-4　肌苷酸生物合成途径

2.5′-肌苷酸发酵生产

生产 5′-肌苷酸的方法有：①选育肌苷酸高产变异菌株直接发酵生产(直接发酵法或一步法)。②利用微生物发酵法生产肌苷，然后用化学法或酶法进行磷酸化(二步法)。③在发酵过程中添加前体物次黄嘌呤，经微生物产生的胞外酶催化转化为肌苷酸(半合成法)。

④先发酵生产腺苷或 $5'$-腺苷酸,然后用化学法或酶法生产 $5'$-肌苷酸。目前前两种方法已在生产中应用。

(1) $5'$-肌苷酸产生菌 目前,国内外直接发酵法生产肌苷酸的菌株主要有产氨短杆菌(*Brevibacterlum ammoniagenes*)、谷氨酸棒杆菌(*Corynebacterium*)、谷氨酸小球菌(*Micrococcus glutamzcus*)、嗜醋酸棒杆菌(*Corynebacterlum acedopHilum*)、枯草芽孢杆菌(*Bacillussubtilis*)等。

(2) 直接发酵法生产 $5'$-肌苷酸 其工艺流程为:发酵培养基→接种→发酵→板框压滤→脱色→活性炭吸附→浓缩结晶→精制→成品。

技术要点包括:

● 发酵培养基的制备:除了碳源、氮源之外,还需添加:①腺嘌呤或酵母膏 0.5%,提供核酸类物质。②磷酸盐和镁盐各 1%,以利于菌株生长和产酸。③2%的玉米浆,促进菌体生长。④Mn^{2+}、Zn^{2+}、Fe^{3+}、Ca^{2+} 微量。⑤某些菌株需要 B 族维生素。上述营养要求中,腺嘌呤和 Mn^{2+} 是直接发酵法生产 $5'$-肌苷酸重要的调控因子。

● 发酵条件控制:接种量 2%~5%,较谷氨酸发酵大,可缩短发酵周期;温度 30~40℃,随种而异;pH 值为 6.3~6.7,可通过流加氨水、尿素控制;通气量 1∶0.12~1∶0.15。

第二节　食品工业中的酵母菌及其应用

一、啤酒酵母

啤酒酵母(*Saccharomyces cerevisiae*)属于典型的上面酵母,又称爱丁堡酵母,广泛应用于啤酒、白酒酿造和面包制作。

(一)啤酒酵母的形态特征

细胞呈圆形或短卵圆形,大小为(3~7)μm×(5~10)μm,通常聚集在一起,不运动。单倍体细胞或双倍体细胞都能以多边出芽方式进行无性繁殖,能形成有规则的假菌丝(芽簇),但无真菌丝。有性繁殖为 2 个单倍体细胞同宗或异宗接合或双倍体细胞直接进行减数分裂形成 1~4 个子囊孢子。细胞形态往往受培养条件的影响,但恢复原有的培养条件,细胞形态即可恢复原状。

(二)啤酒酵母的培养特征

麦芽汁固体培养,菌落呈乳白色,不透明,有光泽,表面光滑湿润,边缘略呈锯齿状;随培养时间延长,菌落颜色变暗,失去光泽。麦芽汁液体培养,表面产生泡沫,液体变混,培养后期菌体悬浮在液面上形成酵母泡盖,因此称上面酵母。

(三)啤酒酵母的生理生化特性

化能异养型,能发酵葡萄糖、果糖、半乳糖、蔗糖、麦芽糖和麦芽三糖以及 1/3 的棉籽糖,不发酵蜜二糖、乳糖和甘油醛,也不发酵淀粉、纤维素等多糖。不分解蛋白质,可同化氨基酸和氨态氮,不同化硝酸盐。需要 B 族维生素和 P、S、Ca、Mg、K、Fe 等无机元素。兼性厌氧,有氧条件下,将可发酵性糖类通过有氧呼吸作用彻底氧化为 CO_2 和 H_2O,释放大量能量供细胞生长;无氧条件下,使可发酵性糖类通过发酵作用(EMP 途径)生成酒精和 CO_2,释放较少能量供细胞生长。最适生长温度25℃,发酵最适温度10～25℃。最适发酵pH值为4.5～6.5。真正发酵度达60%～65%。可发酵性糖类。

二、葡萄酒酵母

葡萄酒酵母(Saccharomyces ellipsoideus)属于啤酒酵母的椭圆变种,简称椭圆酵母,常用于葡萄酒和果酒的酿造。

(一)葡萄酒酵母的形态特征

细胞呈椭圆形或长椭圆形,大小为$(3～10)\mu m \times (5～15)\mu m$,不运动。单倍体细胞或双倍体细胞都能以多边出芽方式进行无性繁殖,形成有规则的假菌丝。在环境不利条件下进行有性繁殖:2个单倍体细胞同宗或异宗接合或双倍体细胞直接进行减数分裂形成1～4个子囊孢子。细胞形态往往受培养条件的影响,但恢复原有的培养条件,细胞形态即可恢复原状。

(二)葡萄酒酵母的培养特征

葡萄汁固体培养,菌落呈乳黄色,不透明,有光泽,表面光滑湿润,边缘整齐;随培养时间延长,菌落颜色变暗。葡萄汁液体培养变浊,表面形成泡沫,聚凝性较强,培养后期菌体沉降于容器底部。

(三)葡萄酒酵母的生理生化特点

化能异养型,可发酵葡萄糖、果糖、半乳糖、蔗糖、麦芽糖、麦芽三糖以及1/3的棉籽糖,不发酵蜜二糖、乳糖和甘油醛,也不发酵淀粉、纤维素等多糖。不分解蛋白质,不还原硝酸盐,可同化氨基酸和氨态氮。需要B族维生素和P、S、Ca、Mg、K、Fe等无机元素。兼性厌氧,有氧条件下,将可发酵性糖类通过有氧呼吸作用彻底氧化为CO_2和H_2O,释放大量能量供菌体繁殖;无氧条件下,使可发酵性糖类通过发酵作用(EMP途径)生成酒精和CO_2,释放较少能量供细胞繁殖。最适生长温度25℃,发酵最适温度15～25℃。最适发酵pH值为3.3～3.5。耐酸、耐乙醇、耐高渗、耐二氧化硫能力强于啤酒酵母。葡萄酒发酵后乙醇含量达16%以上。

三、卡尔酵母

卡尔酵母(Saccharomgces carlsbergensis)属于典型的下面酵母,又称卡尔斯伯酵母或嘉士伯酵母,常用于啤酒酿造、药物提取以及维生素测定。

(一)卡尔酵母的形态特征

细胞呈椭圆形,大小为$(3～5)\mu m \times (7～10)\mu m$,通常分散独立存在,不运动。单倍体细胞或双倍体细胞大多都以单端出芽方式进行无性繁殖,能形成不规则的假菌丝,但无真菌丝。采用特殊方法培养才能进行有性生殖形成子囊孢子。

(二)卡尔酵母的培养特征

麦芽汁固体培养,菌落呈乳白色,不透明,有光泽,表面光滑湿润,边缘整齐;随培养时间延长,菌落颜色变暗,失去光泽。麦芽汁液体培养,表面产生泡沫,液体变混,培养后期菌体沉降于容器底部,因此又称下面酵母。

(三)卡尔酵母的生理生化特点

化能异养型,能发酵葡萄糖、果糖、半乳糖、蔗糖、麦芽糖、蜜二糖、麦芽三糖和甘油醛以及全部的棉籽糖,不发酵乳糖以及淀粉、纤维素等多糖。不分解蛋白质,不还原硝酸盐,可同化氨基酸和氨态氮。需要B族维生素以及P、S、Ca、Mg、K、Fe等无机离子。兼性厌氧,有氧条件下,将可发酵性糖类通过有氧呼吸作用彻底氧化为CO_2和H_2O,释放大量能量供菌体繁殖;无氧条件下,使可发酵性糖类通过发酵作用(EMP途径)生成酒精和CO_2,释放较少能量供细胞繁殖。最适生长温度25℃,啤酒发酵最适温度5～10℃。最适发酵pH值为4.5～6.5,真正发酵度为55%～60%。

四、产蛋白假丝酵母

产蛋白假丝酵母(*Candida utilis*),又称产朊假丝酵母或食用圆酵母,富含蛋白质和维生素B,常作为生产食用或饲用单细胞蛋白(SCP)以及维生素B的菌株。

(一)产蛋白假丝酵母的形态特征

细胞呈圆形、椭圆形或腊肠形,大小为(3.5～4.5)μm×(7.0～13.0)μm,以多边出芽方式进行无性繁殖,形成假菌丝。没有发现有性生殖和有性孢子,属于半知菌类酵母菌。

(二)产蛋白假丝酵母的培养特征

麦芽汁固体培养,菌落呈乳白色,表面光滑湿润,有光泽或无光泽,边缘整齐或菌丝状;玉米固体培养产生原始状假菌丝。葡萄糖酵母汁蛋白胨液体培养,表面无菌膜,液体混浊,管底有菌体沉淀。

(三)产蛋白假丝酵母的生理生化特点

化能异养型,能发酵葡萄糖、蔗糖和1/3的棉籽糖,不发酵半乳糖、麦芽糖、乳糖、蜜二糖。能同化尿素、铵盐和硝酸盐,不分解蛋白质和脂肪。兼性厌氧,有氧条件下,进行有氧呼吸;无氧条件下,进行酒精发酵。最适生长温度25℃,最适生长pH值为4.5～6.5。在发酵工业中,常采用富含半纤维的纸浆废液、稻草、稻壳、玉米芯、木屑、啤酒废渣等水解液和糖蜜为主要原料,培养产蛋白假丝酵母,生产食用或饲用单细胞蛋白和维生素B。

五、酵母菌在食品工业中的应用

(一)啤酒酿造

啤酒酿造是以大麦、水为主要原料,以大米或其他未发芽的谷物、酒花为辅助原料;大麦经过发芽产生多种水解酶类制成麦芽;借助麦芽本身多种水解酶类将淀粉和蛋白质等大分子物质分解为可溶性糖类、糊精以及氨基酸、肽、胨等低分子物质制成麦芽汁;麦芽汁通过酵母菌的发酵作用生成酒精和CO_2以及多种营养和风味物质;最后经过过滤、包装、杀菌等工艺制成CO_2含量丰富、酒精含量仅3%～4%、富含多种营养成分,具有酒花芳香、苦味爽口的饮料酒即成品啤酒。

啤酒是世界上产量最高、发展速度最快的酒种。当今世界啤酒工业发展的特点是设备大型化、操作自动化、产业规模集团化。啤酒的种类,根据酵母品种可分为上面发酵啤酒和下面发酵啤酒;根据颜色可分为淡色啤酒和浓色啤酒;根据生产方式可分为鲜啤酒、纯鲜啤酒和熟啤酒;根据消费对象又可分为低醇啤酒和低糖啤酒等。

1.啤酒发酵优良酵母的评估及选育

(1)啤酒酵母优良性状的评估 啤酒酵母应具有以下优良性状:①生长繁殖力强,发酵活力高。②代谢产物能够赋予啤酒良好的风味。③凝聚性强,沉降速度快,发酵结束易与发酵液分离,便于菌体回收。啤酒酵母的发酵性能不仅受环境条件如麦汁成分、发酵温度及pH值、溶氧量、发酵设备等因素的影响,更重要的是受其遗传特性的控制。

(2)优良菌种的选育 ①菌种筛选。菌种筛选是从已有的菌株中筛选一株比较理想的菌种。具体方法是:将已有的30~50株菌种分别接种至150mL麦汁中进行发酵实验,测定酵母收获量、发酵度和凝聚性,从中选出12株,将12株筛选菌株进行500mL麦汁发酵实验,测定酵母生长速率、收获量、凝聚性、发酵度及风味物质,从中选出4株,再将4株筛选菌种进行1L规模的发酵实验,根据生产方式和产品质量要求,筛选出1株比较理想的菌种。②诱变育种。诱变育种是指利用物理或化学诱变剂处理酵母菌,使其发生基因突变,除掉某些不良性状,获得某些优良性状的育种方法。例如,通过诱变处理可以选育出还原双乙酰能力强的变异菌株、H_2S合成能力弱的变异菌株、凝聚性强的变异菌株。③杂交育种。杂交育种是指在酵母菌的生活史中,采用2个具有不同遗传性状和相反交配型的单倍体细胞交配后,通过基因重组,获得某些新的优良性状的双倍体杂合细胞的育种方法。例如,通过杂交育种有可能获得凝聚性强的新菌种、风味良好的新菌种和发酵度比较高的新菌种。④细胞融合育种。细胞融合育种是指2个遗传性状不同的酵母细胞的原生质体发生融合,产生新的优良性状重组细胞的育种方法。例如,凝聚性强但发酵度低的菌株和发酵度高但凝聚性弱的菌株通过细胞融合有可能产生凝聚性强和发酵度高的新型细胞。

2. 啤酒酵母的扩大培养

(1)工艺流程 斜面原种→活化(25℃,1~2d)→2个100mL富士瓶(25℃,1~2d)→2个1000mL巴士瓶(25℃,1~2d)→2个10L卡氏罐(25℃,1~2d)→200L汉森式种母罐(15℃,1~2d)→2t扩大罐(10℃,1~2d)→10t繁殖槽→(8℃,1~2d)→主发酵。

(2)技术要点

①温度控制。培养初期,采用酵母菌最适生长温度25℃培养,之后每扩大培养1次,温度均有所降低,使酵母菌逐步适应低温发酵的要求。

②接种时间。每次扩大培养均采用对数生长期后期的种子液接种,一般泡沫达到最高将要回落时为对数生长期。

③注意及时通风供氧。从斜面原种至卡氏罐为实验室扩大培养阶段,应注意每天定时摇动容器,达到供氧目的;从汉森罐至酵母繁殖槽为生产现场扩大培养阶段,应定时通入无菌压缩空气供氧。

3. 啤酒酿造工艺

(1)工艺流程 原料大麦→清选→分级→浸渍→发芽→干燥→麦芽及辅料粉碎→糖化→过滤→麦汁煮沸→麦汁沉淀→麦汁冷却→接种→酵母繁殖→主发酵→后发酵→过滤→包装→杀菌→贴标→成品。

(2)技术要点

①麦芽制造。麦芽制造的目的是使大麦产生各种水解酶并使胚乳细胞适当溶解,便于糖化时淀粉和蛋白质等大分子物质的分解;另外,麦芽经过干燥处理产生特有的色、香、味。大麦经过清选、分级后,进入浸麦槽进行浸麦,一般淡色麦芽的浸麦度达到43%~46%时进入发芽箱发芽。淡色麦芽的发芽温度为15℃,发芽6~8d后,当根芽为麦粒的1~1.5倍、叶芽为麦粒的3/4时,发芽结束,进行干燥。干燥期间,控制温度逐渐升高,麦芽的含水量合理下降,制造淡色麦芽时,当麦层温度达75℃时进入焙焦阶段。焙焦温度85℃,2.5~3.0h

后,完成麦芽的干燥。干燥后经过除根处理即得成品麦芽。

②糖化与麦芽汁制造。麦芽汁制造俗称糖化。将粉碎的麦芽和未发芽的谷物原料与温水混合,借助麦芽各种水解酶将淀粉和蛋白质等不溶性的大分子物质分解为可溶性的糖类、糊精、氨基酸、肽、胨等低分子物质,为酵母菌的繁殖和发酵提供必需的营养物质。糖化方法分为浸出糖化法和煮出糖化法。目前国内外制造淡色啤酒普遍采用双醪二次煮出糖化法:将粉碎的辅助原料和部分麦芽粉放入糊化锅与50℃温水混合,保温15 min,煮沸30min,使辅料糊化,同时,另一部分麦芽粉放入糖化锅与50℃温水混合,保温30～90min,进行蛋白质分解,然后将这两部分糖化醪液在糖化锅内混合,63～70℃保温糖化。待碘液反应完成,取部分糖化醪液在糊化锅内进行第二次煮沸,再倒回糖化锅,使糖化醪升温至75～78℃,继续糖化30 min。然后过滤,即得原麦芽汁。在原麦芽汁中添加0.1%酒花,煮沸1.5h,促进酒花有效物质的浸出和蛋白质凝固、析出。麦芽汁煮沸后,沉淀30～60min,除去酒花糟和蛋白质凝固物,冷却至接种温度6～8℃,完成糖化和麦芽汁制造。

③接种与酵母增殖。冷却麦芽汁入酵母繁殖槽,接种6代以内回收的酵母泥0.5%(或扩大培养的种子液),控制品温6～8℃,好氧培养12～24h,待起发后入发酵池(罐)进行主发酵。

④主发酵。主发酵也称前发酵,可分为4个时期:入发酵池(罐)后4～5h,酵母菌产生的CO_2使麦芽汁饱和,在麦芽汁表面出现白色、乳脂状气泡,称为起泡期。此时不需人工降温,保持2～3d。随着发酵的进行,酵母菌厌氧代谢旺盛,使泡沫层加厚,温度升高,发酵进入高泡期。此时需开动冰水人工降温,最高发酵温度不超过9℃,保持2～3d。发酵5～6d后,泡沫开始回缩,颜色变深,称为落泡期。此时需开动冰水逐渐降温,维持2d。发酵7～8d后,泡沫消退,形成泡盖(由酒花树脂、蛋白质多酚复合物、泡沫和死酵母构成),称为泡盖形成期。此时应急剧降温至4～5℃,使酵母沉降,并打捞泡盖、回收酵母,结束主发酵。在主发酵过程中,酵母菌通过旺盛的厌氧代谢,使大部分可发酵性糖转化为酒精和CO_2,同时形成主要的代谢产物和风味物质。

⑤后发酵。后发酵的主要作用是使残糖继续发酵,促进CO_2在酒液中饱和,同时利用酵母内酶还原双乙酰,并且利用CO_2排除酒液中的生青物质(双乙酰、H_2S、乙醛),使啤酒成熟。后发酵前期:4～5℃散口发酵3～5d,还原双乙酰,排出生青物质;后期:0～2℃、0.5～1.0kg/cm² 加压发酵,饱和CO_2,时间为1～3个月。

⑥后处理。后发酵结束,酒液经过过滤、装瓶、热杀菌(60℃,30min)处理,称为熟啤酒,而不经过热杀菌的啤酒称为鲜啤酒。

(二)果酒酿造

果酒酿造是指以多种水果如葡萄、苹果、梨、橘子、山楂、杨梅、猕猴桃等为原料,经过破碎、压榨,制取果汁;果汁通过酵母菌的发酵作用形成原酒;原酒再经陈酿、过滤、调配、包装等工艺制成酒精含量8.5%以上、含多种营养成分的饮料酒。在各种果酒中葡萄酒是主要品种,其产量在饮料酒种中居世界第二位。

1. 果酒的主要种类

果酒一般以所用的原料来命名,如葡萄酒、苹果酒、梨酒等。根据分类标准不同,果酒有如下种类。

(1)根据酿制方法分类

①发酵酒:用果汁或果浆经酒精发酵酿制而成。

②蒸馏酒：发酵果酒经蒸馏后制成，如白兰地、水果白酒。

③露酒：用果实、果汁或果皮经酒精浸泡、兑制而成。

④汽酒：含 CO_2 的果酒。

(2)根据果酒含糖量分类

①干酒。每 100mL 酒中含糖量少于 0.4g。

②半干酒。每 100mL 酒中含糖量为 0.4～1.2g。

③半甜酒。每 100mL 酒中含糖量为 1.2～5.0g。

④甜酒。每 100mL 酒中含糖量为 5g 以上。

(3)根据果酒酒精含量分类

①低度果酒。酒精含量在 17%（体积分数）以下的果酒。

②高度果酒。酒精含量在 18%（体积分数）以上的果酒。

2. 酒母的扩大培养（以葡萄酒母为例）

(1)工艺流程　斜面原种→活化（接 10mL 葡萄汁，25℃，1～2d）→2 个 500mL 三角瓶（扩培比 1∶12.5，25℃，1～2d）→10L 卡氏罐（扩培比 1∶12，25℃，1～2d）→200L 酒母罐（扩培比 1∶23，20～25℃，1～2d）→主发酵。

(2)技术要点

①温度控制。由于果酒发酵温度在 15～30℃ 之间，因而酒母扩大培养温度一般控制在 25℃ 或略低即可。

②接种时间和通风供氧控制与啤酒酵母的扩大培养控制相同。

③培养基的制备。试管液体培养基和三角瓶液体培养基：新鲜澄清葡萄汁分装后，0.1MPa 灭菌 20min 备用；卡氏罐培养基：新鲜澄清葡萄汁进罐后，常压湿热灭菌 1h，冷却后加入亚硫酸，使 SO_2 含量达 80mg/L，4～8h 后接种；酒母罐培养基：酒母罐经硫黄熏蒸 4h 后，注入已灭菌的葡萄汁，加入亚硫酸，使 SO_2 含量达 100～150mg/L，摇匀过夜后接种。

3. 果酒酿造工艺

(1)工艺流程　水果→分选→洗涤→破碎→压榨→果汁→成分调整→添加 SO_2、接种酒母→前发酵→后发酵→陈酿→冷、热处理→过滤→调配→灌酒→杀菌→贴标→成品。

(2)技术要点

①水果处理。水果的分选在田间采收时进行，分品种采收，按级别运送到酒厂，分选时应摘除果柄、去除腐烂部分和果核。然后入洗果池，先用洗涤剂和化学药剂洗涤，后用清水洗净。洗净后进行破碎和压榨，得到果汁或果浆。

②果汁成分调整。为了使果酒达到规定的酒精度，需要对果汁进行糖分调整。一般通过添加白砂糖使果汁含糖量达到 20%～24%，如此可使果酒的酒精度达到 12%～14%（体积分数）。同时为了抑制杂菌生长，提高 SO_2 的防腐效果，促进酒体澄清，也需对果汁进行酸度调整。一般通过加入柠檬酸或酒石酸调整果汁 pH 值至 3.3～3.5。

③前发酵。前发酵的目的是进行酒精发酵，产生芳香物质，浸提色素物质。其方法有分离发酵法和混合发酵法两种。分离发酵法是水果经破碎、压榨后，仅有果汁入发酵池进行发酵；而混合发酵法是水果破碎后不经压榨，将果汁、果浆、皮渣一起入发酵池进行发酵。

分离发酵法的操作步骤为：果汁入池后，加入亚硫酸钠，使 SO_2 含量达到 80～100mg/L。然后接种 5%～10% 的酒母液，控制品温 25～30℃ 进行发酵。待发酵旺盛时，将品温控制在

20~25℃进行低温发酵。当残糖下降至 5g/L 时，分离酒脚进入后发酵。

混合发酵法的操作步骤为：果浆、果汁、皮渣入池后，加入亚硫酸钠，使 SO_2 含量达到 80~100mg/L。然后接种 5%~10% 的酒母液，用木板或竹帘将皮渣压入液面下 20~30cm 后进行发酵。前期品温控制在 25~30℃，待发酵旺盛时，将品温调至 20~25℃进行低温发酵。当残糖下降至 5g/L 时进行压榨，取压榨后的发酵液进入后发酵。

④后发酵。后发酵的作用是使残糖继续发酵，酒液澄清，酸度降低，风味改善。前发酵液入后发酵池后，添加亚硫酸，使 SO_2 含量达到 80~100mg/L。控制品温 16~20℃，进行后发酵。持续 1 个月左右，当残糖降至 2g/L 时，后发酵结束。后发酵之后的发酵酒称为原酒。

⑤陈酿。原酒经过一定时间的贮存和工艺处理称为陈酿。陈酿的目的是进一步使酒体澄清、风味协调。陈酿的时间依果酒品种不同而异，一般在一年以上。原酒入贮酒池后，如果原酒酒精度低于 16%，则需用白兰地酒或脱臭酒精调整酒精度至 16%，然后封盖进行陈酿。陈酿温度一般为 8~15℃，湿度 85%~90%。陈酿期间，需进行数次倒池，以除去酒脚，并注意添池防止污染；还要采用冷处理（-7~-4℃，5~6d）或热处理（65~70℃，15min）的方法促进酒液澄清，改善酒体风味，提高酒的稳定性，加速原酒老熟。

⑥后处理。陈酿成熟的果酒经过过滤后，按照成品酒的质量要求，用白兰地、水果白酒、砂糖和柠檬酸对果酒的酒度、糖度、酸度进行调配，使风味更加协调。然后灌装、杀菌、贴标制成成品果酒。

(三)白酒酿造

白酒是以高粱、大米等谷物、薯类为原料，用曲作为糖化剂和发酵剂，经淀粉糖化、酒精发酵、蒸馏、陈酿、勾兑等工艺制成的。其酒精含量较高，具有独特的芳香和风味。种类众多：按生产工艺分为固态法白酒（固态制曲，固态发酵）、液态法白酒（液态发酵，液态蒸馏）、半固态法白酒（前期固态发酵，后期适时投水，发酵转为半固态）；按酿酒原料分为粮食酒（以高粱、玉米、谷物等粮食为原料发酵而成）、薯类酒（以甘薯、薯干等薯类为原料发酵而成）、代用原料酒（以含淀粉的非食用植物为原料发酵而成）；按使用的糖化发酵剂分为大曲酒、小曲酒、麸曲酒；按酒度分为高度酒（酒度超过 50°的酒）、降度酒（酒度在 40°~50°之间的酒）、低度酒（酒度在 40°以下的酒）；按酒的香型度分为酱香型（以贵州茅台为代表）、浓香型（以泸州老窖特曲为代表）、清香型（以汾酒为代表）、米香型（以广西桂林三花酒为代表）、其他香型（包括兼香型白酒，代表为兼香型白云边；凤香型白酒，代表为西凤酒；药香型白酒，代表为董酒；豉香型白酒，代表为豉味玉冰烧；芝麻香型白酒，代表为景芝老白干；特型白酒，代表为四特酒）。

1. 酒曲的主要种类及制作工艺

(1) 大曲　大曲是固态发酵法酿造大曲白酒的糖化发酵剂。它以小麦或大麦、豌豆为曲料，经过粉碎、加水拌料、踩曲制坯、堆积培养，依靠自然界带入的各种酿酒微生物（包括细菌、霉菌和酵母菌）在其中生长繁殖制成成曲，再经贮存后制成陈曲。大曲有高温曲（制曲温度 60℃以上）和中温曲（制曲温度不超过 50℃）两种类型。目前国内绝大多数著名的大曲白酒均采用高温曲生产，如茅台、泸州、西凤、五粮液等。

高温型大曲制作的工艺流程为：小麦→调料→磨碎→添加曲母和水→拌料→踩曲→曲坯→堆积培养→成品曲→出房贮存→陈曲。

技术要点包括：
- 曲坯制作：选纯净小麦，加水5%~10%，调料3~4h，将麦粒粉碎，使粗细粉比例为1∶1。然后加水37%~40%，接入曲母4%~8%，拌和均匀，将曲料压成曲坯。
- 堆积培养：将曲坯移入15cm垫草的曲房内，积堆4~5层，层间铺7cm厚的垫草。曲坯堆积后用乱草盖好，并常对盖草洒水。堆曲5~9d后，曲坯温度达60℃，表面长出霉菌，进行翻曲降温，并略开门窗，促进换气。40~50d后，曲温降至室温，曲块接近干燥，即可将曲出房制成成曲。成曲再经3~4个月的贮存制成陈曲即可使用。

(2) 麸曲　麸曲是固态发酵法酿造麸曲白酒的糖化剂。它以麸皮为主要曲料，以新鲜酒糟为配料，经过润水、蒸煮、冷却后，接入糖化种曲，再经通风培养制成成曲。

工艺流程为：麸皮、新鲜酒糟混合→润水→蒸煮→冷却→接入糖化种曲→通风制曲→成品。

技术要点包括：
- 曲料制备：在麸皮中添加5%~10%的新鲜酒糟和70%的水混合均匀，润水3~4h，经0.15MPa蒸料40min，冷却至40℃左右，调节曲料含水量至50%~55%，pH调至5.0，即可接入种曲。
- 接种制曲：曲料制好后，接种黑曲霉和黄曲霉混合（混合比例为7∶3）糖化种曲0.5%，入通风制曲箱进行制曲。曲料厚度25~30cm，待品温升至34℃时开始通风，而品温降至30℃时停止通风。一般培养前期，菌丝尚未大量形成，应采用间断通风，通风量要小，时间要长；培养中期，需连续通风，使菌丝繁殖并形成孢子；培养后期，间断通风，并使品温提高至37~39℃，利于排潮。

(3) 小曲（米曲）　小曲（米曲）是半固态发酵法酿造小曲白酒（米酒）的糖化发酵剂。它以米粉或米糠为原料，添加或不添加中草药，经过浸泡、粉碎，接入纯种根霉和酵母菌或二者混合种曲，再经制坯、入室培养、干燥等工艺制成。小曲根据是否添加中草药，分为药小曲（俗称酒药）和无药白曲，其制作方法大同小异，下面以药小曲为例介绍其制作方法。

药小曲制作的工艺流程为：大米→浸泡→粉碎→添加中草药、接种曲母→制坯→入室培曲→干燥→成品药小曲。

技术要点包括：
- 曲坯制备：15kg大米浸泡3~6h后进行粉碎，添加2kg中草药，接种0.3kg纯种根霉和酵母或二者混合的种曲粉，用9kg水与之混合，制成粒状或饼状药坯，然后入室培曲。
- 入室培曲：曲坯制好后，装入木格中进行入室培曲。前20h为前期，曲室温度控制在28~30℃，最高品温不超过37℃；21~45h为中期，最高品温不超过35℃；46~90h为后期，品温逐渐下降，曲坯外观显淡黄色，无黑点，具有酒药芳香时，曲子成熟即可出曲。
- 出曲干燥：曲子成熟后，进入烘房烘干，使曲坯的含水量达到12%~14%，即为成品药小曲。

(4) 液体曲　液体曲可作为液态发酵法酿酒制醋的糖化剂。将曲霉菌的种子液接入发酵培养基中，在发酵罐中进行深层液体通气培养，得到含有丰富酶系的培养液称为液体曲。

工艺流程为：发酵培养基→灭菌→冷却→发酵罐→接种→通气培养→液体曲。

技术要点：在发酵罐培养基中接入糖化曲霉菌的种子液5%~10%，培养温度控制在30~32℃，通风培养36h左右即可制成液体曲。

2. 白酒的酿造通用工艺流程

我国的白酒生产有固态发酵和液态发酵两种,固态发酵的大曲、小曲、麸曲等工艺中,麸曲白酒在生产中所占比重较大,故此处仅简述麸曲白酒的工艺。

(1) 白酒酿造的工艺流程

① 原料粉碎。原料粉碎的目的在于便于蒸煮,使淀粉充分被利用。根据原料特性,粉碎的细度要求也不同,薯干、玉米等原料,通过20孔筛者占60%以上。

② 配料。将新料、酒糟、辅料及水配合在一起,为糖化和发酵打基础。配料要根据甑桶、窖子的大小,原料的淀粉量,气温,生产工艺及发酵时间等具体情况而定,配料得当与否的具体表现,要看入池的淀粉浓度、配料的酸度和疏松程度是否适当,一般以淀粉浓度14%~16%、酸度0.6~0.8,润料水分48%~50%为宜。

③ 蒸煮糊化。利用蒸煮使淀粉糊化,有利于淀粉酶的作用,同时还可以杀死杂菌。蒸煮的温度和时间视原料种类、破碎程度等而定。一般常压蒸料20~30min。蒸煮的要求为外观蒸透,熟而不黏,内无生心即可。

将原料和发酵后的香醅混合,蒸酒和蒸料同时进行,称为"混蒸混烧"。前期以蒸酒为主,甑内温度要求85~90℃,蒸酒后,应保持一段糊化时间。若蒸酒与蒸料分开进行,称之为"清蒸清烧"。

④ 冷却。蒸熟的原料,用扬渣或晾渣的方法,使料迅速冷却,使之达到微生物适宜生长的温度,若气温在5~10℃时,品温应降至30~32℃,若气温在10~15℃时,品温应降至25~28℃,夏季要降至品温不再下降为止。扬渣或晾渣同时还可起到挥发杂味、吸收氧气等作用。

⑤ 拌醅。固态发酵麸曲白酒是采用边糖化边发酵的双边发酵工艺,扬渣之后,同时加入曲子和酒母。酒曲的用量视其糖化力的高低而定,一般为酿酒主料的8%~10%,酒母用量一般为总投料量的4%~6%(即取4%~6%的主料作培养酒母用)。为了利于酶促反应的正常进行,在拌醅时应加水(工厂称加浆),控制入池时醅的水分含量为58%~62%。

⑥ 入窖发酵。入窖时醅料品温应在18~20℃(夏季不超过26℃),入窖的醅料既不能压得过紧,也不能过松,一般掌握在每立方米容积内装醅料630~640kg为宜。装好后,在醅料上盖上一层糠,用窖泥密封,再加上一层糠。

发酵过程主要是掌握品温,并随时分析醅料水分、酸度、酒量、淀粉残留量的变化。发酵时间的长短,根据各种因素来确定,有3d、4~5d不等。一般当窖内品温上升至36~37℃时,即可结束发酵。

⑦ 蒸酒。发酵成熟的醅料称为香醅,它含有极复杂的成分。通过蒸酒把醅中的酒精、水、高级醇、酸类等有效成分蒸发为蒸气,再经冷却即可得到白酒。蒸馏时应尽量把酒精、芳香物质、醇甜物质等提取出来,并利用掐头去尾的方法尽量除去杂质。

⑧ 酒的老熟和陈酿。酒是具有生命力的,糖化、发酵、蒸馏等一系列工艺的完成并不能说明酿酒全过程就已终结,新酿制成的酒品并没有完全完成体现酒品风格的物质转化,酒质粗劣淡寡,酒体欠缺丰满,所以新酒必须经过特定环境的窖藏。经过一段时间的贮存后,醇香和美的酒质才最终形成并得以深化。通常将这一新酿制成的酒品进行窖香贮存的过程称为老熟和陈酿。

⑨ 勾兑调味。勾兑调味工艺是将不同种类、陈年和产地的原酒液半成品(白兰地、威士

忌等)或选取不同档次的原酒液半成品(中国白酒、黄酒等)按照一定的比例,参照成品酒的酒质标准进行混合、调整和校对的工艺。勾兑调味能不断获得均衡协调、质量稳定、传统地道的酒品。

酒品的勾兑调味被视为酿酒的最高工艺,创造出酿酒活动中的一种精神境界。从工艺的角度来看,酿酒原料的种类、质量和配比存在着差异性,酿酒过程中包含着诸多工序,中间发生许多复杂的物理、化学变化,转化产生几十种甚至几百种有机成分,其中有些机理至今还未研究清楚,而勾兑师的工作便是富有技巧地将不同酒质的酒品按照一定的比例进行混合调校,在确保酒品总体风格的前提下得到整体均匀一致的市场品种标准。

(2)白酒酿造工艺流程举例(47°老白干酒)

清蒸清烧两排清工艺流程(47°老白干酒)如下:

高粱→粉碎→润料→装甑蒸料→出甑加浆→摊凉加大曲→大渣入缸发酵→出缸拌料→装甑蒸馏→大渣酒

二渣酒

出甑→摊凉加大曲→大渣入缸发酵→出缸拌糠→装甑蒸馏→酒糟

(四)面包加工

面包是一种营养丰富、组织蓬松、易于消化的方便食品。它以面粉、糖、水为主要原料,利用面粉中的淀粉酶水解淀粉生成的糖类物质,经过酵母菌的发酵作用产生醇、醛、酸类物质和CO_2;在高温焙烤过程中,CO_2受热膨胀使面包成为多孔的海绵结构以及具备松软的质地。

面包的种类很多,主要分为主食面包和点心面包。点心面包又根据配料不同,分为果子面包、鸡蛋面包、牛奶面包、蛋黄面包和维生素面包等。

1. 菌种及发酵剂类型

早期面包制造主要是利用自然发酵法生产,而现代面包制造大多采用纯种发酵剂发酵生产。面包发酵剂菌种是啤酒酵母,应选择发酵力强、风味良好、耐热、耐酒精的酵母菌株。面包发酵剂类型有压榨酵母(compressed yeast)和活性干酵母(active dry yeast)两种。压榨酵母又称鲜酵母,是酵母菌经液体深层通气培养后再经压榨而制成,发酵活力高,使用方便,但不耐贮藏。活性干酵母是压榨酵母经低温干燥或喷雾干燥或真空干燥而制成,便于贮藏和运输,但活性有所减弱,需经活化后使用。

2. 活性干酵母面包发酵剂的制备

(1)工艺流程　糖蜜→澄清处理→添加氮源、磷源→灭菌→发酵培养基→接入种子液→液体深层通气培养→冷却→酵母分离→洗涤→压榨成形→干燥→成品。

(2)技术要点

①发酵培养基的制备。糖蜜经过热酸或热碱处理,除去杂质,使之澄清。补充3%~5%硫酸铵(氮源)和0.6%磷酸铵(磷源),pH值调至4.5,灭菌后制成发酵培养基。

②接种与培养。将发酵培养基打入发酵罐,接入扩大培养的酵母种子液20%~25%,进行液体深层通气培养。培养温度25~30℃,pH值控制在4.2~4.8,通风量120~160m^3/(h·m^3),采用每小时流加糖液的方法培养12h左右,使残糖降至0.1~0.2g/100mL,终止

培养。

③酵母分离、压榨和干燥。培养后的发酵液经冷却降温,送入酵母分离机进行离心分离。得到的湿菌体用冷水洗涤后压榨成形,使压榨酵母的含水量达65%～70%。最后,采用30℃低温将压榨酵母烘干至含水量6%～8%,制成活性干酵母。

3. 面包生产工艺

面包生产工艺分为一次发酵法和两次发酵法,目前我国的面包生产多采用两次发酵法。

(1) 两次发酵法面包生产工艺流程　配料→第一次发酵→面团→配料和面→第二次发酵→切块→揉搓→成形→放盘→饧皮→烘烤→冷却→包装→成品。

(2) 技术要点

①配料:将一定量面粉与1%酵母活化液、60%水混合均匀,进行第一次发酵。

②第一次发酵:温度27～29℃,相对湿度75%～80%,发酵4h,形成面团。

③配料和面:在第一次发酵后的面团中添加面粉30%～70%、砂糖5%～6%、食盐0.5%、油脂2%～3%、水60%,再次和成面团,进行第二次发酵。

④第二次发酵:温度30℃,相对湿度75%～80%,发酵1h。

⑤整形:将第二次发酵后的面团进行切块、揉搓、装模成形,称为整形。整形后放入盘中开始饧皮。

⑥饧皮:温度38～40℃,相对湿度85%,饧皮1h。

⑦烘烤:初期控制上火温度120℃,下火温度250～260℃,保持2～3min;中期控制温度270℃;后期控制上火温度180～200℃,下火温度140～160℃,烘烤时间视品种而定。

⑧冷却、包装:烘烤后冷却至室温,然后包装制成成品。

(五) 单细胞蛋白(SCP)的开发

1. 应用微生物生产SCP的优点

细胞的蛋白质含量高达50%左右,并含有多种氨基酸、维生素、矿物元素和粗脂肪等营养成分,易被人畜消化吸收;微生物繁殖快,短时间可获得大量产品;微生物对营养要求适应性强,可利用多种廉价原料进行生产;微生物的生长条件完全受人工控制,可在工厂中大量生产。

2. 开发SCP常用菌种及其使用的主要原料

开发SCP的微生物主要是酵母菌,其次是藻类。用于生产SCP的原料有以下几类:

(1) 工农业生产的废弃物和下脚料　如纸浆废液、啤酒废渣、味精废液、淀粉废液、豆制品废液。

(2) 碳水化合物类　如淀粉质和纤维质的水解糖液。

(3) 碳氢化合物类　如甲烷、乙烷、丙烷及短链烷烃。

(4) 石油产品类　如甲醇、乙醇等醇类物质。

(5) 无机气体类　如CO_2、H_2等。

生产SCP常用菌种及其主要原料见表7-2。

3. SCP的生产工艺

生产SCP的菌种大多是酵母菌,而酵母菌类SCP的生产工艺与活性干酵母的生产工艺大同小异,只是原料多为石油产品和工农业生产的有机废液,在此不多叙述。

表 7-2　生产 SCP 常用菌种及其主要原料

菌　　种	学　　名	主要原料
产朊假丝酵母	*Candida utilis*	纸浆废液、木屑等
产朊假丝酵母大细胞变种	*Candida utilis var. major*	糖蜜
日本假丝酵母	*Mycotorula japonica*	纸浆废液
乳酒假丝酵母	*Candida kefyr*	乳清
细红酵母	*Rhodotorula gracilis*	水解糖液
野生食蕈	*Agaricus campestris*	水解糖液
热带假丝酵母	*Candida tropicalis*	短链烷烃
甲烷假单胞菌	*Pseudomonas methanica*	甲烷
毕赤氏酵母	*Pichia*	甲醇或乙醇
汉逊氏酵母	*Hansenula*	甲醇或乙醇
粉粒小球藻	*Chlorella pyrenoidosa*	CO_2 和光能
普通小球藻	*Chlorella vulgaris*	CO_2 和光能

第三节　食品工业中的霉菌及其应用

一、毛霉属

按安斯沃思的分类系统,毛霉属(*Mucor*)属于接合菌亚门,接合菌纲,毛霉目,毛霉科。毛霉属在自然界分布很广,空气、土壤和各种物体上都有,该菌为中温性,生长的适温为 25～30℃,种类不同,对温度适应的差异较大,如总状毛霉最低生长温度为 −4℃ 左右,最高为 32～33℃。毛霉喜高湿,孢子萌发的最低水活度为 0.88～0.94,故在水活度较高的食品和原料上易分离到。该菌有很强的分解蛋白质和糖化淀粉的能力,因此,常被用于酿造、发酵食品等工业。

(一)毛霉的生物学特性

菌落形态:菌落絮状,初为白色或灰白色,后变为灰褐色。菌丛高度可由几毫米至十几厘米,有的具有光泽。

菌丝形态:菌丝无膈。分气生、基生,后者在基质中分布较均匀,吸收营养。

气生菌丝发育到一定阶段,即产生垂直向上的孢囊梗;梗顶端膨大形成孢子囊,囊成熟后,囊壁破裂释放出孢囊孢子;囊轴呈椭圆形或圆柱形;孢囊孢子为球形、椭圆形或其他形状,单细胞、无色,壁薄而光滑,无色或黄色;有性孢子(接合孢子)为球形,黄褐色,有的有突起。

(二)常见的毛霉菌种

1. 高大毛霉(*Mucor mucedo*)

在培养基上的菌落,初期为白色,随培养时间的延长,逐渐变为淡黄色,有光泽,菌丝高达 3～12cm 或更高。孢子囊柄直立不分枝。孢子囊壁有草酸钙结晶。此菌能产生 3-羟基丁酮、脂肪酶,还能产生大量的琥珀酸,对甾族化合物有转化作用。

2. 总状毛霉（*Mucor racemosus*）

它是毛霉中分布最广的一种，几乎在各地土壤中、生霉的材料上、空气中和各种粪便上都能找到。菌丝灰白色，直立而稍短，孢子囊柄总状分枝。孢子囊球形，黄褐色，接合孢子球形，有粗糙的突起，形成大量的厚垣孢子，菌丝体、孢子囊柄甚至囊轴上都有，形状、大小不一，光滑，无色或黄色。我国四川的豆豉即用此菌制成。另外，总状毛霉能产生 3-羟基丁酮，并对甾族化合物有转化作用。

3. 鲁氏毛霉（*Mucor rouxianus*）

此菌种最初是从我国小曲中分离出来的，也是毛霉中最早被用于淀粉菌法制造酒精的一个种，定名为"*Amylomyces a*"。菌落在马铃薯培养基上呈黄色，在米饭上略带红色，孢子囊柄呈假轴状分枝，厚垣孢子数量很多，大小不一，黄色至褐色，接合孢子未见。鲁氏毛霉能产生蛋白酶，有分解大豆的能力，我国多用它来做豆腐乳。此菌还能产生乳酸、琥珀酸及甘油等，但产量较低。

二、根霉属

根霉属（*Rhizopus*）广泛分布在自然界中，常引起谷物、瓜果、蔬菜及食品腐败。根霉与毛霉类似，能产生大量的淀粉酶，故用作酿酒、制醋业的糖化菌。有些根霉还用于甾体激素、延胡索酸和酶剂制生产。

(一) 根霉的生物学特性

根霉与毛霉相似，菌丝为无隔单细胞，生长迅速，有发达的菌丝体，气生菌丝白色、蓬松，如棉絮状。根霉气生性强，故大部分菌丝匍匐生长在营养基质的表面，这种气生菌丝称为匍匐菌丝。基内菌丝根状称为假根。由假根着生处向上长出直立的 2～4 根孢囊梗，孢囊梗不分枝，梗的顶端膨大形成孢囊，同时产生横隔，囊内形成大量孢囊孢子。

根霉的有性生殖产生接合孢子。除有性根霉为同宗接合外，其他根霉都是异宗接合。

(二) 常见的根霉菌种

1. 米根霉（*Rhizopus oryzae*）

这个种在我国酒药和酒曲中常看到，在土壤、空气，以及其他各种物质中亦常见。菌落疏松，初期白色，后变为灰褐色到黑褐色，匍匐枝爬行，无色。假根发达，指状或根状分枝，褐色，孢囊梗直立或稍弯曲，2～4 根，群生。尚未发现其形成接合孢子，发育温度 30～35℃，最适温度 37℃，41℃亦能生长。此菌有淀粉酶、转化酶，能产生乳酸、反丁烯二酸及微量的酒精。产 L(+)乳酸量最强，达 70%左右。是腐乳发酵的主要菌种。

2. 黑根霉（*Rhizopus nigricans*）

黑根霉异名匍枝根霉（*Rhizopus stolonifer*）。匍枝根霉到处都存在，一切生霉的材料上常有它出现，尤其是在生了霉的食品上，更容易找到它。瓜果、蔬菜等在运输和贮藏中的腐烂，甘薯的软腐，都与匍枝根霉有关。

菌落初期白色，老熟后灰褐色至黑褐色，匍匐枝爬行，无色，假根非常发达，根状，棕褐色。孢囊梗着生于假根处，直立，通常 2～3 根群生。囊托大而明显，楔形。菌丝上一般不形成厚垣孢子，接合孢子球形，有粗糙的突起，直径 150～220μm。此菌的生长适温为 30℃，37℃不能生长，有酒精发酵力，但极微弱，能产生反丁烯二酸。能产生果胶酶，常引起果实的腐烂和甘薯的软腐。

3. 华根霉（*Rhizopus chinensis*）

此菌多出现在我国酒药和药曲中，这个种耐高温，于45℃能生长，菌落疏松或稠密，初期白色，后变为褐色或黑色，假根不发达，短小，手指状。孢子囊柄通常直立，光滑，浅褐色至黄褐色。不生接合孢子，但生多数的厚垣孢子，发育温度为15～45℃，最适温度为30℃。此菌淀粉液化力强，有溶胶性，能产生酒精、芳香酯类、左旋乳酸及反丁烯二酸，能转化甾族化合物。

三、红曲霉属

红曲霉属（*Monascus*）在分类上属于子囊菌亚门、不整囊菌纲、散囊菌目、红曲科。红曲霉能产生淀粉酶、蛋白酶、柠檬酸、乙醇、麦角甾醇等。有的能产生红色色素和黄色色素、降血脂成分等。因此，红曲霉用途很广，我国常用来制成红曲作为食品着色剂或调味剂。此外还可用来酿酒、制醋、制腐乳等。近年来人们发现红曲具有非常好的保健功能，一些研究单位将其开发成功能性食品和药品。市场上销售的血脂康就是用红曲提取的有效成分制成的。

（一）红曲霉的生物学特性

红曲霉在麦芽汁琼脂上生长良好，菌落初为白色，老熟后变为粉红色、紫红色或灰黑色等，因种而异。通常都能产生红色色素。菌丝具有横膈膜、多核，分枝多且不规律。菌丝不分化分生孢子梗。分生孢子着生在菌丝及其分枝的顶端，单生或成链。红曲霉生长温度范围为26～42℃，最适温度为32～35℃，最适pH值为3.5～5.0，能利用多种糖类和酸类作为碳源，能同化硝酸钠、硝酸铵、硫酸铵，而以有机氮为最好氮源。

（二）常见的红曲霉菌种

常见的红曲霉菌种为紫红曲霉（*Monsacuspur pureeus*）。紫红曲霉在固体培养基上菌落成膜状的蔓延生长物，菌丝体最初呈白色，以后呈红色、红紫色，色素可分泌到培养基中，闭囊壳为橙红色、球形，子囊球形，含8个子囊孢子。子囊孢子卵圆形，光滑，无色或淡红色。分生孢子着生在菌丝及其分枝的顶端。

四、曲霉属

曲霉属（*Aspergilus*）广泛分布于土壤、空气、谷物和各类有机物品中，在湿热相宜条件下引起皮革、布匹和工业品发霉及食品霉变。同时，曲霉亦是发酵工业和食品加工方面应用的重要菌种，如黑曲霉是化工生产中应用最广的菌种之一，用于柠檬酸、葡萄糖酸、淀粉酶和酒类的生产。米曲霉具有较强的淀粉酶和蛋白酶活力，是酱油、面酱发酵的主发酵菌。

（一）曲霉的生物学特性

曲霉菌丝有膈，多细胞。菌落呈圆形。以分生孢子方式进行无性繁殖，本属分生孢子呈绿、黄、橙、褐、黑等各种颜色，故菌落颜色多种多样，而且比较稳定，是分类的主要特征之一。曲霉菌的有性世代产生闭囊壳，其中着生圆球状子囊，囊内含有8个子囊孢子。子囊孢子大都无色，有的菌种呈红、褐、紫等颜色。

（二）常见的曲霉菌种

1. 米曲霉（*Asp. oryzae*）

米曲霉菌落生长快，10d直径达5～6cm，质地疏松，初白色、黄色，后变为褐色至淡绿褐色。背面无色。分生孢子头呈放射状,直径为 150~300μm,也有少数为疏松柱状。分生孢子梗 2mm 左右。近顶囊处直径可达 12~25μm,壁薄,粗糙。顶囊近球形或烧瓶形,通常 40~50μm。小梗一般为单层,12~15μm,偶尔有双层,也有单、双层小梗同时存在于一个顶囊上。分生孢子幼时呈洋梨形或卵圆形,老后大多变为球形或近球形,一般 4.5μm,粗糙或近于光滑。

2. 黄曲霉(Asp. flavus)

该菌为中温性、中生性霉菌。生长温度为 6~47℃,最适温度为 30~38℃;生长的最低水活度为 0.8~0.86。分布很广泛,在各类食品和粮食上均能出现。有些种产生黄曲霉毒素,使食品和粮食污染带毒,黄曲霉毒素毒性很强,有致癌致畸作用。该菌产毒的最适温度为 27℃,最适水活度为 0.86 以上。有些菌株具有很强的糖化淀粉、分解蛋白质的能力,因而被广泛用于白酒、酱油和酱的生产。

菌落:生长快,柔毛状,平坦或有放射状沟纹;初为黄色,后变为黄绿或褐绿色;反面无色或略带褐色。有的菌株产生灰褐色的菌核。

菌体:分生孢子梗壁粗糙或有刺,无色;分生孢子头为半球形、柱形或扁球形;小梗一层或两层,在同一顶囊上有时单、双层并存;顶囊近球形或烧瓶状;分生孢子球形,表面光滑或粗糙。

3. 黑曲霉(Asp. niger)

该菌是接近高温性的霉菌,生长适温为 35~37℃,最高可达 50℃;孢子萌发的水活度为 0.80~0.88,是自然界中常见的霉腐菌。

菌落:菌丝密集,初为白色,扩散生长,培养时间延长,菌丝变为褐色,分生孢子形成后由中央变黑,逐步向四周扩散。有的有放射状沟纹;背面无色或黄褐色。

菌体:分生孢子梗壁厚,光滑,长达 1~3mm;分生孢子头球形,放射状或裂成几个放射的柱状,黑色或褐色,顶囊球形,直径 45~75μm,小梗一层或两层,褐色,覆盖整个顶囊表面,梗基大,有时有横膈;分生孢子球形,直径为 4~5μm,表面粗糙,褐至黑色,菌核球形,白色,直径约 1mm。

该菌具有多种活性强大的酶系,可用于工业生产。如淀粉酶用于淀粉的液化、糖化,以生产酒精、白酒或制造葡萄糖和糖化剂。酸性蛋白酶用于蛋白质的分解或食品消化剂的制造及皮毛软化。果胶酶用于水解聚半乳糖醛酸、果汁澄清和植物纤维精炼。柚酶和陈皮苷酶用于柑橘类罐头去苦味或防止白浊。葡萄糖氧化酶用于食品脱糖和除氧防锈。黑曲霉还可以生产多种有机酸,如抗坏血酸、柠檬酸、葡萄糖酸和没食子酸等。某些菌系可转化甾族化合物,还可用来测定锰、铜、钼、锌等微量元素和作为霉腐试验菌。

4. 棒曲霉群(Asp. clavatus)

该菌在土壤中和腐败的有机质上普遍存在,可产生棒曲霉素。某些菌系有一定的蛋白质分解能力。

该群的菌落生长快,绒状或厚的毡状,蓝灰绿色,有些菌系有显著的腐臭。分生孢子头初形成时呈棍棒状,老后裂成几个短柱。分生孢子梗粗大,光滑无色,顶端稍膨大,形成棍棒状的顶囊。顶囊长达 200~300μm,宽 40~60μm。小梗单层,密集着生于整个顶囊表面。分生孢子椭圆形,绿色、光滑。

5. 白曲霉(Asp. candidus)

白曲霉是粮油食品上常见的霉菌,也是引起低水分粮食、粮油食品霉腐变质的主要微生物。为中湿、低湿性霉菌,生长温度范围 3～42℃,最适温度 20～35℃。生长最低相对湿度为 70%～75%。低水分陈粮上常见,侵害种子胚部,使之变为褐色。适宜在高渗透压培养基上生长。

菌落:在标准察氏培养基上生长局限,呈绒状,常有暗褐色的菌核;在改良察氏培养基上生长稍扩展,絮绒状,无菌核,菌落白色至带黄色的奶油色,背面无色或浅黄色。

菌体:分生孢子梗光滑,无色或末端带黄色,分生孢子头球形,小分生孢子头近似柱状,顶囊球形 10～40μm,小梗两层,生于整个顶囊的表面,第一层小梗较大,第二层小梗较细,分生孢子球形或椭圆形,光滑。有的菌系有较强的分解蛋白质和果胶的能力,并可产生甘露醇。

6. 灰绿曲霉(*Asp. glaucus*)

在一般察氏培养基上生长缓慢,在渗透压高的培养基上生长良好,因此需在改良的察氏培养基上进行培养。它是使低水分粮食和食品霉变的主要菌种。粮食水分超过 13% 时,灰绿曲霉便可产生危害,使种子丧失发芽力及发生变色。同时,灰绿曲霉还有耐低氧的能力,因此是研究粮食霉菌的主要对象之一。

灰绿曲霉群的分生孢子头呈放射状至略微柱状。典型的有一些绿色色调,但有一个种有淡褐色。分生孢子梗壁光滑,无色或接近顶囊部分呈褐色,小梗单层,略粗大,分生孢子球形、近球形、椭圆形,表面粗糙,但有一个变种是光滑的。闭囊壳一般存在,黄色,球形至近球形,壁薄,围绕红色或黄色菌丝。子囊内有 8 个子囊孢子,没有一定的排列,通常在 2～4 周内成熟。子囊孢子呈双凸镜状,壁光滑或粗糙,一般呈现一条赤道线或沟,有或没有侧脊或冠状突起。

7. 杂色曲霉(*Asp. versicolor*)

分布很广,土壤、腐败的植物、粮油种子上普遍存在,经常分离到。危害大米使之变为白垩状。可侵害含水量 15% 的粮食,杀伤胚部。生长最低相对湿度为 75%～80%。生长适温为 25～30℃,生长温度范围为 4～40℃。能产生杂色曲毒素。

菌落:生长局限,绒状,颜色多样,有浅绿色、浅黄色、灰绿色、粉红色、紫红色,或几种颜色镶嵌。背面紫红色或深红色。

菌体:分生孢子梗光滑,五色或微带黄色。顶囊椭圆形或半球形。小梗两层,生于顶囊上半部或 3/4 的部位上。分生孢子放射状或疏松柱状,微带绿色或无色。生长孢子为球形,粗糙。有的菌常产生球形的壳细胞,这是一种厚壁细胞。

8. 构巢曲霉群(*Asp. nidrlans*)

在自然界分布广,在粮食和食品中经常能分离到,粮食和食品被污染后就有使粮食和食品带毒的可能性,并能引起肝癌。另有一些菌系有较强的脂肪合成能力。生长适温 25～30℃,生长温度范围 6～50℃。孢子萌发的相对湿度为 80%。

菌落:生长快,绒状,初期呈鲜艳而美丽的深绿色,表面常有黄色闭囊壳,后变为黄绿色。背面紫红色或紫褐色或暗红色。

菌体:分生孢子梗呈波浪弯曲,梗壁光滑,褐色。顶囊半球形,或倒烧瓶形。小梗两层。分生孢子头短柱状,常呈绿色。分生孢子球形,有小刺。有的菌产生球形闭囊壳,内生子囊孢子。子囊孢子红色或紫色,双凸镜形,孢子中央有两个鸡冠突起。闭囊壳外面常有一层壳细胞包围,壳细胞壁厚,圆形或柠檬形,淡黄色。

五、青霉属

青霉属(*Penicillium*)在自然界中广泛分布。一般在较潮湿、冷凉的基质上易分离到它。许多是常见的有害菌,破坏皮革、布匹以及引起谷物、水果、食品等变质。不仅导致食品和原材料的霉腐变质,而且有些种可产生毒素,引起人、畜中毒;也有些青霉菌是重要的工业菌株,在医药、发酵、食品工业上被广泛用来生产抗生素和多种有机酸,如生产柠檬酸、葡萄糖酸、纤维素酶和常用的抗生素——青霉素。

(一)青霉的生物学特性

菌落:菌落圆形,局限、扩展、极度扩展,因种而异,表面平坦或有放射状沟纹或有环状轮纹,有的有较深的皱褶,使菌落呈纽扣状,有的表面有各种颜色的渗出液,具有霉味或其他气味,四周常有明显的淡色边缘。菌落质地有四种典型状态:绒状、絮状、绳状、束状。菌落正面有青绿色、蓝绿色、黄绿色、灰绿色、米棕色或灰白色等多种颜色。这些颜色都与青绿色很接近,这是该属属名的由来。正面的颜色不仅相似,而且很不稳定,将随着培养时间及其他培养条件的改变而改变。因此,青霉菌菌落反面的颜色在分类鉴定上有一定意义。有的青霉菌产生菌核。

菌丝有膈,分气生、基生。大部分青霉菌只有无性世代,产生分生孢子,个别为有性世代,产生子囊孢子。进行无性繁殖时,在菌丝上向上长出芽突,单生直立或密集成束,即为分生孢子梗。分生孢子梗向上长到一定程度,顶端分枝,每个分枝的顶端又继续生出一轮次生分枝称梗基;在每个梗基的顶端,产生一轮瓶状小梗;每个小梗的顶端产生成串的分生孢子链。分枝、梗基、小梗构成帚状分枝;帚状分枝与分生孢子链构成帚状穗(青霉穗)。分生孢子呈球形、卵形或椭圆形,光滑或粗糙。

(二)常见的青霉菌种

1. 橘青霉(*Pen. citrinum*)

该菌属于不对称组,绒状亚组,橘青霉系。一般大米产区都有此菌发生。危害大米使其黄变(如泰国黄变米),有毒,其霉素是橘青霉素。该菌生长适温为25～30℃,最高发育温度为37℃;生长的最低水活度为0.80～0.85。

菌落:生长局限,10～14d 直径2～2.5cm;有放射状沟纹;绒状,有的稍带絮状;艾绿色到黄绿色;有窄白边;渗出液淡黄色;反面黄色至褐色。

菌体:帚状枝典型的双轮生,不对称;分生孢子梗多数由基质长出,壁光滑,带黄色,长50～200μm;梗基2～6个,轮生于分生孢子梗上,明显散开,端部膨大;小梗6～10个,密集而平行,基部圆瓶形;分生孢子链为分散的柱状;分生孢子球形或近球形,2.2～3.2μm,光滑或接近光滑。

2. 娄地青霉(*Pen. rocueforit*)

该菌属于不对称组,绒状亚组,娄地青霉系,是中温、中生性菌类。它具有分解油脂和蛋白质的能力,可用于制造干酪,其菌丝含有多种氨基酸,主要是天冬氨酸、谷氨酸、丝氨酸等。该菌能将甘油三酯氧化成甲基酮。

菌落:通常扩展蔓延,绒状,无轮纹,一般薄,大量的短分生孢子梗从匍匐的菌丝或恰在琼脂表面下的埋伏型菌丝上发生,菌落边缘呈蛛网状,分生孢子区典型地呈暗黄绿色,菌落反面常呈现绿色至近黑色。

菌体:分生孢子梗气生部分显著地粗糙或呈小瘤状,帚状枝的各细胞部分通常同样呈现粗糙,帚状枝不对称,不规则分枝,产生的分生孢子呈长而纠缠的链或黏着成疏松的柱状,分生孢子壁较厚且光滑,在视野呈现暗黄至绿色。

3. 展开青霉（Pen. expanasum）

展开青霉是作为苹果的腐败菌被分离到的。菌落生长迅速,黄绿色或青绿色,束状,背面无色或黄褐色。分生孢子梗长 200～300μm,平滑,梗径 10～15μm,小梗单轮生;分生孢子椭圆形或球形,2.3μm×1μm。

六、霉菌在食品工业中的应用

(一)酱油酿造

酱油是人们常用的一种食品调味料,营养丰富,味道鲜美,在我国已有2000多年的历史。它是用蛋白质原料(如豆饼、豆粕等)和淀粉质原料(如麸皮、面粉、小麦等),利用曲霉及其他微生物的共同发酵作用酿制而成的。

1. 生产菌

酱油生产中常用的霉菌有米曲霉、黄曲霉和黑曲霉等,目前我国较好的酱油酿造菌种有米曲霉 AS3.863、米曲霉 AS3.591(沪酿 3.042,由 AS3.863 经过紫外诱变获得的蛋白酶高产菌株,用于酱油发酵,发酵速度快,酱油风味好)、961米曲霉、广州米曲霉、WS2米曲霉、10B1米曲霉等。

2. 生产工艺流程

酱油生产分种曲、成曲、发酵、浸出提油、成品配制几个阶段。

(1)种曲制造工艺流程　麸皮、面粉→加水混合→蒸料→冷却→接种→装匾→曲室培养→种曲。

(2)成曲制造工艺流程　原料→粉碎→润水→蒸料→冷却→接种→通风培养→成曲。

(3)发酵　在酱油发酵过程中,根据醪醅的状态,有稀醪发酵、固态发酵及固稀发酵之分;根据加盐量的多少,又分有盐发酵、低盐发酵和无盐发酵三种;根据加温状况不同,又可分为日晒夜露与保温速酿两类。目前酿造厂中用得最多的是固态低盐发酵。其工艺流程为:成曲→打碎→加盐水拌和(12～13°Bé,55℃左右的盐水,含水量50%～55%)→保温发酵(50～55℃,4～6d)→成熟酱醅。

(4)浸出提油　工艺流程为:

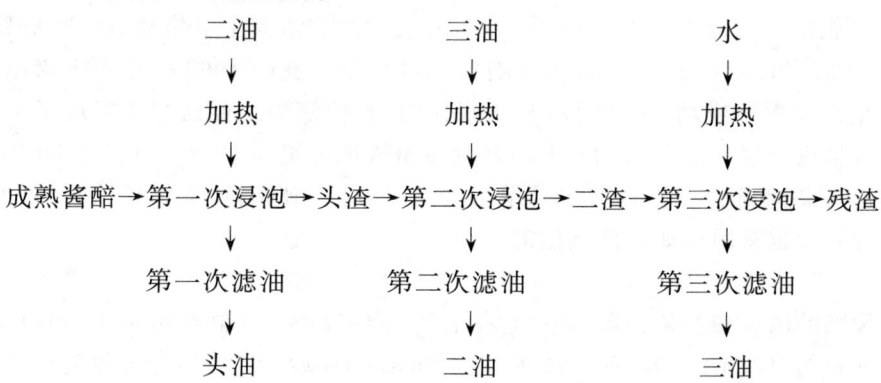

(5)成品配制　以上提取的头油和二油并不是成品,必须按统一的质量标准进行配兑,

调配好的酱油还须经灭菌、包装,并经检验合格后才能出厂。

(二)酱类酿制

酱类包括大豆酱、蚕豆酱、面酱、豆瓣酱及其加工制品,营养丰富,易于消化吸收,具特有的色、香、味,是一种受欢迎的大众化调味品。我国远在周朝时就开始利用自然界的霉菌制作豆酱,以后传到日本及东南亚。

1. 生产菌

用于酱类生产的霉菌主要是米曲霉,生产上常用的有沪酿3.042、中科3.951号等。这些曲霉具有较强的蛋白酶、淀粉酶及纤维素酶的活力,它们把原料中的蛋白质分解为氨基酸,淀粉变为糖类,在其他微生物的共同作用下生成醇、酸、酯等,形成酱类特有的风味。

2. 生产工艺

酱的种类较多,酿造工艺各有特色,所用调味料也各不相同。以下以面酱为例简要介绍其制作工艺。

面酱采用标准面粉酿制,也可在面粉中掺25%~50%的新鲜豆腐渣。面酱制造可分为制曲和制酱两部分。

制曲工艺流程:面粉、水→捏合→蒸料→补水→冷却→接种→装匾入室→倒匾→翻曲→倒匾→出曲。

制酱工艺流程:成曲→堆积升温→拌水→入缸→酱醅保温发酵→加盐→磨细→面酱。

(三)腐乳发酵

腐乳是我国著名的民族特产食品之一,有1000多年的制造历史,是营养丰富、味道鲜美、风味独特、价格便宜、深受大家喜爱的佐餐食品。腐乳是用豆腐胚、食盐、黄酒、红曲、面曲、砂糖、花椒、玫瑰、辣椒等香辛料制成的。

1. 生产菌

目前采用人工纯种培养,大大缩短了生产周期,不易污染,常年都可生产。现在用于腐乳生产的菌种主要是霉菌,如腐乳毛霉(*M. supu*)、鲁氏毛霉、总状毛霉、华根霉等,但克东腐乳是利用微球菌,武汉腐乳是用枯草杆菌进行酿造的。

2. 工艺流程

大豆→洗净→浸泡→磨浆→过滤→点浆→压榨→豆腐→切胚→接种培养→毛胚→加敷料→腌胚→装坛→后发酵(3~6个月)→成品。

(四)柠檬酸发酵

柠檬酸的化学式为$C_6H_8O_7$。在果实中含有一定的柠檬酸,其中以柑橘、菠萝、柠檬、无花果等中含量较高。另外,在棉叶、烟叶内也有较高的含量。我国1968年用薯干为原料采用深层发酵法生产柠檬酸成功,至20世纪70年代中期,柠檬酸工业已初步形成了生产体系。柠檬酸的产量也有很大提高,20世纪70年代发酵液浓度达到12%、20世纪80年代提高到14%、目前提高到16%。柠檬酸主要用于食品工业,作酸味料,常用在饮料、果汁、果酱、水果糖等食品中,也有用作油脂抗氧化剂。

1. 生产菌

能产生柠檬酸的微生物种类很多,其中包括青霉、曲霉、毛霉和假丝酵母等。目前生产上常用产酸能力强的黑曲霉。另外泡盛曲霉、斋藤曲霉(*Asp. saitoi*)、橘青霉等的产酸能力也都很强。

2.生产工艺

柠檬酸发酵可分为固体发酵和液体发酵两大类。液体发酵又分浅盘发酵法和液体深层发酵法。目前世界各国多采用液体深层发酵法进行生产。

柠檬酸生产的全部过程包括试管斜面菌种培养、种子扩大培养、发酵和提炼四个阶段。其一般工艺流程如下：

(1)薯干粉原料深层发酵工艺流程

斜面菌种←麸曲瓶←种子
↓
薯干粉→调浆→灭菌(间歇或连续)→冷却→发酵→发酵液→提取→成品
↑
通无菌空气

(2)以薯渣为原料的固体发酵工艺流程

试管斜面→三角瓶菌种→种曲
↓
薯渣→粉碎→蒸煮→摊凉接种→装盘→发酵→出曲→提取→成品
↑
米糠

第四节 微生物酶制剂及其在食品工业中的应用

酶的大规模工业化生产是在第二次世界大战后,随着抗生素工业的发展而建立起来的,当时微生物培养技术、发酵工艺和发酵设备产生了根本性的变革,液体深层发酵技术的广泛应用揭开了近代工业发酵的序幕。在这个高潮中,1949年日本开始用液体深层发酵技术生产细菌 α-淀粉酶,从此微生物酶制剂的生产进入了大规模工业化阶段。目前国际市场上出售的酶制剂商品有一百多种。我国可生产酶制剂十多种,它们已在食品、纺织、医药、造纸、皮革、化工、石油和农业等部门得到应用。从1970年起,我国又开展了酶的固定化技术的研究,利用固定化氨基酰化酶生产具有光学活性的氨基酸取得了较高的得率(60%～74%)。酶的固定化技术现已用于核苷酸、果葡糖浆、苹果酸、天冬氨酸和半合成抗生素的生产,固定化葡萄糖淀粉酶和啤酒酵母固定化细胞的工艺也已经成熟。但是,我国酶制剂的生产和应用与国外相比还有一定的差距,如产量不大、活性不高、品种较单一等。

一、淀粉酶类

淀粉酶是水解淀粉物质的一类酶的总称,广泛存在于动植物和微生物中。它是最早实现工业化生产并且至今为止应用最广、产量最大的一类酶制剂。

(一)淀粉酶的主要类型及其性质

按照水解淀粉方式不同可将淀粉酶分为四大类:α-淀粉酶、β-淀粉酶、糖化酶和异淀粉酶(解枝酶)。

1.α-淀粉酶(α-Amylase,EC3.2.1.1)及其性质

α-淀粉酶也称为液化型淀粉酶或淀粉-1,4-糊精酶。它作用于淀粉时可从淀粉分子内部

切开α-1,4-糖苷键生成糊精和还原糖,但不能分解α-1,6-葡萄糖苷键,也不能水解紧靠α-1,6分支点的α-1,4-糖苷键,因产物的末端葡萄糖残基C_1碳原子为α-构型故称α-淀粉酶。可产生α-淀粉酶的微生物种类很多,但不同来源的α-淀粉酶的性质也不同(见表7-3)。

表7-3 各种微生物α-淀粉酶的性质和稳定性

项目	酶的来源			
	细菌	根霉	黑曲霉	节卵孢属
耐热性(处理15min)	65～80℃	55～65℃	55～70℃	50～70℃
最适pH值	5.4～6.0	3.6	4.9～5.2	5.6
稳定pH值	4.8～10.6	5.4～7.0	4.7～9.5	6.0～10.3
Ca^{2+}的保护作用	有保护作用	无保护作用	有保护作用	无保护作用
淀粉分解限度	35%	48%	48%	37%
淀粉分解主要产物	糊精、麦芽糖	麦芽糖	麦芽糖	糊精、麦芽糖

2. β-淀粉酶及其性质

β-淀粉酶过去主要是从麦芽、大麦、甘薯、大豆等高等植物中提取。近几年来,发现不少微生物能产β-淀粉酶。微生物的β-淀粉酶从其对淀粉的作用上来看,与高等植物的β-淀粉酶是一致的,而在耐热性等方面都优于高等植物,更适合于工业化应用。

β-淀粉酶由淀粉的非还原性末端开始作用,逐次分解,分解产物以麦芽糖为单体,但遇到α-1,6-葡萄糖苷键就停滞不前。因此,此酶与支链淀粉或糖原作用,其结果是分枝部分外侧的直链部分被分解为麦芽糖,而由分枝附近至内侧部分则不被分解而残留下来,即β-极限糊精。生成的麦芽糖在光学上属于β型。

β-淀粉酶最早是从高等植物中提取,继1942年发现细菌可生成β-淀粉酶后,1964年又发现真菌也能分泌此酶。1973年日本味之素公司获得巨大芽孢杆菌生产β-淀粉酶的专利。1974年Shinke等又发现某些芽孢杆菌生成的β-淀粉酶活力很高。

3. 糖化酶(Glucoamylase,EC3.2.1.3)及其性质

糖化酶也称为糖化型淀粉酶或淀粉葡萄糖苷酶。糖化酶于1950年前后发现,作用方式和β-淀粉酶相似,也由淀粉的非还原性末端开始逐次分解,分解产物为葡萄糖。它对α-1,6-葡萄糖苷键也能分解,这一点与β-淀粉酶不同。所以水解产物除葡萄糖外,还有异麦芽糖。

4. 异淀粉酶(Isoamylase,EC3.2.1.9)及其性质

异淀粉酶也称为淀粉-1,6-葡糖苷酶、R-酶、茁霉多糖酶等。异淀粉酶可以分解支链淀粉中的α-1,6-葡萄糖苷键,生成直链淀粉。不同来源的异淀粉酶的酶学性质有一定的差异,如表7-4所示。

表7-4 不同来源的异淀粉酶的酶学性质

产生菌	最适反应温度/℃	最适反应pH值	稳定pH值	失活温度/℃
酵母	20	6.0～6.2		
产气气杆菌	47	6.0	5.5～5.7	55
假单胞菌	52	3.0～4.0	3.5～5.5	55
埃希氏杆菌	47	6.0		
诺卡氏菌	45	6.5	5.5～7.5	50
乳酸杆菌	55	5.5	5.5～7.5	60
小球菌	45	5.5	5.8～7.5	50

(二)淀粉酶的主要生产菌

1. α-淀粉酶的生产菌

工业上大规模生产和应用的 α-淀粉酶主要来自细菌和曲霉,特别是枯草杆菌,我国淀粉糖工业使用的液化酶 BF-7658、美国的 Tenase 等属于这一种。由微生物制备酶制剂,产酶量高,易于分离和精制,适于大量生产。当然亦能从植物和动物中提取 α-淀粉酶,满足特殊的需要,但由于成本高、产量低,目前还不能实现工业化生产。具有实用价值的 α-淀粉酶生产菌有:枯草杆菌 JD-32、枯草杆菌 BF7658、淀粉液化芽孢杆菌、嗜热脂肪芽孢杆菌、嗜热硬脂芽孢杆菌溶淀粉变种、糖化芽孢杆菌、马铃薯芽孢杆菌、嗜热糖化芽孢杆菌、多黏芽孢杆菌。

霉菌 α-淀粉酶大多采用固体曲法生产,细菌 α-淀粉酶则以液体深层发酵为主。枯草杆菌 BF7658 是我国产量最大、用途最广的一种液化型 α-淀粉酶,其最适 pH 值为 6.5 左右,pH 值低于 6 高于 10 时,酶活性显著降低,最适温度 65℃左右,60℃以下稳定。在淀粉浆中酶的最适温度为 80~85℃,90℃保温 15min,保留酶活 87%。

2. β-淀粉酶的生产菌

目前对产 β-淀粉酶菌种研究较多的是多黏芽孢杆菌、巨大芽孢杆菌、蜡状芽孢杆菌、环状芽孢杆菌和链霉菌等。它们有可能发展成为微生物 β-淀粉酶的生产菌种。由于异淀粉酶和 β-淀粉酶可以相互配合使用,可以筛选同时具有这两种酶的菌种。

3. 糖化酶的生产菌

糖化酶的生产菌种各国不一。美国主要采用臭曲霉(*Aspergillus fortidus*),丹麦主要采用黑曲霉,日本主要采用拟内孢霉和根霉,前苏联则主要偏向研究拟内孢霉。我国糖化酶的生产也主要采用黑曲霉作为菌种。

糖化酶的工业生产虽始于 1965 年,但当时菌种活性较低,发酵单位不高,因而成本过高,不易开发应用。1977 年我国选育出黑曲霉变异株 UV-11,目前该菌株已广泛应用在糖化酶的生产上。

4. 异淀粉酶的生产菌

可产异淀粉酶的生产菌有酵母、产气气杆菌、假单胞菌、放线菌、埃希氏杆菌、诺卡氏菌、乳酸杆菌、小球菌等。我国异淀粉酶生产多采用产气气杆菌 10016。

(三)淀粉酶在食品工业中的应用

1. 淀粉的糖化和液化

目前在以淀粉为原料生产味精、啤酒、面包酵母、淀粉糖、酒精等工业中,广泛应用淀粉酶进行淀粉的糖化和液化,如:

(1)酶法液化代替高压蒸煮生产酒精 过去生产酒精多采用高压蒸煮淀粉原料(糊化),经糖化后进行酒精发酵。酶法液化是利用 α-淀粉酶液化淀粉质原料,从而取代高压蒸煮。

(2)双酶水解淀粉质粗原料发酵谷氨酸 大部分生产谷氨酸的厂家都以酸水解淀粉获得的葡萄糖为原料。这条工艺路线不仅要消耗大量的盐酸(反应 pH 值为 2),且需要高压设备(2.9×10^5Pa),并浪费粮食。一般从原料到糖液损失淀粉 30% 左右。

用酶法水解淀粉代替酸水解淀粉的原理和葡萄糖酶法生产一样。淀粉质粗原料先经淀粉酶液化,再用糖化酶糖化,糖液压滤,进行离子交换去除杂质后,即可配料进行谷氨酸发酵。

这种酶法生产工艺革新了高温酸水解工艺,从而提高了原料利用率,可节约粮食 24%~30%,成本下降 6%,应在国内大力推广应用。

(3)啤酒酿造 生产啤酒的原料,若先采用α-淀粉酶液化,可以提高原料中淀粉的利用率,缩短糖化时间,增加辅助原料的用量,从而节约麦芽用量。以往啤酒生产的配料为:25%碎米+75%麦芽;采用α-淀粉酶液化后(100U/g淀粉,94℃,pH值为6.0~6.4,液化40min),再以麦芽糖化,其配料为:45%碎米+55%麦芽。

麦芽浸出率为71%~76%,而碎米浸出率多达90%以上,用大麦制作麦芽时有效成分也要损耗一部分。所以,采用α-淀粉酶能提高原料的利用率,即由每吨啤酒耗粮183kg下降到167kg。产品质量也有所提高,口味醇香,保存期也较长。

(4)在其他行业中的应用
①糊精生产。酸水解淀粉生产糊精,不仅得率低、浪费粮食,而且因产品中含有残酸,使用范围受到限制。用α-淀粉酶液化法生产糊精,有节约原料、简化设备的优点,同时酶法生产的糊精还可以代替阿拉伯树胶合成的粘贴胶水。

②酱油酿造。在酱油酿造过程中,若适量应用α-淀粉酶,可使原料用40%小麦(或麸皮)改为20%小麦(或麸皮),增加15%碎米。但碎米需先经α-淀粉酶液化,再经糖化酶糖化,最后把酶解的糖液拌入常规生产的成曲中,入池发酵。这样不仅可节约部分小麦,还可增加酱油的色泽和香味。

③生产粉丝。在漏粉之前的拌料过程中加入一定数量的α-淀粉酶,并以醋酸调节至适当的pH值,可以防止漏粉时断头,且成品的韧性也有所提高。

2.酶法生产葡萄糖

实践证明,酶法生产葡萄糖与酸法生产葡萄糖相比有以下优点:可利用粗淀粉;投料淀粉的浓度高,可达30%~50%,而酸法仅为25%;水解后DE值高,可达98%以上,酸法仅为90%;催化过程中不产生具苦味的龙胆二糖,产品质量好;不需要高温高压设备和耐酸设备。

生产工艺如下:

精制淀粉→淀粉乳→加α-淀粉酶→高温液化→酶灭活→加糖化酶→糖化→糖化液→过滤→浓缩→脱色→离子交换→精致浓缩→结晶→干燥→成品。

二、果胶酶类

(一)果胶酶(Pectinases)的主要种类及其性质

果胶属于多糖类。它由脱水的半乳糖醛酸链所组成,分子质量为10~300ku。果胶还常与由半乳糖和阿拉伯糖所构成的多糖相结合。果胶酶是指能分解果胶质的多种酶的总称,不同来源的果胶酶其特点也不同,下面主要就微生物来源的聚半乳糖醛酸酶(Polygalacturonase,PG)、聚半乳糖醛酸裂解酶(Polygalacturonatelyase,PGL)、聚甲基半乳糖醛酸裂解酶(Polymethlgalacturonatelyase,PMGL)和果胶酯酶(Peetlnesterasesenzyme,PE)做以介绍。

1.PG

此酶在果胶酶系中发现较早,它可以水解D-半乳糖醛酸α-1,4糖苷键。在多种水果和霉菌中均发现endo-PG(内切酶,EC3.2.1.15)存在,酵母和细菌中发现较少。endo-PG以任意方式从聚半乳糖醛酸分子内部切断α-1,4糖苷键,可使其溶液黏度下降,但还原能力增加不大。此酶在果汁澄清中起着重要作用。许多霉菌在产生endo-PG的同时,亦产生exo-PG(外切酶,EC3.2.1.67)、PGL和PE。霉菌所产生的endo-PG反应速度较快,其最适pH值为2.5~5.5,大多数在4~5之间。霉菌endo-PG最高峰降解率达55%~90%,产物为单半乳糖醛酸和二半乳糖醛酸。

2. PGL

此类酶通过切断果胶分子 α-1,4 糖苷键,生成具有不饱和键的半乳糖醛酸酯。一些植物软腐病菌、食品腐败以及霉菌均能产生 endo-PGL(EC4.2.2.2)。细菌 endo-PGL 在裂解聚半乳糖醛酸时需钙离子,作用最适 pH 值为 6.8~9.0,终产物一般为饱和二半乳糖醛酸和三半乳糖醛酸,也有少量单半乳糖醛酸。多黏芽孢杆菌能产生胞外 endo-PGL,通过纤维素层析已分离出 4 个同工酶,它们的最适 pH 值分别为 8.4、8.8、9.3 和 9.5。

多酶梭状芽孢杆菌 exo-PGL(EC4.2.2.9)最适 pH 值为 8.5,钙离子对该酶具有激活作用。该酶可将聚半乳糖醛酸降解为不饱和单半乳糖醛酸。软腐欧瓦杆菌 exo-PGL 最适 pH 值为 9.8~9.4,最适温度为 35℃,钙离子对其无激活作用。该酶对聚半乳糖醛酸作用,产物为不饱和二半乳糖醛酸。

3. PMGL

此类酶可以切断果胶分子 α-1,4 糖苷键。臭曲霉 PMGL 是内切型的酶,该酶最适 pH 值为 5.2,对 95% 酯产生果胶作用,降解率为 27.5%,产物为 2~8 个糖醛酸单位的不饱和的甲基半乳糖酸低聚物。另一种类型如立枯丝核菌的 endo-PMGL(EC4.2.2.10)的最适 pH 值为 7.2,能够降解聚半乳糖醛酸。

4. PE(EC3.1.1.11)

此类酶能够使果胶中的甲酯水解生成果胶酸。一些霉菌、细菌和植物在产生 PG 的同时,亦能产生 PE。此类酶的专一性很强,对果胶的水解作用比对非半乳糖醛酸酶快 1000 倍。该酶对聚半乳糖醛酸甲酯、乙酯亦可作用。霉菌 PE 商品制剂(基本上不含 PG)最适 pH 值约为 5.0,细菌 PE 最适 pH 值为 7.5~8.0。

各种微生物产生的果胶酶种类如表 7-5 所示。

表 7-5 各种微生物产生的果胶酶种类

酶　　源	PE	PG	PGL	PMGL
多种芽杆菌				
多酶梭状芽孢杆菌				
甘蓝黑腐病黄杆菌				
多种欧氏植病杆菌	+			
多种假单胞菌				
产气单胞菌			+	
链霉菌	+		+	
多种镰刀菌	−	+	+	
多种青霉菌		+	+	
多种轮枝孢霉		+	+	+
葱蒜葡萄孢霉	+	+	+	+
三叶草毛盘孢霉	+	+	+	+
马铃薯丝核菌	+	+	+	+
栖碱拟草根霉		+		
苹果褐腐病核盘霉		+		
曲霉菌		+		
胞壁酵母		+		

注:+ 表示能产生,− 表示不能产生。

(二)果胶酶的主要生产菌

虽然能够产生果胶酶的微生物很多,但在工业生产中采用的是真菌。大多数菌种生产的果胶酶都是复合酶,而某些微生物却能产生单一果胶酶,如斋藤曲霉,主要产生内聚半乳糖醛酸酶,而镰刀霉主要生产原果胶酶。各种真菌产生的果胶酶的活力见表7-6。

表7-6 各种真菌产生的果胶酶的活力

微生物类群	PG酶活力	PE酶活力
黑井曲霉 7-6	20000	0.25
黑井曲霉 4-3	6500	0.75
中泽曲霉 11-8	6200	1.80
岛状青霉 SOPP777	4000	—
岛状青霉 SOPP1270	3000	—
高温根霉 R-2-7	弱	0.48
芝麻长蠕孢霉	弱	0.35
黄曲霉 A-7-5	230	6.20
阿核盘霉 PP-3-S	1200	22.00
菌核核盘霉 S-27	400	19.00
青霉 SP·P-Y-2	3000	13.00
泡盛曲霉 22-6	1000	9.00
中泽曲霉 11-2	弱	1.70

(三)果胶酶在食品工业中的应用

1. 果胶酶在澄清型果汁、蔬菜汁中的应用

水果和蔬菜中富含果胶质,使果蔬汁的过滤操作困难,并使果蔬汁混浊,因而在澄清型果汁、蔬菜汁生产过程中为了提高出汁率、加快过滤速度、防止混浊,常常通过加果胶酶的方法分解果胶,以得到透明的果蔬汁。应用果胶酶生产澄清型果汁、蔬菜汁的生产工艺如下:

水果或蔬菜→榨汁→瞬间加热杀菌→冷却→酶处理(45℃,1~3h)→糖化液→离心分离→过滤→浓缩→瞬间加热杀菌(90℃以上)→包装→成品。

2. 果胶酶在生产果酱、果冻、果糕、奶糖等生产中的应用

主要利用果胶物质和糖共存能形成果冻这一特点。形成果冻必须是高浓度糖,但这又会使果味失真。若加入果胶酶把果胶物质分解成果胶酸,同时加入适量钙盐,那么即使较低浓度的糖也能形成稳定果冻,这种低糖果冻具有接近天然果实的风味。另外,在制造浓缩果汁和果珍粉时,当果汁浓缩到一定程度并由于果胶物质水解,则可制成高浓度的果汁和果珍粉。

3. 果胶酶用于提高橘子罐头的质量

果胶酶可代替碱用于橘子脱囊衣。把新鲜的橘瓣置于一定浓度的果胶酶溶液中,保持35~40℃的温度,维持pH值1.5~2.0,经过3~8min,橘子的囊衣即可脱掉。酶法工艺避免了碱法的破坏作用,可保持橘子的天然风味,提高橘子罐头的质量。

4. 果胶酶在葡萄酒和果露酒制造中的应用

目前在葡萄酒和果露酒的酿制过程中,引起压汁以及过滤困难和混浊的主要原因是果胶的存在。利用 PE 和 PG 的协同作用,可使果胶溶化降解,黏度下降,悬浮物沉淀,从而使酒液澄清。

三、纤维素酶

(一)纤维素酶的主要类型与生产菌

1. 纤维素酶的主要类型

纤维素酶是降解纤维素生成葡萄糖的一类酶的总称。纤维素酶可分为两大类:碱性纤维素酶和酸性纤维素酶。有许多微生物可以产生纤维素酶,如一些真菌、放线菌和细菌等,但其作用机制不尽相同,多数细菌的纤维素酶在细胞内形成紧密的酶复合物,而真菌的纤维素酶均可分泌到细胞外。

纤维素酶的组成比较复杂。通常所说的酸性纤维素酶是具有 3~10 种或更多个组分构成的多组分酶,根据其作用一般可以将纤维素酶分为三类:纤维二糖水解酶(又称为 C_1 酶)、β-1,4-葡聚糖酶(C_x 酶)、β-葡萄糖苷酶。在这三种酶的协同作用下,纤维素最终被分解成葡萄糖。到目前为止,在碱性条件下,还没有能够分解天然纤维素的纤维素酶,洗涤剂工业用的碱性纤维素酶和酸性纤维素酶不同,经分离纯化后,它是一类单组分或多组分的只具有内切 β-1,4-葡萄糖苷酶(CMC 酶)活性的纤维素酶,有的还与中性 CMC 酶组分共存。

2. 纤维素酶的生产菌

能形成纤维素酶的微生物见表 7-7。

表 7-7 形成纤维素酶的微生物

菌 种 名	最适 pH 值
产黄纤维素单胞菌(*Cellulomonas flavigena*)	5.5
嗜热纤维梭状芽孢杆菌(*Clostridium thermocillum*)	5.3~5.5
弯曲高温单胞菌(*Thermonospora curvalta*)	6.0
绿色木霉(*Trichoderma uiride*)	5.3
康氏木霉(*T. koningi*)	4.0~5.0
耐热性嗜热侧孢(*Sporotrichum thermophile*)	5.5
嗜热毛壳(*Chaetomium thermophile*)	5.0
氧孢镰刀霉的变种(*Fusarium oxysporum var*)	6.0
霜粉分枝霉(*Sporotrichum pruinsum*)	5.3
黑曲霉(*Asp. niger*)	4.5
斑纹曲霉(*Aspergillus oculeatus*)	4.0~4.5

(二)纤维素酶在食品工业中的应用

1. 纤维素酶用于果品、蔬菜加工

纤维素酶用于果品、蔬菜加工能使果品、蔬菜的组织软化,提高营养价值,改善风味;用于果汁压取则有利于细胞内物质渗出,增加出汁率。

2. 用于大豆去皮

以大豆为原料的发酵食品,外表皮直接影响蒸煮和成品的色泽。因此制造白色的豆酱或纳豆时常常采用纤维素酶来对大豆去种皮。

3. 酿造、发酵工业

用生果实酿酒时,加入纤维素酶后,出酒率可提高 7.6%,最高可达 29.5%。酱油酿造过程中,在入池发酵时加入纤维素酶(固体盒曲的加入量为酱油的 2%左右),成品酱油的氨基酸含量可提高 12%,糖分提高 18%。另外,加入纤维素酶后,酱油的色泽好,不需要外加糖色。

四、蛋白酶

蛋白酶是水解蛋白质肽键的一类酶的总称。按降解多肽的方式不同,可将蛋白酶分成内肽酶和端肽酶两类。前者可把大分子质量的多肽链从中间切断,形成分子质量较小的胨或䏡;后者又可分为羧肽酶和氨肽酶,它们分别从多肽的游离羧基末端或游离氨基末端逐一将肽链水解,生成氨基酸。在微生物的生命活动中,内肽酶的作用是初步降解大的蛋白质分子,使蛋白质便于进入细胞内,属于胞外酶;端肽酶则常存在于细胞内,属于胞内酶。工业上应用的蛋白酶多属于胞外酶。每一种酶都有其作用的最适 pH 值。为了便于掌握,目前蛋白酶的分类多以产生菌的最适 pH 值为标准,分为中性蛋白酶、碱性蛋白酶和酸性蛋白酶。

(一)蛋白酶的主要类型及其生产菌

1.酸性蛋白酶的性质及其生产菌

(1)性质　酸性蛋白酶是蛋白酶中的一类,它在很多方面与动物胃蛋白酶和凝乳蛋白酶相似,其作用的最适 pH 值在酸性范围内(2～5),除胃蛋白酶外,都是由真菌产生,如黑曲霉酸性蛋白酶等。一般分子质量为 35ku,酶分子中酸性氨基酸含量低,它对巯基试剂、金属螯合剂、重金属盐和二异丙基氟磷酸不敏感。酸性蛋白酶的活性中心含有两个羧基,能被 P-BPB(对-溴苯甲酰甲基溴,Pbromophcnoeyl bromide)或重氮试剂不可逆地失活。

多数酸性蛋白酶在 pH 值为 2～5 的范围内是稳定的,一般在 pH 值为 7、40℃下处理 30min,立即使酸性蛋白酶失活,在 pH 值为 2.7、30℃下可引起严重的失活。酶的失活其实是由于酶的自溶,溶液中游离氨基酸的增加有力地证明了这一点。在 pH 值为 6～7 时酶发生变性失活,添加 2mol NaCl 可增加酶的稳定性。

一般的酸性蛋白酶在 50℃以上颇不稳定。例如:斋藤曲霉酸性蛋白酶在 pH 值为 5.5、50℃下处理 20min 可引起完全失活。但也有个别酸性蛋白酶例外,如:黑曲霉大孢子变异株 DBD-0406 酸性蛋白酶 A,热稳定性较高,在 70℃时仍表现一定的酶活力。

大多数酸性蛋白酶的活性中心含有两个羧基,因此,它能断开胰蛋白酶原的赖氨酸与异亮氨酸之间的肽键(Lys6-Ile7),使活性中心暴露而激活。利用这些原理,可专一地测定霉菌酸性蛋白酶的活性。霉菌酸性蛋白酶还有一个特点:其需要较大分子的底物,最小的底物为苄氧基十二肽,而且它作用于蛋白质的专一性较广。

(2)生产菌　已用于生产酸性蛋白酶的微生物菌株有黑曲霉、米曲霉、方斋藤曲霉(Aspergillnsaitoi)、泡盛曲霉、宇佐美曲霉(Aspergillususamii)、金黄曲霉、栖土曲霉、微紫青霉、篓地青霉、丛簇青霉、拟青霉、微小毛霉、德氏根霉、华氏根霉、少孢根霉、白假丝酵母、枯草杆菌等。我国生产酸性蛋白酶的菌株有黑曲霉 A.S3.301、A.S3.305 等。

2.中性蛋白酶的性质及其生产菌

(1)性质　大多数微生物中性蛋白酶是金属酶,分子质量 35～40ku,等电点 pI 值为 8～9,是微生物蛋白酶中最不稳定的酶,很易自溶,即使在低温冷冻干燥下,也会造成分子质量的明显减少。

代表性的中性蛋白酶是枯草杆菌的中性蛋白酶。该酶在 pH 值为 6~7 时稳定,超出这一范围迅速失活。以酪蛋白为底物时,枯草杆菌中性蛋白酶最适 pH 值为 7~8,曲霉菌的中性蛋白酶最适 pH 值为 6.5~7.5。

一般中性蛋白酶的热稳定较差,枯草杆菌中性蛋白酶在 pH 值为 7、60℃下处理 15min,失活 90%;栖土曲霉 3.942 中性蛋白酶在 55℃下处理 10min,失活 80% 以上;而放线菌 166 中性蛋白酶的热稳定性更差,只在 35℃ 以下稳定,45℃ 迅速失活。有的枯草杆菌中性蛋白酶,在 pH 值为 7、65℃ 时,酶活几乎无损失。此外,钙离子对维持酶分子的构象起重要作用,因此,钙对中性蛋白酶的热稳定有明显的保护作用。

(2)生产菌　生产菌有枯草芽孢杆菌、巨大芽孢杆菌、酱油曲霉、米曲霉和灰色链霉菌等。

3. 碱性蛋白酶的性质及其生产菌

(1)性质　碱性蛋白酶是一类作用最适 pH 值在 9~11 范围内的蛋白酶,因其活性中心含有丝氨酸,所以又称丝氨酸蛋白酶。碱性蛋白酶的作用位置要求在水解肽键的羧基侧具有芳香族或疏水性氨基酸(如酪氨酸、苯丙氨酸、丙氨酸等),它比中性蛋白酶有更强的水解能力。此外,碱性蛋白酶还具有水解酯键、酰胺键和转肽的能力。

碱性蛋白酶的分子质量为 20~34ku,等电点 pI 值为 8~9。已知的碱性蛋白酶主要有两种:一种是诺沃(Novo)蛋白酶,另一种是卡斯伯格(Carlsberg)蛋白酶,二者的性能和结构都很相近,分别含有 275 和 274 个氨基酸,由一条多肽链构成。碱性蛋白酶在 pH 值为 9~11 下稳定,酸性条件下或 pH 值超过 11 时酶活力很快丧失。碱性蛋白酶对二异丙基氟磷酸(DFP)敏感,这是碱性蛋白酶的一个重要特征。但是,碱性蛋白酶对 EDTA、重金属和巯基试剂不敏感。钙离子对此酶有一定的热稳定作用。

碱性蛋白酶较耐热,在 55℃ 下放置 30min 仍能保留大部分活力,正是如此,它才具有用作洗涤剂的价值。但是,多数微生物碱性蛋白酶在 60℃ 以上酶活丧失很快,只有费氏链霉菌与立德链霉菌等的碱性蛋白酶 70℃ 处理 30min,酶活性仅损失 10%~15%。

碱性蛋白酶是商品蛋白酶中产量最大的一类蛋白酶,占蛋白酶总量的 70% 左右。碱性蛋白酶主要应用于制造加酶洗涤剂。

(2)生产菌　可产生碱性蛋白酶的菌株很多,但用于生产的菌株主要是芽孢杆菌属的几个种,如地衣芽孢杆菌、解淀粉芽孢杆菌、短小芽孢杆菌、嗜碱芽孢杆菌和灰色链霉菌、费氏链霉菌等。

(二)蛋白酶在食品工业中的应用

1. 蛋白酶在酱油酿造中的应用

低盐固态发酵法生产酱油的两个主要工艺过程——制曲和酱醅发酵都是在敞开条件下进行的,不可避免地会带入大量的杂菌,这些杂菌大多数是产酸微生物。因而当酱油开始发酵后,pH 值会逐渐下降,使米曲产生的中性蛋白酶的作用受到一定抑制,而且米曲所产生的酸性蛋白酶的活性低,因此原料中的蛋白质不能充分分解。如果将米曲霉与黑曲霉进行多菌种制曲,能弥补米曲霉系的不足,从而提高原料全氮的利用。

2. 豆浆脱腥

大豆含蛋白质 43%,大豆蛋白含有人体必需的 8 种氨基酸,所含赖氨酸超过其他植物性蛋白。大豆所含脂肪的成分绝大部分是不饱和脂肪酸,不含胆固醇,多食不会导致心血管疾病。再者,大豆来源广、价格低,特别是豆乳的消化率可达95%。因此,豆浆食品深受消费者的欢迎。但是豆乳含有乙醇、乙醛、戊醛、庚醛、氯乙烯酮等物质,这是其具有豆腥味的重要原因。在豆浆加工中加入中性蛋白酶,不仅能提高豆浆中的干物质含量,同时能在一定程度上消除豆腥味。

3. 酶法制明胶

明胶广泛用于工业与食品业。它的生产工艺原来一直沿用古老的浸灰法,生产周期长达1~3个月,占地面积大,劳动强度高,产品质量低劣。采用酶法制胶后,生产周期缩短到10d,胶原纤维的得率由60%提高到80%,复水溶胶后,明胶收率由50%提高到100%,并大大改善了劳动条件。

五、其他酶类

可以工业化生产的酶制剂除上述四类外还有很多种类,见表7-9。

从表7-9可以看出,一种酶可以由多种微生物产生,而一种微生物也可以产生多种酶,因此可以根据不同条件利用微生物来生产酶制剂。其生产一般分为菌种选育及扩培、产酶培养、酶的分离和纯化、制剂化和稳定化几个过程。

表7-9 微生物酶制剂及其在食品工业中的应用

酶	在食品工业中的用途	来源
脂肪酶	用于干酪和奶油,增进香味,大豆脱腥等	酵母、霉菌
半纤维素酶	大米、大豆、玉米脱皮,提高果汁澄清度,提高速溶食品溶解度	霉菌
葡萄糖氧化酶	用于蛋白质脱葡萄糖以防止褐变,食品除氧,防腐	霉菌
葡萄糖异构酶	将葡萄糖转化为果糖	细菌、放线菌
蔗糖酶	制造转化糖,防止高浓度糖浆中蔗糖析出,防止糖果发沙	酵母
橙皮苷酶	防止柑橘罐头的白色沉淀	霉菌
柚柑酶	去果汁苦味	霉菌
乳糖酶	供乳糖酶缺乏症婴儿的乳品制造,防止乳制品中乳糖析出	酵母、霉菌
单宁酶	食品脱涩	霉菌
花色素酶	防止水果制品变色,白葡萄酒脱去红色	霉菌
凝乳酶	乳液凝固剂	霉菌
胺氧化酶	胺类脱臭	酵母、细菌
菊糖酶	果糖制造	细菌、霉菌
蜜二糖酶	分解甜菜制糖中的棉籽糖	霉菌

> **课堂讨论**
>
> 我们的日常生活中也接触到许多发酵食品,请思考这样一个问题:哪些食品是由微生物发酵生产的,相应的发酵种类是什么?

本章小结

本章主要介绍了食品工业中常用的细菌及其应用、食品工业中的酵母菌及其应用、食品工业中常用的霉菌及其应用和微生物制剂及其在食品工业中的应用四部分内容。食品工业中常用的细菌及其应用介绍了乳酸菌、醋酸菌、谷氨酸菌的种类及其应用。食品工业中的酵母菌及其应用介绍了啤酒酵母、葡萄酒酵母、卡尔酵母、产蛋白假丝酵母的形态特征、培养特征、生理生化特性,以及酵母菌在啤酒酿造、果酒酿造中的酒曲的主要种类及制作工艺、酿酒的工艺流程,面包加工菌种及发酵剂类型、活性干酵母面包发酵剂的制备、面包生产工艺、单细胞蛋白(SCP)的开发等。食品工业中常用的霉菌及其应用介绍了毛霉属、根霉属、红曲霉属、曲霉属、青霉属的生物学特性、常见种类及在酱油酿造、酱类酿制、腐乳发酵、柠檬酸发酵中的应用。微生物制剂及其在食品工业中的应用介绍了淀粉酶类、果胶酶类、纤维素酶、蛋白酶等的种类及应用。

复习思考题

一、名词解释

乳酸菌　　发酵剂　　淋醋　　塔醋　　上面酵母　　α-淀粉酶

二、判断题

1. 目前国际市场上出售的酶制剂商品有一百多种。　　　　　　　　　　　　(　　)
2. 酸牛乳发酵时,发酵温度应控制在42℃左右,3～5d。　　　　　　　　　(　　)
3. 发酵干酪的成熟期为:软质干酪为1～4个月,硬质干酪长达6～8个月。　(　　)
4. 一般面包生产第一次发酵:温度27～29℃,相对湿度75%～80%,发酵1h,形成面团。　　　　　　　　　　　　　　　　　　　　　　　　　　　　　　　　(　　)

三、选择题

1. 干酪种类目前已达(　　)余种。
   A. 100　　　　B. 200　　　　C. 400　　　　D. 800
2. 用果实、果汁或果皮经酒精浸泡、兑制而成的酒是(　　)。
   A. 蒸馏酒　　　B. 露酒　　　　C. 汽酒　　　　D. 啤酒
3. 生产SCP的菌种大多是(　　)。
   A. 酵母菌　　　B. 谷氨酸菌　　C. 醋酸菌　　　D. 青霉
4. 瓜果蔬菜等在运输和贮藏中的腐烂、甘薯的软腐,都与(　　)有关。
   A. 华根霉　　　B. 匐枝根霉　　C. 黄曲霉　　　D. 青霉
5. 常引起皮革、布匹变霉的真菌是(　　)。
   A. 华根霉　　　B. 匐枝根霉　　C. 黄曲霉　　　D. 青霉

四、填空题

1. 食品生产上的主要醋酸菌种有＿＿＿＿＿＿、＿＿＿＿＿＿、＿＿＿＿＿＿、＿＿＿＿＿＿、＿＿＿＿＿＿。
2. 酿醋的陈酿方法有两种方法：一种是＿＿＿＿＿＿，另一种是＿＿＿＿＿＿。
3. 目前我国谷氨酸发酵最常见的生产菌种是＿＿＿＿＿＿和＿＿＿＿＿＿。
4. 食品工业中常用的酵母菌有＿＿＿＿＿＿、＿＿＿＿＿＿、＿＿＿＿＿＿、＿＿＿＿＿＿。
5. 酒精含量在＿＿＿＿＿＿（体积分数）以上的果酒为高度果酒。
6. 微生物酶制剂在食品工业中的应用有＿＿＿＿＿＿、＿＿＿＿＿＿、＿＿＿＿＿＿、＿＿＿＿＿＿等。
7. 食品工业中常用的乳酸菌有＿＿＿＿＿＿属、＿＿＿＿＿＿属、＿＿＿＿＿＿属、＿＿＿＿＿＿属、＿＿＿＿＿＿属的细菌。

五、简述题

1. 简述传统的酿醋工艺。
2. 简述谷氨酸发酵及味精的生产工艺。
3. 简述啤酒的酿造工艺。
4. 简述霉菌在食品工业中的应用。
5. 简述腐乳的生产工艺。
6. 简述面包的生产工艺。

六、技能题

1. 根据你所学的知识，利用双休日或寒暑假自制馒头。
2. 根据你所学的知识，利用双休日或寒暑假自制米酒。

第八章　微生物与食品腐败变质

知识目标
1. 了解微生物污染的来源、途径,引起食品变质的主要微生物的种类。
2. 熟悉微生物引起食品腐败变质发生的基本条件、化学过程等。
3. 理解食品腐败变质的初步鉴定、食品变质的症状与判断。
4. 掌握食品保藏与防腐杀菌的主要方法和基本原理。

技能目标
1. 会对不同种类的食品进行合理加工、储藏、运输等,以防止和减少食品的腐败变质。
2. 能对食品的腐败变质进行初步鉴定。
3. 能对引起不同种类食品变质与污染的微生物、温度等原因进行分析。
4. 能对一些常见食品进行防腐与杀菌处理。

思政目标
通过讲授控制微生物引起食品腐败变质,做好食品贮藏与保鲜所带来的社会经济效益,帮助学生理解食品保鲜对环境可持续发展的影响,引导学生关注食品热点问题,增强职业素养和职业道德感,培养学生社会责任感和使命感。

第一节　食品的微生物污染及其控制

小视频

食品的腐败变质是指在以微生物为主的各种因素的作用下,食品降低或失去食用价值的一切变化,例如肉、鱼、禽、蛋的腐臭,粮食的霉变,蔬菜水果的溃烂,油脂的酸败等。食品腐败变质以食品本身的组成和性质为基础,在环境的影响下,主要由微生物的作用所引起;是食品本身、环境因素和微生物三者互为条件、互为影响、综合作用的结果。食品营养成分组成、水分多少、pH 值高低和渗透压大小等,对食品中微生物的增殖速度、菌相组成和优势菌种有重要影响,从而决定食品的耐藏与易腐以及腐败变质的进程和特征。

一、污染食品的微生物来源与途径

食品微生物污染是指食品在加工、运输、贮藏、销售过程中被微生物及其毒素污染。研究并弄清食品的微生物污染源和途径及其在食品中的消长规律,对于切断污染途径、控制其对食品的污染、延长食品保藏期、防止食品腐败变质与食物中毒的发生都有非常重要的意义。

(一)污染食品的微生物来源

食品中微生物污染的来源概括起来可分为内源性污染和外源性污染两大类。微生物在自然界中的分布十分广泛,不同的环境中存在不同类型和数量的微生物,食品从原料、生产、加工、贮藏、运输、销售到烹调等各个环节,常常与环境发生各种方式的接触,进而导致微生物的污染。

1. 内源性污染

凡是作为食品原料的动植物体,在生活过程中由于本身带有的微生物而造成食品的污染,称为内源性污染,也称第一次污染。动物体在生活过程中污染的微生物一般包括以下两个方面:一是非致病性和条件致病性微生物。在正常条件下,这些微生物寄生在动物体的某些部位,如消化道、呼吸道、肠道里的大肠杆菌、梭状芽孢杆菌等,当动物在屠宰前处于不良条件时,如长途、长时间的运输,过度疲劳,天气过热、过冷,以及机体抵抗力下降等,微生物都会趁机侵入到组织器官,造成肉品的污染,在一定条件下又成为肉品腐败变质和引起食物中毒的重要微生物来源。第二个方面是致病性微生物。在动物生活过程中,被致病性微生物感染,在它们的某些组织器官中存在病原微生物,如沙门氏菌、炭疽杆菌、布氏杆菌、结核杆菌等,这一类病原微生物感染机体后,在其畜产品中也可能污染相应的微生物。

2. 外源性污染

食品在生产加工、运输、贮藏、销售、食用过程中,通过水、空气、人、动物、机械设备及用具等发生的微生物污染称外源性污染,也称第二次污染。

(二)微生物污染食品的途径

1. 水污染途径

自然界各种天然的水源——江、河、湖、海等各种淡水与咸水,包括地下水中,都生存着相应的微生物。由于不同水域中的有机物和无机物的种类和含量、温度、pH 值、含盐量、含氧量及光照度等的差异,造成各种水域中的微生物种类和数量呈明显差异。水中微生物的数量主要取决于水中有机物质的含量,有机物质含量越多,其中微生物的数量也就越大。地面水除了含有自然的水系微生物以外,还会受周围环境的影响,如生活区的污水、医院的污水,以及厕所、动物圈舍等的污染,都可能使水中出现致病性的微生物,这样,水就成了污染源。被微生物污染的水是造成食品污染微生物的主要途径之一。

2. 空气污染途径

空气中也含有一定数量的微生物,它们来自土壤、水、人和动植物体表的脱落物以及呼吸道、消化道的排泄物,可随着风沙、尘土飞扬或沉降而附着于食品上;另外,人体带有微生物的痰沫、鼻涕以及唾液形成的飞沫,在讲话、咳嗽和打喷嚏的时候,可以随空气直接和间接地污染食品。

空气中的微生物主要为霉菌、放线菌的孢子和细菌的芽孢及酵母。不同环境空气中微生物的数量和种类有很大差异。公共场所、街道、畜舍、屠宰场及通气不良处的空气中微生物的数量较多。空气中的尘埃越多,所含微生物的数量也就越多。因此,食品受空气中微生物污染的程度,与空气污染的程度呈正相关。

3. 土壤污染途径

在自然环境中,土壤是含有微生物最多的场所。土壤中含有大量的可被微生物利用的碳源和氮源,还含有大量的硫、磷、钾、钙、镁等,以及硼、钼、锌、锰等微量元素,加之土壤具有一定的保水性、通气性及适宜的酸碱度(pH=3.5～10.5),土壤温度变化范围通常在 10～30℃之间,而且表面土壤的覆盖有保护微生物免遭紫外线照射的作用,因此,土壤为微生物的生长繁殖提供了有利的营养条件和环境条件,故而土壤素有"微生物的天然培养基"和"微生物大本营"之称。土壤中的微生物种类十分庞杂,其中细菌占有比例最大,可达 70%～80%,放线菌占 5%～30%,其次是真菌、藻类和原生动物。土壤中微生物的数量因土壤类型、季节、土层深度等不同而异。一般来说,在土壤表面,由于日光照射及干燥等因素的影响,微生物不易生存,离地表 10～30cm 的土层中菌数最多,随土层加深,菌数减少。

土壤中的微生物既有非病原性的,也有病原性的。除了土壤中自身的微生物外,分布在空气、水和人及动植物体中的微生物也会不断进入土壤。土壤中的致病性微生物,主要是动植物残体、人和动物的排泄物,以及废弃物、污水等污染了土壤而产生的。所以,在食品生产、加工、运输、储藏、烹调的某个环节,直接落地接触土壤,这些沾染上土壤中腐物和寄生菌群的物品,很容易发生腐败变质,如果污染了病源性细菌,则可以对人类的健康造成更严重的危害。

4. 人及动物体污染途径

人体及各种动物,如犬、猫、鼠等的皮肤、毛发、口腔、消化道、呼吸道均带有大量的微生物,如未经清洗的动物被毛、皮肤上的微生物可达 $10^5 \sim 10^6$ 个/cm^2。当人或动物感染了病原微生物后,体内会存有不同数量的病原微生物,其中有些是人畜共患病原微生物,如沙门氏菌、结核杆菌、布氏杆菌。这些微生物可以通过直接接触或通过呼吸道和消化道向体外排出而污染食品。蚊、蝇及蟑螂等各种昆虫也都携带有大量的微生物,其中可能有多种病原微生物,它们接触食品同样会造成微生物的污染。生产人员的工作衣、帽、鞋,如果不清洁,也可能对加工的食品造成污染。

5. 机械与设备污染途径

食品加工机械设备本身并没有微生物所需的营养物质,但在食品加工过程中,由于食品的汁液或颗粒黏附于内表面,食品生产结束时机械设备没有得到彻底的清洗和消毒,使原本少量的微生物得以在其上大量生长繁殖,成为微生物的污染源。这种机械设备在后续的使用中就会通过与食品接触而造成食品的微生物污染。

6. 包装材料及原辅材料污染途径

包装材料如果处理不当也会带有微生物。通常一次性包装材料比循环使用的材料所携带的微生物数量少。塑料包装材料由于带有电荷会吸附灰尘及微生物,所以也会对食品造成危害。

健康的动植物原料不可避免地带有一定数量的微生物,如果在加工过程中处理不当,容易使食品变质,甚至有引起疫病传播的可能。辅料如各种佐料、淀粉、面粉、糖等,通常仅占食品总量的一小部分,但往往带有大量微生物。原、辅料中的微生物一是来自于生活在原、辅料体表与体内的微生物,二是在原、辅料的生长、收获、运输、贮藏、处理过程中的二次污染。

二、控制微生物污染的措施

控制食品因微生物的污染而造成的腐败变质,首先应掐断微生物的污染源,其次是抑制微生物的生长繁殖。生产中必须采取综合措施有效地控制食品的微生物污染。

1. 加强生产环境的卫生管理

食品生产厂和加工车间必须符合卫生要求,应及时清除废物、垃圾、污水和污物等,对污水、垃圾实行无害化处理。生产车间、加工设备及工具要经常清洗、消毒,严格执行各项卫生制度。操作人员必须定期进行健康检查,患有传染病者不得从事食品生产。工作人员要保持个人卫生及工作服的清洁。生产企业应有符合卫生标准的水源。

2. 严格控制生产过程中的污染

在食品加工、贮藏、运输过程中尽可能减少微生物的污染,防止食品腐败变质。原料应选用健康无病的动植物体,不使用腐烂变质的原料,采用科学卫生的处理方法进行分割、冲洗。食品原料如不能及时处理需采用冷藏、冷冻等有效方法加以贮藏,避免微生物的大量繁殖。食品加工中的灭菌条件要能满足商业灭菌的要求。使用过的生产设备、工具要及时清洗、消毒。

3. 注意贮藏、运输和销售卫生

食品的贮藏、运输及销售过程中也应防止微生物的污染,控制微生物的大量生长,应采用合理的贮藏方法,保持贮藏环境符合卫生标准。食品运输车辆应做到专车专用,有防尘装置,车辆应经常清洗消毒。销售前食品应有合理的包装,以防止微生物二次污染。

第二节 微生物引起食品腐败变质的原理

食品腐败变质的过程实质上是食品中碳水化合物、蛋白质、脂肪等在污染的微生物的作用下分解,产生有害物质的过程。

一、食品中碳水化合物的分解

食品中的碳水化合物包括纤维素、半纤维素、淀粉、糖原以及双糖和单糖等。含这些成分较多的食品主要是粮食、蔬菜、水果和糖类及其制品。在微生物及动植物组织中的各种酶及其他因素的作用下,这些成分可发生水解并顺次形成低级产物,如单糖、醇、醛、羧酸,直至二氧化碳和水。其主要指标变化是酸度升高,根据食品种类不同,还表现为糖、醇、醛、酮含量升高或产气(CO_2),有时带有这些产物特有的气味。水果中果胶可被微生物所产生的果胶酶分解,使新鲜果蔬软化。

二、食品中蛋白质的分解

肉、蛋、鱼和豆制品等富含蛋白质的食品,经过微生物的蛋白酶和肽酶的作用,蛋白质被分解成多肽及氨基酸,氨基酸再进一步分解成相应的胺类、有机酸和各种碳氢化合物。各种不同的氨基酸分解产生的腐败胺类和其他物质各不相同,甘氨酸产生甲胺,鸟氨酸产生腐胺,精氨酸产生色胺,进而分解成吲哚,含硫氨基酸分解产生硫化氢和氨、乙硫醇等。胺类物质、NH_3 和 H_2S 等具有特异的臭味。

三、食品中脂肪的分解

食品中脂肪的变质主要是酸败,经水解与氧化产生相应的分解产物。在微生物或动植物组织中的解脂酶的作用下,食物中的中性脂肪分解成甘油和脂肪酸。脂肪酸可进而断链形成具有不愉快味道的酮类或酮酸,不饱和脂肪酸的不饱和键处还可形成过氧化物,脂肪酸也可再分解成具有特殊气味的醛类和羧酸,即所谓的"油哈"气味。这就是食用油脂和含脂肪丰富的食品发生酸败后其感官性状改变的原因。油脂中的饱和脂肪酸及天然抗氧化物质(如维生素 E)、芳香化合物含量高时,可减慢氧化和酸败。

四、有害物质的形成

腐败变质的食品表现出使人难以接受的感官性状,如异常颜色、刺激性气味和酸臭味、组织溃烂、发黏等,而且营养物质分解、营养价值下降。同时,食品的腐败变质可产生对人体有害的物质,如蛋白质类食品的腐败可生成某些胺类使人中毒,脂肪酸败产物引起人的不良反应及中毒。由于微生物严重污染食品,因而也增加了致病菌和产毒菌存在的机会。微生物产生的毒素分为细菌毒素和真菌毒素,它们能引起食物中毒,有些毒素还能引起人体器官的病变及癌症。

第三节 微生物引起食品腐败变质的环境条件

小视频

微生物污染食品后能否生长繁殖,引起食品腐败变质,还取决于食品基质条件和外界环境条件。

一、食品基质条件

各种食品的基质条件不同,因此能够引起食品腐败变质的微生物种类也不完全一样。

(一)食品的营养成分与微生物生长的适应性

微生物是否能引起某种食品的腐败变质,首先取决于该种微生物所具有的酶系是否与该食品的营养成分相一致。食品的主要营养成分是蛋白质、碳水化合物和脂肪。不同的微生物对它们的利用能力是不同的。

1. 分解蛋白质的微生物

多数细菌能分解蛋白质,分解力强的细菌有芽孢菌属、假单胞菌属等。多数酵母对蛋白质的分解能力较弱。许多霉菌都具有分解蛋白质的能力,霉菌比细菌更能利用蛋白质,如毛霉属、根霉属等。

2. 分解碳水化合物的微生物

绝大多数微生物都能利用比较简单的碳水化合物。能强烈分解淀粉的细菌仅是少数,主要为芽孢杆菌属;绝大多数酵母菌不能分解淀粉;许多霉菌可直接分解淀粉,如曲霉属、根霉属等。

3. 分解脂肪的微生物

分解脂肪的微生物种类不多,细菌中荧光假单胞菌的分解能力较强;酵母中解脂假丝酵母具有一定的脂肪分解能力;霉菌中分解脂肪的种类较多,大部分霉菌具有一定的脂肪分解能力。

(二)食品的 pH 值与微生物生长的适应性

各类微生物都有其最适宜的 pH 值范围,食品 pH 值高低是制约微生物生长、影响食品腐败变质的重要因素之一。食品原料的 pH 值几乎都在 7.0 以下。根据食品的 pH 值范围,可将食品划分为酸性和非酸性食品两类。

酸性食品:pH 值小于 4.5 的食品称为酸性食品。绝大多数的水果类食品都属于此类。在酸性食品中细菌生长受抑制,酵母菌和霉菌可正常生长。

非酸性食品:pH 值大于 4.5 的食品称为非酸性食品。几乎所有的蔬菜和鱼、肉、乳等动物性食品都属于此类。在非酸性食品中最适宜细菌生长繁殖,大多数酵母菌和霉菌也能生长。

大多数细菌最适生长的 pH 值是 7.0 左右。酵母菌和霉菌生长的 pH 值范围较宽,细菌生长下限一般在 4.5 左右,pH 值 3.3~4.0 以下时只有个别耐酸细菌,如乳杆菌属尚能生长。非酸性食品适合于大多数细菌及酵母菌、霉菌的生长。酸性食品的腐败变质主要是酵母和霉菌的生长。在食品变质的同时，pH值发生一定的规律性变化。以蛋白质为主要营养成分的食品，变质过程中伴随pH值升高；以碳水化合物、脂肪为主要营养的食品，变质过程中伴随pH值的降低；含蛋白质、碳水化合物等营养均衡的食品，多表现为初期pH值降低，后期pH值升高。

(三) 食品的水分活性与微生物生长的适应性

微生物在食品中生长繁殖需要有一定的水分。食品中的水分主要有两种存在形态：一种是与食品中的极性成分结合的结合态，另一种是游离态。影响微生物生长繁殖的主要是游离态水，因此用质量百分数来表示食品中的水分含量，并不能确切地反映食品中能被微生物利用的实际含水量。为此，必须引用能确切反映食品中含游离水量的指标来分析微生物能否在食品上生长繁殖。我们采用水分活性（A_w）来确定反映食品中的水分含量与微生物引起食品变质的关系。

不同类群的微生物生长对 A_w 值要求不同。大多数细菌生长所需的 A_w 值在 0.9 以上；酵母菌需要的 A_w 值比细菌要低一些，且多数酵母菌比霉菌要高一些，只有耐渗酵母比霉菌低，霉菌与酵母菌和细菌相比，其 A_w 值要求较低。表 8-1、表 8-2 对照列出了常见食品的 A_w 值和主要致腐菌类群引起食品变质时要求的最低 A_w 值。

表 8-1　一些食品的 A_w 值

食品	A_w 值	食品	A_w 值
鲜果蔬	0.97～0.99	蜂蜜	0.54～0.75
鲜肉	0.95～0.99	干面条	0.50
果子酱	0.75～0.85	奶粉	0.20
面粉	0.67～0.87	蛋	0.97

表 8-2　食品中主要微生物类群的最低生长 A_w 值

微生物类群	最低生长 A_w 值	微生物类群	最低生长 A_w 值
多数细菌	0.94～0.99	嗜盐性细菌	0.75
多数酵母	0.88～0.94	干性霉菌	0.65
多数霉菌	0.73～0.94	耐渗酵母	0.60

二、食品的外界环境条件

微生物广泛分布于自然界中，食品中不可避免地会受到一定类型和数量的微生物的污染，环境条件适宜时，它们就会迅速生长繁殖，造成食品的腐败与变质，不仅降低了食品的营养和卫生质量，而且还可能危害人体的健康。

(一) 环境温度

微生物的生长繁殖需要一定的温度，根据微生物对温度的适应性可将其分为低温菌（最适生长温度 10～20℃）、中温菌（最适生长温度 30～40℃）和高温菌（最适生长温度 55～65℃）。在 10℃ 及其以下条件下，中温型微生物和高温型微生物都不能生长繁殖，只有部分低温型微生物能够生长繁殖，但这些微生物的生长繁殖速度很慢，所以低温能在一定程度上延长食品的保藏期。能在 45℃ 以上的温度环境中生长繁殖的微生物主要是嗜热细菌。在高温环境中嗜热细菌生长繁殖造成食品腐败变质的过程,比嗜温菌所造成的食品腐败变质的过程要短,但在自然界中高温型微生物的分布比例较小,在45℃以上,温度越高,适应的菌种越少,直至没有微生物能够生长。在20~30℃范围,食品中的中温型微生物和高温型微生物都能生长,并且中温型微生物在自然界中的分布比例最大,这个温度范围内食品最难保存。不同温度范围内活动的微生物类群如表8-3所示。

表8-3 不同温度范围内活动的微生物类群

低温(<10℃)	中温(20~30℃)	高温(>45℃)
霉菌	霉菌	细菌(少数)
酵母(少数)	酵母	
细菌(少数)	细菌	

(二)氧气状况

不同微生物的生长对氧气的依赖程度不同。在无氧的环境中,能够生长繁殖的有酵母菌、厌氧和兼性厌氧细菌;在有氧环境中,霉菌、放线菌和绝大部分细菌都能生长繁殖。所以,食品在有氧的环境中,因微生物的生长而引起腐败变质的速度较快,在缺氧环境中的腐败变质速度较慢。

新鲜食品原料中含有还原性物质,如植物组织常含有维生素C和还原糖,动物组织含有硫氢基,所以其具有抗氧能力,使动植物组织内部保持一段时间的少氧状态。因此,新鲜食品原料内部能生长的微生物主要是厌氧或兼性厌氧微生物。但食品原料经过加工处理,如加热,可使食品中含有的还原性物质破坏,同时也可因加热使食品的组织状态发生改变,这样氧就可以进入到组织内部。

第四节 食品变质的症状、判断及引起变质的微生物类群

由于各类食品的基质条件不同,因而引起各类食品腐败变质的微生物类群及腐败变质症状也不完全相同。

一、罐藏食品的腐败变质

罐藏食品是食品原料经过预处理、装罐、密封、杀菌之后而制成的食品,通常称之为罐头。其种类很多,依据其pH值的高低可分为低酸性、中酸性、酸性和高酸性罐头四大类(表8-4)。低酸性罐头以动物性食品原料为主要成分,富含大量的蛋白质,而中酸性、酸性和高酸性罐头则以植物性食品原料为主要成分,碳水化合物含量高。

表8-4 罐头食品的分类

罐头类型	pH值	主要原料
低酸性罐头	5.3以上	肉、禽、蛋、乳、鱼、谷类、豆类
中酸性罐头	5.3~4.5	多数蔬菜、瓜类
酸性罐头	4.5~3.7	多数水果及果汁
高酸性罐头	3.7以下	酸菜、果酱、部分水果及果汁

罐头的密封可防止内容物溢出和外界微生物的侵入,而加热杀菌则是要杀灭存在于罐内的全部微生物。罐头经过杀菌可在室温下保存很长时间。但由于某些原因,罐头有时也会出现腐败变质现象。

(一)罐藏食品腐败变质的原因

罐藏食品腐败变质是由罐内微生物引起的,这些微生物的来源有两种情况。

1. 杀菌后罐内残留有微生物

在罐头杀菌操作不当或罐内留有空气等情况下,有些耐热的芽孢杆菌不能彻底被杀灭,这些微生物在保存期内遇到合适条件就会生长繁殖而导致罐头的腐败变质。

2. 杀菌后发生漏罐

由于罐头密封不好,杀菌后发生漏罐而遭受外界的微生物污染。其主要的污染源是冷却水,冷却水中的微生物通过漏罐处进入罐内;空气也是一个微生物污染源。通过漏罐污染的微生物既有耐热菌也有不耐热菌。

(二)罐藏食品腐败变质的外观类型

合格的罐头,因罐内保持一定的真空度,罐盖或罐底应是平的或稍向内凹陷,软罐头的包装袋与内容物接合紧密。而腐败变质罐头的外观有两种类型,即平听和胀罐。

1. 平听

平听可由以下几种原因造成:

(1)平酸腐败 又称平盖酸败。罐头内容物由于微生物的生长繁殖而变质,呈现混浊和不同酸味,pH 值下降,但外观仍与正常罐头一样,不出现膨胀现象。导致罐头平酸腐败的微生物习惯上称之为平酸菌。主要的平酸菌有嗜热脂肪芽孢杆菌、蜡状芽孢杆菌、巨大芽孢杆菌、枯草芽孢杆菌等,这些芽孢杆菌多数情况是由于杀菌不彻底引起的。此外,在杀菌后,由于罐头密封不严,引起的二次污染导致的罐头食品变质主要与污染的微生物种类及其食品的性质有关。

(2)硫化物腐败 腐败的罐头内产生大量黑色的硫化物,沉积于罐内壁和食品上,致使罐内食品变黑并产生臭味,罐头外观一般保持正常或出现隐胀或轻胀。这是由致黑梭状芽孢杆菌引起的。该菌为厌氧性嗜热芽孢杆菌,生长温度在 35～70℃ 之间,适温为 55℃,分解糖的能力较弱,但能较快地分解含硫氨基酸而产生硫化氢气体。此菌在豆类、玉米、谷类和鱼类罐头中常见。

2. 胀罐

引起罐头胀罐现象的原因可分为两个方面:一方面是化学或物理原因,如罐头内的酸性食品与罐头本身的金属发生化学反应产生氢气;罐内装的食品量过多时,也可压迫罐头形成胀罐,加热后更加明显,排气不充分,有过多的气体残存,受热后也可胀罐。另一方面是由于微生物生长繁殖而造成的,它是绝大多数罐藏食品胀罐的原因。引起罐头胀罐的主要微生物有:

(1)TA 菌 TA 菌是不产硫化氢的嗜热厌氧菌(*Thermoanaerobin*)的缩写。它是一类能分解糖、产芽孢的厌氧菌。该类菌在中酸或低酸性罐头中生长繁殖后产生酸和气体(CO_2 和 H_2O)。当气体积累过多、温度过高时就会使罐膨胀甚至破裂。变质的罐头通常有酸味。这类菌常见的有嗜热解糖梭状芽孢杆菌,其生长适宜温度为 55℃,低于 32℃ 时生长缓慢。

(2)中温需氧芽孢杆菌 如多黏芽孢杆菌、浸麻芽孢杆菌等。该类菌分解糖时除产酸外还产生气体,多发生于真空度不够的罐头。

(3)中温厌氧梭状芽孢杆菌　该类菌适宜生长温度为37℃,包括分解糖类的丁酸细菌和巴氏固氮梭状芽孢杆菌,它们可在酸性或中酸性罐头内进行丁酸发酵,产生H_2和CO_2,造成罐头膨胀而变质。一些能分解蛋白质的菌种如魏氏梭菌、生芽孢梭菌及肉毒梭菌等,它们可分解蛋白质产生硫化氢、硫醇、氨、吲哚、粪臭素等恶臭物质,引起肉类、鱼类罐头的腐败变质,并有胀罐现象。

(4)不产芽孢的细菌　出现漏罐或杀菌不充分时,罐中就会污染或存活不产芽孢的细菌。包括两类:一类是肠道菌,如大肠杆菌;另一类是链球菌,如嗜热链球菌、乳链球菌和粪链球菌等。这些菌常见于果蔬罐头中,能发酵糖类产酸、产气,造成胀罐。

(5)酵母菌　酵母菌及其孢子一般都较容易被杀死。罐头内如有酵母菌污染,主要是由于漏罐或杀菌不够造成的。发生变质的罐头往往出现混浊、沉淀、风味改变、肠胀及爆裂等现象。常见于果酱、果汁、水果、甜炼乳、糖浆等含糖量高的罐头。酵母污染的一个重要来源是蔗糖。

(6)霉菌　少数霉菌具有较强的耐热性,尤其是能形成菌核的种类耐热性更强。例如,纯黄丝衣霉菌(*Byssochlamys fulva*)是一种能分解果胶的霉菌,它能形成子囊孢子,85℃下经过30min还能生存。在氧气充足的情况下,霉菌能生长繁殖并产生CO_2,造成罐头膨胀。这种现象的发生是由于罐头真空度不够,罐内有较多的气体造成的。

总之,罐头的种类不同,导致腐败变质的原因菌也就不同,而且这些原因菌时常混在一起产生作用。因此,对每一种罐头的腐败变质都要作具体的分析,根据罐头的种类、成分、pH值、灭菌情况和密封状况综合分析,必要时还要进行开罐镜检及分离培养才能确定。

二、果蔬及其制品的腐败变质

水果与蔬菜中一般都含有大量的水分、碳水化合物,较丰富的维生素和一定量的蛋白质。水果的pH值大多数在4.5以下,而蔬菜的pH值一般在5.0～7.0之间。

(一)微生物的来源

在一般情况下,健康果蔬的内部组织应是无菌的,但有时外观看上去是正常的果蔬,其内部组织中也可能有微生物存在,例如有人从苹果、樱桃等水果的组织内部分离出酵母菌,从番茄的组织中分离出酵母菌和假单胞菌属的细菌。这些微生物是在果蔬开花期侵入并生存于果实内部的。此外,植物病原微生物可在果蔬的生长过程中通过根、茎、叶、花、果实等不同途径侵入组织内部,或在收获后的贮藏期侵入组织内部。

果蔬表面直接接触外界环境,因而污染有大量的微生物,其中除大量的腐生微生物外,还有植物病原菌,还可能有来自人畜粪便的肠道致病菌和寄生虫卵。果蔬在运输和加工过程中也会造成污染。

(二)果蔬的腐败变质

新鲜的果蔬表皮外覆盖的蜡质层可防止微生物侵入,使果蔬在相当长的一段时间内免遭微生物的侵染。当这层防护屏障受到机械损伤或昆虫的刺伤时,微生物便会从伤口侵入其内生长繁殖,使果蔬腐烂变质。这些微生物主要是霉菌、酵母菌和少数的细菌。霉菌或酵母菌首先在果蔬表皮损伤处,或由霉菌在表面有污染物黏附的部位生长繁殖,霉菌侵入果蔬组织后,细胞壁的纤维素首先被破坏,进一步分解细胞的果胶质、蛋白质、淀粉、有机酸、糖类等成为简单的物质,随后酵母菌和细菌开始大量生长繁殖,使果蔬内的营养物质进一步被分解、破坏。新鲜果蔬组织内的酶仍然活动,在贮藏期间,这些酶以及其他环境因素对微生物所造成的果蔬变质有一定的协同作用。

果蔬经微生物作用后外观上出现深色斑点、组织变软、变形、凹陷,并逐渐变成浆液状乃至水状,产生各种不同的酸味、芳香味、酒味等。

引起果蔬腐烂变质的微生物以霉菌最多,也最重要,其中相当一部分是果蔬的病原菌,而且它们各自有一定的易感范围。现将一些引起果蔬变质的微生物列于表 8-5。

表 8-5 引起果蔬变质的微生物

微生物	学名	易感果蔬种类
指状青霉	*Pen. digitaum*	柑、橘
扩张青霉	*Pen. expansum*	苹果、番茄
交链孢霉	*Alternaria*	柑橘、苹果
葡萄孢霉	*Batrytis cinerae*	梨、草莓、甘蓝
串珠镰孢霉	*Fusaium monliliforme*	香蕉
梨轮纹病菌	*Physalospora piricola*	梨
黑曲霉	*Aspergillus niger*	苹果、柑橘
苹果褐腐病核盘霉	*Sclertinia fructigena*	桃、樱桃
苹果枯腐病霉	*Glomerella eingulata*	苹果、葡萄、梨
黑根霉	*Rhizopus niger*	桃、梨、番茄、草莓、番薯
马铃薯疫霉	*Phytophthora infesians*	马铃薯、番茄、茄子
茄绵疫霉	*Phy. meongenae*	茄子、番茄
镰刀霉属	*Fusarium*	苹果、番茄、黄瓜、甜瓜、洋葱
番茄交链孢霉	*Alternaria tomato*	番茄
葱刺盘孢	*Colletotrichum circinans*	洋葱
软腐病欧文氏杆菌	*Erwinia aroideae*	马铃薯、洋葱
胡萝卜软腐病欧文氏杆菌	*Erwinia carotovora*	胡萝卜、白菜、番茄

果蔬在低温(0～10℃)的环境中贮藏,可有效地减缓酶的作用,对微生物活动也有一定的抑制作用,可有效地延长果蔬的贮藏时间。但此温度只能减缓微生物的生长速度,并不能完全控制微生物。贮藏期的长短受温度、微生物的污染程度、表皮损伤的情况、成熟度等因素影响。

(三)果汁的腐败变质

1. 引起果汁变质的微生物

果汁是以新鲜水果为原料,经压榨后加工制成的。由于水果原料本身带有微生物,而且在加工过程中还会受到再污染,所以制成的果汁中必然存在许多微生物。微生物在果汁中能否繁殖,主要取决于果汁的 pH 值和糖分含量。果汁的 pH 值一般在 2.4～4.2 之间,糖度较高,可达 60～70°Bé,因而在果汁中生长的微生物主要是酵母菌,其次是霉菌和极少数细菌。

苹果汁中的主要酵母菌有假丝酵母属、圆酵母属、隐球酵母属和红酵母属。葡萄汁中的酵母菌主要是柠檬形克勒克氏酵母、葡萄酒酵母、卵形酵母、路氏酵母等。柑橘汁中常见越南酵母、葡萄酒酵母和圆酵母属等。浓缩果汁由于糖度高，细菌的生长受到抑制，只有一些耐渗酵母和霉菌生长，如鲁氏酵母和蜂蜜酵母等。这些酵母生长的最低 a_w 值为 $0.65\sim0.70$，比一般酵母的 a_w 值要低得多。由于这些酵母细胞相对密度小于它所生活的浓糖液，所以往往浮于浓糖液的表层，当果汁中的糖被酵母转化后，相对密度下降，酵母就沉至下面。将浓缩果汁置于4℃条件保藏，酵母的发酵作用减弱甚至停止，可以防止浓缩果汁变质。

刚榨制的果汁可检出交链孢霉属、芽枝霉属、粉孢霉属和镰刀霉属中的一些霉菌。但在贮藏的果汁中发现的霉菌以青霉属最为常见，如扩张青霉和皮壳青霉。另一种常见霉菌是曲霉属，如构巢曲霉、烟曲霉等。充有 CO_2 的果汁可抑制霉菌的活动。

果汁中生长的细菌主要是乳酸菌，如乳明串珠菌、植物乳杆菌等。其他细菌一般不容易在果汁中生长。

2.微生物引起果汁变质的现象

微生物引起果汁变质一般会出现混浊、产生酒精和导致有机酸的变化。

(1)混浊　果汁混浊除了由化学因素引起外，大多数是由于酵母菌进行酒精发酵而造成的，当然，有时也可由霉菌造成。通常引起混浊的是圆酵母菌属中的一些种，以及一些耐热性的霉菌，如雪白丝衣霉菌、纯黄衣霉菌和宛氏拟青霉等。但霉菌在果汁中少量生长时并不发生混浊，仅使果汁的风味变坏，产生霉味和臭味等，因为它们能产生果胶酶，对果汁起澄清作用。

(2)产生酒精　引起果汁产生酒精而变质的微生物主要是酵母菌。常见的酵母菌有葡萄汁酵母菌、啤酒酵母菌等。酵母菌能耐受二氧化碳，当果汁含有较高浓度的二氧化碳时，酵母菌虽不能明显生长，但仍能保持活力，一旦二氧化碳浓度降低，即可恢复生长繁殖的能力。此外，少数霉菌和细菌也可引起果汁产生酒精变质，如甘露醇杆菌、明串珠菌、毛霉、曲霉、镰刀霉中的部分菌种。

(3)有机酸的变化　果汁变质时可导致有机酸的变化。果汁中主要含有酒石酸、柠檬酸和苹果酸等有机酸，当微生物分解了这些有机酸或改变了它们的含量及比例时，就使果汁原有的风味遭到破坏，甚至产生不愉快的异味。一般只有极少数的细菌和个别的霉菌能分解酒石酸，如解酒石酸杆菌、琥珀酸杆菌等，葡萄孢霉等能分解柠檬酸产生 CO_2 和醋酸，乳酸杆菌、明串珠菌等能分解苹果酸产生乳酸和丁二酸等，个别霉菌如灰绿葡萄孢霉也能分解苹果酸。与此相反，有些霉菌如黑根霉在代谢过程中可以合成苹果酸，柠檬酸霉属、曲霉属、青霉属、毛霉属、葡萄孢霉属、丛霉属和镰刀霉属等可以合成柠檬酸。

另外，在含糖量较高的果汁中，由于明串珠菌的生长，导致果汁发生黏稠状变质。

三、糕点的腐败变质

(一)糕点变质现象和微生物类群

糕点类食品由于含水量较高，糖、油脂含量较多，在阳光、空气和较高温度等因素的作用下，易引起霉变和酸败。引起糕点变质的微生物类群主要是细菌和霉菌，如沙门氏菌、金黄色葡萄球菌、粪肠球菌、大肠杆菌、变形杆菌、黄曲霉、毛霉、青霉、镰刀霉等。

(二)糕点变质的原因分析

糕点变质主要是由于生产原料不符合质量标准、制作过程中灭菌不彻底和糕点包装贮藏不当而造成的。

1. 生产原料不符合质量标准

糕点食品的原料有糖、奶、蛋、油脂、面粉、食用色素、香料等，市售糕点往往不再加热而直接入口，因此，对糕点原料的选择、加工、贮藏、运输、销售等都应有严格的卫生要求。糕点食品发生变质的重要原因之一是原料的质量问题。如作为糕点原料的奶及奶油未经过巴氏消毒，奶中污染有较高数量的细菌及其毒素；蛋类在打蛋前未洗涤蛋壳，不能有效地去除微生物。为了防止糕点的霉变以及油脂和糖的酸败，应对生产糕点的原料进行消毒和灭菌，不能采用已有霉变和酸败迹象的花生仁、芝麻、核桃仁和果仁等。

2. 制作过程中灭菌不彻底

各种糕点在食品生产时都要经过高温处理，既是食品熟制过程又是杀菌过程，在这个过程中大部分的微生物都被杀死，但抵抗力较强的细菌芽孢和霉菌孢子往往残留在食品中，遇到适宜的条件仍能生长繁殖，引起糕点食品变质。

3. 糕点包装贮藏不当

糕点的生产过程中，由于包装及环境等方面的原因会使糕点食品污染许多微生物。烘烤后的糕点必须冷却后才能包装。所使用的包装材料应无毒、无味，生产和销售部门应具备冷藏设备。

四、乳及乳制品的腐败变质

各种不同的乳如牛乳、羊乳、马乳等，其成分虽各有差异，但都含有丰富的营养成分，容易消化吸收，是微生物生长繁殖的良好培养基。乳一旦被微生物污染，在适宜条件下，微生物就会迅速繁殖，引起乳的腐败变质而失去食用价值，甚至可能引起食物中毒或其他传染病的传播。

(一) 微生物的来源及种类

刚生产出来的鲜乳总是会含有一定数量的微生物，而且在运输和贮存过程中还会受到微生物的污染，使乳中的微生物数量增多。

1. 微生物的来源

(1) 乳房内　即使是健康乳畜的乳房内也可能生有一些细菌，严格无菌操作挤出的乳汁，在1mL中也有数百个细菌。乳房中的正常菌群主要是小球菌属和链球菌属。由于这些细菌能适应乳房的环境而生存，称为乳房细菌。乳畜感染后，体内的致病微生物可通过乳房进入乳汁而引起对人类的传染。常见的引起人畜共患疾病的致病微生物主要有结核分枝杆菌、布氏杆菌、炭疽杆菌、葡萄球菌、溶血性链球菌、沙门氏菌等。

(2) 挤乳过程中的环境、器具及操作人员　污染的微生物的种类、数量直接受畜体表面卫生状况、畜舍的空气、挤奶用具、容器、挤奶工人的个人卫生情况的影响。另外，挤出的奶在处理过程中，如不及时加工或冷藏，不仅会增加新的污染机会，而且会使原来存在于鲜乳内的微生物数量增多，这样很容易导致鲜乳变质，所以挤奶后要尽快进行过滤、冷却。

2. 微生物的种类

新鲜的乳液中含有多种抑菌物质，它们能维持鲜乳在一段时间内不变质。鲜乳若不经消毒或冷藏处理，污染的微生物将很快生长繁殖造成腐败变质。鲜乳的菌数在 $10^3 \sim 10^6$ 个/毫升范围内。自然界中多种微生物可以通过不同途径进入乳液中，但在鲜乳中占优势的微生物主要是一些细菌、酵母菌和少数霉菌。

(1) 乳酸菌　乳酸菌在鲜乳中普遍存在,能利用乳中的碳水化合物进行乳酸发酵,产生乳酸,其种类很多,有些同时还具有一定的分解蛋白质的能力。常见的乳酸菌有乳酸链球菌、乳脂链球菌、粪链球菌、液化链球菌、嗜热链球菌、嗜酸乳杆菌。此外,鲜乳中经常还可分离到干酪乳杆菌、乳酸乳杆菌、乳短杆菌等。

(2) 胨化细菌　胨化细菌可使不溶解状态的蛋白质变成溶解状态。乳液由于乳酸菌产酸使蛋白质凝固或由细菌的乳凝酶作用使乳中酪蛋白凝固。而胨化细菌能产生蛋白酶,使凝固的蛋白质消化成为溶解状态。乳中常见的胨化细菌有枯草芽孢杆菌、地衣芽孢杆菌、蜡状芽孢杆菌、荧光假单胞菌、腐败假单胞菌等。

(3) 脂肪分解菌　主要是一些革兰氏阴性无芽孢杆菌,如假单胞菌属和无色杆菌属等。

(4) 酪酸菌　这是一类能分解碳水化合物产生酪酸、CO_2 和 H_2 的细菌。

(5) 酵母菌和霉菌　鲜乳中常见的酵母有脆壁酵母、霍尔姆球拟酵母、高加索酒球拟酵母、拟圆酵母等。常见的霉菌有乳卵孢霉、乳酪卵孢霉、黑丛梗孢霉、变异丛梗孢霉、蜡叶芽枝霉、乳酪青霉、灰绿青霉、灰绿曲霉和黑曲霉等。

(6) 产碱菌　这类细菌能分解乳中的有机酸、碳酸盐和其他物质,使牛乳的 pH 值上升。主要是革兰氏阴性的需氧性细菌,如粪产碱杆菌、黏乳产碱杆菌。这些菌在牛乳中生长除产碱外,还可使牛乳变得黏稠。

(7) 病原菌　鲜乳中有时会含有病原菌。患结核或布氏杆菌病的乳牛分泌的乳中会有结核杆菌或布氏杆菌,患乳房炎的乳牛的乳中会有金黄色葡萄球菌和病原性大肠杆菌。

(二) 鲜乳的腐败变质

乳中含有溶菌酶等抑菌物质,使乳汁本身具有抗菌特性。但这种特性延续时间的长短,随乳汁温度高低和细菌的污染程度而不同。通常新挤出的乳,迅速冷却到 0℃ 可保持 48h,5℃ 可保持 36h,10℃ 可保持 24h,25℃ 可保持 6h,30℃ 仅可保持 2h。在这段时间内,乳内细菌是受到抑制的。当乳的自身杀菌作用消失后,将乳静置于室温下,可观察到乳所特有的菌群交替现象。鲜乳中微生物的活动曲线见图 8-1。在 0~10℃ 的环境中,鲜乳的腐败过程可分为以下几个阶段:

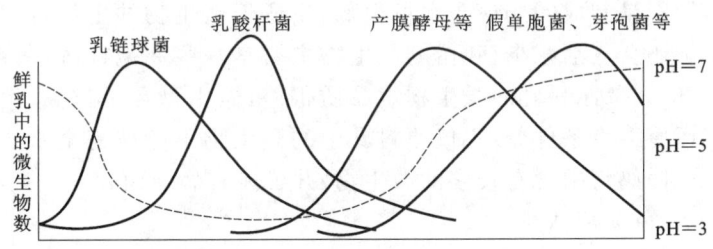

图 8-1　鲜乳中微生物的活动曲线

1. 抑制期

在新鲜的乳液中含有溶菌酶、乳素等抗菌物质,对乳中存在的微生物具有杀灭或抑制作用。在杀菌作用终止后,乳中各种细菌均发育繁殖,由于营养物质丰富,暂时不发生互联或拮抗现象。这个时期持续 12h 左右。

2. 乳链球菌期

鲜乳中的抗菌物质减少或消失后,存在于乳中的微生物,如乳链球菌、乳酸杆菌、大肠杆菌和一些蛋白质分解菌等迅速繁殖,其中以乳链球菌生长繁殖居优势,分解乳糖产生乳酸,使乳中的酸性物质含量不断增高。由于酸度的增高,抑制了腐败菌、产碱菌的生长。以后随着产酸增多,乳链球菌本身的生长也受到抑制,数量开始减少。

3. 乳酸杆菌期

当乳链球菌在乳液中繁殖,乳液的 pH 值下降至 4.5 以下时,由于乳酸杆菌耐酸力较强,尚能继续繁殖并产酸。在此时期,乳中可出现大量乳凝块,并有大量乳清析出。这个时期约持续 2d。

4. 真菌期

当酸度继续下降至 pH 值为 3.0~3.5 时,绝大多数的细菌生长受到抑制或死亡。霉菌和酵母菌尚能适应高酸环境,并利用乳酸作为营养来源而开始大量生长繁殖。由于酸被利用,乳液的 pH 值回升,逐渐接近中性。

5. 腐败期(胨化期)

经过以上几个阶段,乳中的乳糖已基本上消耗掉,而蛋白质和脂肪含量相对较高,因此,此时能分解蛋白质和脂肪的细菌开始活跃,凝乳块逐渐被消化,乳的 pH 值不断上升,向碱性转化,同时并伴随有芽孢杆菌属、假单胞杆菌属、变形杆菌属等腐败细菌的生长繁殖,于是牛奶出现腐败臭味。

鲜乳的腐败变质还会出现产气、发黏和变色的现象。气体主要是由细菌及少数酵母菌产生,主要有大肠杆菌群,其次有梭状芽孢杆菌属、芽孢杆菌属、异型发酵的乳酸菌类、丙酸细菌及酵母菌。这些微生物分解乳中的糖类产酸并产 CO_2 或 H_2。发黏现象是具有荚膜的细菌生长造成的,主要是产碱杆菌属、肠杆菌属和乳酸菌中的某些种。变色主要是由假单胞菌属、黄色杆菌属和酵母菌等的一些种造成的。

(三)乳制品的腐败变质

1. 奶粉

在奶粉的制造过程中,原料乳经过净化、杀菌、浓缩、干燥等工艺,可使原料乳中的微生物数量大大降低,特别是制成的奶粉含水量很低,不适于微生物的生长,甚至随着贮存时间的延长,微生物数量还会逐渐减少,残留的微生物主要是一些芽孢杆菌,所以奶粉能贮存较长时间而不变质。但如果原料乳的微生物学品质很差,微生物含量过高、生产工艺不完善、设备不精良、生产环境卫生条件差,不仅原料乳中的微生物不能被完全杀死,而且还会造成微生物的再次污染,使奶粉中含有较多的微生物,并可能有病原菌存在。奶粉中常见的病原菌是沙门氏菌和金黄色葡萄球菌。

在保存条件不当或包装不好的情况下,残存在奶粉中的微生物就会生长繁殖,造成奶粉的腐败变质。主要原因菌是一些耐热的细菌,如芽孢杆菌、微球菌、嗜热链球菌等。

2. 淡炼乳

淡炼乳是将消毒乳浓缩至原体积的 2/5 或 1/2 而制成的乳制品,其固形物含量在 25.5% 以上。由于淡炼乳水分含量较鲜乳大大降低,且装罐后经 115~117℃ 高温灭菌 15min 以上,所以在正常情况下,灌装淡炼乳成品应不含病原菌和在保存期内可能引起变质的杂菌,可以长期保存。但是,如果加热灭菌不充分或罐体密封不良,会造成微生物残留或再度受到外界微生物的污染,使淡炼乳发生变质。如枯草芽孢杆菌、嗜热芽孢杆菌在淡炼乳中生长可造成凝乳,包括产生凝乳酶凝固和酸凝固。一些耐热的厌氧芽孢杆菌可引起淡炼乳产生气体,使罐发生爆裂或膨胀现象,刺鼻芽孢杆菌和面包芽孢杆菌等分解酪蛋白使炼乳出现苦味等。

3. 甜炼乳

甜炼乳是在消毒乳液中加入一定量的蔗糖,经加热,浓缩至原有体积的 1/3~2/5,使蔗糖浓度达 40%~45%。甜炼乳装罐后一般不再灭菌,而是依靠高浓度糖分形成的高渗环境抑制微生物的生长,达到长期保存的目的。如果原料污染严重或加工工艺粗放造成再度污染以及蔗糖含量不足,可使甜炼乳中微生物生长而引起变质。例如炼乳球拟酵母等分解蔗糖而产生大量气体;芽孢杆菌、微球菌、葡萄球菌、乳酸菌等生长产生乳酸、酪酸、琥珀酸等有机酸以及这些菌产生的凝乳酶等,使炼乳变稠不易倾出,当罐内残存有一定的空气,又有霉菌污染时,会出现白、黄、红等多种颜色的形似纽扣状的干酪样凝块,并呈现金属味、干酪味等异味。在甜炼乳中生长的霉菌有匍匐曲霉、芽枝霉等。

五、肉及肉制品的腐败变质

各种肉及肉制品均含有丰富的蛋白质、脂肪、水、无机盐和维生素,因此肉及肉制品不仅是营养丰富的食品,也是微生物良好的天然培养基。

(一)肉及肉制品中微生物的来源

1. 屠宰前的微生物来源

屠宰前健康的畜禽具有健全而完整的免疫系统,能有效地防御和阻止微生物的侵入和在肌肉组织内扩散,所以正常机体组织(包括肌肉、脂肪、心、肝、肾等)内部一般是无菌的。而畜禽体表、被毛、消化道、上呼吸道等器官中总是有微生物存在,如未经清洗的动物被毛、皮肤微生物数量可达 $10^5 \sim 10^6$ 个/cm²。如果被毛和皮肤污染了粪便,微生物的数量会更多。刚排出的家畜粪便微生物可达 10^7 个/g,瘤胃中微生物可达 10^9 个/g。

患病的畜禽其器官及组织内部可能有微生物存在,如病牛体内可能带有结核杆菌、口蹄疫病毒等。这些微生物能够冲破机体的防御系统,扩散至机体的其他部位,此多为致病菌。动物皮肤发生刺伤、咬伤或化脓感染时,淋巴结中会有细菌存在。其中一部分细菌会被机体的防御系统吞噬或消除掉,而另一部分细菌可能存留下来导致机体病变。畜禽感染病原菌后,有的呈现临床症状,但也有相当一部分为无症状带菌者,这部分畜禽在运输和圈养过程中,由于拥挤、疲劳、饥饿、惊恐等刺激,机体免疫力下降而呈现临床症状,并向外界扩散病原菌,造成畜禽相互感染。

2. 屠宰后的微生物来源

畜禽宰杀后即丧失了先天的防御机能,微生物侵入组织后迅速繁殖。屠宰过程卫生管理不当将造成微生物广泛污染的机会。最初污染微生物是在使用非灭菌的刀具放血时,将微生物引入血液中,随着血液短暂的微弱循环而扩散至胴体部位。在屠宰、分割、加工、贮存和销售过程中的每一个环节,微生物的污染都可能发生。

肉类一旦被微生物污染,其生长繁殖是很难完全抑制的。因此,限制微生物污染的最好方法是在严格卫生管理的条件下进行屠宰、加工和运输,这也是获得高品质肉类及其制品的重要措施。对于已遭受微生物污染的胴体,抑制微生物生长的最有效方法则是进行迅速冷却和及时冷藏。

(二)肉及肉制品中微生物的种类

肉及肉制品中常见的微生物有细菌、霉菌和酵母,其种类很多。它们都有较强的分解蛋白质的能力,其中大部分为腐败微生物,如假单胞菌属、产碱菌属、微球菌属、变形杆菌属、黄杆菌属、梭状芽孢杆菌属、芽孢杆菌属、埃希氏菌属、乳杆菌属、链球菌属、明串珠菌属、球拟酵母属、丝孢酵母属、红酵母属、毛霉属、青霉属、枝霉属、分枝孢属等。有时还可能有病原微生物,它们可引起人或动物的疾病。

(三)鲜肉的腐败变质

在适宜条件下,污染鲜肉的微生物可迅速生长繁殖,引起鲜肉腐败变质。细菌吸附鲜肉表面的过程可分为两个阶段:第一个阶段为可逆吸附阶段,即细菌与鲜肉表面微弱结合,此时用水洗可将其除掉;第二个阶段为不可逆吸附阶段,即细菌紧密地吸附在鲜肉表面,而不能被水洗掉,吸附的细菌数量随时间的延长而增加。试验表明,不能分解蛋白质的细菌难以向肌肉内部侵入和扩散,而能分解蛋白质的细菌可向肌肉内部侵入并扩散。

1.有氧条件下的腐败

在有氧条件下,需氧菌和兼性厌氧菌引起肉类腐败的表现为:

(1)表面发黏 肉体表面有黏液状物质产生,这是由于微生物在肉表面生长繁殖形成菌苔以及产生黏液的结果。发黏的肉块切开时会出现拉丝现象,并有臭味产生。此时含菌数一般可达 10^7 个$/cm^2$。

(2)变色 微生物污染肉后,分解含硫氨基酸产生 H_2S,H_2S 与肌肉组织中的血红蛋白反应形成绿色的硫化氢血红蛋白,这类化合物积累于肉的表面时,形成暗绿色的斑点。还有许多微生物可产生各种色素,使肉表面呈现多种色斑,例如黏质赛氏杆菌产生红色斑,深蓝色假单胞菌产生蓝色斑,黄色杆菌产生黄色斑,某些酵母菌产生白色、粉红色斑和灰色斑,一些霉菌可形成白色、黑色、绿色霉斑。一些发磷光的细菌能产生磷光。

(3)产生异味 脂肪酸败可产生酸败气味,主要由无色菌属或酵母菌引起,乳酸菌和酵母菌发酵时产生挥发性有机酸也带有酸味,放线菌产生泥土味,霉菌能使肉产生霉味,蛋白质腐败产生恶臭味。

2.无氧条件下的腐败

在室温条件下,一些不需要严格厌氧条件的梭状芽孢杆菌首先在肉上生长繁殖,随后其他一些严格厌氧的梭状芽孢杆菌,如双酶梭状芽孢杆菌、生孢梭状芽孢杆菌、溶组织梭状芽孢杆菌等开始生长繁殖,分解蛋白质产生恶臭味。牛、猪、羊的臀部肌肉很容易出现深部变质现象,有时鲜肉表面正常,切开时有酸臭味,股骨周围的肌肉为褐色,骨膜下有黏液出现,这种变质称为骨腐败。

塑料袋真空包装并贮于低温条件时可延长保存期,此时如塑料袋透气性很差,袋内氧气不足,将会抑制需氧菌的生长,而以乳杆菌和其他厌氧菌生长为主。

在厌氧条件下,兼性厌氧菌和专性厌氧菌的生长繁殖引起肉类腐败变质的表现为:

(1)产生异味 由于梭状芽孢杆菌、大肠杆菌以及乳酸菌等作用,产生甲酸、乙酸、丙酸、丁酸、乳酸和脂肪酸而形成酸味,蛋白质被微生物分解,产生硫化氢、硫醇、吲哚、粪臭素、氨和胺类等异味化合物而呈现异臭味,同时还可产生毒素。

(2)腐烂 腐烂主要是由梭状芽孢杆菌属中的某些种引起的,假单胞菌属、产碱杆菌属和变形杆菌属中的某些兼性厌氧菌也能引起肉类的腐烂。

鲜肉在搅拌过程中微生物可均匀地分布到碎肉中,所以绞碎的肉比整块肉的含菌数量高得多。绞碎肉的菌数为 10^8 个/g 时,在室温条件下,24h 就能出现异味。

(四)肉制品的腐败变质

1. 熟肉制品的腐败变质

鲜肉经过热加工制成各种熟肉制品后理应不含菌体,但由于加热程度不同,带有芽孢的细菌可能存留下来,这是贮存期间造成肉类制品败坏的主要隐患所在。在熟肉制品上存在的其他细菌、霉菌及酵母菌常是热加工后的二次污染菌。熟肉制品腐败可出现酸味、黏液和恶臭味。若被厌氧梭状芽孢杆菌污染,熟肉制品深部会发生腐败,甚至产生毒素。

2. 腌腊制品的腐败变质

肉类经过腌制可达到防腐和延长保存期的目的,并有改善肉品风味的作用。肉的腌制分湿腌和干腌。湿腌用的腌制液一般含 4% 的 NaCl,对微生物有一定的抑制作用。假单胞菌是冷藏鲜肉的重要变质菌,其数量的多寡是腊肉制品微生物学品质优劣的标志。该菌在腌制液中一般不生长,只能存活而已。弧菌是腌腊肉制品的重要变质菌,该菌在胴体肉上很少发现,但在腌腊肉上很易见到。腌制肉中微生物的分布与腌制肉的部位和环境条件有关,一般肉皮上的细菌数比肌肉中的细菌数要多。当 pH 值为 6.3 时,则以微球菌占优势。微球菌具有一定的耐盐性及分解蛋白质和脂肪的能力,并能在低温条件下生长,大多数微球菌能还原硝酸盐,某些菌株还能还原亚硝酸盐,因此它是腌制肉中的主要菌类。弧菌具有一定的嗜盐性,并能在低温条件下生长,有还原硝酸盐和亚硝酸盐的能力,当 pH 值为 6.0 以上时,在肉表面生长,形成黏液。

在腌制肉上常发现的酵母菌有球拟酵母、假丝酵母、德巴利酵母和红酵母,它们可在腌制肉表面形成白色或其他色斑。在腌制肉上也常发现青霉、曲霉、枝孢霉和交链孢霉等,并以青霉和曲霉占优势。污染腌制肉的曲霉多数不产生黄曲霉毒素。

带骨腌肉制品有时会发生仅限于前后腿或关节周围深部变质的现象,这主要是由于原料肉在腌制前细菌已污染腿骨或关节处,在腌制时盐分又未能充分扩散进入到腿骨及关节处,使污染菌在此生长繁殖,引起骨腐败。

3. 香肠和灌肠制品的腐败变质

香肠和灌肠是原料肉经过切碎或绞碎并加入辅料及调味料后,灌入肠衣或其他包装材料内,经过加热或不加热而制成的一类食品。在加工过程中,分布在肉表面的微生物及环境中的微生物会大量扩散到肉中去。为防止微生物生长,绞碎与搅拌过程应在低温条件下进行。

生肠类制品,如中国腊肠虽含有一定盐分但仍不足以抑制其中的微生物生长。酵母菌可在肠衣外面形成黏液层,微杆菌能使肉肠变酸和变色,革兰氏阴性杆菌也可使肉肠发生腐败变质。

熟肉肠类是经过热加工制成的产品,因此可杀死肉馅中微生物的营养体,但一些细菌的芽孢仍可能存活,如加热不充分,不形成芽孢的细菌也可能存活。因此,熟制后的肉肠也应进行冷藏,使肠内中心温度在 4~6h 内降至 5℃,否则梭状芽孢杆菌的芽孢可能发芽并繁殖。硝酸盐可抑制芽孢发芽,尤其能抑制肉毒梭菌的芽孢发芽,但对其他菌类的抑制作用弱。熟肉肠类制品发生变质的现象主要有表面变色和产生绿蕊或绿环。前者是由于加工后又污染了细菌,而贮存条件又不当,细菌繁殖所致;后者则是由于原料含菌数过高,加工处理不当,没有将细菌全部杀死,成品又没及时冷藏,细菌大量繁殖所致。当肉肠表面潮湿,环境温度较高时更易发生变质。

4. 干制品的腐败变质

肉干是瘦肉经过适当加工和干燥处理而制成的产品。肉干含水量一般在15%以下,A_w值在0.70以下,并置于干燥环境或装入不透气包装材料内贮存。因此绝大多数的微生物都不能在其上生长,仅有少数霉菌,如灰绿曲霉偶尔可在肉干上缓慢生长。当肉干含水量增高时,表面可发现霉菌生长并产生霉味。

六、禽蛋的腐败变质

禽蛋具有很高的营养价值,含有较多的蛋白质、脂肪、B族维生素及无机盐类,如保藏不当,易受微生物污染而引起腐败。

(一)禽蛋中微生物的来源

健康禽类所产的鲜蛋内部应是无菌的。在一定条件下鲜蛋的无菌状态可保持一段时间,这是由于鲜蛋本身具有一套防御系统:① 刚产下的蛋壳表面有一层胶状物,这种胶状物质与蛋壳及壳内膜构成一道屏障,可以阻挡微生物侵入。②蛋白内含有某些杀菌或抑菌物质,在一定时间内可抵抗或杀灭侵入到蛋白内的微生物。例如蛋白内含的溶菌酶可破坏G^+菌的细胞壁,具有较强的杀菌作用。较低的温度可使溶菌酶的杀菌作用保持较长的时间。③ 刚排出的蛋内蛋白的pH值为7.4~7.6,一周内会上升到9.4~9.7,如此高的pH值环境不适于一般微生物的生存。

在鲜蛋中经常可发现微生物存在,即使是刚产出的鲜蛋也是如此。其微生物污染的来源主要有:①卵巢内:病原菌通过血液循环进入卵巢,在蛋黄形成时进入蛋中。常见的卵巢内感染菌有雏沙门氏菌、鸡沙门氏菌等。②泄殖腔:禽类泄殖腔内含有一定数量的微生物,当蛋从泄殖腔排出体外时,由于蛋内容物遇冷收缩,附在蛋壳上的微生物可穿过蛋壳进入蛋内。③环境:鲜蛋蛋壳的屏障作用有限,蛋壳上有许多大小为4~40μm的气孔,外界的各种微生物都有可能进入,特别是贮存期长或经过洗涤的蛋,在高温、潮湿的条件下,环境中的微生物更容易借水的渗透作用侵入蛋内。

(二)禽蛋的腐败变质

禽蛋被微生物污染后,在适宜的条件下,微生物首先使蛋白分解,使蛋黄不能固定而发生位移。随后,蛋黄膜被分解而使蛋黄散乱,并逐渐与蛋白相混在一起。这是变质的初期现象,这种蛋称为散黄蛋。散黄蛋进一步被微生物分解,产生硫化氢、氨、粪臭素等蛋白分解产物,蛋液变成灰绿色的稀薄液,并伴有大量恶臭气味,称为泻黄蛋。有时蛋液变质不产生硫化氢而产生酸臭,蛋液呈红色,变稠呈浆状或有凝块出现,称为酸败蛋。外界的霉菌可在蛋壳表面或进入内侧生长,形成深色霉斑,造成蛋液黏着,称为黏壳蛋。细菌、霉菌引起禽蛋变质的具体情况见表8-6。

表 8-6 细菌、霉菌引起禽蛋变质的情况

变质类型	原因菌	变质的表现
绿色变质	荧光假单胞菌	初期蛋白明显变绿,不久,蛋黄膜破裂与蛋黄相混,形成黄绿色混浊蛋液,无臭味、可产生荧光
无色变质	假单胞菌属、五色杆菌属、大肠菌群	蛋黄常破裂或呈白色花纹状,通过光线易观察、识别
黑色变质	变形杆菌属、假单胞菌属	蛋发暗不透明、蛋黄黑化,破裂时全蛋呈暗褐色,有H_2S产生,有臭味,在高温下易发生
红色变质	假单胞菌属、沙门氏菌属	较少发生,有时在绿色变质后期出现,蛋黄上有红色或粉红色沉淀,蛋白也呈红色,无臭味
点状霉斑	芽枝霉属(黑色)、枝孢霉属(粉红色)	蛋壳表面或内侧有小而密的霉菌菌落,在高温时易发生
表面变质	毛霉属、枝霉属、交链孢霉属、葡萄孢霉属	霉菌在蛋壳表面呈羽毛状
内部变质	分枝霉属、芽枝霉属	霉菌通过蛋壳上的微孔或裂纹侵入蛋内生长,使蛋白凝结、变色,有霉臭,菌丝可使卵黄膜破裂

第五节　食品保藏中的防腐与杀菌措施

食品保藏是食品从生产到消费过程中不可缺少的一个重要环节。保藏不当,食品及原料上的微生物就会大量生长繁殖,致使食品及原料腐败变质,全世界每年由此而造成的损失相当大。为了尽量减少损失,在食品保藏时应减少微生物污染,抑制微生物的生长繁殖或杀灭微生物。

食品保藏用的防腐与杀菌措施有多种,主要包括:

一、食品的低温抑菌保藏

低温保藏是食品保藏中使用最广泛的方法。降低食品的温度不仅可以抑制食品中的微生物活动,而且食品本身的酶活性及反应也受到抑制。一般保藏温度越低,食品的保藏期就越长。但是温度过低会破坏一些食品的组织,而且除去热量和维持一定低温的费用相当高,所以在选择低温保藏的温度时,应从食品的种类和经济效益两方面考虑。

(一)冷藏保藏

冷藏就是在 0～10℃ 条件下保藏食品。新鲜果蔬在收获后仍在进行生命活动,只要保持其正常的组织结构,对微生物的侵染就有一定的抵抗能力。因此,适当降低温度使其呼吸作用减弱,减少水分蒸发,即可延长其保藏期。食品的冷藏温度越低,其保藏期越长,但不适当的低温会使果蔬受到冷害和冻害。

在冷藏条件下由于嗜冷菌仍能缓慢生长,经过一定时间后便可导致食品腐败变质,因此各类冷藏食品都有一定的保藏期。不同食品由于初始带菌量及带菌种类、食品的基质条件

和其他保藏条件等不同,其保藏期限从几天至几个月不等。肉、鱼类的冷藏保藏期较短,而一些水果、蔬菜类的冷藏保藏期相对较长。

(二)冷冻保藏

将食品保藏在其冰点以下即称冷冻保藏。一般冷冻保藏温度为$-18℃$,在这样的低温下微生物不能活动。同时水分活性随温度降低而降低,纯水在$-20℃$时A_w仅为0.8,低于细菌生长的最低A_w值。另一方面,在温度降至低于食品冰点时,细菌细胞外基质中的水先结冰,使胞外水相中的溶质浓度增大。当其高于细胞内溶质浓度时,因渗透压的作用,细胞内的水便会部分转到胞外,从而使细胞失水。细胞失水程度与冷冻速度有关,冷冻速度越慢,则胞外水相处于冰点而胞内水相未达冰点的时间就越长,细胞失水就越严重。且在冷冻速度慢时,细胞内形成的冰晶少而大,易使细胞破坏、菌体死亡。但由于在缓慢冷冻过程中,新鲜食品的组织细胞也会遭受破坏,致使解冻后的食品不仅质地差,而且因汁液流失使营养价值受损。所以食品冷藏都尽量采用快速冷冻。

细菌的芽孢对冷冻及冷藏的抗性最强,冷冻保藏后约有90%的芽孢可存活。真菌的孢子也有较强的抗冻力,干燥的黄曲霉分生孢子经速冻和解冻后存活率可达75%。一般酵母菌和G^+细菌的抗冻力较强,而G^-细菌的抗冻力较弱。

冷冻时的介质成分对微生物的存活率也有很大影响。如在0.85%的NaCl溶液中冷冻,则细胞的存活率显著下降。而葡萄糖、牛奶、脂肪等物质存在时对细胞有保护作用。

在$-18℃$冷冻保藏的食品中,微生物已不能生长,但食品中原有的酶及微生物产生的酶仍有微弱的活性,如一些微生物产生的脂酶和蛋白酶,在冷冻保藏温度仍有一定活性。若食品冷冻前含有这些酶较多,而又未经钝化处理,则其冷冻保藏期就会大大缩短。一般冷冻保藏温度越低,保藏期就越长。冷冻保藏的食品保藏期可长达几个月至两年。

二、食品的加热灭菌保藏

由于高温可导致微生物死亡,所以加热消毒及灭菌是食品加工中经常采用的一种方法,它可有效地延长食品的保存期。

(一)巴氏消毒

一些食品当采用高温灭菌时会使其营养和色、香、味受到影响,所以可采用巴氏消毒法,即采用较低的温度处理,以达到消毒或防腐,延长保存期的目的。一般灭菌条件为62~63℃、30min或71℃、15min,也有用80~90℃、1min,以杀死食品中致腐微生物的营养体。本方法多用于牛奶、果汁、啤酒、酱油、食醋等的杀菌。所用设备有间歇式水煮立式杀菌锅、长方形水槽、连续式水煮设备、喷淋式连续杀菌设备。

(二)高温灭菌

高温灭菌指灭菌温度在100~121℃范围内的灭菌,又可分为常压灭菌法、加压蒸汽灭菌法。其中加压蒸汽灭菌法在生产上最为常用,它利用加压蒸汽使温度增高,以提高杀菌力,可杀死细菌的芽孢,缩短灭菌时间,主要用于低酸性和中酸性罐藏食品的灭菌。所用设备有两类:一类是静止、卧式或立式高压杀菌锅;另一类是搅拌高压杀菌锅。

(三)超高温瞬时灭菌

超高温瞬时灭菌是指在130~150℃下加热数秒钟进行的灭菌。适合于液态食品的灭菌,如牛乳先经75~85℃预热4~5min,接着通过130~150℃的高温数秒钟。预热过程中,可使大部分细菌被杀死,其后的超高温瞬时加热主要是杀死耐热性强的芽孢菌。所用设备有片式和套管式热交换器,还有蒸汽喷射型加热器。

三、食品的高渗透压保藏

提高食品的渗透压可防止食品腐败变质,常用的有盐腌法和糖渍法。在高渗透压溶液中,微生物细胞内的水分大量外渗,导致质壁分离,出现生理性干燥。同时,随着盐浓度增高,微生物可利用的游离水减少,高浓度的 Na^+ 和 Cl^- 也可对微生物产生毒害作用,高浓度的盐溶液对微生物的酶活性有破坏作用,还可使氧难溶于盐水中,形成缺氧环境,因此可抑制微生物生长或使之死亡,防止食品腐败变质。

(一)盐腌保藏

一般食品中盐浓度达到 8%～10% 可以抑制多数杆菌的生长。球菌被抑制生长的盐浓度为 15%。酵母菌一般对盐较敏感,但有些酵母菌和某些细菌、霉菌一样具有耐高渗透压的特性。总体上讲,18%～25% 的盐浓度才能完全阻止微生物的生长。微生物在高渗透压环境中并不立即死亡,仍然可生存一定时间。常见的盐腌食品有咸鱼、咸肉、咸蛋、咸菜等。

(二)糖渍保藏

糖渍保藏食品的原理是利用高浓度的糖液抑制微生物生长繁殖,达到保藏食品的目的。由于在同一质量百分比浓度的溶液中,离子溶液较分子溶液的渗透压大,因此,蔗糖溶液浓度必须比食盐溶液浓度高 4 倍以上,才能达到与食盐相同的抑菌作用。50% 的糖液可以抑制绝大多数酵母和细菌生长,65%～70% 的糖液可以抑制许多霉菌生长,70%～80% 的糖液能抑制几乎所有的微生物生长。常见的糖渍食品有甜炼乳、果脯、蜜饯和果酱等。

四、食品的防腐保藏

具有抑制或杀死微生物的作用,并可用于食品防腐保藏的化学物质称为食品防腐剂。

(一)山梨酸及其盐类

山梨酸为无色针状或片状结晶,或白色结晶粉末,具有刺激性气味和酸味,对光、热稳定,易氧化,溶液加热时,山梨酸易随水蒸气挥发。山梨酸钾也是白色粉末或颗粒状,其抑菌力仅为等质量山梨酸的 72%。山梨酸钠为白色绒毛状粉末,易氧化。生产中常用的是山梨酸和山梨酸钾。山梨酸钾的水溶性明显好于山梨酸,达 60% 左右。山梨酸是一种不饱和脂肪酸,被人体吸收后几乎和其他脂肪酸一样参与代谢过程而降解为 CO_2 和 H_2O,或以乙酰辅酶 A 的形式参与其他脂肪酸的合成,因而山梨酸类作为食品防腐剂是安全的。

山梨酸类防腐剂的抑菌作用随基质 pH 值下降而增强,其抑菌作用的强弱取决于未解离分子的多少。山梨酸类防腐剂在 pH 值为 6.0 左右仍然有效,可以用于其他防腐剂无法使用的 pH 值较高的食品中。山梨酸类防腐剂对酵母和霉菌有很强的抑制作用,对许多细菌也有抑制作用。其抑菌机制概括起来有:对酶系统的作用、对细胞膜的作用及对芽孢萌发的抑制作用。山梨酸盐对肉毒梭菌及蜡状芽孢杆菌的芽孢萌发有抑制作用。山梨酸及其钾盐的使用范围和最大使用量为:酱油、醋、果酱类 0.1%,果汁、果酒类 0.06%,酱菜、面酱、蜜饯、山楂糕、水果罐头类 0.05%,汽水 0.02%。

在发酵蔬菜中添加 0.05%～0.20% 的山梨酸类防腐剂可以不影响发酵菌的生长而抑制酵母菌、霉菌及腐败性细菌;在泡菜中添加 0.02%～0.05% 的山梨酸类防腐剂便可延缓酵母菌膜的形成。山梨酸盐由于口感温和且基本无味，所以几乎所有的水果制品都用该防腐剂，使用量为 0.02%～0.20%。在果酒中也常用山梨酸盐来防止再发酵，由于 K^+ 与酒石酸反应可产生沉淀，故果酒中一般用其钠盐，用 0.02% 的山梨酸钠和 0.002%～0.004% 的 SO_2 即可取得良好的保藏效果。加 SO_2 的目的一是防止乳酸菌生长使果酒产生异味，二是降低山梨酸的使用浓度。果酒中山梨酸盐的浓度不应超过 0.03%，否则会影响口味。

在焙烤食品中添加 0.03%～0.30% 的山梨酸类防腐剂，可抑制真菌的生长，且在较高 pH 值时仍有效。使用时为了不干扰酵母菌的发酵，应在面团发好后加入。对于不用酵母发酵的焙烤食品，则应尽早加入。

在肉制品中添加适量的山梨酸盐，不仅可抑制真菌，而且还可抑制肉毒梭菌、嗜冷菌及一些病原菌，如沙门氏菌、金黄色葡萄球菌等，降低亚硝酸盐的用量。

（二）丙酸及其盐类

丙酸为无色透明液体，有刺激性气味，可与水混溶。其钙盐、钠盐为白色粉末，水溶性好，气味类似丙酸。丙酸及丙酸盐对人体无危害，为许多国家公认的安全食品防腐剂。丙酸的抑菌作用没有山梨酸类和苯甲酸类强，其主要对霉菌有抑制作用，对引起面包"黏丝病"的枯草芽孢杆菌也有很强的抑制作用，对其他细菌和酵母菌基本没有作用。在 pH 值为 5.8 的面团中加 0.188% 或在 pH 值为 5.6 的面团加 0.156% 的丙酸钙可防止发生"黏丝病"。丙酸类防腐剂主要用于防止面包霉变和发生"黏丝病"，并可避免对酵母菌的正常发酵产生影响。

（三）SO_2 和亚硫酸盐

SO_2 为气体，易溶于水，pH 值为 2～5 时 HSO_3^- 占主要部分，pH 值大于 6 时以 SO_3^{2-} 为主。由于亚硫酸盐类具有使用方便、安全、稳定等优点，所以一般都是用亚硫酸盐或亚硫酸氢盐，许多国家都允许用 SO_2 和一些亚硫酸盐来保藏食品。主要用于果汁、果酒和水果的保藏，可抑制醋酸杆菌、多种酵母菌和霉菌。定期充 SO_2 可抑制葡萄上的葡萄孢霉等霉菌。SO_2 的抑菌机制可能与其破坏蛋白质中的二硫键有关。也有人认为是因为 SO_2 具有较强的还原力，使其环境的 E_h 降至好氧菌不能生长的程度。SO_2 用于葡萄酒的最大使用量为 0.025%；亚硫酸盐的最大使用量为：干葡萄酒、罐头、白糖、蜜饯、饼干是 0.06%，冰糖、饴糖、糖果是 0.04%。

（四）硝酸盐和亚硝酸盐

硝酸盐及其钠盐用于腌肉生产中，可作为发色剂，并可抑制某些腐败菌和产毒菌，还有助于形成特有的风味。其中起作用的是亚硝酸。硝酸盐在食品中可转化为亚硝酸盐。由于亚硝酸盐可在人体内转化成致癌的亚硝胺，而硝酸盐转化成亚硝酸盐的量无法控制，因而有些国家已禁止在食品中使用硝酸盐，对亚硝酸盐的用量也限制很严。

虽然亚硝酸盐对人体的危害性已得到确认，但至今仍被用于肉制品的防腐，其主要原因是它能抑制肉毒梭菌，并不是它具有发色作用和能形成特有的风味。

亚硝酸盐在低 pH 值、高浓度下才对金黄色葡萄球菌有抑制作用，对肠道细菌包括沙门氏菌、乳酸菌基本无效。对肉毒梭状芽孢杆菌及其产毒的抑制作用也要在基质高压灭菌或者处理前加入才有效，否则要多 10 倍的亚硝酸盐量才有抑制作用。亚硝酸盐对肉毒梭状芽孢杆菌及其他梭状芽孢杆菌的抑制作用可能是它与铁-硫蛋白（存在于铁氧化蛋白和氢化酶中）结合，从而阻止丙酮酸降解产生 ATP 的过程。在我国，亚硝酸盐是作为发色剂加入肉类罐头及肉类制品中的,用量不能超过0.015%。

(五)乳酸链球菌素

乳酸链球菌素是由29～34个不同氨基酸组成的多肽,无颜色、无异味、无毒性,为乳酸链球菌的产物。其水溶性随pH值的下降而升高,在pH值为2.5的稀盐酸中溶解度为12%,pH值为5.0时溶解度降到4%,在中性或碱性条件下几乎不溶,且易发生不可逆失活。在pH值为2.0时具有良好的稳定性,121℃仍不失活,但在pH值为4以上时加热易分解。乳酸链球菌素对蛋白质水解酶特别敏感,对粗凝乳酶不敏感。其抗菌谱较窄,对G^+细菌(主要为产芽孢菌)有效,而对真菌和G^-细菌无效,G^+细菌中的粪链球菌是抗性最强的菌之一。

乳酸链球菌素具有辅助热处理的作用。一般低酸罐头食品要杀灭肉毒梭菌及其他细菌的芽孢,需进行严格的热处理,若加入乳酸链球菌素则可明显缩短热处理时间,耐热处理中未杀死的芽孢,乳酸链球菌素可以抑制其萌发。由于乳酸链球菌素具有上述优点,现在许多国家允许在各种食品中使用,如罐头、果蔬、肉、鱼、乳等,一般用量为2.5～100mg/kg。

五、食品的辐射保藏

食品的辐射保藏是指利用电离辐射照射食品,延长食品保藏期的方法。

(一)辐射保藏的原理

电离辐射对微生物有很强的致死作用,这是通过辐射引起环境中水分子和细胞内水分子吸收辐射能量后电离产生的自由基起作用的,这些自由基能与细胞中的敏感大分子反应并使之失活。此外,电离辐射还有杀虫、抑制马铃薯等发芽和延迟后熟的作用。在电离辐射中,由于γ射线穿透力和杀菌作用都很强,所以目前食品工业中主要是利用放射性同位素产生的γ射线进行照射处理。

食品辐射保藏有许多优点:①照射过程中食品的温度几乎不上升,对于食品的色、香、味、营养及质地无明显影响。②射线的穿透力强,在不拆包装和不解冻的条件下,可杀灭深藏于食品(谷物、果实和肉类等)内部的害虫、寄生虫和微生物。③可处理各种不同的食品,从袋装的面粉到装箱的果蔬,从大块的烤肉、火腿到肉、鱼制成的其他食品均可应用。④照射处理食品不会有残留,可避免污染。⑤可改进某些食品的品质和工艺质量。⑥节约能源。食品采用辐射保藏能耗为$2.9×10^7$J/t,而冷藏能耗为$3.24×10^8$J/t,热灭菌能耗为$1.08×10^9$J/t,脱水处理能耗为$2.52×10^9$J/t。⑦效率高,可连续作业。

(二)影响辐射保藏的因素

1. 照射剂量

照射剂量的大小直接影响灭菌效果。

2. 照射剂量率

照射剂量率即单位时间内照射的剂量。照射剂量相同,以高照射剂量率照射时,照射的时间就短,以低照射剂量率照射时,照射的时间就长。

3. 食品接受照射时的状态

在照射剂量相同的条件下,品质好的大米,食味变化小,相反食味变化大。水分含量低时,对食品的辐射效应和对微生物的杀灭作用比含水分高时要小。高氧含量能加速被照射微生物的死亡。

4. 食品中微生物的种类

病毒耐辐射能力最强,照射剂量达 10kGy 时,仍有部分存活。用高剂量照射才能使病毒钝化。如 30kGy 照射方可使水溶液中的口蹄疫病毒失活,而要钝化干燥状态下的口蹄疫病毒则要 40kGy 照射剂量。

芽孢和孢子对辐射的抵抗力很强,需用大剂量(10～50kGy)照射才能杀灭。一般菌体用较低剂量(0.5～10kGy)就可将其杀灭。酵母和霉菌对辐射的敏感性与非芽孢细菌相当。

5. 其他因素

在照射食品时与加热、速冻、红外线、微波等处理方法结合,可以降低照射剂量、保护食品、提高辐射保藏效果。

(三)食品辐射保藏的应用

照射食品时的剂量应根据照射源和强度、食品种类及照射目的而定,见表 8-7。

表 8-7 食品辐射保藏的剂量与效果

食品种类	照射源	辐射剂量/kGy	效果
杧果	^{60}Coγ 射线	0.4	延长保藏时间 8d
		0.6～0.8	减少霉烂,营养成分变化小
杨梅	^{137}Csγ 射线	1	延长保藏时间 5d
		2	延长保藏时间 7d,质量优于鲜果
橄榄	^{137}Csγ 射线	0.5～1	提高耐机械扭伤的能力
桃子	^{60}Co、^{137}Csγ 射线	1～3	促进乙烯生成,对糖、抗坏血酸无不良影响,对色、味有较好的保持效果
橘子	^{60}Coγ 射线	0.2～2	可在低温下长期保藏,但有辐射异味
胡桃	γ 射线	0.4	杀虫
红玉苹果	^{60}Coγ 射线	0.05	延长保藏时间
香蕉	^{60}Coγ 射线	0.2～0.3	延长保藏时间
葡萄	^{137}Csγ 射线	1.5～3.0	氧耗增加,出汁量提高
广柑	γ 射线	2	防止成熟和鲜果腐烂,延长保藏时间 42d
梨	γ 射线	0.1～0.5	不耐辐射,延长保藏时间效果不佳
枣	γ 射线	1～2	延长保藏时间,对色、味无不良影响
番茄	γ 射线	3～4	防止腐烂,延长保藏时间 4～12d
草莓	γ 射线	2	延长贮藏时间
杨梅汁	γ 射线	2	杀灭霉菌,保住了色、香、味
苹果汁	γ 射线	3	总糖含量增加,蔗糖含量减少
葡萄汁	γ 射线	<3	单糖含量增加,蔗糖含量减少
鸡肉	γ 射线	45	达到灭菌效果
牛肉	γ 射线	47	达到灭菌效果
猪肉	γ 射线	51	达到灭菌效果
火腿	γ 射线	37	达到灭菌效果
牛肉罐头	γ 射线	25	达到灭菌效果

1. 在粮食上的应用

1kGy 照射可达到杀虫目的。使大米发霉的各种霉菌接受 2～3kGy 照射便可基本被杀死。辐射还能抑制微生物在谷物上产毒。

2. 在果蔬上的应用

许多果蔬都可以利用辐射保藏。杀灭霉菌所需照射剂量如果高于果蔬的耐受量时,将使组织软化、果胶质分解而腐烂,因此照射时必须选择合适的剂量。酵母菌是果汁和其他果品发生腐败的原因菌。抑制酵母菌的照射剂量往往会造成果品风味发生改变,可先通过热处理,再用低剂量照射解决这一问题。

3. 在水产品上的应用

世界卫生组织、联合国粮农组织、国际原子能机构共同批准,允许使用1~2kGy照射鱼类,减少微生物,延长3℃以下的保藏期。

4. 在肉类上的应用

屠宰后的禽肉包封后再用2~2.5kGy照射,能大量地消灭沙门氏菌和弯曲杆菌。对于囊虫、绦虫和弓浆虫用冷冻和0.5~1kGy照射结合的办法,能加速破坏这些寄生虫的感染力。

5. 在调味料上的应用

调味料常常被微生物和昆虫严重污染,尤其是霉菌和芽孢杆菌,因调味料的一些香味成分不耐热,不能用加热消毒的方法处理,用化学药物熏蒸,容易残留药物。用20kGy照射的调味料制出的肉制品与未照射的调味料制出的肉制品无明显差别。

课堂讨论

鲜肉常温下放置两三天就会腐败变质,其原因是什么?

本章小结

本章主要介绍了食品的微生物污染及其控制,微生物引起食品腐败变质的原理,微生物引起食品腐败变质的环境条件,食品变质的症状、判断及引起变质的微生物类群,食品保藏中的防腐与杀菌措施五部分内容。污染食品的微生物来源有土壤、空气、水、人及动物体、加工机械及设备、包装材料、原料及辅料,控制微生物污染的措施有加强生产环境的卫生管理、严格控制加工过程中的污染,注意贮藏、运输和销售卫生。微生物引起食品腐败变质的原理是食品中碳水化合物、蛋白质、脂肪的分解及形成了有害物质。微生物引起食品腐败变质的环境条件有基质条件、外界环境条件。罐藏食品、果蔬及其制品、糕点、乳及乳制品、肉及肉制品、禽蛋的腐败变质症状各不相同,引起变质的微生物类群的种类繁多。食品保藏中的防腐与杀菌措施有低温抑菌保藏、加热灭菌保藏、高渗透压保藏、防腐保藏和辐射保藏。

复习思考题

一、名词解释

食品的腐败变质　　食品微生物污染　　酸性食品　　TA菌　　淡炼乳

二、判断题

1. 土壤中的微生物数量可达 $10^7 \sim 10^9$ 个/g。其中细菌占有比例最大,可达 70%~80%,放线菌占 5%~30%,其次是真菌、藻类和原生动物。（ ）
2. 几乎所有的蔬菜和鱼、肉、乳等动物性食品都属于酸性食品。（ ）
3. 果蔬在低温(0~10℃)的环境中贮藏,可有效地减缓酶的作用,对微生物活动也有一定的抑制作用,可有效地延长果蔬的贮藏时间。（ ）
4. 将食品保藏在其冰点以下即称冷冻保藏。一般冷冻保藏温度为-18℃。（ ）

三、选择题

1. 肉、禽、蛋罐头的类型属于（   ）。
   A. 低酸性罐头　　　B. 中酸性罐头　　　C. 酸性罐头　　　D. 高酸性罐头
2. 水果的pH值大多数在（   ）以下。
   A. 3.5　　　　　　 B. 4.5　　　　　　 C. 5.5　　　　　　 D. 6.5
3. 果汁的pH值一般在（   ）之间,糖度可达60~70°Be。
   A. 1.5~2.0　　　　 B. 2.4~4.2　　　　 C. 4.5~5.5　　　　 D. 5.5~6.5
4. （   ）不是巴氏消毒条件。
   A. 62~63℃,30min　 B. 71℃,15min　　 C. 80~90℃,1min　　D. 100℃,1min
5. 肉在加工成为腌腊制品时,使用的原料中（   ）易与肉中的成分反应生成致癌物质。
   A. 食盐　　　　　　B. 硝石　　　　　　C. 砂糖　　　　　　D. 调味料

四、填空题

1. 污染食品的微生物主要来自_____、_____、_____、_____、加工机械设备、包装材料、原料及辅料等。
2. 腐败变质罐头的外观有两种类型:一种是_____,另一种是_____。
3. 微生物引起果汁变质的现象有_____、_____和_____。
4. 鲜乳的腐败变质过程可分为以下几个阶段:_____、_____、_____、_____、_____。
5. 常用的食品防腐剂有_____、_____、_____、硝酸盐和亚硝酸盐、乳酸链球菌素等。

五、简述题

1. 什么叫内源性污染和外源性污染?
2. 什么叫食品的腐败变质?微生物引起食品腐败变质的原因是什么?举例说明。
3. 怎样预防食品腐败变质?
4. 为什么说土壤是微生物的"大本营"或是人类最丰富的"菌种资源库"?
5. 简述鲜肉的腐败变质过程。
6. 简述奶粉的腐败变质过程。
7. 什么是食品的巴氏消毒?

8. 什么是食品的高温灭菌、超高温瞬时灭菌?

六、技能题

对日常生活中见到的一例变质食品进行分析。主要分析引起其变质的微生物、环境条件等,并提出防止腐败变质的方法措施。

第九章　微生物与食品安全

知识目标
1. 了解细菌性食物中毒的概念、类型及流行病学特点。
2. 熟悉食物中毒的机理。
3. 掌握食品安全标准中微生物学指标及其食品卫生学意义。

技能目标
1. 能对引起简单食品中毒的微生物的大致种类进行简单分析。
2. 为防止食品中毒、污染,能对病原菌采取合理的防控措施。
3. 会对霉菌引起的食品污染进行去毒处理。
4. 会对食品中基本的微生物学安全指标进行检测。

思政目标
通过食品安全案例分析,引导学生理解我国《食品安全法》的"四个最严"要求,增强使命担当,保护人民群众舌尖上的安全。

第一节　食物中毒性微生物及其引起的食物中毒

无论是粮食、果蔬食品,还是动物性食品,在它们的生产、加工、运输和贮藏中都可能污染许多种类的微生物,这些微生物中,有的引起食品腐败变质,使其丧失食用价值,有的则可以引起人的食物中毒和传染病的发生。

一、食物中毒的概念及类型

关于食物中毒的定义和概念,虽然还没有一致的意见,但一般认为,食物中毒是指人体因吃了含有有害微生物或微生物毒素的食物,或者吃了含有有毒化学物质的食物而引起的中毒。食物中毒的类型多种多样,按食物中毒的病因可分为微生物性食物中毒、动植物自然毒食物中毒和化学性食物中毒,其中微生物性食物中毒最为常见。

根据引起食物中毒的微生物类群不同,微生物性食物中毒主要分为细菌性食物中毒和霉菌性食物中毒两大类。根据引起食物中毒的机理不同,微生物性食物中毒可分为感染型食物中毒及毒素型食物中毒。病原细菌污染食物,并在食物中大量繁殖,这种含有大量活菌的食物被摄入人体,会引起人体消化道的感染而造成中毒,即称为感染型食物中毒;食物中污染某些产毒微生物后,在适宜的条件下,这些微生物在食物中繁殖并产生毒素,由于毒素的作用而引起的中毒,即称为毒素型食物中毒。

二、细菌性食物中毒

细菌性食物中毒在食物中毒中最为多见,占食物中毒事件的 30%～90%,中毒人数占食物中毒总人数的 60%～90%。细菌性食物中毒通常有明显的季节性,多发生在气候炎热的季节,一般以 5～10 月份最多。一方面是由于较高的气温为细菌繁殖创造了有利的外界条件;另一方面,这一时期人体防御能力降低,容易造成细菌性中毒事件发生。细菌性食物中毒死亡率较低,如能及时抢救,一般能痊愈,仅肉毒杆菌毒素中毒例外。

(一)沙门氏菌食物中毒

1. 病原菌

沙门氏菌(*Salmonella*)属于肠道病原菌,现已发现有 1800 多种血清型,有些专门对人致病,有些专对动物致病,有些是人畜共患。

2. 生物学特性

(1)形态与染色特性 沙门氏菌是革兰氏阴性、两端钝圆的短杆菌,大小为 $(1～3)\mu m \times (0.4～0.9)\mu m$,不产生荚膜和芽孢,除鸡白痢和鸡伤寒沙门氏菌外,均具有周身鞭毛,能运动,多数细菌具有菌毛,能吸附于细胞表面或凝集豚鼠的红细胞。形态上均与大肠杆菌相似。

(2)培养特性 本菌为需氧及兼性厌氧菌。生长的温度范围为 6.7～45.6℃,最适生长温度为 37℃。生长的 pH 值范围为 4.1～9.0,最适生长 pH 值为 6.8～7.8。营养要求不高,在普通琼脂培养基上均能生长良好,培养 24h 后,形成中等大小、圆形、表面光滑、无色、半透明、边缘整齐的菌落。本菌在 S.S 琼脂上生成无色、半透明的菌落,如果是产生 H_2S 的菌株,菌落中心带黑色,在远藤琼脂上长成淡粉色或无色菌落,在胆盐(煌绿或亚硒酸盐)肉汤中生长良好,均匀混浊。

(3)生化特性 致病性的沙门氏菌的生化特性比较一致,但也有个别菌株的个别特性有差异。一般特性是:可发酵葡萄糖、麦芽糖、甘露醇和山梨醇产酸产气;不发酵乳糖、蔗糖和侧金盏花醇,不产生吲哚和乙酰甲基原醇(V.P.反应阴性),不水解尿素,对苯丙氨酸不脱氨。

(4)抵抗力 本菌对热、消毒药及外界环境的抵抗力不强,60℃、15～20min 即可死亡。在水中能存活 2～3 周,在粪便中可存活 1～2 个月,在牛乳及肉类中能存活数月,在含有 10%～15%食盐的腌肉中可存活 2～3 个月。当水煮或油炸大块鱼、肉、香肠时,若食品内部达不到足以杀死本菌的温度条件,本菌仍能存活下去,由此常常引起食物中毒。本菌在 −25℃低温环境中可存活 10 个月左右,即冷冻保存食品对本菌无杀伤作用。

3. 中毒机理及症状

沙门氏菌食物中毒的发生与食物中的带菌量、菌体毒力及人体本身的防御能力等因素有关。食物中沙门氏菌的带菌量在 $10^5～10^9$ 个/g 范围可以引起食用者中毒,低于这一带菌量的食物一般不会使食用者产生中毒症状。当沙门氏菌随食物进入消化道后,可以在小肠和结肠内繁殖,引起组织的炎症,并可经淋巴系统进入血液,引起全身感染。这一过程主要有两种菌体毒素参与作用:一种是菌体代谢分泌的肠道毒素,另一种是菌体细胞裂解释放出的菌体内毒素。由于中毒主要是摄食一定量活菌并在人体内增殖所引起的,所以沙门氏菌引起的食物中毒主要属感染型食物中毒。

沙门氏菌食物中毒的临床症状一般在进食染菌食物12～24h后出现。主要表现为急性胃肠炎症状，如呕吐、腹痛、腹泻等。另外，由于细菌毒素作用于中枢神经，还可引起头痛、发热，严重的会出现寒战、抽搐和昏迷等症状。病程为3～7d，一般预后良好，但老人、儿童和体弱者如不及时进行急救处理也可致死。沙门氏菌食物中毒的病死率通常低于1％。

4. 病菌来源及防治措施

沙门氏菌的宿主主要是家畜、家禽和野生动物。它们可以在这些动物的胃肠道内繁殖。屠宰的猪、牛、羊等健康家畜，沙门氏菌带菌率为1％～45％；患病动物的沙门氏菌带菌率更高，如病猪的沙门氏菌检出率可达70％以上。家禽的带菌率也较高，一般在30％～40％之间。如果家禽的卵巢带有沙门氏菌，可使卵黄染菌，因而所产的蛋也是带菌的。另外，禽蛋在经泄殖腔排出的过程中可使蛋壳染菌，并且蛋壳上所带的沙门氏菌有可能在存放期间侵入蛋内。

沙门氏菌食物中毒的预防除采取一般食品卫生监测措施外，应注意下列各点：

(1)严禁食用病死畜禽。
(2)严格执行生、熟食品分开制度。
(3)鸡蛋应煮沸8min，鸭蛋应煮沸10min。
(4)肉类至少应蒸煮到肉块中心呈现灰白、硬固的熟肉状态。
(5)禁止家畜、家禽进入厨房和其他食品加工室。
(6)剩菜、食品充分加热后再食用。
(7)严格执行急宰牲畜的肉产品处理办法。
(8)彻底消灭厨房、食品加工厂、储藏室和食堂等处的苍蝇和老鼠。

(二)金黄色葡萄球菌食物中毒

1. 病原菌

小视频

金黄色葡萄球菌（*Ataphylococcus aureus*）能产生外毒素、肠毒素，在自然界中分布极为广泛。金黄色葡萄球菌可感染人和动物皮肤损伤处，引起化脓性症状。人类食用金黄色葡萄球菌污染的食品引起毒素型食物中毒。

2. 生物学特性

(1)形态与染色特性　金黄色葡萄球菌为革兰氏染色阳性球菌，直径为0.5～1.0μm，呈葡萄状排列。无芽孢，无鞭毛，无荚膜，不能运动。

(2)培养特性　金黄色葡萄球菌为兼性厌氧菌，营养要求不高，在普通琼脂培养基上培养18～24h，形成圆形隆起、边缘整齐、光滑湿润、不透明的菌落，直径1～2mm，颜色呈金黄色。最适生长温度为35～37℃，最适pH值为7.4。

(3)生化特性　能利用葡萄糖、麦芽糖、乳糖、蔗糖和甘露醇，产酸不产气；可分解精氨酸、水解尿素、还原硝酸盐；能产生NH_3和少量的H_2S，可凝固牛乳，牛乳有时被陈化；不产生靛基质，M.R.试验阳性，V.P.试验不定，血浆凝固酶阳性。

(4)抵抗力　本菌对外界的抵抗力较强，是不产芽孢的细菌中抵抗力最强的一种，加热到80℃，30min至1h才能将其杀死，在干燥的脓汁和血液中可存活数月，本菌可耐受冷藏，在含有50％～66％蔗糖或15％以上食盐的食品中可被抑制。

3. 中毒机理及症状

金黄色葡萄球菌食物中毒主要是由摄食菌体产生的肠毒素引起的，单纯摄食菌体一般不会引起中毒,所以这是毒素型食物中毒。

当金黄色葡萄球菌肠毒素随食物进入人体后,可在消化道被吸收进入血液,并由毒素刺激中枢神经系统而引起中毒反应。中毒的潜伏期一般为1~5h,最短为15min,最长不超过8h。中毒症状为急性胃肠炎症状、恶心、反复呕吐,并伴有腹痛、头晕、头痛、腹泻等。儿童对肠毒素比成人更敏感,病情也较成人重。但金黄色葡萄球菌食物中毒一般不导致死亡,只要及时补充吐泻的失水,1~2d内就能恢复正常。

4. 病菌来源及防治措施

引起金黄色葡萄球菌食物中毒的食品以乳、肉及其制品最为常见,其次是淀粉类食品。主要污染来源包括原料来源(患有乳房炎的奶牛或有化脓性炎症的动物)和患病工作人员的污染。由于金黄色葡萄球菌肠毒素的耐热性强,一旦在污染的食品上产生了毒素,食用前重新加热处理并不能完全消除引起中毒的可能性。

为预防金黄色葡萄球菌食物中毒,应注意以下几点:

(1)防止食品受到金黄色葡萄球菌的污染。要注意食品加工人员的卫生与健康状况,患有化脓性感染的人不适于从事食品加工工作。此外,要严格控制患乳房炎的奶牛乳混入乳品加工原料中。食品加工用具使用过后,进行彻底清洗、消毒,以防止污染食品。

(2)防止金黄色葡萄球菌的生长与毒素产生。

(三)致病性大肠杆菌食物中毒

1. 病原菌

大肠杆菌是人和温血动物肠道的正常寄生菌,但有些菌株可以引起人的食物中毒,这些菌株属于致病性大肠杆菌(*Pothogenic E. coli*),是一类条件性致病菌。根据不同血清型致病特点,可将致病性大肠杆菌分为四类:肠道致病性大肠杆菌(EPEC)、侵袭性大肠杆菌(EIEC)、产毒性大肠杆菌(ETEC)和肠出血性大肠杆菌(EHEC)。

2. 生物学特性

(1)形态与染色特性 大肠杆菌是肠杆菌科埃希氏菌属的细菌,革兰氏阴性,两端钝圆,长 1~3μm,宽约 0.6μm,有时呈卵圆形。本菌为周生鞭毛,能运动,不产生荚膜,而且一般对碱性染料着色良好,有时两端浓染,要注意与巴氏杆菌区别。

(2)培养特性 本菌为需氧及兼性厌氧菌,对营养要求不高,在普通琼脂培养基上即可生长良好,最适生长温度为37℃,最适 pH 值为 7.2~7.4。新分离出来的大肠杆菌一般是光滑型(S)菌株,在肉汤中培养 18~24h 后呈均匀混浊;在普通琼脂平板上培养 24h,可形成圆形、凸起、光滑、湿润、半透明的或接近无色的中等大菌落,其菌落与沙门氏菌的菌落很相似,但大肠杆菌菌落对光(45°角折射)观察可见荧光,部分菌落可溶血(β 型);用鉴别培养基培养时,在远藤琼脂上长成带金属光泽的红色菌落,在 S.S 琼脂平板上多不生长,少数生长的细菌,也因发酵乳糖产酸而形成红色菌落,在伊红美蓝琼脂上形成带金属光泽的黑色菌落。

(3)生化特性 一般菌株的生化特性如下:可发酵葡萄糖、乳糖、麦芽糖、甘露醇,产酸产气。个别不典型菌株可发酵或不发酵乳糖,各菌株对蔗糖、卫矛醇、水杨苷发酵结果不一致;本菌可使赖氨酸脱羧,但苯丙氨酸脱羧为阴性,大肠杆菌不产生硫化氢,不液化明胶,不分解尿素,不能在氰化钾培养基上生长,能产生靛基质,M.R.试验阳性,V.P.试验阴性,不利用枸橼酸盐。

(4) 抵抗力　本菌具有中等程度的抵抗力,且各菌型之间有一定差异。巴氏消毒法可杀死绝大多数菌,但耐热株可存活,煮沸数分钟即被杀死,对一般消毒药均敏感。

3. 中毒机理及症状

致病性大肠杆菌食物中毒与人体摄入的菌量有关,一般认为摄入食品含 10^8 个活菌可使人致病。当致病性大肠杆菌进入人体消化道后,可在小肠内继续繁殖并产生肠毒素,肠毒素可以被吸附在小肠上皮细胞的细胞膜上,激活上皮细胞膜内腺苷酸环化酶的活性,产生过量的 cAMP,从而导致肠液分泌的增加,超过肠管的再吸收能力,出现腹泻,其病理变化与霍乱相似。因此本菌的食物中毒是感染型和毒素型的综合作用。

致病性大肠杆菌食物中毒的潜伏期较短,通常在摄入后 4~10h 突然发病。肠道致病性大肠杆菌和侵袭性大肠杆菌引起的症状与志贺氏菌引起的菌疾相似,表现为腹痛、腹泻、呕吐、发烧、大便呈水样,有时伴有脓血和黏液。产毒性大肠杆菌引起的症状与霍乱相似,表现为腹痛、腹泻、呕吐、发烧、大便呈米汤水样,但无脓血。上述三类致病性大肠杆菌引起的食物中毒,一般轻者可在短时间内自愈,重者需适当治疗,不会危及生命。最为严重的是肠出血性大肠杆菌引起的食物中毒,其症状不仅表现为腹痛、腹泻、呕吐、发烧、大便呈水样,严重脱水,而且大便时大量出血,还极易引发出血性尿毒症、获得性出血贫血症、肾衰竭等并发症,患者死亡率达 3‰~5‰。

4. 病菌来源及防治措施

致病性大肠杆菌的传染源是人和动物的粪便,自然界的土壤和水常因粪便的污染而成为次级的传染源。易被该菌污染的食品主要有肉类、水产品、豆制品、蔬菜及鲜乳等。这些食品经加热烹调,污染的致病性大肠杆菌一般都能被杀死,但熟食在存放过程中仍有可能被再度污染。因此,要注意熟食存放环境的卫生,尤其要避免熟食直接或间接地与生食接触。对于各种凉拌的食品要充分洗净,并且最好不要大量食用,以免摄入过量的活菌而引起中毒。

(四) 肉毒梭状芽孢杆菌食物中毒

1. 病原菌

肉毒梭状芽孢杆菌 (*Clostridium bobulinm*) 又叫肉毒梭菌或肉毒杆菌。根据所产生毒素的血清学特点,迄今已发现 A、B、C、D、E、F、G 七型,其中 A、B、E、F 四型对人都有不同程度的致病力而引起食物中毒。我国肉毒杆菌中毒大多为 A 型引起,B、E 型较少。

2. 生物学特性

(1) 形态与染色特性　本菌是两端钝圆的粗大杆菌,大小为 $(0.9~1.2)\mu m \times (4~6)\mu m$,多单生,偶见成双或短链,有周身鞭毛,无荚膜,能形成椭圆形芽孢,A、B 型菌的芽孢大于菌体横径,位于菌体近端,使其菌体呈匙形或网球拍状,另外五型菌的芽孢一般不超过菌体的宽度。革兰氏染色阳性。

(2) 培养特性　本菌为严格厌氧菌,对营养要求不高,在普通琼脂培养基上生长良好,生长最适温度为 28~37℃,生长最适 pH 值为 6.8~7.6,产毒最适 pH 值为 7.8~8.2。本菌在血清琼脂上培养 48~72h,形成中央隆起、边缘不整齐、灰白色、表面粗糙的绒球状菌落,培养 4d 直径可达 5~10mm;在血液琼脂上的菌落周围有溶血区;在普通琼脂上形成灰白色、半透明、边缘不整齐、呈绒毛网状、向外扩散的菌落,直径为 3~5mm;在肉渣肉汤中培养,呈均匀混浊生长,其中肉渣可被 A、B 和 F 型菌消化溶解成烂泥状,并发黑,产生腐败恶臭味,从第三天起,菌体下沉,肉汤变清;在肉渣培养基和半固体培养基中生长可产生大量气体。

(3)生化特性 本菌的生化特性很不规律,一般能够分解葡萄糖、麦芽糖、果糖,产酸产气。对明胶、凝固血清、凝固卵白均有分解作用,并引起液化。不能形成靛基质,能生成硫化氢。但本菌因各菌型、菌株的不同,其生化特性差异很大。

(4)抵抗力 本菌的繁殖体抵抗力一般,80℃、30min 或 100℃、10min 即可将其杀死,但其芽孢的抵抗力很强,可耐煮沸 1~6h 之久,于 180℃ 干热 5~15min、120℃ 高压蒸汽灭菌 10~20min 才能杀死。115℃ 高压蒸汽下 22min 可杀死芽孢,用 10% 盐酸需经 1h 才能破坏芽孢。它在酒精中可存活 2 个月。其中 A、B 型菌的芽孢抵抗力最强,特别是对罐头食品的灭菌要注意,深埋在食品中的芽孢,即使高温灭菌有时也不易杀死。肉毒素抵抗力也较强,80℃、30min 或 100℃、10min 才能将其完全破坏,正常胃液和消化酶 24h 不能将其破坏,因此可在胃肠吸收而引起中毒。

3. 中毒机理及症状

肉毒杆菌食物中毒由肉毒素所引起,所以它属于毒素型食物中毒。当肉毒素进入消化道后可被吸收进血液,然后作用于人体的神经系统,主要作用于神经和肌肉的连接处及自主神经末梢,阻碍神经末梢中乙酰胆碱的释放,导致肌肉收缩和神经功能不全。

肉毒杆菌食物中毒的潜伏期可根据摄入毒素量的多少而变化,短的为几小时,长的为数天。中毒早期症状为头痛、头晕,随之出现视力模糊,眼睑下垂、张目困难、复视等症状,在眼部症状出现的同时,还可有声音嘶哑、语言障碍、咀嚼与吞咽困难等现象,继续发展可出现呼吸麻痹、呼吸困难,最后引起呼吸和心脏功能的衰竭而死亡。由于肉毒素对知觉神经和交感神经无影响,因此,从发病到死亡,患者始终保持神志清醒,知觉正常。肉毒杆菌中毒的病死率较高,据国外报道,最高可达 76.2%,最低为 12.5%,一般为 20%~40%。

4. 病菌来源及防治措施

肉毒杆菌广泛分布于自然界的土壤中,可直接或间接地污染食品。因此,许多食品如果加工和储藏方法不当,就有可能使肉毒杆菌繁殖并产生肉毒素。据国外报道,引起肉毒中毒的食品主要有鱼类、肉类、奶制品、水果罐头及蔬菜类等,国内引起肉毒中毒的食品主要是发酵类食品,据某地区的中毒病例统计,90% 左右的肉毒中毒是由食用家庭自制的酱类,如腐乳、面酱等引起的。

为了预防肉毒中毒发生,除加强一般食品卫生措施外,还应重点注意以下几点:

(1)加强食品卫生宣传 使人人皆知引起本病的原因和条件,自觉改进饮食习惯和制备方法,防止污染肉毒杆菌。

(2)伤口不可接触可疑食品 因肉毒素可被破伤皮处、黏膜表面和新创口所吸收。

(五)志贺氏菌食物中毒

1. 病原菌

志贺氏菌属(*Shigella*)包括许多致病菌,食物中毒主要是由宋内氏志贺氏菌(*S. sonnei*)引起的,其次是弗氏志贺氏菌(*S. flexneri*)和痢疾志贺氏菌(*S. dysenteriae*)。

2. 生物学特性

革兰氏阴性小杆菌,不形成芽孢,无荚膜,无鞭毛。好氧或兼性厌氧。普通培养基上能生长,利用糖的能力较差,一般不产气,不利用柠檬酸盐。最适生长温度为 37℃,最适生长

pH 值为 6.4～7.8。其中宋内氏志贺氏菌抵抗力最强,在潮湿土壤中能生存 34d,37℃水中可存活 20d,粪便中(15～25℃)可存活 11d,水果、蔬菜和咸菜上能生存 10d。

3. 中毒机理及症状

食入带志贺氏菌的食物后,菌体侵入空肠黏膜上皮细胞繁殖,菌体破坏后释放出肉毒素作用于肠壁、肠黏膜和肠壁植物性神经。病程一般为 10～14h,最短者 6h,最长者 24h。主要症状为突然发生剧烈的腹痛,多次腹泻,初期为水样便,以后带有血液和黏液,体温升高,可达 40℃,少数病人发生痉挛,严重者出现休克症状。

4. 防治措施

志贺氏菌食物中毒的主要预防措施是夏、秋季加强食品卫生管理,严格执行卫生制度,食品企业和食堂中的工作人员患细菌性痢疾或带菌者应予治疗,并暂时不从事接触食品的工作。

(六)变形杆菌食物中毒

1. 病原菌

变形杆菌(*Proteus*)食物中毒是细菌性食物中毒中比较常见的。变形杆菌是肠杆菌科中的一属,主要有普通变形杆菌(*P. vulgaris*)、奇异变形杆菌(*P. mirabilis*)、摩氏变形杆菌(*P. morganii*)、雷氏变形杆菌(*P. rellgeri*)和无恒变形杆菌(*P. inconstans*)等五种,前三种菌为引起食物中毒的细菌。

2. 生物学特性

(1)形态与染色特性　是一类具有周身鞭毛、能活泼运动、无荚膜、不形成芽孢的革兰氏阴性杆菌,大小、形态不一,从球杆状到长丝状,呈明显的多形性。

(2)培养特性　为需氧及兼性厌氧菌,营养要求不高,在普通琼脂上生长良好。在固体培养基上,普通和奇异变形杆菌常扩散生长,形成一层波纹薄膜,称为"迁徙生长"现象。如在培养基中加 0.1% 的石炭酸或 0.4% 的硼酸,或将琼脂浓度提高至 6%,或培养温度提高至 40℃,可抑制其扩散生长而得到单个菌落。在 10～43℃均可生长,但生长的最适温度为 37℃。在 S.S 琼脂上形成圆形、扁平、半透明的无色菌落,易与沙门氏菌菌落混淆。本菌有溶血现象,在肉汤中均匀混浊生长,表面可形成菌膜。

(3)生化特性　本族细菌苯丙氨酸脱羧酶为阳性,它们发酵葡萄糖产酸及少量气体,对果糖、半乳糖与甘油的发酵能力不一致,M.R.试验阳性,不发酵左旋伯胶糖、糊精、卫矛醇、肝糖、菊糖、乳糖、山梨醇和淀粉。蛋白质分解力较强。除奇异变形杆菌外,都产生靛基质(吲哚),能在 KCN 培养基上生长。

(4)抵抗力　本菌的抵抗力中等,与沙门氏菌类似,对巴氏杀菌及常用消毒药敏感。

3. 中毒机理及症状

根据病原菌的特点,变形杆菌食物中毒可分为三种不同的类型:

(1)侵染型　这种变形杆菌食物中毒是由于摄入大量不产毒的致病活菌,并在小肠内繁殖,引起感染所致。一般潜伏期为 3～20h,临床表现为骤起腹痛,继而腹泻,重症患者的水样便中伴有黏液和血液,体温一般在 38～40℃,病程较短,通常 1～3d 内可痊愈。

(2)毒素型　有些变形杆菌菌株可产生肠毒素,使食用者发生急性胃肠炎。临床表现为恶心、呕吐、腹泻、头晕、头痛、全身无力、肌肉酸痛等。

(3)过敏型　摩氏变形杆菌和普通变形杆菌的某些菌株具有较强的脱羧活性,当它们在鱼上生长繁殖时,可使鱼肉中的组氨酸转变成组胺,人食用这种鱼肉后就会引起过敏性组胺中毒。中毒的潜伏期一般为30~50min。临床症状主要是全身或上身皮肤潮红,引起麻疹,有刺痒感,血压下降,心动过速等。病程较短,多数在12h内即可恢复。

4. 病菌来源及防治措施

变形杆菌在自然界中分布很广,土壤和污水中都带有大量的该菌,正常的人、畜肠道也常带有该菌。熟食制品如熟肉类、剩饭剩菜以及凉拌菜等很容易通过接触带菌容器、工具及操作人员的手而染菌。当染菌食物在20℃以上的环境中放置较长的时间后,变形杆菌就会大量繁殖或产生毒素,导致食用者中毒。因此预防变形杆菌食物中毒的主要措施是要注意熟食制作的卫生,避免在较高的温度下存放熟食,对于存放过的熟食,在食用前要回锅加热处理。

(七)蜡状芽孢杆菌食物中毒

1. 病原菌

蜡状芽孢杆菌(*Bacillus cereus*)过去曾一直被认为是非致病菌,但是越来越多的资料证明它是一种食物中毒性致病菌,而且蜡状芽孢杆菌的食物中毒是较常见的一种。蜡状芽孢杆菌在自然界分布很广,在土壤和动物、植物及各种食品中都能分离到,是食品中的常见菌。蜡状芽孢杆菌有产生和不产生肠毒素菌株之分。在产生肠毒素的菌株中,又有产生致呕吐型胃肠炎和致腹泻型胃肠炎两类不同肠毒素之别。前者为耐热肠毒素,常在米饭类食品中形成;后者为不耐热肠毒素,在各种食品中均可产生。

2. 生物学特性

(1)形态与染色特性 本菌两端较平整,为革兰氏阳性大杆菌,大小为$(3\sim5)\mu m\times(1\sim1.5)\mu m$,呈短链状排列,有周身鞭毛,能运动,不形成荚膜,可形成芽孢,芽孢呈椭圆形,位于菌体中央或稍偏一端,芽孢小于菌体直径。

(2)培养特性 本菌为需氧菌,对营养要求不高,最适生长温度为28~35℃,在10~45℃之间均可生长。本菌在普通琼脂上形成乳白色、不透明、边缘整齐、直径为4~6mm的菌落,菌落周边往往呈扩散状,表面较干燥;在血液琼脂平板上长成浅灰色、不透明、似毛玻璃状菌落,在菌落周围初期呈草绿色溶血,时间稍长则完全透明;在甘露醇卵黄多黏菌素琼脂平板上形成灰白色或微带红色、扁平、表面粗糙的菌落,且在菌落周围具有紫红色的背景环绕白色环晕;在肉汤中生长迅速,混浊,常形成菌膜或壁环,振摇易乳化。

(3)生化特性 本菌分解葡萄糖、麦芽糖、蔗糖、水杨苷和蕈糖,不分解乳糖、甘露醇、鼠李糖、木糖、阿拉伯糖、肌醇和侧金盏花醇,靛基质、V.P.试验、氰化钾试验、枸橼酸盐及卵磷脂酶均为阳性,能在24h内液化明胶,M.R.试验、硫化氢试验和尿素酶均为阴性。

(4)抵抗力 蜡状芽孢杆菌繁殖体不耐热,其芽孢经100℃、20min即可被杀死。本菌在pH值为6~11的范围内均可生长,pH值在5以下时可抑制其生长繁殖。

3. 中毒机理及症状

蜡状芽孢杆菌食物中毒与食物中的带菌量和该菌产生的肠毒素有关,当食物中的带菌量达到10^5个/g以上时,就可能使食用者发生中毒。一般以每克食品中含该菌1.8×10^7个作为食物中毒的判断依据之一。蜡状芽孢杆菌食物中毒症状有两种:一种是呕吐型,由耐热型肠毒素引起,该种中毒潜伏期一般为0.5~5h,表现为恶心、呕吐、头昏、四肢无力、口干、寒战、眼结膜充血,病程为8~12h。第二种是腹泻型,由不耐热型肠毒素引起,发病潜伏期较长,平均为10~12h,主要表现为腹泻、腹痛、水样便、不发烧,可有轻度恶心,病程16~36h,一般预后良好。

4. 病菌来源及防治措施

蜡状芽孢杆菌在自然界中分布广泛,其主要污染源是灰尘和土壤。污染的食品种类繁多,包括肉制品、乳制品、调味汁、凉拌菜、米粉和米饭等。引起蜡状芽孢杆菌食物中毒的食品大多数无腐败变质现象,除米饭有时微黏,入口不爽或稍有异味外,大多数食品的感官性状正常,所以在夏季人们很易因误食此类食品而引起中毒。

为了预防蜡状芽孢杆菌食物中毒,应着重注意如下几点:

(1)食品应冷藏于10℃以下,食前应彻底加热处理。

(2)尽量避免将食品保藏于16~50℃的环境中,如无条件,保藏时间不得超过2h。

(3)剩饭可于浅盘中摊开,快速冷却,必须在2h内送去冷藏。如无冷藏设备,则应置于通风、阴凉和清洁场所,并加以覆盖,但不要放置过夜。

(八)副溶血性弧菌食物中毒

1. 病原菌

副溶血性弧菌(*Vibrio parahaemolyticus*)是一类致病性嗜盐菌,我国沿海地区副溶血性弧菌引起食物中毒较多,内陆地区则发生较少。

2. 生物学特性

(1)形态与染色特性　本菌为不形成芽孢,具有单端生鞭毛、能活泼运动的革兰氏阴性菌。它呈多种形态,表现为杆状、稍弯曲的弧状,有时呈棒状、球状或球杆状等。一般菌体呈两极浓染,中间较淡,甚至无色,大小为 0.6~1.0μm,有时可见丝状菌体,其长度可达 15μm。在不同培养基上生长的细菌,菌体形态差异很大,排列一般不规则,多为散在,偶有成对排列。下面分述在各种培养基上生长的菌体形态:在S.S琼脂上主要呈长卵圆形,两端浓染,中间淡染或不着色,少数呈杆状。在血液琼脂上多为卵圆形、少数为球杆菌,偶见长丝状。在嗜盐培养基上主要呈两头小、中间略胖的球杆菌。在罗氏双糖培养基上24h培养物菌体基本一致,而48h培养物则形态不一,变化很大,呈球形、丝状、杆状、弧状或逗点状等,而且大小及染色特性差异都很大。在血液琼脂上厌氧培养经过48h后菌体呈细短杆状及球杆状菌,菌体着色均匀,不呈两极浓染。

(2)培养特性　本菌为需氧和兼性厌氧菌,但厌氧时生长非常缓慢。对营养要求不高,在普通琼脂或蛋白胨水中均可生长,生长的温度范围为8~44℃,最适生长温度为37℃。最适生长pH值为7.7~8.0。本菌在肉汤和蛋白胨水等液体培养基中均匀混浊生长,形成菌膜。厌氧情况下,需经48h以上才见生长。在固体培养基上,通常长成为圆形、隆起、稍混浊、表面光滑、湿润的菌落。但多数菌株在继续传代后,可见有不标准圆形的、粗糙型菌落,菌落呈现灰白色、半透明或不透明。本菌在无盐培养基中不生长,含0.5%盐时可生长,但培养基中含盐的最适浓度为3.5%。

(3)生化特性　本菌能分解发酵葡萄糖、麦芽糖、甘露醇、蕈糖、淀粉、甘油和阿拉伯糖,产酸不产气,不发酵乳糖、蔗糖、木糖、卫矛醇等。不产生靛基质,不产生硫化氢,不液化明胶,能还原硝酸盐为亚硝酸盐,细胞色素氧化酶、过氧化氢酶和卵磷脂酶均为阳性,尿素酶阴性。M.R.试验阳性,V.P.试验阴性,赖氨酸试验阳性,精氨酸试验阴性。

(4)抵抗力　本菌的抵抗力不强,75℃、5min 或 90℃、1min 即可被杀死。该菌对酸更加敏感,在食醋中经5min死亡,1%醋酸中1min可致死。在淡水中生存不超过2d,但在海水中能存活47d以上。本菌对四环素、氯霉素、金霉素比较敏感。

3. 中毒机理及症状

副溶血性弧菌食物中毒的机理目前尚不完全清楚。实验表明：在特定培养条件下，该菌产生溶血毒素，呈现溶血现象，即"神奈川现象"（Kanagawa phenomenon），还可产生肠毒素。人体摄食染菌食物后，通常有几小时至十几小时的潜伏期，然后出现上腹部疼痛、恶心、呕吐、发热、腹泻等症状。少数病人可出现意识不清、痉挛、脸色苍白、血压下降及休克等症状。该中毒症的病程较短，一般发病24h内大部分症状都可消失，但上腹部压痛可延续至1周，一般预后良好，中毒的死亡率很低。

4. 病菌来源及防治措施

副溶血性弧菌主要存在于各种海产品中，经厨具、容器等介质的传播，可使肉、蛋及其他食品染上此菌。人和动物被该菌感染后也可成为病菌的传播者，其粪便和生活污水是重要的传染源。

为了防止该菌食物中毒的发生，要注意以下几点：

(1)对海产品应特别注意加强食品卫生检查。

(2)最好不吃凉拌菜，如吃，必须充分洗净，在沸水中浸烫后先加醋拌渍，放置10～30 min后，再加其他调料拌食。

(3)严格执行生、熟食分开制度，对剩余饭菜要回锅加热处理后再进食。

三、霉菌毒素及其引起的食物中毒

霉菌种类繁多，分布十分广泛，可以说在自然环境中无处不有。其中，部分霉菌可产生某种毒性物质，即霉菌毒素（Mycotoxin），引起人和动物发生霉菌毒素中毒。目前发现能引起人和动物中毒的霉菌代谢产物至少有150种以上，最常见的产毒性真菌有曲霉菌属、青霉菌属、镰刀菌属、麦角菌和穗状葡萄菌等，其中最常见的、研究最多的是黄曲霉毒素，其他如展青霉素、赭曲霉素、岛青霉素及杂色曲霉素等也引起人们的注意。霉菌毒素一般能耐高温，无抗原性，主要侵害实质器官。它们对机体除了引起不同部位发生急性中毒作用外，某些毒素还具有致畸、致病、致突变的"三致"作用。霉菌毒素的其他作用还包括：减少细胞分裂，抑制蛋白质合成，抑制DNA和组蛋白形成复合物，影响核酸合成，抑制DNA的复制，降低免疫应答等。这些毒素根据其作用部位，一般分为肝脏毒、肾脏毒、神经毒和其他毒等四种类型。

(一)霉菌毒素引起食物中毒的特点

(1)发生中毒与某些食物有联系，检查可疑食物或中毒者的排泄物，可发现有毒素存在，或从食物中分离出产毒菌株。选用合适的动物模型，可重现中毒症状和病理变化。

(2)霉菌毒素中毒症发生往往有季节性和地区性，但无感染性。

(3)霉菌毒素是小分子有机化合物，不是复杂的蛋白质分子，不能刺激机体产生相应的抗体，无免疫性。

(4)人和家畜、家禽一次性摄入含有大量霉菌毒素的食物，往往会发生急性或亚急性中毒，长期少量摄入会发生慢性中毒或致癌。

(5)霉菌毒素食物中毒易并发维生素缺乏症，但补充维生素无效。

(二)常见的毒素及其引起的食物中毒

1. 黄曲霉毒素（Aflatoxins）

(1)病原菌　产生黄曲霉毒素的病原菌是黄曲霉（A. flavus）和寄生曲霉（A. parasiticus），两者均属于黄曲霉群。温特曲霉（A. wenlii）也能产生黄曲霉毒素，但产量较少。黄曲霉的菌落生长较快，10～14d 直径达 3～7cm，最初带黄色，然后变成黄绿色，后颜色逐渐变暗。黄曲霉有产毒株和非产毒株之分，一般认为产毒株占 60%～94%。黄曲霉的产毒条件为：产毒的温度范围为 11～37℃，最适产毒温度为 35℃，最适产毒 pH 值为 4.7，最低产毒 A_w 值为 0.78，最适产毒 A_w 值为 0.93～0.98，1%～3% 的 NaCl，天冬氨酸、谷氨酸以及 Zn、Mn 等无机离子可促进毒素产生，CO_2 浓度达 0.03% 以上时毒素产量逐渐降低。产毒菌株主要在花生、玉米等谷物上生长，产生黄曲霉毒素，也有报道在鱼粉、肉制品、咸干鱼、奶和肝中发现该毒素。

（2）性质　黄曲霉毒素是蚕豆素的衍生物，共有 10 余种，其中 B_1 毒力最强，也最常见，G_1 和 B_2 次之。本毒素耐热，一般烹调加工温度不能破坏，裂解温度为 280℃。它在水中的溶解度很低，溶于油及氯仿、甲醇中，但不溶于乙醚、石油醚及乙烷中。

（3）中毒类型　黄曲霉毒素的毒性按其临床症状分为三种类型：

① 急性和亚急性中毒：按其对动物的半数致死量（LD_{50}）来看，它是剧毒物质，其毒性比氰化钾大 100 倍，仅次于肉毒毒素，是霉菌毒素中最强的。急性和亚急性中毒是由于在短时间内摄入较大量毒素，从而迅速造成肝细胞变性、出血以及特征性的胆管增生，在几天或几十天内死亡。

② 慢性中毒：是由于持续地摄入一定量的黄曲霉毒素造成中毒，从而使动物出现生长缓慢，体重减轻，食物利用率下降等症状，肝脏有组织学病理变化，肝功能降低，有的出现肝硬化。病程可持续几周至几十周，最后死亡。

③ 致癌性中毒：黄曲霉毒素是目前已知的最强烈的致癌物质之一，其致癌强度比六六六约大 2 万倍，是二甲基偶氮苯诱癌力的 900 倍以上。许多学者通过动物实验证实了毒素的致癌作用。关于黄曲霉毒素对人的致癌作用虽无直接证据，但许多调查研究表明，凡食物中黄曲霉毒素污染严重的国家和地区，人的肝癌发生率就高。

2. 黄变米毒素

黄变米是由于谷类在贮藏时含水量过高被真菌污染发生霉变所致。一些菌株侵染大米后产生毒性代谢产物，统称黄变米毒素，包括以下三类：

（1）岛青霉毒素类（Islandicin）　岛青霉黄变米的米粒呈黄褐色溃疡性病斑。米粒含有岛青霉（P. islandicum）产生的两种毒素，即黄天精和含氯肽。

黄天精为黄色的六面体针状结晶，熔点为 287℃，相对分子质量为 574，是一种脂溶性毒素。

含氯肽包括化学结构极相似的两种化合物，即环肽和岛青霉素。含氯肽是白色针状结晶，熔点为 251℃（分解），相对分子质量约为 600，是一种水溶性毒素。

从岛青霉分离的黄天精和含氯肽都是肝脏毒。含氯肽比黄天精作用急剧。这两种毒素对动物的急性中毒作用均发生肝萎缩现象，慢性中毒发生肝纤维化、肝硬化或肝肿瘤。浦口等人报道，这两种毒素可导致大白鼠肝癌。岛青霉产生的毒素致癌力比黄曲霉毒素小，但小白鼠对黄天精的感受性强于对黄曲霉毒素和杂色曲霉毒素的感受性。

（2）橘青霉毒素（Citrinin）　橘青霉黄变米又叫泰国黄变米，米粒呈黄绿色。精白米特易污染橘青霉形成黄变米。橘青霉毒素是由橘青霉、暗蓝青霉、黄绿青霉、扩展青霉、点青霉、变灰青霉、土曲霉等霉菌产生的一种真菌毒素。橘青霉毒素是一种柠檬色针状结晶，熔点为172℃,相对分子质量为259,能溶于无水乙醇、氯仿、乙醚,难溶于水。橘青霉毒素是一种肾脏毒,可导致实验动物发生肾脏肿大,尿量增多,肾小管扩张和上皮细胞变性坏死。

(3)黄绿青霉毒素(Citreoviridin)　大米水分达14.6%易感染黄绿青霉(*P. citreoviride*),在12~13℃下便形成黄变米。米粒上有淡黄色病斑。

黄绿青霉毒素是一种橙黄色芒状集合柱状结晶,熔点为107~110℃,可溶于丙酮、氯仿、冰醋酸、甲醇和乙醇,微溶于苯、乙醚、二硫化碳和四氯化碳,不溶于石油醚和水。本毒素在紫外光照射下,可发出闪烁的金黄色荧光。紫外光照射2h毒素破坏,加热至270℃毒素失去毒性。

黄绿青霉毒素是一种神经毒,动物中毒特征为中枢神经麻痹,继而导致心脏麻痹而死亡。

3. 镰刀菌毒素

镰刀菌(*Fusarium*)又叫镰孢霉,在自然界中分布极为广泛,是食品中经常分离出的一种真菌。目前已发现有多种镰刀菌产生对人畜健康威胁极大的镰刀菌毒素。根据联合国粮农组织(FAO)和世界卫生组织(WHO)联合召开的第三次食品添加剂和污染物会议资料,镰刀菌毒素问题同黄曲霉毒素一样被看作是自然发生的最危险的食品污染物。

镰刀菌毒素已发现有十几种,按其化学结构可分为三大类:单端孢霉烯族化合物(Trichothecenes)、玉米赤霉烯酮(Zeafelenone)和丁烯酸内酯(Butenolide)。

(1)单端孢霉烯族化合物　单端孢霉烯族化合物是由雪腐镰刀菌、禾谷镰刀菌、三线镰刀菌、梨孢镰刀菌、拟枝孢镰刀菌、表球镰刀菌等多种镰刀菌产生的一类毒素。它是引起人畜中毒最常见的一类镰刀菌毒素。单端孢霉烯族化合物有40种,其中有8~9种与人畜中毒有直接关系。在我国粮食和饲料中常见的是脱氧雪腐镰刀菌烯醇(简称DON)。

单端孢霉烯族化合物毒性很强,人与动物接触此类毒素均可引起局部刺激、炎症甚至坏死。慢性毒性的特点是白细胞减少,并阻碍动物细胞的蛋白质合成。

单端孢霉烯族化合物涉及的产毒菌种甚多,产毒的条件较为复杂,所以在食品中出现的机会较多。又因其急性毒性很强,而慢性毒性作用,特别是致癌作用以及致突变作用等尚未阐明,所以它在食品卫生学上的意义比较重要。世界卫生组织认为此类毒素和黄曲霉毒素一样,是最危险的食品污染物,应该对其优先进行深入研究。

(2)玉米赤霉烯酮(ZEN)　玉米赤霉烯酮又称F-2毒素。产生该毒素的菌种主要为禾谷镰刀菌。此外,三线镰刀菌、木贼镰刀菌等也能产生此毒素。

玉米赤霉烯酮为一种白色结晶,分子式为$C_{18}H_{22}O_5$,相对分子质量为318,熔点为164~165℃。不溶于水、二硫化碳和四氯化碳,溶于碱性水溶液、乙醚、苯、氯仿、二氯甲烷、醋酸乙酯、乙腈和乙醇,微溶于石油醚。禾谷镰刀菌接种在玉米培养基上,在25~28℃培养两周后,再在12℃下培养8周,可获得大量的玉米赤霉烯酮。

玉米赤霉烯酮是一种雌性发情毒素。动物吃了含这种毒素的饲料,就会发生雌性发情综合症状。如母猪吃了含F-2毒素的饲料,发生阴户及乳腺肿大,子宫外翻、流产、畸形等。

(3)丁烯酸内酯　丁烯酸内酯是由三线镰刀菌、雪腐镰刀菌、拟枝孢镰刀菌和梨孢镰刀菌产生的。丁烯酸内酯为棒形结晶,分子式为$C_6H_7NO_3$,相对分子质量为141,熔点为113~118℃,易溶于水,微溶于二氯甲烷和氯仿,在碱性水溶液中极易水解。

丁烯酸内酯是血液毒素,在自然界中只发现在牧草中存在。牛饲喂带毒的牧草会导致牛烂蹄病。其症状为腿变瘸,蹄和皮肤联结处破裂,有时脱蹄和引起耳尖尾干性坏死。

4. 杂色曲霉素(Versicolin)

杂色曲霉素是杂色曲霉、构巢曲霉、焦曲霉等的代谢产物。除异杂色曲霉外,其他杂色曲霉素化学结构中都有两个呋喃环,与黄曲霉毒素结构相似,为肝脏毒素,可以导致试验动物的肝癌、肾癌、皮肤癌和肺癌,其致病性仅次于黄曲霉毒素。

(三)防霉方式与去毒措施

预防霉菌及其毒素对食品的污染,根本措施是防霉,去毒只是污染后为防止人类受危害的补救方法。

1. 防霉

(1)物理防霉

①干燥防霉。控制水分和湿度,保持食品和贮藏场所的干燥,做好食品贮藏地的防湿防潮,相对湿度不超过65%~70%,保持食品干燥,控制温差,防止结露,粮食及食品应在阳光下晾晒,或风干、烘干或加吸湿剂,密封。

②低温防霉。把食品储藏温度控制在霉菌生长的适宜温度以下,从而抑菌防霉,冷藏的食品温度应在4℃以下,方为安全。

③气调防霉。就是控制气体成分,防止霉菌生长和毒素产生,通常采取除氧或加入CO_2、N_2等气体,运用密封技术控制和调节储藏环境中的气体成分,现已在食品储藏工作中广泛应用。

(2)化学防霉 使用的防霉化学药剂有熏蒸剂(如溴甲烷、二氯乙烷、环氧乙烷)、拌和剂(如有机酸、漂白粉、多氧霉素)。如用环氧乙烷熏蒸,用于粮食防霉效果很好;在食品中加入0.1%的山梨酸,防霉效果很好。

2. 去毒

(1)物理去毒法

①人工或机械拣出霉粒。用于花生或颗粒大者效果较好,因为一般毒素较集中在霉烂、破损、皱皮或变色的粒仁中。如黄曲霉毒素,拣出霉粒后则毒素B_1可达容许量标准以下。

②加热处理法。干热或湿热都可以除去部分毒素。花生在150℃炒0.5h可除去约70%的黄曲霉毒素,采取高压蒸煮法,0.1MPa、经2h可以除去大部分黄曲霉毒素。

③吸附去毒。用活性炭、酸性白土等吸附剂处理含有黄曲霉毒素的油品效果很好。如加入1%的酸性白土,搅拌30min,澄清分离,去毒效果可达96%~98%。

④射线处理。用紫外线照射含毒花生油可使含毒量降低95%或更多,此法操作简便,成本低廉。日光暴晒也可降低粮种的黄曲霉毒素含量。

(2)化学去毒法

①酸碱处理。对含有黄曲霉毒素的油品可用氢氧化钠水洗。也可用碱炼法,它是油脂精加工方法之一,同时亦可去毒,因碱可水解黄曲霉毒素的内酯环,形成邻位香豆素钠,香豆素可溶于水,故可用水洗去。具体做法是:毛油经过20~65℃预热,然后加入1%的烧碱搅拌30min,保温静置沉淀8~10h,分离出毛脚,水洗过滤,吹风除水即得净油。此外还可用3%石灰乳浸泡去毒,用10%稀盐酸处理黄曲霉毒素污染的粮食可以去毒。

②溶剂提取。用80%的异丙醇和90%的丙酮可将花生中的黄曲霉毒素全部提出来。按玉米量的4倍加入甲醇对黄曲霉毒素去除可达满意的效果。

③氧化剂处理。用5%的次氯酸钠在几秒钟内便可破坏含黄曲霉毒素的花生,经24~

72h 可以去毒。

④醛类处理。用 2% 甲醛处理含水量为 30% 的带毒粮食和食品,对黄曲霉毒素的去毒效果很好。

(3) 生物去毒法

①发酵去毒。污染黄曲霉毒素的高水分玉米进行乳酸发酵,在酸催化下高毒性的黄曲霉毒素 B_1 可转变为黄曲霉毒素 B_{2a},此法适用于饲料的处理。

②其他微生物去毒。假丝酵母可在 20d 内降解 80% 的黄曲霉毒素 B_1,根霉也能降解黄曲霉毒素。橙色黄杆菌(*Flavobacterium aurantiacum*)可使粮食中的黄曲霉毒素完全去除。

第二节 污染食品引起的常见疫病

当食品经营或管理不当,特别是对原料的卫生检查不严格时,销售和食用了严重污染病原菌的畜禽肉类,或由于加工、贮藏、运输等卫生条件差,致使食品再次污染病原菌,都可能造成人类患病。污染食品中引起人畜患病的微生物很多,下面介绍几种引起常见疫病的病原微生物。

一、炭疽杆菌

炭疽杆菌是引起人和动物炭疽病的病原体。

(一) 生物学特性

1. 形态与染色特性

本菌是粗大的、不运动的革兰氏阳性大杆菌,一般染料着色良好;菌体长 4～8μm,宽 1.0～1.5μm;在涂片标本中,呈单在或链状排列,杆菌的末端直截或稍有凹陷,以致菌体连接起来颇似竹节状。炭疽杆菌在动物体内形成荚膜,在动物体外形成芽孢。荚膜对炭疽杆菌具有保护功能,并且体现毒力;无荚膜株通常无毒性。

2. 培养特性

本菌是需氧菌,在有氧条件下发育最好。对营养要求不严格,在一般培养基上即可生长。最适生长温度为 37℃,最适 pH 值为 7.2～7.6。

普通琼脂:培养 18～24h,形成直径 2～3mm,大而扁平、粗糙、灰白色、不透明、边缘不整齐的火焰状菌落。用低倍显微镜观察,菌落呈卷发状。

血液琼脂平板:不溶血或轻度溶血。

明胶穿刺培养:细菌除沿穿刺线生长外,还向四周呈放射状生长,愈向下愈短,因此长出的培养物呈现白色带有分枝的棉絮样,好似倒立的杉树。培养 2～3d 后,其表面往往液化,呈漏斗状。

普通肉汤:管底有棉絮状沉淀物,整个培养液澄清。如轻轻摆动试管,可见沉淀物卷绕起团,往上升起,不形成菌膜。

在固体或液体培养基中每毫升加 0.05～0.5 单位的青霉素 G,能使菌体形成串珠状,称此为"串珠试验",这是本菌特有的反应,常用来与其他类似炭疽杆菌的需氧芽孢杆菌鉴别。

3. 生化特性

炭疽杆菌能分解葡萄糖、麦芽糖、蔗糖、菊糖、果糖和蕈糖,有些菌株尚可迟缓发酵甘油及水杨素,均产酸不产气,能水解淀粉和乳蛋白,不发酵乳糖、阿拉伯胶糖、鼠李糖、甘露糖、半乳糖、棉籽糖、甘露醇、卫矛醇和山梨醇,能还原硝酸盐为亚硝酸盐,M.R.试验和V.P.试验阴性,不产生靛基质和硫化氢,在牛乳中生长2~4d后牛乳凝固,然后缓慢陈化,不能利用枸橼酸盐和尿素,卵磷脂酶反应弱,过氧化氢酶阳性。

4. 抵抗力

炭疽杆菌繁殖体的抵抗力与一般细菌相似,但芽孢抵抗力甚强。在干燥土壤中,如不以阳光直接照射,可保持活力达数十年之久。牧场一旦被污染,传染性可保持20~30年。对热抵抗力强,煮沸10min或干热140℃、3h才能杀死芽孢。对化学消毒剂的抵抗力表现不一。对碘及氧化剂较敏感,1∶25000碘液经10min,或3%双氧水经1h,或40g/L高锰酸钾经15min,或0.5%过氧乙酸经10min就可杀死芽孢;而对常用消毒剂如石炭酸、酒精等抵抗力甚强,50g/L石炭酸经40d,75%酒精经110d才能杀死芽孢。

5. 致病性

炭疽杆菌主要引起草食动物发病,以绵羊、牛、马、鹿等最易感,猪、山羊较差,禽类一般不感染;人对炭疽的易感性仅次于牛、羊。实验动物中,小鼠、豚鼠和家兔对本菌都非常敏感。炭疽杆菌毒素可增加微血管的通透性,改变血液循环正常进行,损害肾脏功能,干扰糖代谢,最后导致动物死亡。

(二)传染途径及症状

炭疽杆菌对人类多为接触性传染,人感染本病也多半表现为局限型,分为皮肤炭疽、肠炭疽和肺炭疽。人的感染途径主要是:屠宰工人通过破损的皮肤和外表黏膜接触感染;病畜肉或其加工制品中带有炭疽芽孢,如处理不当,食后会引起肠炭疽;处理和运送畜产品(如鬃毛、皮张等)的人员,因吸入含炭疽芽孢的尘埃,易发生肺炭疽。

皮肤炭疽表现为斑疹、丘疹、水泡。水疱周围水肿,水疱破溃形成溃疡,结成黑色痂皮,黑色痂皮为本病的特征,故称炭疽。皮肤炭疽无明显疼痛和化脓表现,而水肿明显,愈合缓慢,有时伴有全身症状,如发烧、头痛等。肠炭疽起病急,有剧烈腹痛、呕吐、腹胀,以及大便血样等症状。因病菌进入消化道,即在小肠内增殖并进入血液,形成败血症,如不及时治疗很易死亡。肺炭疽发病急,以寒战、高热起病,后有胸闷、胸痛、咳嗽、呼吸困难、紫癜、血样痰、虚脱,多迅速死亡。

(三)防治措施

(1)给牲畜定期注射炭疽孢苗,在发生炭疽的疫区,可用抗炭疽血清作治疗或紧急预防注射。人类患此病,采用抗生素治疗。

(2)死亡患畜一旦确诊,即或怀疑本病,严禁尸体剖验诊断,按畜产品、食品卫生保健有关规定处理。与病畜或畜肉接触过的人员,必须受到卫生上的护理。彻底焚烧、深埋畜尸,严格消毒污染场地,对屠宰场只有在确保消灭传染源的一切措施实行之后,方能恢复屠宰,否则不能继续屠宰。

(3)加强饮食卫生工作,熟食品加热后再食。

二、布鲁氏菌

布鲁氏菌主要是牛、羊、猪等偶蹄动物的病原菌,对人也有病原性。

(一)生物学特性

1. 形态与染色特性

布鲁氏菌又名布氏杆菌,革兰氏阴性小球杆菌,两端钝圆,偶见两极浓染,一般长0.4~1.5μm,宽0.4~0.8μm。羊种布鲁氏菌较小,长0.3~0.6μm,近似球状;猪种布鲁氏菌和牛种布鲁氏菌长0.5~1.5μm,次代培养猪、牛种可呈杆状,羊种仍为球状。通常呈散在状态,很少成对或短链状排列。无鞭毛,无芽孢,光滑型有荚膜。常在细胞内寄生。

2. 培养特性

布鲁氏菌是需氧菌。营养要求较高,需硫胺素、烟酸胺和酵母生长素。葡萄糖、甘油和复合氨基酸可促进布鲁氏菌的生长。泛酸钙和赤鲜醇也可促进某些布鲁氏菌的生长。来自人或动物的标本最好接种在胰酶消化液或血液培养基中。牛种布鲁氏菌初代培养时,需要5%~10%的CO_2,适宜生长温度为35~37℃,适宜pH值为6.6~7.4。

本菌生长缓慢,初分离者更为迟缓,一般需5~7d,有时需20~30d,实验室保存菌株则24~72h即可生长。强毒株比弱毒株生长慢。

在固体培养基上,菌落无色、半透明、圆形、表面光滑、边缘整齐、中央稍凸起,直径2~3mm。有时可出现黏液样或干燥的硬皮样菌落。在血琼脂平板上表现不溶血。在液体培养基中呈均匀混浊生长,不形成菌膜,犬种布鲁氏菌可生成黏液状沉淀。

3. 生化特性

布鲁氏菌能利用葡萄糖和其他糖类,但产酸较少,须用半固体培养基进行糖发酵试验才能测出,各生物种分解糖类能力不一,不分解甘露醇,不产生靛基质,不液化明胶,不凝固牛乳,不利用枸橼酸盐;M.R.试验和V.P.试验阴性,能还原硝酸盐成为亚硝酸盐,有些种、型可产生硫化氢;过氧化氢酶试验阳性,而以猪种活力最强,氧化酶试验除森林鼠种和羊种外均为阳性;能分解尿素,但各种尿素酶的活力不一。

4. 抵抗力

布鲁氏菌对物理、化学因素抵抗力不强。日光直接照射数分钟至4h即可将其杀死;对湿热抵抗力差,60℃、30min或100℃、1~2min死亡,而干热60℃需80min、100℃需10min才可杀死;对低温抵抗力较强,-15℃可存活43d,在水、土壤、粪便及皮毛上可存活数月;对化学消毒剂均较敏感,2%~3%来苏水1~2min、10~20g/L石炭酸1~5min、2g/L漂白粉溶液1min即可将其杀死,对磺胺及链霉素、四环素、庆大霉素等均较敏感,而对青霉素及头孢菌素则不敏感。

5. 致病性

本属细菌不产生外毒素,其内毒素是一种脂多糖,其中羊布氏杆菌的内毒素毒力最强,猪布氏杆菌次之,牛布氏杆菌最弱。

(二)传染源和传染途径

本菌主要侵染牛、山羊、猪,母畜受本菌感染后可引起流产。在病畜的大小便、乳液和流产物中,可有病菌存在,因此病畜是主要的传染源。人类被传染,主要是因饮用了有病菌污染的乳液、食用了病畜的肉或被污染的饮水及其他一些被污染的食品而引起的。牧场的工作人员因与病畜接触而被感染,也是常见的。

(三)症状

人类感染布鲁氏杆菌病后,发病缓慢,潜伏期为14~30d。致病的原因是由于本菌侵入血液、肝、脾、淋巴腺、肾和肺等组织,有内毒素产生。临床表现为乏力,全身软弱,食欲不振,失眠,咳嗽,有白色痰,可听到肺部干鸣,多呈波浪热,也有稽留热、不规则热或不发热,盗汗或大汗,睾丸肿大,一个或多个关节性无红肿热的疼痛,肌肉酸痛,应用一般镇痛药不能缓解。人感染后由于关节及肌肉疼痛难忍,即使不发烧也不能劳动,成为能吃不能干活的"懒汉",故该病又被称作"懒汉病"。病灶发生在生殖器官,影响生育,严重者可引起死亡。

(四)防治措施

(1)检出带菌畜,消灭传染源;免疫健康畜,增强抗病力。这是控制布氏杆菌病的有效措施。

(2)经常与家畜接触者,应具备一定的防病知识,既要防止布氏杆菌在畜间传播,又要防止病畜传染给人,特别是在接产或处理流产时要谨慎,防止感染。

三、结核分枝杆菌

结核分枝杆菌(*Mycobacterium tuberculosis*)简称结核杆菌,1882年由Robert Koch所发现,列入分枝杆菌属,是家畜、野生动物、禽类及人类结核病的病原菌。

(一)生物学特性

1. 形态与染色特性

在动物病灶内的结核杆菌菌体正直或微弯曲,长 1.5～4.0 μm,宽 0.2～0.5 μm。有时菌体末端具有不同的分枝,有的两端钝圆,无鞭毛,无荚膜和无芽孢,没有运动性。单在、成双、间或成丛排列。在人工培养基上,由于菌型、菌株和环境条件不同,可出现多种形态,如近似球形、棒状或丝状。在电镜下观察本菌具有复杂结构:由微荚膜、细胞外壳的三层结构、胞浆膜、胞浆、间体、核糖体及中间核质构成。

本菌为革兰氏阳性菌。一般苯胺染料难以着色。若用加热或媒染剂处理使之染色后,可以抵抗盐酸、酒精的脱色作用。萋-尼二氏对结核杆菌的抗酸染色法,就是根据这个道理进行的,因为结核杆菌中含有脂类,染料一旦进入细胞内部很难脱出。用上述方法染色,结核杆菌被染成红色,而其他非抗酸性菌和细胞杂质均呈蓝色。

2. 培养特性

本菌为严格需氧菌。最适生长pH值为6.5～6.8,最适生长温度为37～37.5℃。本菌生长速度很慢,尤其是初代分离,在人工培养基上最快分裂速度为18h一代,一般1～2周才看见开始生长,3～4周才能旺盛地发育。

结核杆菌对营养要求极高,必须在含有血清、鸡蛋、甘油、马铃薯及某些无机盐的特殊培养基上才能良好地生长。初代分离培养更是如此。在固体培养基上,菌落呈灰黄白色、干燥颗粒状、显著隆起、表面粗糙皱缩、菜花状的菌落。在液体培养基内,于液面形成粗纹皱膜,培养基保持透明。若加入吐温80于培养基中,可使结核杆菌呈分散、均匀生长。

3. 生化特性

结核杆菌不发酵糖类,能产生过氧化氢酶。人型结核杆菌能合成烟酸,还原硝酸盐,耐受噻吩-2-羧酸酰肼。牛型结核杆菌不具备上述特性。人型和牛型的毒株,中性红试验均阳性;无毒株则中性红阴性且失去索状生长现象。

4. 抵抗力

本菌因含有大量的脂类,抵抗力较强,对于干燥的抵抗力特别强大,它在干燥状态可存活2～3个月,在腐败物和水中存活5个月,在土壤中存活7个月到1年,低温菌体不死,而且在-190℃时还保持活力。在乳中加热到85℃,经过30min,煮沸,经过3～5min死亡。室温下在乳中能存活9～10d,在奶油中存活一周,在干酪中存活4个月。在消毒药品(5%石炭酸、2%来苏水)作用下,结核杆菌一般经过2～14h死亡。

(二)传染源、传染途径及症状

结核杆菌来自病人和病畜的病灶,病菌随着痰液、尿液、粪便、乳液或其他分泌物排出体外而传播。病菌除通过呼吸道侵入人体外,也可以由污染病菌的食品和饮用水经消化道而感染。牛对结核杆菌有较高的易感性,患有结核病的乳牛,其乳液中含有结核菌,人吃了消毒不彻底的这种乳,就会得结核病。

结核分枝杆菌几乎可侵犯人和动物的所有器官组织,引起局部和全身病变。因病原菌入侵的部位和数量不同,结核病灶发生的部位、大小和数量不同,其临床表现也不同。

(三)防治措施

(1)一方面要搞好乳牛场的卫生管理,其中包括定期进行牛体疫病检查;另一方面,牛乳要彻底消毒,保证市售消毒乳品的卫生质量,这是食品卫生方面预防结核病的一项重要措施。

(2)结核病的治疗药物有异烟肼、链霉素、对氨水杨酸、利福平、环丝氨酸、氨硫尿等,但由于药物昂贵,疗程又长,耗资较多,故除贵重种畜外,一般很少进行治疗。按食品检查有关规定处理有害部分。应用时可经过高温处理后出场,减少经济损失,又不引起疫病的扩散。

四、单核细胞增生李氏杆菌

单核细胞增生李氏杆菌是李氏杆菌病(或称李斯特菌病)的病原菌,分类学上属于李斯特氏菌属。李氏杆菌病是一种散发性的传染病,人、畜感染后主要表现为脑膜炎、败血症和单核细胞增多。

(一)生物学特性

1. 形态与染色特性

本菌为革兰氏阳性小杆菌,长0.5～2μm,宽0.4～0.6μm,直或稍弯,多数菌体一端较大,似棒状,常呈V字形排列,有的呈丝状,偶尔可呈双球状。由于它与棒状杆菌极为相似,易误认为是污染的类白喉杆菌。在22～25℃环境中可形成4根鞭毛,故在25℃幼龄肉汤培养物中运动活泼,在32℃下仅有一根鞭毛,动力缓慢。在血清、葡萄糖、蛋白胨及水中,能形成黏多糖荚膜,无芽孢。幼龄培养物为革兰氏阳性,陈旧培养物可转为革兰氏阴性,呈两极着色,易误认为是双球菌。

2. 培养特性

本菌为兼性厌氧菌。营养要求不高,在普通培养基上能生长;在含有血清或血液的琼脂平板上生长良好,在加有10g/L葡萄糖和2%～3%甘油的肉汤琼脂平板上生长更佳。4～45℃均能生长,最适生长温度为30～37℃。菌落初时极小,似露珠状,光滑透明,通过侧光微显蓝绿色,37℃培养数天后,菌落增大,可达2mm,变灰暗。在血琼脂平板上菌落周围有狭窄的β溶血环,此β溶血环常于菌落刮去后才见。在萘啶酸选样性琼脂(200mL营养琼脂加入10000μg/mL萘啶酸2mL)平板上,形成蓝色、圆形、直径0.2～0.8mm、边缘整齐、表面细密、润湿的菌落。此培养基能抑制革兰氏阴性杆菌,但链球菌、类白喉杆菌可在其上生长。在半固体培养基中,沿穿刺线弥漫生长,在距培养基表面数毫米处出现一个倒立的伞形生长区。在液体培养基中,呈均匀混浊生长,有颗粒状沉淀,不形成菌环及菌膜。

3. 生化特性

能分解各种糖、醇、苷类,产酸不产气;对葡萄糖、蕈糖、水杨素、甘露糖、半乳糖、纤维二糖等24～48h内产酸,在3～10d内可分解乳糖、麦芽糖、甘油、糊精,而对鼠李糖、蔗糖、山梨醇、木糖等的分解能力不定。不发酵棉籽糖、菊糖、卫矛醇、甘露醇、阿拉伯胶糖和山梨糖。不液化明胶,不分解尿素。不形成靛基质,不还原硝酸盐,不产生 H_2S。接触酶阳性,M.R. 与 V.P. 试验阳性,石蕊牛乳24h产生少量的酸,但不凝固。

4. 抵抗力

本菌对理化因素抵抗力较强。在土壤、粪便、青贮饲料和干草内能长期存活,对碱和盐的抵抗力较强。在200g/L 的 NaCl 溶液内经久不死,在25g/L 的 NaOH 溶液中经20min才被杀死。60～70℃经5～20min 可被杀死,在25g/L 的石炭酸、70%的酒精溶液中5min可被杀死。对青霉素、氨苄青霉素、四环素、磺胺等均敏感,尤以氨苄青霉素敏感性最高。

(二) 传染源、传染途径及症状

健康带菌人可能是人类李氏杆菌病主要的传染源,传播途径主要通过粪—口途径,孕妇感染后通过胎盘或产道感染胎儿或新生儿,这是其重要特点之一。眼和皮肤与病畜直接接触,也可发生局部感染。李氏杆菌病主要见于新生儿、老年人以及免疫功能低下者。临床表现为:成人主要表现为脑膜炎的症状,新生儿则表现为呼吸急促、呕吐、出血性皮疹、化脓性结膜炎、发热、抽搐、昏迷等。患脑膜炎的病人多数存在败血症。

(三) 防治措施

(1) 加强饮食卫生工作,熟食加热后再吃。

(2) 许多抗菌药能在体外抑制李氏杆菌生长。氨苄青霉素加用氨基糖甙或四环素有临床治疗效果。

第三节　食品安全标准中的微生物指标

一、主要检测指标

目前,食品安全标准中的微生物指标主要有细菌总数、大肠菌群、致病菌、肠球菌、霉菌和酵母数。这里仅介绍前三种。

文档(食品安全国家标准)

(一) 细菌总数

食品中的细菌总数通常指每克或每毫升或每平方厘米食品中的细菌数,并不考虑细菌的种类。其表示方法有两种:一是在严格规定条件下,使适应这些条件的每一个活菌细胞必须而且只能生成一个肉眼可见的菌落,结果称该食品的菌落总数。二是将食品经过适当处理后,在显微镜下对细菌细胞数进行直接计数。其中包括各种活菌,也包括尚未消灭的死菌,结果称细菌总数。我国食品安全国家标准中采用第一种表示方法。目前实行的菌落总数测定国家标准是 GB 4789.2—2016。

细菌总数的卫生学意义表现在以下几方面:

(1)作为食品被污染程度即清洁状态的标志,以控制食品污染的允许限度,这是主要方面。

(2)用来预测食品耐贮的程度或期限,即将食品中的细菌数作为评定食品腐败变质(或新鲜度)的指标。

(3)从食品卫生观点来看,食品中细菌数越多,则病原菌污染的可能性也越大。

综上所述,细菌总数的测定对评定食品的卫生质量和新鲜度起着一定的卫生指标作用,但必须配合大肠菌群和其他项目才能对食品安全做出比较正确的判断。

(二)大肠菌群

大肠菌群包括大肠杆菌、产气肠细菌和一些中间类型的细菌。这些细菌均来自人与温血动物肠道,需氧与兼性厌氧,不形成芽孢,在 35~37℃ 下能发酵乳糖产酸产气。目前,食品微生物学检验大肠菌群计数采用的国家标准是 GB 4789.3—2016。

文档(食品安全国家标准)

大肠菌群的食品卫生学意义表现为:

(1)是较为理想的粪便污染指示菌 这是因为大肠菌群具有以下特点:①有来源特异性,即仅来自肠道;②在肠道中的数量较多,易于检出;③在外环境中有足够的抵抗力,能生存一定时间;④食品细菌学检验方法敏感、简易等。

(2)可作为肠道致病菌污染食品的指示菌 这是因为大肠菌群在粪便中存在的数量较多,与肠道致病菌来源相同。而且一般条件下,它在外环境中的生存时间也与主要肠道致病菌一致。当然,食品中检出大肠菌群,只能说明有肠道致病菌存在的可能,却并非一定存在。

(三)致病菌

致病菌是指肠道致病菌、致病性球菌等。从食品卫生要求来说,食品中不能有致病菌存在,这是一项非常重要的卫生质量指标。但鉴于以下两个原因,一般是根据不同食品的特点来选定一定的病原菌作为检验的重点:①检验食品中病原菌的方法还存在一定的局限性,不可能借一种或少数几种检验方法即能将多种病原菌全部检出,因此,病原菌一般不能作为常规检验项目;②食品种类繁多,加工贮存方法不一,在一般检验中往往检验不出病原菌的菌种和污染数量。

文档(食品安全国家标准)

例如:蛋粉、冷冻禽类、肉类等食品,常明确规定沙门氏菌是必须检验的重要项目;酸度不高的罐藏食品,肉毒杆菌是必检项目等。如果把致病菌的检测结果和大肠菌群、细菌总数等其他有关指标结合起来进行综合分析,就能对食品的卫生质量作出更为准确的结论。

二、致病菌限量范围

(一)预包装食品中致病菌限量

我国于 2013 年制定和发布了《食品中致病菌限量》(GB 29921—2013),该标准的发布对保障食品安全、控制食源性疾病的发生发挥了积极作用。按照《食品安全法》和《食品安全标准与监测评估"十三五"规划(2016—2020 年)》的要求,为了进一步完善我国食品安全国家标准体系,适应行业的发展以及监管部门的使用需求,根据最新的风险监测和风险评估结果,结合国际上近年来食源性致病菌标准的修订动态及 GB 29921—2013 执行过程中遇到的问题,启动了该标准的修订。

文档(食品安全国家标准)

2021年9月国家卫生健康委员会、国家市场监管总局发布了《食品安全国家标准 预包装食品中致病菌限量》(GB 29921—2021)等17项食品安全国家标准和1项修改单的公告。

1. 标准的主要修订内容

本次修订将标准名称由《食品中致病菌限量》修改为《预包装食品中致病菌限量》,整合了乳制品和特殊膳食用食品中的致病菌限量要求,增加了食品类别(名称)说明的附录,对乳制品、肉制品、水产制品、即食蛋制品、粮食制品、即食豆类制品、巧克力类及可可制品、即食果蔬制品、饮料、冷冻饮品、即食调味品、坚果与籽实类食品、特殊膳食用食品等13类食品中的沙门氏菌、单核细胞增生李斯特氏菌、致泻大肠埃希氏菌、金黄色葡萄球菌、副溶血性弧菌、克罗诺杆菌属(阪崎肠杆菌)等6种致病菌指标和限量进行了调整。

2. 关于标准的适用范围

本标准适用于表9—1类别中的预包装食品,不适用于执行商业无菌要求的食品、包装饮用水、饮用天然矿泉水。对于罐头类食品等需要达到商业无菌要求的食品,应执行商业无菌要求,不在本标准中规定致病菌限量。对于包装饮用水、饮用天然矿泉水,暂不纳入本标准,并根据需要在相应的食品安全国家标准产品标准中进行致病菌的管理。

3. 关于标准中的致病菌指标

(1)沙门氏菌

沙门氏菌依然是引起全球和我国细菌性食源性疾病的主要致病菌,也是各国和国际组织普遍管控的致病菌。本次标准修订过程中,参考CAC、ICMSF、欧盟、澳新、韩国、美国等即食食品中沙门氏菌限量标准及其规定,未修改各类食品中沙门氏菌的限量要求。

(2)金黄色葡萄球菌

金黄色葡萄球菌是我国细菌性食源性疾病暴发的主要致病菌之一。该菌的致病力与其产生的肠毒素有关,而肠毒素的产生又与食品基质、温度、水活性、菌浓度等密切相关。本次标准修订过程中,结合近年来我国食源性疾病监测归因分析结果,修改了部分乳制品、水产制品、即食调味品、特殊膳食用食品中金黄色葡萄球菌的限量要求。乳制品中了删除了乳清粉和乳清蛋白粉、稀奶油、奶油和无水奶油中的金黄色葡萄球菌限量要求。水产制品中由金黄色葡萄球菌引起食源性疾病的风险较低,不再对其中的金黄色葡萄球菌做限量要求。特殊膳食用食品是为满足特殊的身体或生理状况和(或)满足疾病、紊乱等状态下的特定膳食需求而专门加工或配方的食品,消费人群为婴幼儿、病人等特殊人群,本次标准修订对特殊膳食用食品统一设置了金黄色葡萄球菌的限量要求。

(3)致泻大肠埃希氏菌

随着对致泻大肠埃希氏菌检验、鉴定能力的提升,越来越多的由其引起的暴发和病例被识别出来,其导致的疾病负担以往也可能被低估。我国食源性疾病监测结果显示,近几年细菌性食源性疾病暴发事件中,致泻大肠埃希氏菌引起的事件数已经上升到第五位,高危食品主要为肉制品、蔬菜、水果等。JEMRA正在通过收集分析暴发和病例对照研究数据对其(特别是产志贺样毒素大肠埃希氏菌)进行食品归因,以便应用《食品卫生通则》制定控制指南和相关产品的限量标准。综合考虑以上因素,本次标准修订将"大肠埃希氏菌O157:H7"修改为"致泻大肠埃希氏菌",并对肉制品中的牛肉制品、即食生肉制品、发酵肉制品类,即食果蔬制品中的去皮或预切的水果、去皮或预切的蔬菜及上述类别混合食品规定了限量要求。

（4）副溶血性弧菌

副溶血性弧菌是我国细菌性食源性疾病暴发的首要致病菌，但病因食品主要为即食生制动物性水产品或因生熟不分而交叉污染的肉类制品，多发生在餐饮环节。结合近年来我国食源性疾病监测归因分析结果，本次标准修订仅保留其高危食品——即食生制动物性水产制品的限量要求，删除对熟制水产品和即食藻类等水产制品中副溶血性弧菌的限量要求。

（5）单核细胞增生李斯特氏菌

单核细胞增生李斯特氏菌可感染并导致新生儿的脑膜炎和/或败血症、怀孕妇女流产等，其来源很大比例是食源性的。近几年，国际上发生多起由其导致的暴发事件。我国食源性单核细胞增生李斯特氏菌感染病例监测结果显示，高危食品主要包括肉制品、冷冻饮品等即食食品。鉴于单核细胞增生李斯特氏菌对高危人群的高风险，参考CAC、欧盟等即食食品中单核细胞增生李斯特氏菌的限量标准及规定，本次标准修订增加了对水产制品中即食生制动物性水产制品，冷冻饮品，即食果蔬制品中的去皮或预切的水果、去皮或预切的蔬菜及上述类别混合食品中单核细胞增生李斯特氏菌的限量要求，其中即食生制动物性水产制品规定为 $n=5,c=0,m=100CFU/g$；冷冻饮品，去皮或预切的水果、去皮或预切的蔬菜及上述类别混合食品规定为 $n=5,c=0,m=0/25g(25mL)$；干酪、再制干酪和干酪制品、肉制品中单核细胞增生李斯特氏菌的限量要求维持不变。

（6）克罗诺杆菌属

克罗诺杆菌属（阪崎肠杆菌）是一种条件致病菌，根据JEMRA评估结果，该菌仅对6月龄以下婴儿具有较高风险，鉴于目前尚未有最新的评估结果，结合我国食源性疾病监测结果，本次标准修订整合了《婴儿配方食品》（GB 10765—2010）和《特殊医学用途婴儿配方食品》（GB 25596—2010）中阪崎肠杆菌的限量要求，并维持不变。同时，按照国际最新分类研究进展，并与现行检验方法标准保持一致，将"阪崎肠杆菌"修改为"克罗诺杆菌属（阪崎肠杆菌）"。

本标准中未规定致病菌限量的食品类别包括：（1）非即食生鲜类食品。非即食生鲜类食品中致病菌应主要通过生产加工过程标准（规范）进行控制，如鲜、冻动物性水产品，鲜、冻畜、禽产品等。（2）微生物风险较低的食品或食品原料。参照CAC、ICMSF等的制标原则，不规定这类食品中致病菌限量，如食用盐、味精、食糖、植物油、乳糖、蒸馏酒及其配制酒、发酵酒及其配制酒、蜂蜜及蜂蜜制品、花粉、食用油脂制品、食醋等。

（二）散装即食食品中致病菌限量

散装即食食品是我国大众饮食的重要组成部分，其种类繁多，风味多样，购买方便，倍受消费者的青睐。但相对于预包装食品，散装即食食品在制作、销售过程中，易通过器具、加工人员等环节受到污染，更具引发食源性疾病的潜在风险。近年国内外散装即食食品微生物监测数据显示，食源性致病菌的检出比例较高，由沙门氏菌、副溶血性弧菌、单核细胞增生李斯特氏菌、金黄色葡萄球菌及蜡样芽孢杆菌等食源性致病菌引发的食源性疾病屡见不鲜。

2021年9月7日国家卫生健康委员会 国家市场监管总局发布了《食品安全国家标准 散装即食食品中致病菌限量》（GB 31607—2021），本标准与《食品安全国家标准 预包装食品中致病菌限量》共同构成了我国对食品中致病菌的限量标准，有助于保障食品安全和消费者健康，强化食品生产、加工和经营全过程管理，助推行业提升管理水平和健康发展。

表 9-1 预包装食品中致病菌限量标准

食品类别	致病菌指标	采样方案及限量（若非指定，均以/25g/25mL 表示）				检验方法	备注
		n	c	m	M		
乳制品	沙门氏菌	5	0	0	—	GB 4789.4	—
	金黄色葡萄球菌	5	2	100CFU/g	1000CFU/g	GB 4789.10	仅适用于巴氏杀菌乳,调制乳,发酵乳,加糖炼乳(甜炼乳),调制加糖炼乳
	金黄色葡萄球菌	5	2	10CFU/g	100CFU/g	GB 4789.10	仅适用于干酪,再制干酪和干酪制品
	单核细胞增生李斯特氏菌	5	0	0	—	GB 4789.30	仅适用于乳粉和调制乳粉
肉制品	沙门氏菌	5	0	0	—	GB 4789.4	
	单核细胞增生李斯特氏菌	5	0	0	—	GB 4789.30	
	金黄色葡萄球菌	5	1	100CFU/g	1000CFU/g	GB 4789.10	
	致泻大肠埃希氏菌	5	0	0	—	GB 4789.6	仅适用于牛肉制品、即食牛肉制品、发酵肉制品类
水产制品	沙门氏菌	5	0	0	—	GB 4789.4	
	副溶血性弧菌	5	1	100MPN/g	1000MPN/g	GB 4789.7	
	单核细胞增生李斯特氏菌	5	0	0	—	GB 4789.30	仅适用于即食生制动物性水产制品
即食蛋制品	沙门氏菌	5	0	0	—	GB 4789.4	—
粮食制品	沙门氏菌	5	0	0	—	GB 4789.4	—
	金黄色葡萄球菌	5	1	100CFU/g	1000CFU/g	GB 4789.10	—

续表 9-1

食品类别	致病菌指标	采样方案及限量 (若非指定,均以/25g 或/25mL 表示)				检验方法	备注
		n	c	m	M		
即食豆制品	沙门氏菌	5	0	0	—	GB 4789.4	—
巧克力类及可可制品	金黄色葡萄球菌	5	1	100 CFU/g(mL)	1000 CFU/g(mL)	GB 4789.10	—
	沙门氏菌	5	0	0	—	GB 4789.4	—
即食果蔬制品	沙门氏菌	5	0	0	—	GB 4789.4	—
	金黄色葡萄球菌	5	1	100 CFU/g(mL)	1000 CFU/g(mL)	GB 4789.10	仅适用于去皮或预切的水果,去皮或预切的蔬菜及上述类别混合食品
	单核细胞增生李斯特氏菌	5	0	0	—	GB 4789.30	
	致泻大肠埃希氏菌	5	0	0	—	GB 4789.6	
饮料	沙门氏菌	5	0	0	—	GB 4789.4	—
冷冻饮品	沙门氏菌	5	0	0	—	GB 4789.4	—
	金黄色葡萄球菌	5	1	100CFU/g(mL)	1000CFU/g(mL)	GB 4789.10	
	单核细胞增生李斯特氏菌	5	0	0	—	GB 4789.30	
即食调味品	沙门氏菌	5	0	0	—	GB 4789.4	—
	金黄色葡萄球菌	5	1	100CFU/g(mL)	1000CFU/g(mL)	GB 4789.10	
	副溶血性弧菌	5	1	100MPN/g(mL)	1000MPN/g(mL)	GB 4789.7	仅适用于水产调味品
坚果与籽类制品	沙门氏菌	5	0	0	—	GB 4789.4	—
	金黄色葡萄球菌	5	2	10CFU/g(mL)	100CFU/g(mL)	GB 4789.10	
特殊膳食用食品	克罗诺杆菌属(阪崎肠杆菌)	3	0	0/100g	—	GB 4789.40	仅适用于婴儿(0~6 月龄)配方食品,特殊医学用途婴儿配方食品

注:表中"$m=0/25$ g 25 mL 或 100 g"代表"不得检出每 25 g 或每 25 mL 或每 100 g"。

1. 标准的主要内容

本标准根据我国行业发展现况,考虑致病菌或其代谢产物对健康造成实际或潜在危害的可能、食品原料中致病菌污染风险、加工过程对致病菌的影响以及贮藏、销售和食用过程中致病菌的变化等因素,明确了散装即食食品的定义和类别,对可能给公众健康构成较大风险的散装即食食品规定了致病菌指标及其限量要求和检验方法,包括热处理散装即食食品中的沙门氏菌、金黄色葡萄球菌、蜡样芽孢杆菌限量,部分或未经热处理散装即食食品中的沙门氏菌、金黄色葡萄球菌、单核细胞增生李斯特氏菌、副溶血性弧菌和蜡样芽孢杆菌限量,以及其他散装食品中沙门氏菌和金黄色葡萄球菌限量。

2. 关于标准的适用范围

本标准适用于散装即食食品,不适用于餐饮服务中的食品、执行商业无菌要求的食品、未经加工或处理的初级农产品。

餐饮服务是指通过即时加工制作、商业销售和服务型劳动等,向消费者提供食品或食品和消费设施的服务活动。考虑到餐饮服务环节食品安全管理的方式和特点,本标准不适用于餐饮服务中的食品。对于需要达到商业无菌要求的食品,应执行商业无菌要求,不在本标准中规定致病菌限量。对于未经加工或处理的初级农产品亦不纳入本标准。

3. 关于标准中的致病菌指标

(1) 沙门氏菌

沙门氏菌主要通过粪口途径传播。我国部分风险监测数据和文献报道,在散装面包、蛋糕、熟肉制品、凉拌菜、果汁、生食蔬菜、色拉等食品中检出沙门氏菌,其中散装酱腌菜、熟肉制品和生食蔬菜的沙门氏菌检出率较高。本标准参考欧盟、澳新、英国及中国澳门、中国香港等地区的即食食品中沙门氏菌管理现况,设置了我国散装即食食品中沙门氏菌指标,限量要求为每 25g(mL)样品中不得检出。

(2) 金黄色葡萄球菌

金黄色葡萄球菌可通过多种途径污染食品,适宜条件下可产生肠毒素。我国部分风险监测数据和文献报道,金黄色葡萄球菌风险较高的散装即食食品为散装蛋糕、熟肉制品、果汁和蔬菜色拉。部分金黄色葡萄球菌肠毒素监测结果显示,产肠毒素金黄色葡萄球菌占比达 30%～60%。本标准参考英国、欧盟、澳大利亚和新西兰及中国澳门、中国香港等地的相关管理规定,设置我国散装即食食品中金黄色葡萄球菌指标,限量要求为每 g(mL)样品中小于或等于 1000CFU。

(3) 单核细胞增生李斯特氏菌

单核细胞增生李斯特氏菌感染约有 85%～90%的病例是因摄入被污染的食品引起,常见的污染食品有生牛奶、奶酪、冰淇淋、生蔬菜、生肉、发酵生肉香肠、热狗、蔬菜、水果、生烟熏鱼、水产品等。结合近年来国内外监测数据,考虑我国散装即食食品现状,本标准对部分或未经热处理的散装即食食品设置了单核细胞增生李斯特氏菌指标,限量要求为每 25g(mL)样品中不得检出。

(4) 蜡样芽孢杆菌

蜡样芽孢杆菌是条件致病菌,主要通过产生腹泻毒素和呕吐毒素导致人类中毒,其致病性取决于该菌是否携带可表达的毒力基因以及被污染的食品中蜡样芽孢杆菌的量。蜡样芽孢杆菌导致的食源性疾病具有明显的季节性,以夏秋季最高。综合我国蜡样芽孢杆菌导致的食源性疾病案例以及相关数据和文献报道,本标准对以米为主要原料制作的热处理散装即食食品、部分或未经热处理的散装即食食品设置了蜡样芽孢杆菌指标,限量要求为每 g(mL)样品中小于或等于 10000 CFU。

(5)副溶血性弧菌

副溶血性弧菌的致病性与受污染食品的带菌量以及该菌是否携带致病基因密切相关。本标准参考澳大利亚和新西兰、英国等国家以及中国香港、中国澳门等地区的相关规定,对含动物性水产品部分或未经热处理的散装即食食品设置了副溶血性弧菌指标,限量要求为每 g(mL)样品中小于或等于 1000MPN。

本章小结

本章主要介绍了食物中毒性微生物及其引起的食物中毒、污染食品引起的常见疫病、食品卫生标准中的微生物指标三部分内容。食物中毒是指人体因吃了含有有害微生物或微生物毒素的食物,或者吃了含有有毒化学物质的食物而引起的中毒。食物中毒多种多样。常见的细菌性食物中毒有沙门氏菌食物中毒、金黄色葡萄球菌食物中毒、致病性大肠杆菌食物中毒、肉毒梭状芽孢杆菌食物中毒、志贺氏菌食物中毒、变形杆菌食物中毒、蜡状芽孢杆菌食物中毒、副溶血性弧菌食物中毒。霉菌毒素及其引起的食物中毒主要有黄曲霉毒素、黄变米毒素、镰刀菌毒素、杂色曲霉素等引起的食物中毒。预防霉菌及其毒素对食品的污染,根本措施是防霉,去毒是污染后为防止人类受危害的补救方法。污染食品中引起人畜患病的微生物很多,引起常见疫病的病原微生物有炭疽杆菌、布鲁氏菌、结核分枝杆菌、单核细胞增生李氏杆菌,这几种细菌的生物学特性、传染途径及症状、防治措施各有不同。食品卫生标准中的微生物的主要检测指标有细菌总数、大肠菌群、致病菌。

复习思考题

一、名词解释

感染型食物中毒 毒素型食物中毒 黄变米
串珠试验 细菌总数

二、判断题

1. 巴氏消毒法可杀死全部致病性大肠杆菌。( )

2. 目前,金黄色葡萄球菌根据抗原性的不同,发现有 6 种肠毒素,即 A、B、C、D、E、F 型。( )

3. 志贺氏菌食物中毒初期的主要症状为突然发生剧烈的腹痛,伴有多次水样腹泻。( )

4. 黄曲霉毒素的毒性按其临床症状可分为三型:急性和亚急性中毒、慢性中毒、致癌性中毒。( )

三、选择题

1. 致病性大肠杆菌食物中毒与人体摄入的菌量有关,一般认为摄入食品含(　　)个活菌可使人致病。
   A. 10^4　　　　B. 10^6　　　　C. 10^8　　　　D. 10^{10}

2. 致病性大肠杆菌食物中毒的潜伏期较短,通常在摄入后(　　)突然发病。
   A. 1~2h　　　　B. 2~4h　　　　C. 4~10h　　　　D. 10h 以后

3. 肉毒梭菌食物中毒的病死率一般为(　　)。
   A. 20%~40%　　B. 30%~40%　　C. 10%~20%　　D. 40%~60%

4. 以下不是物理防霉措施的是(　　)。
   A. 干燥防霉　　B. 低温防霉　　C. 气调防霉　　D. 用环氧乙烷熏蒸防霉

四、填空题

1. 食物中毒类型多种多样,按食物中毒的病因分成_____、_____、_____,其中_____中毒最为常见。

2. 根据引起食物中毒的微生物类群不同,微生物性食物中毒主要分为_____和_____两大类。

3. 真菌毒素根据其作用部位,一般分为_____毒、_____毒、_____毒和_____毒四种类型。

4. 黄变米毒素包括以下三类:_____毒素类、_____毒素、_____毒素。

5. 炭疽杆菌有四种抗原,分别是_____抗原、_____抗原、_____抗原和_____抗原。

五、简述题

1. 什么是食物中毒,食物中毒有哪些类型?
2. 怎样预防沙门氏菌食物中毒?
3. 怎样预防炭疽杆菌疾病?
4. 怎样预防金黄色葡萄球菌食物中毒?
5. 简述霉菌毒素引起食物中毒的特点。
6. 食品安全标准中的微生物指标主要有哪些?这些检验指标有何实际意义?
7. 简述食品中致病微生物的限量检出范围和检测方法。

六、技能题

到医院了解一例食物中毒病例,在医生的指导下,分析引起中毒的食品及微生物,并向病人提出防止类似食物中毒的方法。

第三篇　实践技能

技能一　常用玻璃器皿的清洗和包扎技术

一、目的

1. 理解微生物实验中常用玻璃器皿的清洗和包扎的重要性。
2. 掌握微生物实验中常用玻璃器皿的清洗和包扎技术。
3. 掌握常用洗涤剂的配制方法。

二、基本原理

微生物实验中常用的玻璃器皿使用前后的清洗、干燥、包装和灭菌，是微生物实验得到正确结果的先决条件。微生物实验中常用的玻璃器皿很多，如培养皿、试管、三角瓶、吸管、载玻片和烧杯等。新购置的玻璃器皿因含游离碱，使用前必须洗涤。使用过的玻璃器皿根据其盛装过的物质采取相应的处理方法。而且，实验目的不同，采取的洗涤方法不同，清洗程度也不同。有的玻璃器皿清洗后要进行干燥，有的需通过灭菌达到无菌状态，有的甚至需包扎后再进行灭菌。

水只能洗去可溶于水的沾污物，对于不溶于水的沾污物必须用其他方法处理后再用水清洗。肥皂、洗衣粉、去污粉、铬酸洗涤液是常用的洗涤剂。

三、材料与仪器

1. 试剂

浓硫酸、重铬酸钠或重铬酸钾（工业用）、盐酸、95%乙醇、苏打、氢氧化钠、煤酚皂液、新洁尔灭、石炭酸、来苏儿、二甲苯、洗衣粉、去污粉、肥皂等。

2. 仪器和用具

高压蒸汽灭菌器、干热灭菌器、各种常用的玻璃器皿、洗涤工具、试管架、报纸或牛皮纸、普通棉花等。

四、方法与步骤

（一）新购置的玻璃器皿的洗涤

新玻璃器皿常附有游离碱质，不能直接使用。处理方法为：先用1%~2%的盐酸溶液或洗涤液浸泡24 h，以中和碱质，然后用清水冲洗至中性；或先放在热水中浸泡，用瓶刷或试管刷蘸洗衣粉或去污粉等刷洗，然后用热水洗刷，再用清水冲洗。

新载玻片也可在1%洗衣粉水中煮沸15~20 min，然后用清水冲洗至中性。注意煮沸液一定要浸没玻片，否则会使玻片钙化变质。新盖玻片可放在1%洗衣粉水中煮沸1 min后，待沸点泡平下后，再煮沸1 min，如此反复2~3次，冷却后用清水冲洗干净。注意煮沸时间过长会使盖玻片钙化变白而且变脆易碎。新的载玻片和盖玻片也可先浸入肥皂水（或2%盐酸）内1 h，再用水洗净，用软布擦干后浸入滴有少量盐酸的95%乙醇中，保存备用。

（二）使用过的玻璃器皿的洗涤

1. 试管、培养皿、烧杯和三角瓶的洗涤

使用过的试管、培养皿、烧杯和三角瓶，可用瓶刷或试管刷蘸洗衣粉或去污粉等刷洗，然后用清水冲洗干净即可。如玻璃器皿沾有油污，或经清水冲洗后仍有油迹未洗干净，可将玻璃器皿置于1％～5％的苏打溶液或5％的肥皂水中煮沸30 min，或用10％的氢氧化钠（粗制品）浸泡30 min，再用洗涤剂及热水刷洗，最后用清水冲洗干净。

2. 吸管和滴管的洗涤

吸管先去掉棉塞，滴管先拔去橡皮头。将吸管和滴管放在2％的煤酚皂溶液或0.5％的新洁尔灭中浸泡数小时，然后用清水冲洗干净。曾吸过琼脂的吸管，使用后立即用热水将琼脂洗净后再进行处理。浸泡吸管时，要在玻璃缸底部垫以棉花、纱布或其他软质材料，以防放入吸管时管尖破裂。

3. 载玻片和盖玻片的洗涤

载玻片上如有香柏油，先用二甲苯溶解油垢。将载玻片和盖玻片置于5％的肥皂水中煮沸10 min，取出用清水冲洗干净，然后放在稀洗涤液中浸泡1～2 h，取出用清水冲洗至无色为止；或在1％的洗衣粉水中煮沸30 min，然后用清水冲洗至中性，最后用蒸馏水淋洗。待玻片干燥后，置于95％的乙醇中保存，用时取出并在火焰上烧去乙醇即可。

4. 盛有固体培养基或油脂（如液体石蜡、凡士林）等的玻璃器皿的洗涤

先用小刀或铁丝将器皿中的固体培养基取出，或将此器皿放在水中蒸煮，使固体培养基熔化后趁热倒出，然后用温水洗涤，必要时可沾肥皂水刷洗，最后用清水冲洗。注意固体培养基切勿直接倒入下水道，以免堵塞下水道。

5. 污染病原菌的玻璃器皿的洗涤

被病原菌污染过的玻璃器皿，在洗涤前必须进行严格的灭菌。盛装血液或血清的玻璃器皿，先将血液或血清倒出后再进行灭菌。

（1）一般玻璃器皿（如试管、烧杯、培养皿等）均可在高压蒸汽灭菌器内进行灭菌，温度121 ℃，压力0.103 MPa，时间20～30 min。

（2）载玻片、盖玻片和吸管等器皿可在5％的石炭酸或2％的来苏儿中浸泡48 h。

玻璃器皿最后用清水冲洗后，必要时还需用蒸馏水淋洗。洗涤后的玻璃器皿，要求内壁的水均匀分布成一薄层，表示油垢完全洗净；如果内壁还挂有水珠，则需用洗涤液浸泡数小时，然后用清水冲洗干净。

洗涤后的玻璃器皿，放在70～80 ℃烘箱内烘干或晾干。试管倒置在试管架上，三角瓶倒置在洗涤架上，培养皿的皿盖和皿底分开，按顺序压着皿边倒扣排列在桌上或铁丝筐内。

（三）洗涤液的配制

铬酸洗涤液即重铬酸钠（或重铬酸钾）的硫酸溶液，它是微生物实验室最常用的洗涤剂，是一种强氧化剂。它由重铬酸钠或重铬酸钾与硫酸作用后形成铬酸，铬酸的氧化能力极强，因而此液具有极强的去污作用。常用它来洗去玻璃和瓷质器皿上的有机物质，但不能用于洗涤金属器皿和塑料器皿。

铬酸洗涤液分浓溶液和稀溶液两种，其配方如下：

浓溶液配方：重铬酸钠或重铬酸钾（工业用）50 g；自来水150 mL；浓硫酸800 mL。

稀溶液配方：重铬酸钠或重铬酸钾（工业用）50 g；自来水850 mL；浓硫酸100 mL。

配法：将重铬酸钠（或重铬酸钾）溶解在自来水中，慢慢加热，使其完全溶解，待冷却后，再慢慢加入硫酸（边加边搅拌）。配制好的洗涤液呈棕红色或橘红色，并有均匀的红色小结晶。储存于广口瓶内，盖紧瓶盖备用。

铬酸洗涤液加热后，去污作用更强，一般可加热到45～50 ℃，稀的铬酸洗涤液可以煮沸使用。铬酸洗涤液可反复使用，每次用后可倒回原瓶中储存，直到溶液变成青褐色时才失去效果。

使用铬酸洗涤液时的注意事项：

（1）使用此液时，器皿必须干燥，否则会降低洗涤液浓度。

(2)如果器皿上带有大量有机质,应先将有机质清除,再用洗涤液,否则洗涤液会很快失效。

(3)盛装洗涤液的容器应始终加盖,以防止氧化变质。

(4)用洗涤液洗过的器皿,应立即用水冲洗至无色。因洗涤液中的硫酸具有强腐蚀性,浸泡时间过长,会使器皿变质。

(5)洗涤液溅到衣服和皮肤上,应立即用水洗,再用苏打水(碳酸钠溶液)或氨液洗;洗涤液溅到桌椅上,应立即用水洗净或用湿布擦掉。

(四)玻璃器皿的包扎

灭菌前玻璃器皿必须妥善包扎,以免灭菌后又被环境中的杂菌污染。

1. 培养皿的包扎

洗净的培养皿烘干后,可直接放入灭菌专用的铁盒(或铝盒)内,否则需用报纸或牛皮纸将培养皿单套或数套包成一包,再进行灭菌。一般以5~10套培养皿为一包。

2. 吸管的包扎

先在洗净并烘干的吸管粗头(距管口1~2 mm处)塞入少许棉花(长1~1.5 cm),以免使用时将杂菌吹入其中,或不慎将微生物吸出管外。棉花要塞得松紧适宜,过紧,吹吸液体太费力;过松,吹气时棉花会下滑。每支吸管用一条宽4~5 cm的纸条,将吸管尖端斜放在纸条的近右端,与纸条呈30°~45°角,并将右端多余的一段纸覆折在吸管上,再将整根吸管螺旋卷入纸条内,左端多余的纸条折叠打一小结,以防纸条散开(技能图-1)。如此包好的吸管每10支用一张大报纸包好再进行灭菌。如果有灭菌专用的铁筒,也可将分别包好的吸管一起放入筒内再进行灭菌。使用时,从中间拧断纸条,抽出吸管。

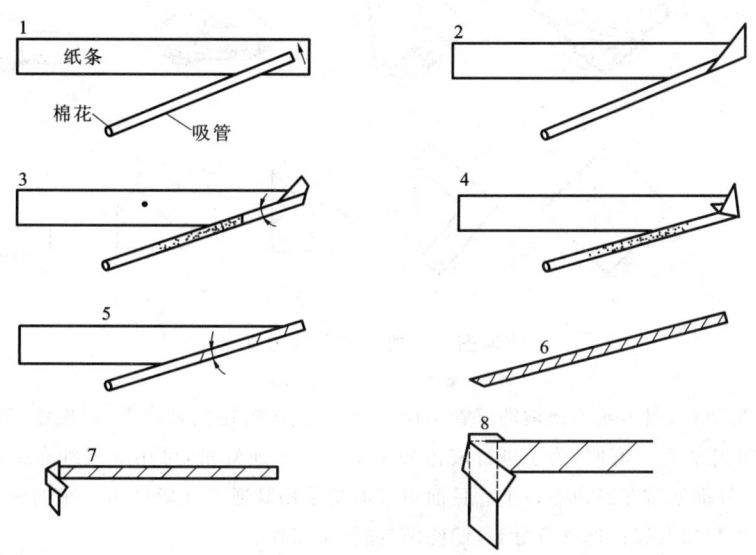

技能图-1　吸管的包扎

(张青,葛菁萍.微生物学.2004)

3. 三角瓶、试管的包扎

三角瓶和试管在包扎前要用棉塞将管口或瓶口塞好,棉塞的2/3塞入口内,1/3露在口外(技能图-2)。加棉塞后,三角瓶单个用牛皮纸或两层报纸及线绳将瓶口包扎好。试管数支先用线绳捆扎,再用牛皮纸或两层报纸及线绳将管口包扎好。试管塞好棉塞后也可一起装在铁丝篓中,用大张报纸将一篓试管口做一次包扎。

棉塞外包纸的作用:①保存期避免灰尘进入棉塞,造成棉塞的污染。②避免湿热灭菌时蒸汽打湿棉塞。

棉塞的作用:①过滤作用,防止空气中的微生物进入容器。②通气作用,保证通气良好。③减缓培养基水分蒸发。

棉塞的质量要求:棉塞的形状、大小、松紧应与试管口或三角瓶口完全适合。棉塞形状应为锤头状。棉塞的长度以不小于管口直径的 2 倍为宜。棉塞应紧贴玻璃壁,没有皱褶和缝隙,松紧适宜。棉塞过紧会妨碍空气流通,而且操作不便;棉塞过松易掉落,从而引起污染。棉塞的松紧以手提棉塞时试管或三角瓶不脱落,棉塞又易转动,拔出棉塞时有轻微响声为宜。

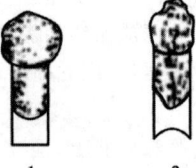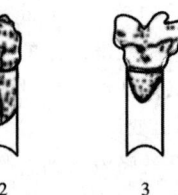

技能图-2 塞棉塞的方法

1. 正确;2. 不正确;3. 不正确

(张青,葛菁萍.微生物学.2004)

制作棉塞的主要材料:要求选用纤维较长的普通棉花,一般不用脱脂棉制作棉塞。因为普通棉花纤维长,通气性好;脱脂棉纤维间的孔隙大,过滤除菌的效果不好,容易吸水变湿,既有碍空气进入,又易招致杂菌污染,而且价格贵。

棉塞的种类:①一次性棉塞。每个棉塞只能用一次。②永久性棉塞。每个棉塞外包裹纱布,可反复使用多次。

棉塞的制作方法(技能图-3):方法一:选择大小、厚薄适中的棉花一块,铺展于左手拇指和食指扣成的圆孔中,用右手食指将棉花从中央压入圆孔中制成棉塞。方法二(折叠卷塞法制作棉塞):根据需要量取正方形的棉花数层,互相重叠,将一角沿对角线的 1/3 处对折,再从相邻一角开始卷曲,最终卷成锤头状。

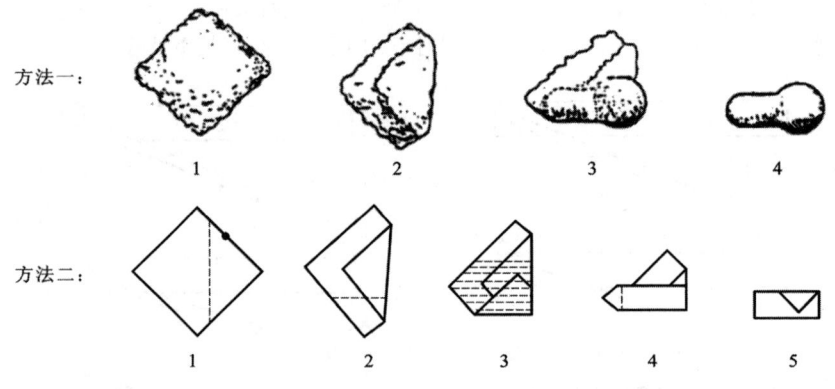

技能图-3 棉塞的制作方法

(张青,葛菁萍.微生物学.2004)

另外,也可采用塑料、铝质或不锈钢的试管帽代替棉塞,直接盖在试管口上,但操作过程中手感不如棉塞舒服,且通气效果也稍差。有时,为了进行液体振荡培养加大通气量,可用 8 层纱布或在两层纱布中间均匀铺一层棉花代替棉塞包在三角瓶口上。目前更多的是采用既通气又能高压灭菌的塑料封口膜直接包在三角瓶口上,这种封口既保证通气良好、过滤除菌,操作又简便。

五、结果报告

1. 记录玻璃器皿洗涤的过程。
2. 检查玻璃器皿洗涤的效果、玻璃器皿包扎的质量、棉塞制作的质量。

六、复习思考题

1. 微生物实验室常用的洗涤剂有哪些?
2. 如何清洗载玻片和盖玻片?
3. 灭菌前如何包扎培养皿和吸管?
4. 为什么不能使用脱脂棉制作棉塞?

技能二　普通光学显微镜的使用技术

一、目的

1. 了解普通光学显微镜的构造。
2. 掌握普通光学显微镜的使用方法及维护。
3. 能够正确使用普通光学显微镜观察微生物的形态。

二、基本原理

(一)普通光学显微镜的构造

显微镜是观察及研究微生物不可缺少的工具。由于微生物个体微小，很难用肉眼观察其形态结构，需借助显微镜才能对微生物进行观察和研究。显微镜的种类很多，有普通光学显微镜、暗视野显微镜、相差显微镜、荧光显微镜、电子显微镜等。一般对微生物形态结构的观察，以普通光学显微镜最为常用。普通光学显微镜的构造包括机械部分和光学部分(技能图-4)。

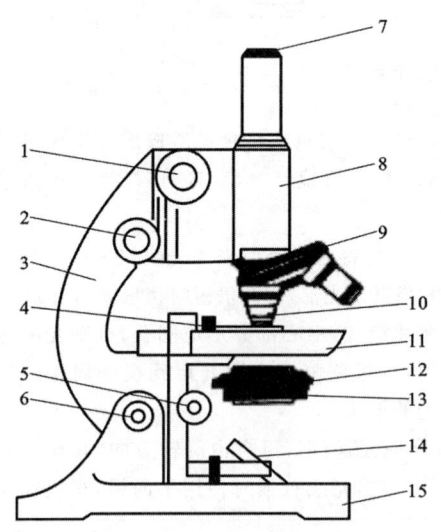

技能图-4　普通光学显微镜的构造

1. 粗调节螺旋；2. 细调节螺旋；3. 镜臂；4. 推进器；
5. 聚光器升降螺旋；6. 倾斜关节；7. 接目镜；8. 镜筒；
9. 物镜转换器；10. 接物镜；11. 载物台；12. 聚光器；
13. 虹彩光圈；14. 反光镜；15. 镜座

1. 机械部分

机械部分包括镜座、镜臂、载物台、镜筒、物镜转换器、粗调节螺旋、细调节螺旋、推进器、聚光器升降螺旋等部件。

(1)镜座　镜座是显微镜的基座，呈马蹄形、长方形、三角形等，用以支撑整个显微镜。电光源显微镜的镜座上装有电源开关、照明光源等。

(2)镜臂　镜臂是移动显微镜的把手，上连镜筒，下连镜座，用以支撑镜筒、载物台、聚光器、调焦装置等。与镜座连接处有倾斜关节，可使镜身倾斜。有的镜壁是固定的。

(3)镜筒　镜筒上接目镜，下接物镜，形成目镜与物镜间的暗室，光线从镜筒中通过。国际上将显微镜的标准镜筒长定为 160 mm。因为物镜的放大率是对一定的镜筒长度而言的，所以镜筒长度的变化，不仅影响放大率，也影响成像质量。

(4)物镜转换器　物镜转换器由两个金属圆盘叠合而成，可安装 3～4 个物镜。转动转换器可以按需要将其中的任何一个物镜和镜筒接通，与镜筒上面的目镜构成一个放大系统。在转换器上面圆盘的后方装有一个弹簧舌片，下面圆盘的侧面与每个物镜相对应的位置各有一个小凹缝。转换物镜时，必须使弹簧舌片嵌入凹缝中，才能达到正确位置，并得以固定。转换物镜时，用手指捏住转换器下的金属盘，使之旋转，不得用手捏物镜转动。

(5)载物台　载物台位于镜筒下方，呈长方形，中间有一较大圆孔，用于透光。台上装有弹簧夹和推进器，用以固定和移动标本片的观察位置。有的显微镜载物台可上下移动，由粗调节螺旋和细调节螺旋调节。

(6)粗调节螺旋和细调节螺旋　调节螺旋位于镜筒的两旁，用以调节镜筒(或载物台)的升降，以改变物镜与观察物之间的距离。要使镜筒大幅度升降时用粗调节螺旋。细调节螺旋只能使镜筒作细微升降(100 μm)。当旋转到极限时，不能再用力旋转，应调节粗调节螺旋，然后反方向调节细调节螺旋。

237

(7)聚光器升降螺旋 聚光器升降螺旋位于载物台下面,可使聚光器升降。

2. 光学部分

光学部分包括接物镜、接目镜、照明光源、聚光器、虹彩光圈、反光镜(电光源显微镜无反光镜)。

(1)接物镜 接物镜简称物镜,是显微镜中最重要的部分,安装在转换器的螺口上,其作用是将被检物像进行第一次放大,形成一个倒立的实像,具有辨晰性能,它决定着显微镜的性能。物镜的性能取决于物镜的数值孔径。数值孔径是指光线投射到物镜上的最大角度一半的正弦与介质折射率的乘积。数值孔径越大,物镜的性能越好。油镜的数值孔径最大。

每台显微镜有3~4个接物镜,分为低倍物镜(5×~24×)、高倍物镜(40×~105×),其中90×~105×的物镜又称为油浸物镜,简称油镜。使用时通过镜头侧面标注的放大倍数来辨认。放大倍数越大的接物镜,工作距离越小,油镜的工作距离只有0.198 mm(技能图-5)。

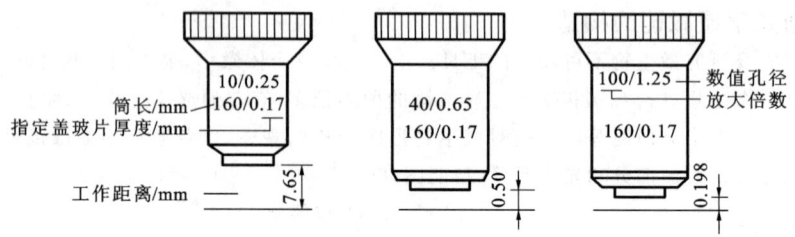

技能图-5 显微镜物镜参数示意图

(黄秀梨.微生物学实验指导.1999)

(2)接目镜 接目镜简称目镜,安装在镜筒上方,由两块透镜组成,它只能将物镜所造成的实像进一步放大形成虚像,不具有辨晰性能。每台显微镜上配有几种放大倍数的目镜(5×、10×、16×等),可供选择使用。为便于指示物像,有的目镜中装有黑色细丝作为指针。

(3)聚光器 聚光器位于载物台下方,由一组透镜组成,其作用是将光源反射来的光线聚为一束强的光锥于标本上。可根据需要,将聚光器上下调整。一般用低倍镜时降低聚光器,用高倍镜时将聚光器升起。

(4)虹彩光圈 虹彩光圈位于聚光器下方,由十几张金属薄片组成,中心部分形成圆孔,推动光圈把手可开大或缩小光圈,用以调节射入聚光器光线的多少。使用时,一般将虹彩光圈开启到视场周缘的外切处,使不在视场内的物像得不到任何光线的照明,以避免散射光的干扰。

(5)反光镜 外光源显微镜具有反光镜。其位于镜座上,分平、凹两面,可自由旋转方向,其作用是将投射到它上面的光线反射到聚光器透镜中央,穿过透镜照明标本。当光线较强时使用平面镜,光线较弱时使用凹面镜。

(二)油镜的使用原理

细菌等原核细胞微生物个体微小,一般需要用油镜观察其形态与结构。油镜是放大倍数最大的物镜,其镜片极小,进入镜中光线少,造成视野较暗;当油镜头与标本片之间为空气层所隔时,因为空气的折光率与玻璃的折光率不同(空气折光率为1.00,玻璃折光率为1.52),使得一部分光线被折射而不能进入油镜内,使视野更暗;如果在油镜头与标本片之间滴加香柏油(香柏油折光率为1.515,与玻璃折光率相近),就能减少因折射所造成的光线的损失,使视野被充分照明,提高物镜的分辨力,使物像明亮清晰。见技能图-6。

三、材料与仪器

1. 菌种

霉菌、酵母菌、细菌和放线菌玻片标本。

2. 试剂

香柏油、二甲苯。

3. 仪器和用具

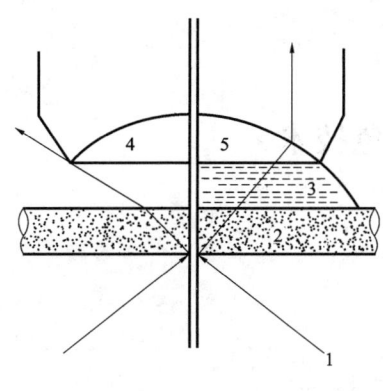

技能图-6 油镜的作用
1. 光线;2. 载玻片;3. 香柏油;4. 空气;5. 油镜

普通光学显微镜、擦镜纸等。

四、方法与步骤

1. 取镜

从镜箱中取镜时,一只手握着镜臂,另一只手托着镜座,保持镜体直立,以防目镜、反光镜等部件脱落而被摔坏。将显微镜平稳地放在实验台上,镜座距实验台边约3 cm。

2. 姿势

镜检者坐姿端正,要求用两眼同时通过目镜观察,也可用左眼通过目镜观察,右眼绘图或记录。

3. 调光

接通电源,打开显微镜的开关。转动转换器,将低倍物镜接通镜筒。打开光圈。调节显微镜的亮度按钮以调节光的强弱,使整个视野亮度适宜。外光源显微镜通过反光镜调节光亮的强弱。

4. 低倍镜观察

将低倍物镜接通镜筒。将标本片放在载物台上,使标本位于物镜正下方。转动粗调节螺旋(下降镜筒或提升载物台),使物镜距离标本约0.5 cm,然后缓慢拉大物镜与标本间的距离,当出现物像时,转动细调节螺旋,直至物像清晰,再通过推进器找到理想的观察部位。使用低倍物镜可初步观察霉菌、酵母菌等,对于细菌必须进一步用油镜观察。

5. 高倍镜观察

用高倍镜可更清晰地观察霉菌和酵母菌。通过低倍物镜初步观察到霉菌和酵母菌后,拉大物镜与标本之间的距离,将高倍物镜(40×或45×)接通镜筒,提升聚光镜,提高视野的亮度,慢慢缩小物镜与标本间的距离,直至二者几乎接触为止,然后通过目镜观察,转动粗调节螺旋缓慢升起镜筒(或下降载物台),即拉大物镜与标本间的距离,当出现物像时,转动细调节螺旋,直至物像清晰,用推进器将标本调到最适观察的位置,再进行观察。

观察细菌和放线菌必须使用油镜。通过低倍镜找到理想的观察部位后,拉大物镜与标本之间的距离,将油镜(100×)接通镜筒,提升聚光镜,提高视野的亮度,在标本片上加1滴香柏油,从侧面注视,转动粗调节螺旋,使油镜头慢慢浸入香柏油中,直到与标本片几乎接触为止,然后通过目镜观察,转动粗调节螺旋缓慢拉大物镜与标本之间的距离,当出现物像时,转动细调节螺旋,直到物像清晰,用推进器将标本调到最适观察的位置,再进行观察。

6. 镜检后显微镜的保养

(1)取下标本片。

(2)先用擦镜纸擦去油镜头上的香柏油,再另取一张擦镜纸滴上少量二甲苯将油镜头上的香柏油擦净,最后再用一张擦镜纸将油镜头上残留的二甲苯擦净。

(3)下降聚光器。

(4)用擦镜布(或绸布)将显微镜各部位擦净,除去灰尘、油污、水汽,以免生霉长锈。

(5)转动转换器,使物镜呈"八"字形叉开置于载物台上(或将载物台下降到最低点),盖好镜罩,将显微镜送回箱内。

五、结果报告

画出你所观察到的霉菌、酵母菌、细菌和放线菌的形态图,并注明各种菌的名称以及放大倍数。

六、复习思考题

1. 使用显微镜为什么要求双眼同时睁着?

2. 观察细菌时,为什么要滴加香柏油?
3. 使用显微镜需要注意哪些问题?

技能三　细菌的简单染色技术

一、目的

1. 掌握细菌的简单染色技术。
2. 学习无菌操作技术。
3. 初步认识细菌的形态。

二、基本原理

细菌个体小,比较透明,在普通光学显微镜下不易识别,必须对其进行染色。染色的目的是使细菌细胞吸附染料而带有颜色,使菌体与背景形成明显的色差,易于观察菌体形态。

细菌的简单染色法,就是用一种染料对细菌进行染色的一种方法。用于染色的染料主要有碱性染料、酸性染料和中性染料。碱性染料电离后,染料带正电荷;酸性染料电离后,染料带负电荷;中性染料电离后,染料兼带正、负电荷。细菌蛋白质等电点较低,在中性、碱性或弱酸性溶液中,细菌细胞通常带负电荷,所以,常用碱性染料使其着色。常用的碱性染料有美蓝、结晶紫、碱性复红、番红、孔雀绿等。当细菌分解糖类产酸使培养基 pH 值下降时,细菌所带正电荷增加,则应用酸性染料使其着色。常用的酸性染料有伊红、酸性复红、刚果红等。

三、材料与仪器

1. 菌种

培养 24 h 的金黄色葡萄球菌和大肠杆菌及培养 12～18 h 的枯草杆菌的斜面培养物。

2. 染色液和试剂

草酸铵结晶紫染色液、香柏油、二甲苯。

3. 仪器和用具

普通光学显微镜、接种环、酒精灯、火柴、载玻片、擦镜纸等。

四、方法与步骤

1. 涂片

取一块载玻片,在载玻片中央滴 1 小滴无菌水,用接种环按无菌操作方法(技能图-7)从斜面培养物上挑取少许菌种,在水滴中涂成均匀的薄膜,涂抹直径约为 1 cm。注意将接种环在火焰上彻底灭菌(技能图-8)。

小视频

2. 干燥

将涂片放在室温下自然干燥,也可将涂面朝上在酒精灯火焰高处微火烤干。

3. 固定

让涂面朝上,将涂片在酒精灯火焰中以钟摆的速度来回移动 3～4 次,涂片温度以手背触及涂片背面微烫手为宜(不超过 60 ℃),温度过高易破坏细胞形态。

固定的目的:杀死细菌,固定细胞结构;将细菌固定在载玻片上,以免冲洗时被冲掉;使菌体蛋白质变性,增大细胞的通透性,容易着色。

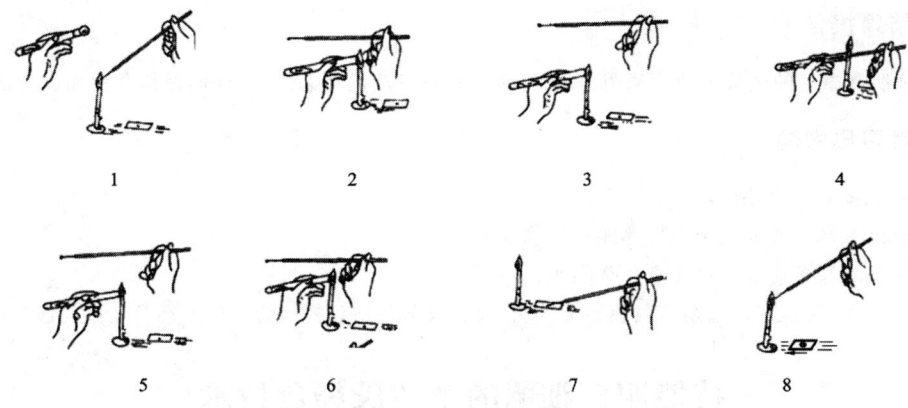

技能图-7　无菌操作取菌过程

1. 灼烧接种环；2. 拔去棉塞；3. 烘烤试管口；4. 挑取少量菌体；
5. 烘烤试管口；6. 将棉塞塞好；7. 做涂片；8. 烧去残留菌体

（刘慧.现代食品微生物学实验技术.2006）

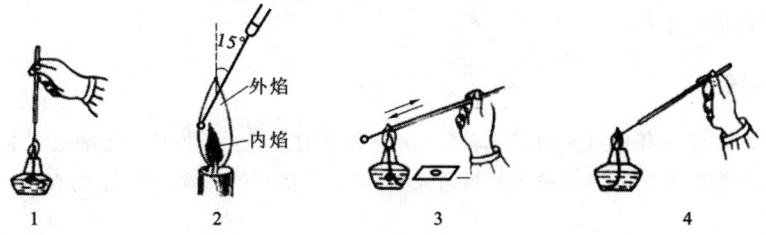

技能图-8　接种环在火焰上的灭菌方法

4. 染色

将草酸铵结晶紫染液 1~2 滴加到涂面上，以染液刚好覆盖涂面为宜，染色 0.5~1 min。

5. 水洗

倾去染液，斜置玻片，用细小的水流从载玻片上端缓缓流下，直至流下的水无色为止。水洗时，不要直接冲洗涂面，水流不宜过急、过大，以免涂面薄膜脱落（技能图-9）。

6. 干燥

甩去玻片上的水珠后自然晾干；或用吸水纸轻轻吸去水分（不可摩擦）（技能图-10）；或在酒精灯火焰高处微火烤干。涂片必须充分干燥。

技能图-9　水洗涂片

（诸葛健,李华钟.微生物学(第 2 版).2009）

技能图-10　用吸水纸干燥涂片

（诸葛健,李华钟.微生物学(第 2 版).2009）

7. 镜检

先用低倍物镜找到物像，再用高倍物镜找到适当视野，将高倍物镜转出，在涂面上加 1 滴香柏油，最后用油镜观察。金黄色葡萄球菌、大肠杆菌、枯草杆菌都呈紫色。

五、结果报告

绘出你所观察到的金黄色葡萄球菌、大肠杆菌和枯草杆菌的形态图,并注明菌体名称和放大倍数。

六、复习思考题

1. 为什么要进行火焰固定?
2. 为什么要求涂片充分干燥后才能用油镜观察?
3. 细菌简单染色制片应该注意什么问题?
4. 通过镜检,你能正确描述金黄色葡萄球菌、大肠杆菌和枯草杆菌的个体形态及其排列情况吗?

技能四 细菌的革兰氏染色技术

一、目的

1. 了解革兰氏染色原理及其在细菌分类鉴定中的重要性。
2. 掌握革兰氏染色技术。

二、基本原理

革兰氏染色法是 1884 年由丹麦病理学家 C. Gram 创立的。革兰氏染色法是细菌学中最重要的鉴别染色法。通过革兰氏染色,可将所有细菌区分为两大类,即革兰氏阳性细菌(用 G^+ 菌表示)和革兰氏阴性细菌(用 G^- 菌表示)。

革兰氏染色法之所以能将细菌区分为 G^+ 菌和 G^- 菌,是由于这两类细菌细胞壁的结构和化学组成不同。当细菌用结晶紫初染后,所有细菌都被染成初染剂的蓝紫色。碘作为媒染剂,它能与结晶紫结合形成结晶紫-碘复合物,从而增强了染料与细菌的结合力。当用 95% 乙醇脱色时,两类细菌的脱色效果是不同的。G^+ 菌的细胞壁主要由肽聚糖组成,其形成的网状结构致密,壁厚,脂类物质含量低,用乙醇脱色处理时细胞壁脱水,使肽聚糖层的网状结构孔径缩小,通透性降低,从而使结晶紫-碘复合物不易被洗脱而保留在细胞内,经复染后仍保留初染剂的蓝紫色;G^- 菌的细胞壁肽聚糖含量低且结构疏松,而脂类物质含量高,当用乙醇脱色处理时,脂类物质被乙醇溶解,细胞壁通透性增大,使结晶紫-碘复合物被洗脱出来(此时细胞暂时无色),再用复染剂复染后,细胞被染上复染剂的红色。

三、材料与仪器

1. 菌种

培养 24 h 的金黄色葡萄球菌和大肠杆菌的斜面培养物。

2. 染色液和试剂

草酸铵结晶紫染色液、路哥氏碘液、0.5% 番红染色液、95% 乙醇、香柏油、二甲苯。

3. 仪器和用具

普通光学显微镜、接种环、酒精灯、火柴、载玻片、擦镜纸等。

四、方法与步骤

1. 制作涂片标本

涂片、干燥、固定方法同细菌的简单染色。

2. 初染

将草酸铵结晶紫染液 1~2 滴加到涂面上,以染液刚好覆盖涂面为宜,染色 1 min。

3. 水洗

倾去染液,斜置玻片,用细小的水流从载玻片上端缓缓流下,直至流下的水无色为止。水洗时,不要直接冲洗涂面,水流不宜过急、过大,以免涂面薄膜脱落。

4. 媒染

用路哥氏碘液冲去残水,再将路哥氏碘液 1~2 滴加到涂面上,以染液刚好覆盖涂面为宜,染色 1 min。

5. 水洗

倾去染液,斜置玻片,用细小的水流从载玻片上端缓缓流下,直至流下的水无色为止。

6. 脱色

倾斜玻片,连续滴加 95% 乙醇冲洗脱色,直至流出的乙醇无明显的紫色(一般需 20~30 s)。

乙醇的浓度、用量及涂片厚度都会影响脱色速度。脱色是革兰氏染色中关键的一步,脱色不足,阴性菌会被误染成阳性菌;脱色过度,阳性菌会被误染成阴性菌。

7. 水洗

倾斜玻片,用细小的水流从载玻片上端缓缓流下。

8. 复染

将番红染色液 1~2 滴加到涂面上,以染液刚好覆盖涂面为宜,染色 1~2 min。

9. 水洗

倾去染液,斜置玻片,用细小的水流从载玻片上端缓缓流下,直至流下的水无色为止。

10. 干燥

甩去玻片上的水珠后自然晾干;或用吸水纸轻轻吸去水分(不可摩擦);或在酒精灯火焰高处微火烤干。涂片必须充分干燥。

11. 镜检

先用低倍物镜找到物像,再用高倍物镜找到适当视野,将高倍物镜转出,在涂面上加 1 滴香柏油,最后用油镜观察。

结果:金黄色葡萄球菌呈紫色,大肠杆菌呈红色。

五、结果报告

绘出你所观察到的金黄色葡萄球菌和大肠杆菌的形态图,并注明革兰氏染色反应类型。

六、复习思考题

1. 革兰氏染色操作过程中应注意哪些问题?哪些环节会影响染色结果的正确性?其中最关键的步骤是什么?
2. 乙醇脱色后复染之前,革兰氏阳性菌和革兰氏阴性菌应分别是什么颜色?

技能五　细菌的芽孢染色技术

一、目的

1. 了解细菌的芽孢染色原理。
2. 掌握细菌的芽孢染色方法。

二、基本原理

芽孢具有厚而致密的壁,透性低,不易着色,如果用一般的染色法只能使菌体着色而芽孢不着色(芽孢呈无色透明状)。芽孢染色法就是根据细菌的芽孢和营养细胞对染料的亲和力不同,用不同的染料进行染色,使芽孢和菌体呈现不同的颜色而便于区别。芽孢虽难以染色,但是,芽孢一旦染上色后又难以脱色,所有芽孢染色法都是基于这个原则设计的。先用着色力强的染色剂(如孔雀绿或石炭酸复红),在加热条件下进行染色,使菌体和芽孢均着色,再用水冲洗,则菌体已脱色,而芽孢一经着色就难以被水洗脱。然后,用另一种与初染色剂对比度大的复染剂(如沙黄或美蓝)染色后,芽孢仍保留初染色剂的颜色,而菌体和芽孢囊被染成复染剂的颜色,使芽孢和菌体更易于区分。

三、材料与仪器

1. 菌种

枯草芽孢杆菌(培养 24~48 h 的营养琼脂斜面培养物,菌龄以大部分芽孢仍保留在菌体内为宜)。

2. 染色液和试剂

5% 孔雀绿水溶液、0.5% 番红水溶液、香柏油、二甲苯、生理盐水。

3. 仪器和用具

普通光学显微镜、接种环、酒精灯、火柴、载玻片、木夹、小试管、烧杯等。

四、方法与步骤

(一)常规的 Schaeffer-Fulton 氏染色法

1. 涂片

取洁净的载玻片 1 块,加 1 滴生理盐水,用接种环挑取少量枯草芽孢杆菌在水滴中涂成均匀的薄膜,涂抹直径约为 1 cm。

2. 晾干固定

将涂片放在空气中晾干后,让涂面朝上,将涂片在酒精灯火焰中以钟摆的速度来回移动 3~4 次,涂片温度以手背触及涂片背面微烫手为宜(不超过 60 ℃)。

3. 孔雀绿染液染色

在涂面上滴加孔雀绿水溶液 3~5 滴(染料以铺满涂片为度),用木夹夹住载玻片一端,在酒精灯上微火加热至染液冒蒸汽时开始计时 5 min。注意:染液需产生蒸汽但不沸腾;加热过程中随时补加染液保持涂片不干。

4. 脱色

待载玻片冷却后,倾去染液,斜置玻片,用自来水从载玻片上端缓缓流下,直至流下的水无色为止。脱色时,水流不要直接冲在涂面处,水流不宜过急、过大,以免涂面薄膜脱落。

5. 复染

将番红水溶液 1~2 滴加到涂面上,以染液刚好覆盖涂面为宜,染色 1~2 min。

6. 水洗、干燥

倾去染液,斜置玻片,用自来水从载玻片上端缓缓流下,直至流下的水无色为止。然后晾干或用滤纸吸干。

7. 镜检

先用低倍物镜找到物像,再用油镜观察。

结果:芽孢呈绿色,菌体和芽孢囊呈红色。

(二)改良的 Schaeffer-Fulton 氏染色法

1. 制备菌悬液

取 1~2 滴生理盐水于小试管中,用接种环挑取枯草芽孢杆菌斜面培养物 2~3 环于试管中搅拌均匀,制成浓稠的菌悬液。

2. 孔雀绿染液染色

滴加 2~3 滴孔雀绿水溶液于已接菌的小试管中,用接种环搅拌使染料与菌液混合均匀。

3. 加热

将染色后的菌液试管置于沸水浴的烧杯中,加热 15~20 min。

4. 涂片

用接种环从试管底部取菌液数环于洁净的载玻片上,涂成薄膜,晾干。

5. 固定

让涂面朝上,将涂片在酒精灯火焰中以钟摆的速度来回移动 3~4 次,涂片温度以手背触及涂片背面微烫手为宜(不超过 60 ℃)。

6. 脱色

斜置玻片,用自来水从载玻片上端缓缓流下,直至流下的水无色为止。脱色时,水流不要直接冲在涂面处,水流不宜过急、过大,以免涂面薄膜脱落。

7. 复染

将番红水溶液 1~2 滴加到涂面上,以染液刚好覆盖涂面为宜,染色 2~3 min。倾去染色液,不用水洗,直接用吸水纸吸干。

8. 镜检

先用低倍物镜找到物像,再用油镜观察。

结果:芽孢呈绿色,菌体和芽孢囊呈红色。

五、结果报告

绘出你所观察到的枯草芽孢杆菌的形态图,并注明芽孢及菌体。

六、复习思考题

1. 用一般染色法能否观察到芽孢?
2. 芽孢染色用的菌种为什么要控制菌龄?

技能六　细菌的鞭毛染色技术

一、目的

1. 了解细菌鞭毛染色的原理,掌握鞭毛染色的方法。
2. 观察细菌鞭毛的形态特征。
3. 学习用压滴法和悬滴法观察细菌的运动性。

二、基本原理

鞭毛是细菌的运动器官。细菌是否具有鞭毛,以及鞭毛着生的位置和数目是细菌的重要特征。细菌的鞭毛极细,直径一般为 10~20 nm,除了极少数能形成鞭毛束(由许多根鞭毛构成)的细菌可以用相差显微镜直接观察到鞭毛束的存在外,一般细菌的鞭毛均不能用普通光学显微镜直接观察到,而只能用电子显微镜才能观察到。要用普通光学显微镜观察细菌的鞭毛,必须用特殊的染色法,即鞭毛染色法。鞭毛染色的方法很多,但其基本原理相同,即在染色前先用媒染剂处理,让媒染剂沉积在鞭毛上,使鞭毛直径加粗,然后再进行染色。

采用鞭毛染色法虽能观察到鞭毛的形态、着生位置和数目,但此法既费时又麻烦。如果仅需了解某菌是否有鞭毛,可采用悬滴法或水封片法(即压滴法)直接在光学显微镜下检查活细菌是否具有运动能力,以此来判断细菌是否具有鞭毛。此法较快速、简便。

悬滴法就是将菌液滴加在洁净的盖玻片中央,在其周边涂上凡士林,然后将它倒盖在有凹槽的载玻片中央,然后放置在普通光学显微镜下观察。水封片法是将菌液滴在普通的载玻片上,然后盖上盖玻片,放置在普通光学显微镜下观察。

大多数球菌不生鞭毛,杆菌中有的种类有鞭毛,有的无鞭毛,弧菌和螺菌几乎都有鞭毛。有鞭毛的细菌在幼龄时具有较强的运动力,衰老的细胞鞭毛易脱落,故观察时宜选用幼龄菌体。

三、材料与仪器

1. 菌种

将保存的枯草杆菌在新制备的普通牛肉膏蛋白胨斜面培养基上连续移种 2~3 次,每次将菌种培养 7~16 h,菌种活化后备用。

2. 染色液和试剂

镀银法鞭毛染色液(A 液、B 液)、0.01%的美蓝水溶液、凡士林、香柏油、二甲苯、蒸馏水、无菌水。

3. 仪器和用具

普通光学显微镜、接种环、酒精灯、火柴、载玻片、盖玻片、凹玻片、镊子、记号笔、吸水纸、擦镜纸等。

四、方法与步骤

(一)细菌鞭毛染色

1. 制片

取高度洁净、无油渍、无划痕的载玻片,在其一端加 1 滴蒸馏水,用接种环从活化菌种中取少许菌苔(注意不要带培养基),在载玻片的水滴中轻蘸几下。将载玻片稍倾斜,使菌液随水滴缓缓流到另一端,以使水滴摊薄,用吸水纸吸去多余的菌液,然后平放载玻片。

2. 干燥

将涂片放在空气中自然干燥。

3. 镀银法染色

(1)滴加鞭毛染色液 A 液,染色 3~5 min。

(2)用蒸馏水充分洗净 A 液,使背景清洁。

(3)将残水沥干或用 B 液冲去残水。

(4)滴加鞭毛染色液 B 液,在酒精灯火焰上用微火加热至微冒蒸汽,维持 0.5~1 min,加热时应随时补充蒸发掉的染液,不可使玻片出现干涸区。待冷却后,用蒸馏水轻轻冲洗干净,自然干燥。

4. 镜检

先用低倍物镜找到物像,再用油镜观察。注意观察鞭毛着生位置,镜检时多找几个视野观察,因为有时只在部分涂片上染出鞭毛。

结果:菌体呈深褐色,鞭毛呈浅褐色。

5. 注意事项

(1)镀银法染色比较容易掌握,但染色液必须每次现配现用,不能存放。

(2)细菌鞭毛极细,很易脱落,在整个操作过程中,必须仔细小心,以防鞭毛脱落。

(3)染色用的玻片干净无油污是鞭毛染色成功的先决条件。

(4)染色时一定要充分洗净 A 液后再加 B 液,否则背景不清晰。

(二)细菌的运动性观察

1. 水封片法

(1)制备菌液 从幼龄枯草杆菌斜面上挑取数环菌放入装有 1~2 mL 无菌水的试管中,制成轻度混浊的菌悬液。

(2)滴加菌液 取1块洁净无油污的载玻片,取2~3环稀释菌液于载玻片中央,再滴加1环0.01%的美蓝水溶液,混匀。

(3)加盖玻片 用镊子夹一洁净无油污的盖玻片,先使其一边接触菌液,然后慢慢地放下盖玻片,避免产生气泡(技能图-11)。

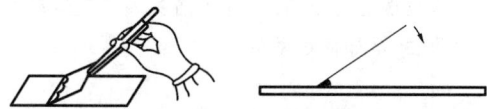

技能图-11 加盖玻片的方法

(黄秀梨.微生物学实验指导.1999;钱爱东.食品微生物学(第2版).2008)

(4)镜检 将显微镜光线适当调暗,先用低倍物镜找到观察部位,再用高倍物镜观察。

镜检时要仔细辨别是细菌的运动还是分子运动(即布朗运动),前者在视野下可见细菌有明显位移,而后者仅在原处左右摆动。

2. 悬滴法

(1)制备菌液 在幼龄枯草杆菌斜面上加入3~4 mL无菌水,制成轻度混浊的菌悬液。

(2)涂凡士林 取洁净无油污的盖玻片1块,在其四周涂少许凡士林。

(3)滴加菌液 在盖玻片中央滴一小滴菌液,并用记号笔在菌液的边缘画一记号圈,以便在用显微镜观察时,易于寻找菌液的位置。

(4)盖凹玻片 将凹玻片的凹窝向下,使凹窝中心对准盖玻片中央的菌液,轻轻地盖在盖玻片上,使凹玻片与盖玻片粘在一起(注意菌液不得与凹玻片接触)。然后小心地翻转凹玻片,使菌液正好悬在凹窝的中央,再用铅笔或火柴棒轻压盖玻片四周使其闭合,以防菌液干燥。

(5)镜检 先用低倍物镜找到记号圈,再稍微移动凹玻片即可找到菌液的边缘,然后将菌液移到视野中央,再换高倍物镜观察。由于菌体是透明的,镜检时可适当缩小光圈或降低聚光器以增大反差。

悬滴标本的制备方法如技能图-12所示。

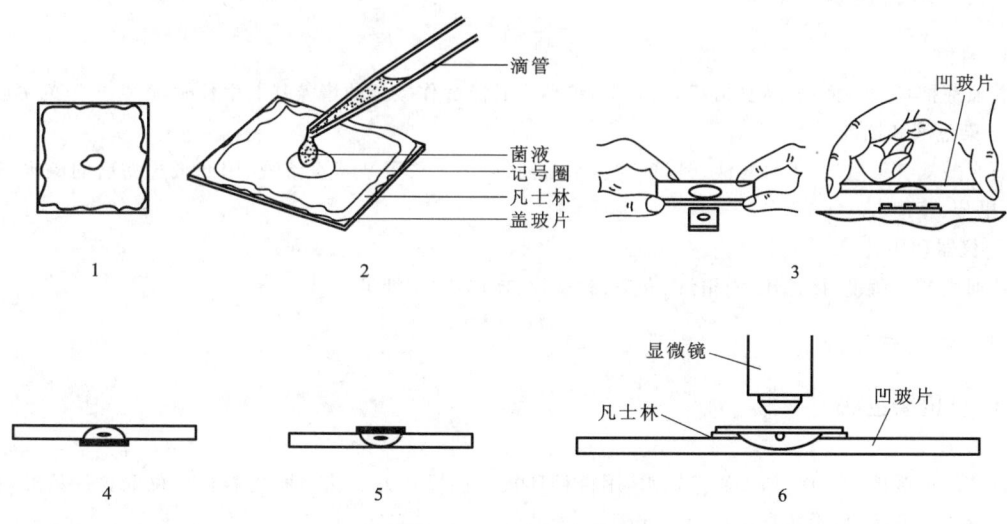

技能图-12 悬滴标本的制备

(周德庆.微生物学实验教程.2006;黄秀梨.微生物学实验指导.1999)

3. 注意事项

(1)检查细菌运动性所用的载玻片和盖玻片都要洁净无油污,否则会影响细菌的运动。

(2)制水封片时菌液不可加得太多,过多的菌液会在盖玻片下流动,因而在视野内只见大量的细菌朝一个方向运动,从而影响了对细菌正常运动的观察。

(3)若使用油镜观察,应在盖玻片上滴加香柏油。
(4)有些细菌在温度太低时不能运动。

五、结果报告

1. 绘出所观察到的细菌的形态及鞭毛着生情况,并用箭头表示其运动方向。
2. 描述所观察的细菌有无运动性,是如何运动的。

六、复习思考题

1. 鞭毛染色需要注意什么问题?为什么要求玻片干净无油污?
2. 如何盖好盖玻片?

技能七　细菌的荚膜染色技术

一、目的

1. 了解荚膜染色的原理。
2. 掌握荚膜染色的方法。

二、基本原理

荚膜是包围在细菌细胞壁外的一层黏液性物质,其化学成分为多糖、多肽或糖蛋白。由于荚膜与染料间的亲和力弱,不易着色,通常采用负染色法,使菌体和背景着色而荚膜不着色,从而使荚膜在菌体周围呈一透明圈。由于荚膜含水量在90%以上,所以染色时一般不通过加热固定,以免荚膜皱缩变形。

三、材料与仪器

1. 菌种

胶质芽孢杆菌斜面培养物(培养3~5 d),该菌在甘露醇作碳源的培养基上生长时,产生丰厚的荚膜。

2. 染色液和试剂

石炭酸复红染色液、黑素溶液、6%葡萄糖水溶液、甲醇、1%甲基紫水溶液、用滤纸过滤后的墨水、香柏油、二甲苯、蒸馏水。

3. 仪器和用具

普通光学显微镜、接种环、酒精灯、火柴、载玻片、盖玻片、滤纸等。

四、方法与步骤

(一)负染色法

1. 制片

取洁净的载玻片1块,加1滴蒸馏水,用接种环按无菌操作方法从斜面培养物上挑取少许菌种,在水滴中涂成均匀的薄膜,涂抹直径约为1 cm。

2. 干燥

将涂片放在空气中晾干或用电吹风冷风吹干。

3. 染色

将石炭酸复红染色液1~2滴加在涂面上,以染液刚好覆盖涂面为宜,染色2~3 min。

4. 水洗

倾去染液，斜置玻片，用细小的水流从载玻片上端缓缓流下，直至流下的水无色为止。水洗时，不要直接冲洗涂面，水流不宜过急、过大，以免涂面薄膜脱落。

5. 干燥

将染色片放在空气中晾干或用电吹风冷风吹干。

6. 涂黑素

在染色涂面左边加一小滴黑素溶液，取一块边缘光滑的载玻片，让载玻片的边缘轻轻接触黑素溶液左边，使黑素溶液沿玻片接触处散开，然后向右一拖，使黑素溶液在染色涂面上成为一薄层，并迅速风干。注意：此操作的关键是涂抹黑素要薄。

7. 镜检

先用低倍物镜找到物像，再用高倍物镜观察。

结果：背景灰色，菌体红色，荚膜无色透明。

（二）湿墨水法

1. 制菌液

在一洁净的载玻片上加 1 滴墨水，用接种环挑取少量菌体与这滴墨水混合均匀。

2. 加盖玻片

用镊子夹一洁净无油污的盖玻片，先使其一边接触菌液，然后慢慢地放下盖玻片，避免产生气泡，否则影响观察结果。然后在盖玻片上放一张滤纸，向下轻压，吸去多余的菌液。

3. 镜检

先用低倍物镜找到物像，再用高倍物镜观察。

结果：背景灰色，菌体较暗，在其周围呈现一明亮的透明圈即为荚膜。

（三）干墨水法

1. 制菌液

取 1 滴 6%葡萄糖水溶液于洁净载玻片的一端，用接种环挑取少量菌体与其充分混合，再加入 1 滴墨水充分混匀。

2. 制片

取一块边缘光滑的载玻片，让载玻片的一边与菌液接触，使菌液沿玻片接触处散开，然后以 30°角迅速而均匀地将菌液拉向玻片的另一端，将菌液铺成一薄膜（技能图-13）。

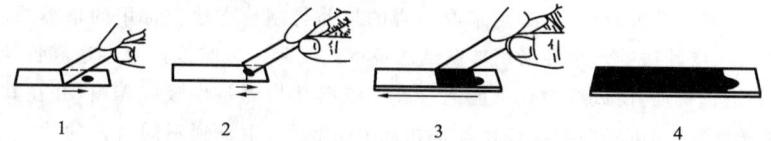

技能图-13 荚膜干墨水染色的涂片方法

（刘慧.现代食品微生物学实验技术.2006）

3. 干燥

将涂片放在空气中自然干燥。

4. 固定

在涂面上滴加甲醇，以浸没涂面为宜，固定 1 min，然后立即倾去甲醇。

5. 干燥

将涂片放在酒精灯上方（火焰较高处）用文火干燥，勿使玻片发热。

6. 染色

将 1%甲基紫水溶液 1～2 滴加在涂面上，以染液刚好覆盖涂面为宜，染色 1～2 min。

7. 水洗

倾去染液,斜置玻片,用细小的水流从载玻片上端缓缓流下,直至流下的水无色为止。水洗时,不要直接冲洗涂面,水流不宜过急、过大,以免涂面薄膜脱落。

8. 干燥

将涂片放在空气中自然干燥。

9. 镜检

先用低倍物镜找到物像,再用高倍物镜观察。

结果:背景灰色,菌体紫色,菌体周围的清晰透明圈即为荚膜。

五、结果报告

绘出你所观察到的胶质芽孢杆菌的形态图,并注明各部分的名称。

六、复习思考题

1. 荚膜染色为什么要用负染色法?
2. 干墨水法与湿墨水法有何区别?

技能八 放线菌的形态观察技术

一、目的

1. 掌握观察放线菌形态的基本方法。
2. 学会辨认放线菌的营养菌丝、气生菌丝、孢子丝和孢子的形态特征。

二、基本原理

放线菌的菌丝分为基内菌丝、气生菌丝和孢子丝。在显微镜下直接观察时,气生菌丝在上层,色暗;基内菌丝在下层,颜色较透明;气生菌丝较基内菌丝略粗。孢子丝的形态和孢子排列情况是放线菌分类的重要依据。

由于基内菌丝深入培养基内生长,用一般的接种工具不易挑取,因此用普通制片法很难得到放线菌的完整、直观、自然生长状态的玻片标本,必须采取适当的培养与制片方法。常用的培养与制片方法有玻璃纸法、印片法、插片法、搭片法等。现多采用玻璃纸法观察放线菌。玻璃纸具有半透膜特性,利用玻璃纸在琼脂平板表面上的透析特性,使放线菌孢子能通过玻璃纸膜从培养基里吸取养料,并在其表面形成菌苔。另外,玻璃纸的透光性好,其透光性与载玻片基本相同,所以可将生长到不同阶段的放线菌同玻璃纸一起取下来做镜检或摄影。此法不仅能方便地观察放线菌的个体形态,还能观察其菌落形成的各个阶段,是一种比较理想的观察放线菌落特征的方法。

三、材料与仪器

1. 菌种

放线菌斜面培养物(含孢子)。

2. 培养基

高氏1号琼脂培养基。

3. 染色液和试剂

草酸铵结晶紫染液、香柏油、二甲苯、蒸馏水。

3. 仪器和用具

技能八 放线菌的形态观察技术

干热灭菌器、恒温箱、普通光学显微镜、接种环、酒精灯、火柴、玻璃纸、无菌培养皿、无菌盖玻片、无菌镊子、无菌小刀、载玻片、玻璃涂棒、报纸或牛皮纸、擦镜纸等。

四、方法与步骤

(一)玻璃纸法

1. 制备无菌玻璃纸

将玻璃纸剪成盖玻片大小,用报纸或牛皮纸隔层叠好,于155~160 ℃干热灭菌2 h。也可用滤纸与玻璃纸交互重叠,置于培养皿中进行湿热灭菌。

2. 倒平板

将高氏1号琼脂培养基熔化并冷却至约50 ℃,倒入无菌培养皿内,每皿15~20 mL,待其凝固。

3. 铺玻璃纸

在无菌操作下,用无菌镊子将无菌玻璃纸片铺在平板培养基表面,用无菌玻璃涂棒将玻璃纸压平,使其紧贴在平板表面,玻璃纸与平板之间不产生气泡。每个平板可铺5~10块玻璃纸片。

4. 接种与培养

用接种环挑取放线菌斜面培养物在玻璃纸上画线接种。将接种后的平板倒置于28 ℃恒温箱中培养3~7 d。

5. 镜检

在载玻片上加1小滴蒸馏水,用镊子取出1块玻璃纸片,将有菌面朝上放在载玻片的水滴上,使玻璃纸片平贴在载玻片上,避免玻璃纸与载玻片间产生气泡,以免影响观察标本。

先用低倍物镜观察放线菌菌落边缘的特征,再用高倍物镜观察放线菌的基内菌丝、气生菌丝、孢子丝及孢子。

(二)印片法

1. 倒平板

将高氏1号琼脂培养基熔化并冷却至约50 ℃,倒入无菌培养皿内,每皿15~20 mL,待其凝固。

2. 接种与培养

用接种环挑取放线菌斜面培养物在平板培养基上画线接种。将接种后的平板倒置于28 ℃恒温箱中培养3~7 d。

3. 印片

用无菌小刀切取1小块带菌苔的培养基,菌面朝上放在洁净的载玻片上;另取一洁净载玻片置火焰上微热后,盖在菌苔上,轻轻按压,使气生菌丝、孢子丝及孢子黏附("印")在后一块载玻片上。

4. 固定

将有印迹面朝上,通过酒精灯火焰2~3次,以手背触及载玻片背面微烫手为宜(温度不超过60 ℃),温度过高易破坏菌体形态。

5. 染色

将草酸铵结晶紫染液1~2滴加到菌面上,以染液刚好覆盖菌面为宜,染色1 min。

6. 水洗、干燥

倾去染液,倾斜载玻片,用细小的水流从载玻片上端缓缓流下,直至流下的水无色为止。甩去玻片上的水珠后,自然晾干(勿用吸水纸吸干)。

7. 镜检

先用低倍物镜找到物像,再用油镜观察气生菌丝、孢子丝、孢子以及孢子的排列情况等。

(三)插片法

1. 接种

用接种环挑取少许放线菌培养物,在高氏1号琼脂平板培养基上画线接种。

2. 插片

在无菌条件下,用无菌镊子将无菌盖玻片以45°角插入已接种的平板内,插在接种线上,插入深度约为盖玻片的1/3或1/2(技能图-14),插入盖玻片的数量视需要而定。

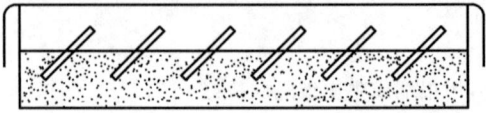

技能图-14　放线菌的插片培养示意图

(刘慧.现代食品微生物学实验技术.2006)

3. 培养

将插片平板倒置于28 ℃恒温箱中,培养3～7 d。

4. 镜检

用无菌镊子取出一盖玻片,轻轻擦去背面培养物,将长菌面朝上放在洁净的载玻片上,然后放在显微镜下观察,先用低倍物镜找到物像,再用油镜观察菌丝及孢子的特征。

五、结果报告

绘图说明所观察到的放线菌的主要形态特征。

六、复习思考题

1. 在高倍镜或油镜下如何区分放线菌的基内菌丝和气生菌丝?
2. 印片法操作的关键是什么?
3. 用玻璃纸法培养和观察放线菌有何优点?试用此法设计一个观察青霉菌形态的实验。

技能九　真菌的形态观察技术

一、目的

掌握真菌的制片方法,观察真菌的形态结构。

二、基本原理

酵母菌是单细胞微生物,个体形态为卵圆形、圆柱形、柠檬形。有些酵母菌可形成假菌丝。酵母菌的繁殖方式也较复杂,无性繁殖主要是出芽繁殖,有性繁殖产生子囊孢子。

利用美蓝染液染色酵母菌,不仅效果清晰,还可区别酵母菌细胞的死活,测定死亡率。这是因为活细胞的新陈代谢作用,使细胞内氧化还原电位低,且还原能力强,当无毒的染料进入活细胞后,可以被还原脱色,但染料进入死细胞及代谢缓慢的衰老细胞中,这些细胞因无还原能力或还原能力差而被着色,因此可以用此来区别酵母菌的死、活细胞。

霉菌的营养体是菌丝体,按菌丝中有无横膈膜分为有膈菌丝和无膈菌丝。霉菌菌丝体和孢子的形态特征是霉菌分类的重要依据。霉菌菌丝和孢子的宽度通常比细菌和放线菌粗得多,所以,用低倍显微镜即可观察霉菌。观察霉菌常用以下三种方法:

直接制片观察法:将霉菌置于乳酸石炭酸棉蓝染色液中,制成霉菌制片镜检。由于霉菌菌丝粗大,细胞易收缩变形,而且孢子很容易飞散,若将菌丝置于水中易变形,所以霉菌不宜用水制片。霉菌的菌丝染色往往不均匀,因为菌丝对染料的亲和力不一样,幼龄菌丝易着色,老龄菌丝不易着色。

技能九 真菌的形态观察技术

载玻片培养观察法:用无菌操作将马铃薯葡萄糖琼脂培养基薄层置于载玻片上,接种后盖上盖玻片置于28℃培养,霉菌即可在载玻片和盖玻片之间的有限空间内沿盖玻片横向生长。此方法既可以保持并观察霉菌的自然生长状态,又便于观察不同发育期的霉菌。

玻璃纸透析培养法:将玻璃纸覆盖在琼脂平板表面,再将霉菌接种在玻璃纸上,利用玻璃纸的透析性,经培养,霉菌在玻璃纸上生长形成菌苔。然后将此玻璃纸取下放在载玻片上直接镜检。用此方法既可以得到清晰、完整、保持自然生长状态的霉菌形态,又便于观察不同生长期的霉菌形态特征。

三、材料与仪器

1. 菌种

啤酒酵母菌(豆芽汁或麦芽汁作培养基,在28～30℃恒温箱中培养2～3 d)、黑根霉、总状毛霉、米曲霉、产黄青霉。

2. 染色液与试剂

0.1%吕氏美蓝染色液、0.05%碱性复红、5%孔雀绿水溶液、中性红染色液、路哥氏碘液、乳酸石炭酸棉蓝染色液、无菌水、生理盐水。

3. 培养基

马铃薯葡萄糖琼脂培养基、豆芽汁或麦芽汁液体培养基、麦氏琼脂培养基、米曲汁琼脂培养基、察氏琼脂培养基。

4. 仪器和用具

普通光学显微镜、恒温箱、接种环、载玻片、盖玻片、培养皿、拨针、酒精灯、火柴等。

四、方法与步骤

(一)酵母菌形态观察

1. 水浸片法观察酵母菌

(1)观察死、活酵母菌细胞

①涂菌 取一片洁净载玻片,在其中央加1滴美蓝染色液。在无菌操作下,用接种环取啤酒酵母少许,置于美蓝染液中充分混匀。

②盖上盖玻片 取一块盖玻片,先将盖玻片的一边与染液接触,然后将盖玻片慢慢放下(注意不要产生气泡),再将多余染液用吸水纸吸干。染色3 min。

③镜检 先用低倍镜观察,再用高倍镜观察。注意观察酵母菌的形状和出芽方式。根据酵母菌是否染上蓝色或蓝色深浅来区别死、活酵母菌细胞。活细胞无色,死细胞为蓝色。

④染色 0.5 h后再次进行观察,注意死细胞数量是否增加。

⑤计算酵母菌死亡率 在一个视野里计数酵母菌死细胞和活细胞数目,共计数5～6个视野。

$$死亡率 = \frac{死细胞总数}{死、活细胞总数} \times 100\%$$

(2)观察酵母菌细胞中的液泡

在载玻片中央加1滴中性红染色液,在无菌条件下取少许酵母菌涂于染液中,混匀,染色5 min,盖上盖玻片,镜检。细胞无色,液泡红色。

(3)观察酵母菌细胞中的肝糖粒

在载玻片中央加1滴路哥氏碘液,在无菌条件下取少许酵母菌涂于染液中,混匀,盖上盖玻片,镜检。细胞呈黄色,肝糖粒呈深红色。

(4)观察自然状态的酵母菌

在载玻片中央加1滴美蓝染液,取酱油或酸菜白膜于染色液中,盖上盖玻片,镜检。观察酵母菌细胞形态、芽体及假菌丝(技能图-15)。

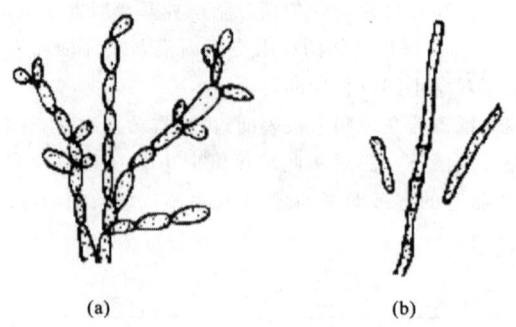

技能图-15　酵母菌的假菌丝形态
(a)藕节状假菌丝；(b)竹节状假菌丝
(黄秀梨.微生物学实验指导.1999)

(5)观察酵母菌的假菌丝

取一无菌载玻片浸入已经熔化的马铃薯葡萄糖琼脂培养基中。在一无菌培养皿中放入一层已吸润20%甘油的滤纸，其上放一块无菌玻璃架。将载玻片从培养基中取出，放在培养皿中的玻璃架上，待培养基凝固后，用接种环取少许啤酒酵母在培养皿中的载玻片上画线接种，然后将一无菌盖玻片平放在接菌线上(技能图-16)，盖上培养皿盖，置于28℃恒温箱中培养2~3 d后，取出载玻片，擦去载玻片背面的培养基，置于显微镜下观察啤酒酵母形成的藕节状假菌丝。

2．观察酵母菌的子囊孢子

(1)将啤酒酵母接种于豆芽汁或麦芽汁液体培养基中，于28~30℃恒温箱中培养24 h，如此连续3~4次。

(2)将经此方法培养的啤酒酵母转接到麦氏琼脂培养基斜面上，于25~28℃恒温箱中培养3~7 d。

(3)制片观察子囊孢子的形状和数目

①水浸片法　在载玻片中央加1滴美蓝染色液，取少许啤酒酵母(在麦氏琼脂培养基上培养3~7 d已形成子囊孢子)，涂在美蓝染液中，混匀，盖上盖玻片，镜检。

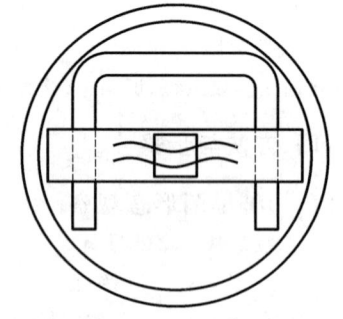

技能图-16　酵母菌假菌丝的培养
(黄秀梨.微生物学实验指导.1999)

②芽孢染色法　在载玻片中央加1滴生理盐水，取少许啤酒酵母(在麦氏培养基上培养3~7 d形成子囊孢子)涂在水滴中，混匀，自然干燥，火焰固定，加3~5滴5%孔雀绿水溶液，微火加热，从载玻片上出现蒸汽时开始计时5 min(切勿使染料蒸干，必要时可添加少许染料)，然后倾去染料，待玻片冷却后，水洗至不褪色为止，再用0.05%碱性复红染色1 min，水洗，干燥，镜检。

结果：子囊孢子呈绿色，菌体呈红色。

(二)霉菌形态观察

1．直接制片观察法

(1)制备霉菌培养物　将总状毛霉、黑根霉、米曲霉、产黄青霉分别接种在米曲汁琼脂培养基斜面上，在28~30℃恒温箱中培养2~3 d。

(2)涂菌　取一块洁净的载玻片，于载玻片中央加1滴乳酸石炭酸棉蓝染色液，用接种环挑取少许霉菌涂于其中，用拨针将菌丝摊开。

(3)盖上盖玻片　用镊子夹一洁净的盖玻片，先使其一边接触染液，然后慢慢地放下盖玻片，避免产生气泡，否则影响观察结果。

(4)镜检　用低倍镜或高倍镜观察。注意区别总状毛霉与黑根霉的异同点，观察菌丝有无横膈膜，以及假根、匍匐菌丝、孢子囊梗、孢子囊及孢囊孢子的形态特点；观察米曲霉菌丝有无横膈膜，以及分生孢子梗、顶囊、小梗及分生孢子形态特点；观察产黄青霉菌丝有无横膈膜，以及分子孢子梗、小梗及分生孢子的形态特点。

2. 载玻片培养观察法

以下均为无菌操作。

(1)取一套无菌培养皿，其内放一层已吸润20%甘油的滤纸，在此滤纸上放两根无菌的短玻璃棒。

(2)取一块干燥无菌的载玻片，于载玻片的中央加1滴熔化的察氏琼脂培养基，并使此滴培养基直径不大于0.5 cm，在培养基凝固前，点植接种霉菌孢子，再用无菌镊子夹一块干燥无菌的盖玻片，立即盖于其上。盖玻片与载玻片之间的距离不高于0.04 mm，但盖玻片不能紧贴在载玻片上，要有极小缝隙，以便通气和霉菌各部分平行排列生长，便于观察。

(3)将制好的载玻片放入培养皿中的玻璃棒上，盖好培养皿盖。

(4)将制备好的培养皿置于28 ℃恒温箱中培养3～5 d。

(5)在不同时期用显微镜直接观察。

3. 玻璃纸透析培养法

以下均为无菌操作。

(1)方法一

①在长有孢子的霉菌斜面培养物中加入无菌水，用接种环将霉菌挑起，制成菌悬液。

②用无菌镊子夹取直径为9 cm的无菌玻璃纸，覆盖在察氏琼脂培养基平板的表面。

③用无菌吸管吸取1 mL菌悬液加到玻璃纸表面，用无菌涂布棒涂匀。

④将接种后的平板培养基倒置于28 ℃恒温箱中培养48 h。

⑤取出玻璃纸，用剪刀剪成小条，放于洁净的载玻片上，置于显微镜下观察。

(2)方法二

①将无菌的玻璃纸剪成似盖玻片大小的小块。

②将无菌的玻璃纸片铺在察氏琼脂培养基平板的表面，用无菌涂布棒或接种环将玻璃纸压平，使其紧贴在培养基平板表面，不留空隙，每个平板可铺5～10块玻璃纸片。

③用接种环挑取霉菌斜面培养物在玻璃纸片上画线接种。

④将接种后的平板倒置于28 ℃恒温箱中培养3～5 d。

⑤取出1块玻璃纸片，放于洁净的载玻片上，置于显微镜下观察。

4. 粘片观察法

取一块洁净的载玻片，在载玻片中央加1滴棉蓝染色液，用一段透明胶带在霉菌平板培养物上粘取菌体，然后将此胶带粘面(有菌面)朝下，放在载玻片上的染液上，将此载玻片置于显微镜下观察。

5. 假根培养观察法

以下均为无菌操作。

(1)用接种环取根霉菌孢子，在马铃薯葡萄糖琼脂平板培养基表面画线接种。

(2)将接种后的平板培养基倒置，并在培养皿盖内放一块无菌载玻片，然后将此倒置的平板培养基放在28 ℃恒温箱中培养2～3 d后，即可见到根霉的气生菌丝倒挂成胡须状，有许多菌丝与载玻片接触，并在载玻片上分化出假根和匍匐菌丝等结构。

(3)取出培养皿盖内的载玻片，在附着有菌丝体的一面盖上盖玻片，置于显微镜下观察，在低倍镜下即可观察到匍匐菌丝、假根、从根节上分化出的孢子囊梗、孢子囊及孢囊孢子。

五、结果报告

1. 绘出所观察到的各种霉菌、酵母菌的形态图，并注明各种菌的名称、放大倍数。

2. 说明各种霉菌、酵母菌的特点。

六、复习思考题

1. 显微镜下如何区分毛霉、根霉、曲霉、青霉?
2. 观察霉菌的方法有哪些?各有何特点?
3. 为什么利用美蓝染液可鉴别酵母菌死、活细胞?

技能十 微生物菌落的识别技术

一、目的

1. 熟悉细菌、酵母菌、放线菌和霉菌的菌落特征。
2. 学习识别细菌、酵母菌、放线菌和霉菌菌落特征的方法。

二、基本原理

微生物菌落的识别是微生物学的一项基本技术。细菌、酵母菌、放线菌和霉菌是常见的四类微生物,可通过其个体特征和群体特征来识别。微生物个体识别方法前面已经介绍,这里只介绍微生物群体识别方法。微生物群体主要通过菌落特征来识别,在一定条件下每类微生物的菌落特征是一定的,故可通过观察菌落的特征(如表面结构、形态、大小、色泽、透明度、致密度和边缘等)来识别细菌、酵母菌、放线菌和霉菌。微生物的菌落特征可作为微生物分类鉴定的依据之一,也可作为鉴别纯培养是否被污染的标准。

土壤是微生物生活的大本营,土壤中微生物的种类和数量最多,许多微生物的纯培养是从土壤中分离得到的。这里以土壤为例,介绍识别细菌、酵母菌、放线菌和霉菌菌落的方法。

三、材料与仪器

1. 菌种及检样

大肠杆菌、金黄色葡萄球菌、细黄链霉菌、灰色链霉菌、酿酒酵母、解脂假丝酵母、粘红酵母、米曲霉、黑曲霉、产黄青霉的试管斜面菌种;校园土壤。

2. 培养基

马铃薯蔗糖琼脂培养基、牛肉膏蛋白胨琼脂培养基、高氏1号琼脂培养基。

3. 仪器和用具

超净工作台、恒温箱、无菌培养皿、接种工具、酒精灯等。

四、方法与步骤

(一)制备已知菌的单菌落

1. 制备平板

将熔化后凉至50℃左右的牛肉膏蛋白胨琼脂培养基、马铃薯蔗糖琼脂培养基、高氏1号琼脂培养基分别倒入无菌培养皿,每皿15~20 mL,待其完全凝固即为平板培养基。

2. 接种

通过平板画线法将大肠杆菌、金黄色葡萄球菌接种在牛肉膏蛋白胨琼脂培养基的平板上,将酿酒酵母、解脂假丝酵母、粘红酵母接种在马铃薯蔗糖琼脂培养基的平板上,将细黄链霉菌、灰色链霉菌接种在高氏1号琼脂培养基的平板上,通过三点接种法将米曲霉、黑曲霉、产黄青霉接种在马铃薯蔗糖琼脂培养基的平板上。

3. 培养观察

将接种细菌的平板倒置于 37 ℃ 恒温箱中培养 24～48 h；将接种酵母菌、霉菌和放线菌的平板倒置于 28 ℃ 恒温箱中，其中酵母菌培养 2～3 d，霉菌和放线菌培养 5～7 d。待长成菌落后，仔细观察这些已知菌所形成的菌落特征，并详细记录观察结果，以此作为细菌、酵母菌、放线菌和霉菌菌落的识别要点。

（二）制备未知菌的单菌落

1. 制备平板

将熔化后凉至 50 ℃ 左右的牛肉膏蛋白胨琼脂培养基、马铃薯蔗糖琼脂培养基、高氏 1 号琼脂培养基分别倒入无菌培养皿，每皿 15～20 mL，待其完全凝固即为平板培养基。

2. 接种

采用弹土法接种。将风干磨碎后的校园土壤撒在无菌的硬板纸表面，先弹去纸面浮土，然后打开皿盖，将含土的纸面对着平板培养基的表面，用手指在硬板纸背面轻轻一弹即可将纸面上的细土（含有各种微生物）接种到平板培养基上。

3. 培养观察

将牛肉膏蛋白胨琼脂培养基的平板倒置于 37 ℃ 恒温箱中培养 2～3 d，将马铃薯蔗糖琼脂培养基平板和高氏 1 号琼脂培养基平板倒置于 28 ℃ 恒温箱中培养 3～5 d，待菌落长好后，挑选 8 种不同的单菌落，逐个编号，根据菌落识别要点区分未知菌的类群。

五、结果报告

将菌落的形态特征记录在技能表-1 中。

技能表-1　微生物菌落形态观察记录表

菌名	形成方式	表面形态	边缘	干湿	颜色	光泽	厚度	透明度	微生物类群
大肠杆菌									
金黄色葡萄球菌									
细黄链霉菌									
灰色链霉菌									
酿酒酵母									
解脂假丝酵母									
粘红酵母									
米曲霉									
黑曲霉									
产黄青霉									
未知菌 1									
未知菌 2									
未知菌 3									
未知菌 4									
未知菌 5									
未知菌 6									
未知菌 7									
未知菌 8									

六、复习思考题

1. 细菌、酵母菌、放线菌和霉菌的菌落特征有何异同？为什么？
2. 从微生物的菌落特征区分细菌、酵母菌、放线菌和霉菌有何意义？

技能十一　常用培养基的制备技术

一、目的

1. 了解培养基的制备原理。
2. 掌握常用培养基的制备方法。

二、基本原理

培养基是由人工配制的适合微生物生长繁殖和积累代谢产物的营养基质。微生物具有不同的营养类型，对营养物质的利用能力也各不相同，因此，必须根据各种微生物的营养特点，以及实验和研究目的不同，选择合适的培养基。

培养基除了必须具备微生物生长繁殖所必需的营养物质以外，还要求有适宜的酸碱度。不同种类微生物对 pH 值的要求不同，大多数细菌、放线菌生长的适宜 pH 值为中性至微碱性，而霉菌和酵母菌要求偏碱性，所以配制培养基时要将 pH 值调至合适的范围。

培养基按物理状态不同分为液体、固体和半固体培养基。在实验室中通常在液体培养基中加入一定量的凝固剂制成固体培养基。常用的凝固剂是琼脂。在培养基中加入1.5%～2.0%琼脂可制成固体培养基，加入0.3%～0.8%琼脂可制成半固体培养基。

已配制好的培养基必须立即灭菌，以防止其中的微生物生长繁殖而消耗养分和改变培养基的酸碱度而带来不利的影响。

培养基制备的基本程序：称量药品→溶解→调 pH 值→加琼脂→过滤→分装→加棉塞→包扎标记→灭菌→趁热摆斜面→无菌检验。

三、材料与仪器

1. 材料

牛肉膏、蛋白胨、NaCl、可溶性淀粉、KNO_3、K_2HPO_4、$MgSO_4 \cdot 7H_2O$、$FeSO_4 \cdot 7H_2O$、琼脂、葡萄糖、1 mol·L^{-1} NaOH、1 mol·L^{-1} HCl、马铃薯。

2. 仪器和用具

高压蒸汽灭菌器、电炉子、天平、小铝锅、试管、三角瓶、带刻度的烧杯、玻璃漏斗分装器、玻璃棒、pH 试纸等。

四、方法步骤

（一）牛肉膏蛋白胨琼脂培养基的制备

配方：牛肉膏 3 g、蛋白胨 10 g、食盐 5 g、琼脂 15～20 g、水 1000 mL（按需要加入蒸馏水或自来水），pH 值为 7.0～7.2。

1. 称量

按照培养基配方，准确称取牛肉膏、蛋白胨、食盐、水放入烧杯或小铝锅中。牛肉膏用玻璃棒挑取，放在小烧杯或培养皿中称量，用热水溶化后倒入烧杯；也可将牛肉膏放在载玻片上称量，将牛肉膏连同载玻片一起放入烧杯中加热,待牛肉膏熔化后取出载玻片;还可将牛肉膏放在称量纸上称量,将牛肉膏连同称量纸一起放入烧杯中加热,待牛肉膏熔化后取出称量纸。蛋白胨易吸潮,称量时要迅速。

2. 溶解

加热,使上述药品完全溶解,期间不断用玻璃棒搅拌。

3. 调 pH 值

用 pH 试纸测定培养基的原始 pH 值,如果不在所要求的 pH 值范围内,用 1 mol/L NaOH 或 1 mol/L HCl 进行矫正,直至 pH 值为 7.0～7.2 为止。

4. 加琼脂溶化

加入琼脂,不断搅拌(防止琼脂糊底),至琼脂完全溶化为止。如果水分消耗很多,补充水分至所需体积。

5. 过滤

趁热用滤纸或多层纱布过滤,以利观察结果。一般无特殊要求,这一步骤可以省略。

6. 趁热分装

根据要求将配制的培养基趁热分装于试管(技能图-17)或三角瓶内。分装时不要使培养基沾污管口或瓶口,以免沾污棉塞而引起污染。如有沾污要用纸擦干净。

液体培养基分装量为试管高度的 1/4 左右为宜;固体培养基分装量以不超过试管高度的 1/5 为宜,分装三角瓶的量以不超过三角瓶容积的 1/2 为宜;半固体培养基分装量为试管高度的 1/3 为宜。

7. 加棉塞

培养基分装完毕后,在试管口或三角瓶口上塞上棉塞,棉塞要塞入口内 2/3,外露 1/3。根据需要可将三角瓶塞用 8 层纱布制成成通气塞(技能图-18),即灭菌前将方形纱布盖在瓶口,将其中间部位用手指塞入瓶口内,再将四角折叠成塞子状,塞外包扎牛皮纸,然后灭菌,使用时待接入菌种后将棉塞状纱布拉开,包扎在瓶口外即成通气塞。

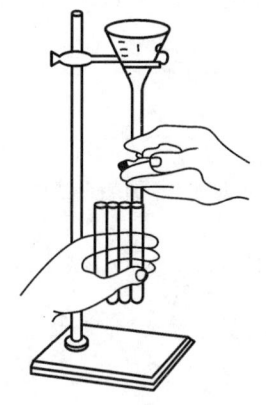

技能图-17 培养基分装试管
(张青,葛菁萍.微生物学.2004)

8. 包扎标记

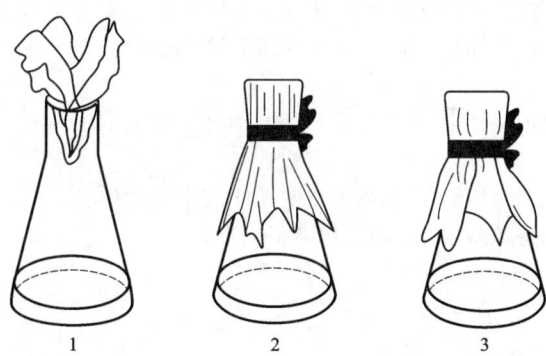

技能图-18 纱布通气塞的制备、灭菌与使用示意图

1. 灭菌前(纱布的中央部分塞入瓶内);2. 灭菌时(塞外包扎牛皮纸);3. 接种后(摊开纱布,包扎)

(周德庆.微生物学实验教程.2006)

先将试管捆扎,再用牛皮纸或双层报纸将试管口及三角瓶口包扎(防止灭菌时冷凝水打湿棉塞和灭菌后灰尘侵入),最后在包装纸上标明培养基的名称、制备日期和制备人的姓名等。

9. 灭菌

将上述包好的培养基,放入高压蒸汽灭菌器内,压力为 0.103 MPa,温度为 121 ℃,灭菌 20～30 min。

10. 趁热摆放斜面

灭菌结束时,将试管培养基取出趁热摆成斜面,斜面长度一般以不超过试管长度的 1/2 为宜(技能图-19)。

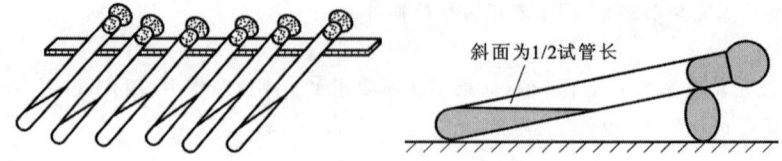

技能图-19 搁置斜面及其长度的示意图
(张青,葛菁萍.微生物学.2004;周德庆.微生物学实验教程.2006)

11. 无菌检验

灭菌后,随机抽取 1 支试管培养基,放入 37 ℃恒温箱中培养 24 h,以检查灭菌是否彻底。

(二)高氏 1 号琼脂培养基的制备

配方:可溶性淀粉 20 g、KNO_3 1 g、NaCl 0.5 g、K_2HPO_4 0.5 g、$MgSO_4 \cdot 7H_2O$ 0.5 g、$FeSO_4 \cdot 7H_2O$ 0.01 g、琼脂 15~20 g、水 1000 mL,pH 值为 7.2~7.4。

1. 称量

按配方依次称取各药品。

2. 溶解

先将可溶性淀粉用少量冷水调成糊状,再与其他药品(除琼脂外)一起加入定量水中,加热至溶解。

3. 调 pH 值

用 pH 试纸测定培养基的原始 pH 值,如果不在所要求的 pH 值范围内,用 1 mol/L NaOH 或 1 mol/L HCl 进行矫正,直至 pH 值为 7.2~7.4 为止。

其他步骤同牛肉膏蛋白胨琼脂培养基制备的第 4~11 步。

(三)马铃薯葡萄糖琼脂培养基的制备

配方:马铃薯(去皮)200 g、葡萄糖 20 g、琼脂 15~20 g、水 1000 mL,自然 pH 值。

1. 制马铃薯汁

将马铃薯去皮,挖去芽眼,洗净,称取 200 g,切成玉米粒大小的块,立即放入装有 1000 mL 水的小铝锅中,否则马铃薯易氧化变黑,然后加热煮沸 30 min,再用双层纱布过滤,即得马铃薯汁。

2. 定容

将马铃薯汁倒入带刻度的烧杯中,若不足 1000 mL,加水补足至 1000 mL。

3. 加葡萄糖溶解

将定容后的马铃薯汁倒回小铝锅中,加入葡萄糖,加热使其完全溶解。

其他步骤同牛肉膏蛋白胨琼脂培养基制备的第 4~11 步。

五、结果报告

1. 记录各种培养基的制备步骤。
2. 检查各种培养基的质量。

六、复习思考题

1. 制备培养基的操作过程中应该注意哪些问题?
2. 如何调节培养基的 pH 值?调节时应注意什么问题?

技能十二　消毒与灭菌技术

一、目的

1. 了解高压蒸汽灭菌和干热灭菌的原理。
2. 掌握高压蒸汽灭菌和干热灭菌的操作步骤。

二、基本原理

高压蒸汽灭菌法是在密闭的高压蒸汽灭菌锅(如手提式灭菌锅,见技能图-20)内进行的,此高压锅是根据水的沸点与蒸汽压力成正比的原理而设计的。将待灭菌的物品放入密闭的高压蒸汽灭菌锅内,通过加热,使高压锅内水沸腾并产生蒸汽,水蒸气急剧地将锅内的冷空气从排气阀驱尽,然后关闭排气阀,继续加热,水蒸气充满内部空间,由于高压锅密闭,使水蒸气不能逸出,增加了锅内的压力,因此水的沸点随水蒸气压力的增加而上升,得到高于 100 ℃ 的蒸汽温度,可在短时间内杀死全部微生物,达到灭菌的目的。此法适用于耐高温、高压物品的灭菌。灭菌所需时间和温度取决于被灭菌物品的耐热性、容积的大小等因素。如一般培养基、生理盐水、玻璃器皿、金属器具、工作服等所用压力为 0.103 MPa,温度为 121 ℃,灭菌 20～30 min;对某些较大或蒸汽不易穿透的物品灭菌,如固体曲料、土壤、食用菌的原种和栽培种等灭菌,则所用压力为 0.14 MPa,温度为 126 ℃,灭菌 1 h;含糖培养基及不耐热物品所用压力为 0.05 MPa,温度为 112 ℃,灭菌 20 min;脱脂乳、全脂牛乳培养基用压力为 0.07 MPa,温度为 115 ℃,灭菌 20 min。

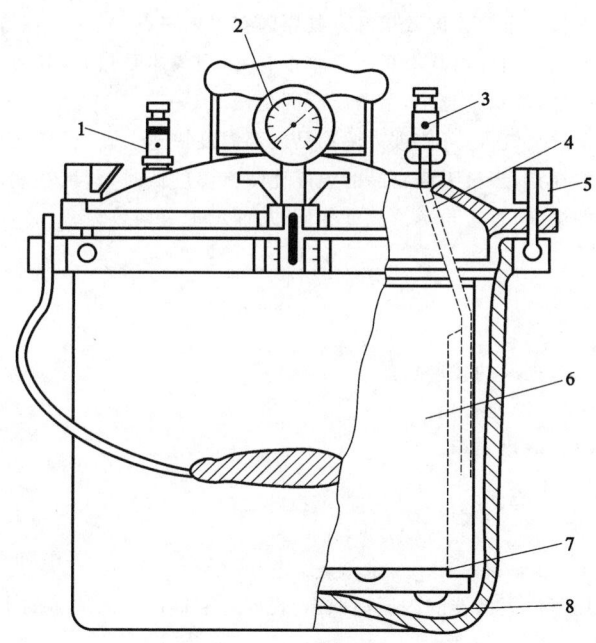

技能图-20　手提式灭菌锅

1. 安全阀;2. 压力表;3. 放气阀;4. 排气软管;5. 紧固螺栓;6. 锅体;7. 筛架;8. 水

(张青,葛菁萍.微生物学.2004)

高压蒸汽灭菌的关键是排净冷空气。当高压锅内含有冷空气时,在同一压力下,含冷空气的蒸汽温度低于饱和蒸汽的温度,达不到所要求的灭菌温度。

干热灭菌法就是利用高温干燥空气使微生物细胞内的蛋白质凝固变性而达到灭菌的目的。一般需要温度 160～170 ℃,灭菌 2 h。此法适用于空的玻璃器皿、金属器具及其他耐干燥、耐热物品的灭菌。带有橡胶的物品、塑料制品、培养基等不能采用干热灭菌法。常用电烘箱(技能图-21)进行干热灭菌。

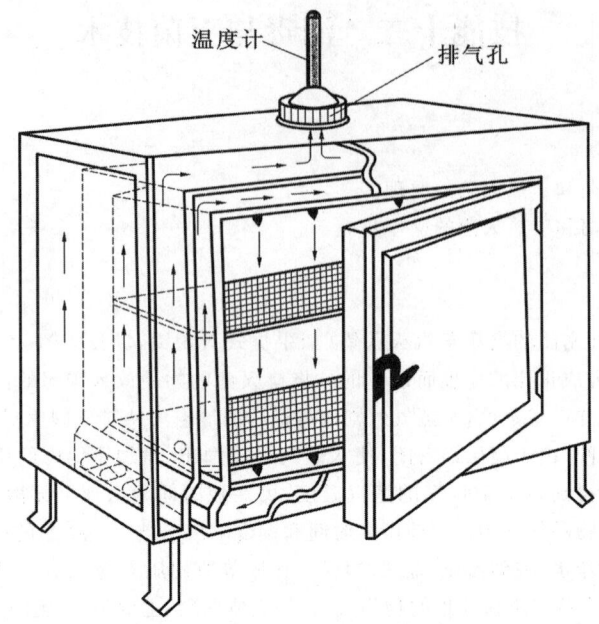

技能图-21　干热灭菌用的电烘箱示意图
(周德庆.微生物学实验教程.2006)

在同一温度下,湿热灭菌比干热灭菌效果好。其原因有以下三点：

(1)菌体细胞内蛋白质的凝固性与其本身的含水量有关,当菌体受热时,环境和细胞内含水量越大,菌体内的蛋白质凝固越快;反之,含水量越小,蛋白质凝固越慢。

(2)蒸汽的穿透力比干热空气大,可使被灭菌物品内部温度快速上升,提高灭菌效果。

(3)湿热蒸汽有潜热的存在,当被灭菌物品的温度比蒸汽温度低时,蒸汽在物品表面凝结成水,放出潜热,迅速提高被灭菌物品的温度,直至与蒸汽温度相同,从而增加灭菌效力。

三、材料与仪器

1. 材料

待灭菌的普通培养基、待灭菌的玻璃器皿。

2. 仪器和用具

手提式高压蒸汽灭菌器、电烘箱等。

四、方法步骤

(一)高压蒸汽灭菌

(1)首先将手提式高压蒸汽灭菌器的内层锅取出,再向外层锅内加入适量的水(约4000 mL),使水面与三角搁架相平。

(2)放回内层锅,并装入待灭菌的普通培养基,不要装得太挤,以免妨碍蒸汽流通影响灭菌效果。

(3)加盖,并将盖上的排气软管插入内层锅的排气槽内,再以两两对称的方式旋紧螺栓,使螺栓松紧一致。

(4)接通电源,打开加热开关,并同时打开排气阀,待排气阀冒热气 3～5 min,以排除锅内的冷空气,再关闭排气阀。

(5)继续加热,高压锅内的温度随蒸汽压力增加而逐渐上升。当锅内达到所需压力和温度(压力表显示的压力为 0.103 MPa,温度为 121 ℃)时,控制电源,维持所需压力和温度达 20～30 min。

也可以加热到压力达到 0.14 MPa,温度为 126 ℃时,安全阀自动排气,再计时达到所要求的灭菌时间。此手提式高压蒸汽灭菌器的最高压力为 0.16 MPa,使用时不能超过此压力,否则有爆炸的危险。

(6)切断电源,停止加热。待压力表的压力自然降至零位时,打开排气阀,旋松螺栓,打开盖子,取出灭菌物品。

如果有试管培养基要进行灭菌,需要将试管培养基取出后趁热摆成斜面,斜面长度为试管长度的 1/2 为宜。

(7)抽取 1 支试管培养基放入 37 ℃恒温箱中培养 24 h,检查灭菌是否彻底。

(二)干热灭菌

(1)将待灭菌的玻璃器皿充分干燥并且用报纸包好,放入电烘箱中。不要摆放得太挤,不要接触电烘箱内壁的铁板,也不要将其直接放在底板上,以免包装纸烤焦起火,关好箱门。

(2)接通电源,打开排气孔,使箱内湿空气能逸出,保持加热升温状态,至电烘箱内温度达到 100 ℃时关闭排气孔。

(3)继续加热,当温度升到 160~170 ℃时,通过恒温调节器的自动控制,保持此温度 2 h。最高温度不能超过 180 ℃。

(4)切断电源,自然降温至 70 ℃以下时打开箱门,取出灭菌物品。

五、结果报告

1. 记录高压蒸汽灭菌和干热灭菌的操作步骤。
2. 检验灭菌结果,判断是否达到灭菌的效果。

六、复习思考题

1. 高压蒸汽灭菌时为什么必须排净锅内冷空气?
2. 进行高压蒸汽灭菌和干热灭菌时都应注意哪些问题?

技能十三　微生物的分离、接种和培养技术

一、目的

1. 学习用平板画线法分离微生物。
2. 学习斜面接种及穿刺接种等无菌操作技术。
3. 进一步学习并掌握无菌操作技术要点。

二、基本原理

在自然界中,各种微生物是在互为依赖的关系下共同生活的,因此,为了取出特定的微生物进行纯培养,必须从中把它们分离出来。微生物接种技术是进行微生物实验和相关研究的基本操作技能,无菌操作是微生物接种技术的关键,几乎贯穿于所有的微生物学实验过程中。由于实验目的、培养基种类及实验器皿等不同,所用接种方法不尽相同。斜面接种、液体接种、固体接种和穿刺接种操作均是获得生长良好的纯种微生物的分离技术。

三、材料与仪器

1. 菌种

金黄色葡萄球菌、大肠杆菌、枯草芽孢杆菌、放线菌、酵母菌和霉菌斜面菌种。

2. 培养基

牛肉膏蛋白胨培养基(固体和半固体)、高氏1号琼脂培养基、马铃薯蔗糖琼脂培养基。

3. 仪器和用具

接种工具、标签纸、恒温培养箱等。

四、方法与步骤

(一)细菌接种方法

1. 斜面接种

(1)标记　取牛肉膏蛋白胨琼脂试管培养基,标记菌名、接种日期、接种人等相关信息。

(2)接种　点燃酒精灯,用接种环沾取少量待接菌种,然后在新鲜斜面上"Z"字形画线,从下部开始,一直画至上部。画线方法见技能图-22。接种操作必须按无菌操作法进行,技术要点如下:

①手持试管:将菌种和待接斜面的两支试管用大拇指和其他四指握在左手中,使中指位于两试管之间的位置。斜面面向操作者,并使它们位于水平位置。具体操作见技能图-23。

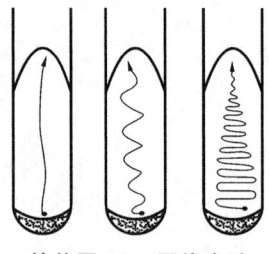

技能图-22　画线方法

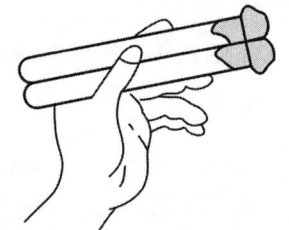

技能图-23　菌种管和待接试管在左手中的拿法

②旋松管塞:先用右手松动棉塞或塑料管盖,以便接种时拔出。

③取接种环:右手拿接种环,如握钢笔一样,在火焰上将环端灼烧灭菌,然后将有可能伸入试管的其余部分灼烧灭菌,重复操作1~2次。

④拔管塞:用右手指的无名指、小指和手掌边,先后取下菌种管和待接种试管的管塞,试管口缓缓过火灭菌,切勿烧得过烫。

⑤接种环冷却:将灼烧过的接种环伸入菌种管,先使环接触没有长菌的培养基部分,使其冷却。

⑥取菌:待接种环冷却后,轻轻沾取少量菌体或孢子,然后将接种环移出菌种管,注意不要使接种环的部分碰到管壁,取出后不可使接种环通过火焰。

⑦接种:在火焰旁迅速将沾有菌种的接种环伸入另一支待接斜面试管。从斜面培养基的底部向上部作"Z"形来回密集画线,切勿划破培养基。也可用接种针在斜面培养基的中央拉一条直线作斜面接种,直线接种可观察不同菌种的生长特点。

⑧塞管塞:取出接种环,灼烧试管口,并在火焰旁将管塞旋上。塞棉塞时,不要用试管去迎棉塞,以免试管在移动时进入不洁空气。接种结束后将接种环于酒精灯内焰灼烧灭菌,放下接种环,再将棉塞旋紧。

试管斜面接种方法详见技能图-24。

(3)将接种后的试管置于37 ℃恒温培养48 h。

2. 平板接种

(1)倒平板　将牛肉膏蛋白胨琼脂培养基熔化再冷却至约45 ℃时,无菌操作倒入灭菌平皿中,每皿约倒15 mL,待培养基凝固后即可用接种环画线接种。具体操作见技能图-25。

(2)接种　左手持试管菌种,右手松动试管棉塞,灼烧接种工具;右手小指与手掌边取下棉塞,接种环取菌,棉塞过火,重新塞入试管;打开平皿,将菌种画线接种到平板上(画线方法见技能图-26),立即盖上平皿;在酒精灯火焰上灼烧接种环灭菌。

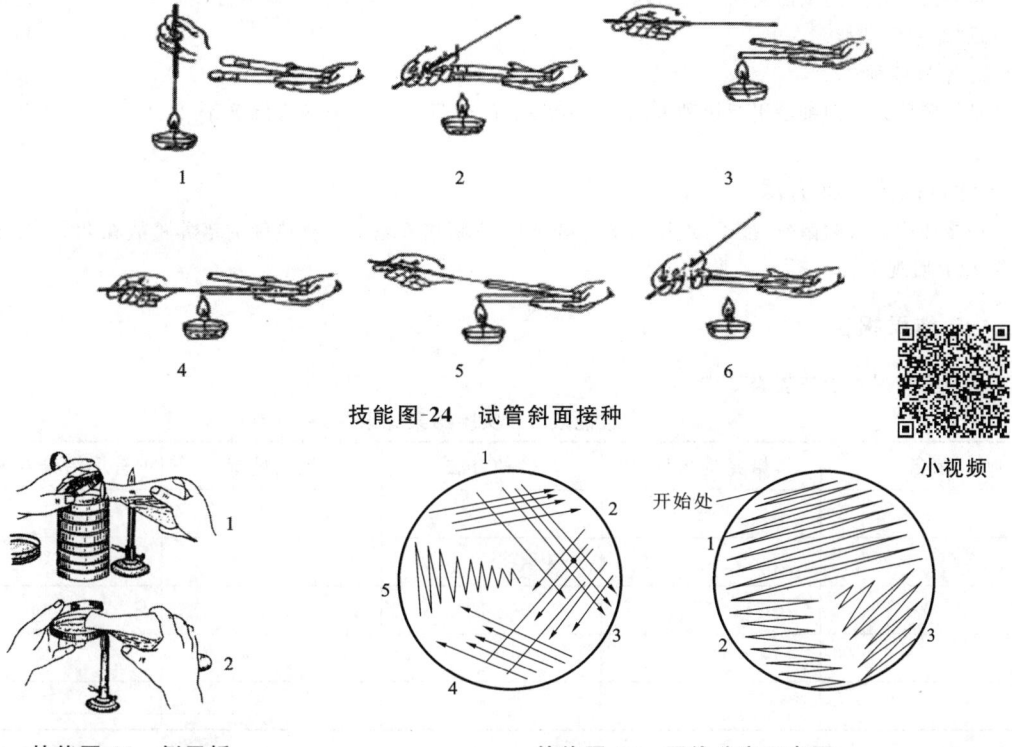

技能图-24 试管斜面接种

技能图-25 倒平板　　　　　技能图-26 画线分离示意图

3. 穿刺接种

(1)取两支新鲜半固体牛肉膏蛋白胨试管培养基,标记菌名、接种日期、接种人等。

(2)用接种针沾取少量待接菌种,在火焰旁从试管培养基的中心穿入其底部(但不要穿透),然后沿原刺入路线抽出接种针,注意接种针不要移动。具体操作见技能图-27。

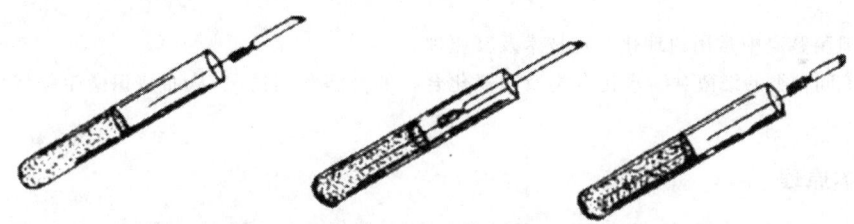

技能图-27 穿刺接种示意图

(3)将接种后的试管置于 37 ℃恒温培养,24 h 后观察。

(二)放线菌接种方法

1. 试管斜面转接

具体接种方法同细菌斜面接种方法。用接种环取菌后,在试管培养基中自试管底部向上端轻轻画一直线或"Z"字形曲线。

2. 平板接种

具体接种方法同细菌平板接种方法。将接种后的放线菌平板培养基倒置于 28~32 ℃恒温箱内培养 7 d 后观察。

(三)酵母菌接种方法

1. 试管斜面转接

具体接种方法同细菌斜面接种方法。用接种环取菌后,在试管培养基中自试管底部向上端轻轻画一直线或"Z"字形曲线。

2. 平板接种

具体接种方法同细菌平板接种方法。将接种后的酵母菌平板培养基倒置于28 ℃恒温箱内培养48 h后观察。

(四)霉菌接种方法

用接种钩取霉菌菌丝、孢子,点植到试管培养基、平板培养基上。将接种的培养基放在28 ℃恒温箱内培养72 h后观察。

五、结果报告

将实验结果填于技能表-2中。

技能表-2 实验结果记录

菌名	培养基名称	接种方法	生长情况	有无污染及原因

技能十四　微生物的理化鉴定技术

一、目的

1. 了解细菌鉴定中常用的理化鉴定技术及其原理。

2. 了解不同种类的细菌对碳水化合物及含氮化合物的分解利用情况,从而认识微生物代谢类型的多样性。

二、基本原理

由于各种微生物的新陈代谢不同,因此对各种物质利用后所产生的代谢产物也不同,故可利用化学反应来测定微生物的代谢物,这种反应称为生化反应,并以此作为鉴定微生物的依据。

三、材料与仪器

1. 菌种

枯草芽孢杆菌、大肠杆菌、产气杆菌、普通变形杆菌。

2. 培养基

淀粉培养基、葡萄糖蛋白胨培养基、蛋白胨水培养基、柠檬酸铁铵固体培养基。

3. 染色液和试剂

卢戈氏碘液、40％NaOH溶液、5％α-萘酚溶液(乙醇配制)、甲基红试剂、吲哚试剂、乙醚等。

4. 仪器和用具

无菌培养皿、无菌试管、接种环、酒精灯、接种工具等。

四、方法与步骤

(一)淀粉水解试验

某些细菌可以产生淀粉酶(胞外酶),使淀粉水解为麦芽糖和葡萄糖,再被细菌吸收利用,淀粉水解后遇碘不再变蓝色。具体操作步骤如下:

(1)将盛有淀粉培养基的锥形瓶置于沸水浴中使培养基熔化,然后取出冷却至50 ℃左右,以无菌操作倾入无菌培养皿中15~20 mL,待凝固后制成平板。

(2)待培养基完全凝固后,翻转平皿使皿底朝上,用记号笔在皿底上做好标记,以免菌种混淆。

(3)用接种环取少量枯草芽孢杆菌在平板的一边画"十"字作为阳性对照菌;另取少量大肠杆菌或产气杆菌在平板的另一边画"十"字,然后将培养皿倒置于37 ℃恒温箱中培养24 h。

(4)观察结果:打开培养皿盖,滴加少量碘液于平板上,轻轻旋转,使碘液均匀铺满整个平板,如菌体周围出现无色透明圈,则说明淀粉已被水解,透明圈的大小说明该菌水解淀粉能力的强弱。

(二)乙酰甲基甲醇(V.P.)试验

某些细菌在糖代谢过程中能分解葡萄糖产生丙酮酸,两分子丙酮酸经缩合和脱羧生成乙酰甲基甲醇。乙酰甲基甲醇在碱性条件下被氧化成二乙酰,二乙酰与蛋白胨中精氨酸的胍基起作用,生成红色化合物,此反应为V.P.试验的阳性反应。在试管中加入少量的α-萘酚作为颜色增强剂,可使反应加快。具体操作步骤如下:

(1)分别接种大肠杆菌和产气杆菌于装有葡萄糖蛋白胨培养基的试管中,置于37 ℃恒温箱内培养24~48 h,有时需延长培养到10 d。

(2)在已培养2 d的试管内,先加入40%NaOH溶液10~20滴,然后再加入等量的α-萘酚溶液,拔去棉塞用力振荡,再放入37 ℃恒温箱中保温15~30 min(或在沸水浴中加热1~2 min)。如培养液出现红色,为V.P.阳性反应。

(三)甲基红(M.R.)试验

有些细菌在糖代谢过程中可把培养基中的糖分解为丙酮酸,丙酮酸再被分解为甲酸、乙酸、乳酸等。酸的产生可由加入甲基红指示剂的变色来指示。甲基红变色的pH值范围为4.2(红色)~6.3(黄色)。

具体操作步骤如下:

(1)取葡萄糖蛋白胨培养液两支,一支接入大肠杆菌,另一支接入产气杆菌,置37 ℃恒温箱内培养48 h。

(2)观察结果时,沿管壁加入甲基红指示剂3~4滴,若培养液变红色即为阳性,变黄色则为阴性。

(四)吲哚试验

有些细菌能氧化分解蛋白胨中的色氨酸,生成吲哚,吲哚无色,可与对二甲基氨基苯甲醛结合,生成红色的玫瑰吲哚。具体操作步骤如下:

(1)以无菌操作分别将产气杆菌和大肠杆菌接种在蛋白胨水培养基中,置于37 ℃恒温箱内培养48 h。

(2)观察结果时,在培养液中加入乙醚1~2 mL(使呈明显的乙醚层),充分振荡,使吲哚被溶于乙醚中,静置片刻,使乙醚层浮于培养基的上层,然后沿试管壁加入10滴吲哚试剂,如果有吲哚产生,则乙醚层呈现玫瑰红色。

(五)H_2S产生试验

某些细菌能分解含硫有机物(如胱氨酸、半胱氨酸、甲硫氨酸)产生硫化氢,硫化氢遇培养基中的铅盐或铁盐等会形成黑色的硫化铅或硫化铁沉淀。具体操作步骤如下:

(1)取2支柠檬酸铁铵固体培养基,分别用穿刺接种法接入大肠杆菌和普通变形杆菌,置37 ℃恒温箱内培养48 h。

(2)观察结果:培养基中出现黑色沉淀线者为阳性反应,同时注意观察接种线周围有无向外扩展情况,如有,表示该菌具有运动能力。

五、结果报告

将实验结果填入技能表-3。"+"表示阳性反应,"-"表示阴性反应。

技能表-3 微生物鉴定中常用的生化反应结果

菌名	淀粉水解试验	V.P.试验	M.R.试验	吲哚试验	H_2S产生试验
枯草芽孢杆菌					
大肠杆菌					
产气杆菌					
普通变形杆菌					

六、复习思考题

1. 微生物生化反应的意义何在?
2. 甲基红试验和乙酰甲基甲醇试验的最初作用物以及最终产物有何异同点?为什么会出现最终产物的不同?

技能十五 微生物数量的测定技术

一、目的

1. 理解血球计数板的计数原理。
2. 掌握使用血球计数板进行微生物计数的方法。

二、基本原理

显微镜直接计数法是将少量样品的菌悬液置于一种特别的具有确定面积和容积的载玻片(称为计数板)上,在显微镜下直接计数的方法。该法适用于各种单细胞菌体的纯培养悬浮液,如有杂菌或杂质,则难于直接测定。该法的优点是直观、快速、操作简单,缺点是所测得的结果是死菌与活菌的总和。常用的计数板有血球计数板和彼得罗夫·霍泽计数板,它们的结构和原理相同,只是厚薄有别。血球计数板较厚,盖上盖玻片后,盖玻片与方格网之间的距离为 0.1 mm,用于较大菌体(如酵母菌或霉菌孢子)的观察和计数;彼得罗夫·霍泽计数板较薄,盖上盖玻片后,盖玻片与方格网之间的距离为 0.02 mm,可用于油镜对较小菌体(如细菌)的观察和计数。

血球计数板(技能图-28)是一块特制的厚型载玻片,其上有 4 条槽,构成 3 个平台。中间的平台较宽,而且比两边平台低,当盖上盖玻片后,形成高度为 0.1 mm 的空隙,该平台又被一短横槽隔成上下两个小平台,每个小平台上各刻有一个方格网。每个方格网共分九个大方格(技能图-29),中间的大方格称为计数室,用作微生物的计数。计数室的刻度有两种规格(技能图-30):一种是 16 格×25 格,即计数室被双线分成 16 个中方格,而每个中方格又被单线分成 25 个小方格。另一种是 25 格×16 格,即计数室被双线分成 25 个中方格,而每个中方格又被单线分成 16 个小方格。无论是哪一种规格,计数室都由 400 个小方格组成。

计数室边长为 1 mm,面积为 1 mm^2,盖上盖玻片后,盖玻片与方格网之间的高度为0.1 mm,所以盖玻片与计数室形成的容积为 0.1 mm^3。

计数时,如果使用 16 格×25 格的计数板,数计数室四个角共 4 个中方格(即 100 个小方格)的菌数,再算出 16 个中方格的总菌数;如果使用 25 格×16 格的计数板,数计数室四个角及中间共 5 个中方格(即 80

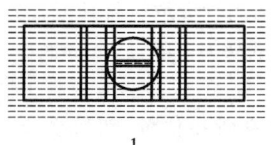 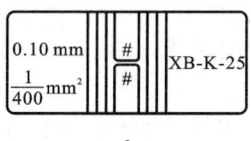 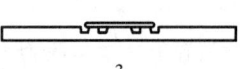

技能图-28 血球计数板正面与侧面图

1. 正面;2. 正面;3. 侧面

(张青,葛菁萍.微生物学.2004;周德庆.微生物学实验教程.2006)

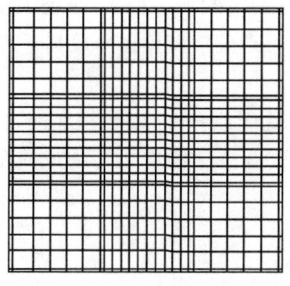

技能图-29 血球计数板方格网

(张青,葛菁萍.微生物学.2004)

技能图-30 血球计数板计数室

1.16 格×25 格;2.25 格×16 格

(张青,葛菁萍.微生物学.2004)

个小方格)的菌数,再算出 25 个中方格的总菌数;最后换算出每毫升(或每克)样品中微生物的数量。

因为 1 mL 相当于 1000 mm³,所以计数室容积 0.1 mm³ 相当于 10^{-4} mL。

按下列公式计算出每毫升样品中的菌数:

1. 16 格×25 格的计数板

菌数(个/mL)=(100 个小方格内的总菌数/100)×400×10^4×稀释倍数

2. 25 格×16 格的计数板

菌数(个/mL)=(80 个小方格内的总菌数/80)×400×10^4×稀释倍数

三、材料与仪器

1. 菌种

酿酒酵母菌菌悬液。

2. 试剂

0.1%的亚甲蓝染液、无菌生理盐水。

3. 仪器和用具

普通光学显微镜、血球计数板、盖玻片、无菌滴管、电吹风、吸水纸等。

四、方法与步骤

1. 稀释

根据待测菌悬液浓度,加无菌生理盐水适量稀释,以血球计数板中每个小方格有 5~10 个菌体为宜,可采用 10 倍系列稀释法。

2. 染色

在稀释后的菌悬液中加入 0.1%的亚甲蓝染液 0.5 mL,摇匀,使酵母菌着色。

3. 镜检计数室

在加样前,先对血球计数板的计数室进行镜检。若有污物,则需清洗,然后用电吹风吹干后才能使用。

4. 加样品

将盖玻片放在血球计数板的方格网上方,将菌悬液摇匀,用无菌滴管吸取少许菌悬液,由盖玻片的边缘滴 1 小滴,让菌液自行渗入,注意不可产生气泡,多余菌液用吸水纸吸去。静置 5 min。

5. 计数

将血球计数板置于显微镜载物台上,先用低倍物镜找到计数室所在位置,然后换成高倍物镜进行计数。

注意:视野中的光线不宜太强,否则不易看清计数室的方格线;如果菌体位于中方格的双线上,遵循查上不查下、查左不查右的原则,即只计数上方和右方线(或下方和左方线)上的菌体,以免重复或遗漏;对于出芽的酵母菌,当芽体达到母细胞大小 1/2 时,可作为两个菌体计数;注意调节细调节螺旋,以便上下液层的菌体均可观测到;同一样品重复计数 2~3 次(每次数值不应相差过大,否则应重新操作),取其平均值。

6. 清洗

使用完毕后,将血球计数板用自来水的急水流冲洗干净,切勿用硬物洗刷或抹擦,以免损坏网格刻度。洗净后自行晾干或用电吹风吹干,也可用滤纸吸去水分再用擦镜纸擦干,镜检计数室无污物或残留菌体即可。

五、结果报告

记录计数结果并计算每毫升酵母菌菌悬液中的菌数(技能表-4)。

技能表-4　微生物数的测定结果报告

计数次数	各中方格中菌数					5个中方格总菌数	稀释倍数	菌数(个/mL)	平均值
	左上	右上	左下	右下	中间				
第一次									
第二次									

六、复习思考题

1. 16 格×25 格和 25 格×16 格两种规格计数板的构造有何区别?

2. 根据你的实验体会,说明使用血球计数板进行微生物计数时,其误差来自哪些方面。如何避免产生误差?

技能十六　微生物大小的测定技术

一、目的

1. 了解目镜测微尺和镜台测微尺的构造及使用原理。
2. 掌握测定微生物细胞大小的方法。

二、基本原理

测定微生物细胞大小是在显微镜下利用测微尺进行的。测微尺可分为目镜测微尺和镜台测微尺。目镜测微尺是特制的圆形玻片,在玻片中央把 5 mm 长度分成 50 等分,或把 10 mm 长度分成 100 等分,可放入目镜镜筒内,用于测定细胞大小。镜台测微尺是中央部分刻有精确等分线的专用载玻片,一般将 1 mm 等分为 100 格,每格长 10 μm(即 0.01 mm),是专门用来校正目镜测微尺的。目镜测微尺每小格大小随显微镜放大倍数不同而改变,使用目镜测微尺进行测量之前必须用镜台测微尺校正,以求出在某一放大倍数下目镜测微尺每小格所代表的实际长度,然后用校正好的目镜测微尺进行测量。目镜测微尺和镜台测微尺的结构见技能图-31和技能图-32。

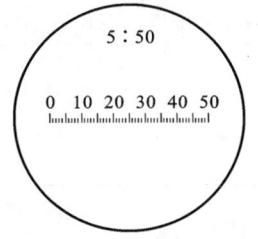

技能图-31　目镜测微尺

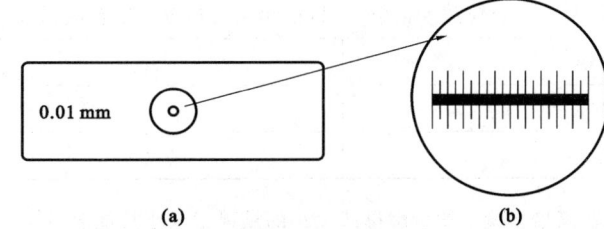

技能图-32　镜台测微尺
(a)镜台测微尺；(b)放大的台尺

三、材料与仪器

1. 菌种

酿酒酵母斜面菌种。

2. 仪器和用具

显微镜、目镜测微尺、镜台测微尺、盖玻片、载玻片、滴管等。

四、方法与步骤

(一)目镜测微尺的校正

把目镜的上透镜旋开，将目镜测微尺轻轻放在目镜的隔板上，使有刻度的一面朝下。将镜台测微尺放在显微镜的载物台上，使有刻度的一面朝上。先用低倍镜观察，调焦距，待看清镜台测微尺的刻度后，转动目镜，使目镜测微尺的刻度与镜台测微尺的刻度相平行，并使两尺左边的一条线重合(技能图-33)，向右寻找另外一条两尺相重合的直线。

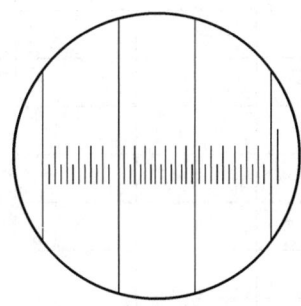

技能图-33　测微尺的两尺左边刻度重合

校正公式：

目镜测微尺每格长度(μm)＝(两重合线间镜台测微尺的格数×10)/两重合线间目镜测微尺的格数

例如，目镜测微尺20个小格的长度等于镜台测微尺3小格的长度，已知镜台测微尺每格为10 μm，则3小格的长度为3×10＝30 μm，所以，目镜测微尺每格长度为3×10÷20＝1.5 μm。用以上计算方法分别校正高倍镜及油镜下目镜测微尺每格实际长度。由于不同显微镜的放大倍数不同，因此校正目镜测微尺必须针对固定的显微镜和附件(特定的物镜、目镜、镜筒长度)进行，而且只能在该显微镜上重复使用。当更换不同显微镜时，必须重新校正目镜测微尺每格所代表的长度。

(二)菌体大小的测定

(1)将酵母菌斜面制成一定浓度的菌悬液(10^{-2})。

(2)取一滴酵母菌菌悬液制成水浸片。

(3)移去镜台测微尺，换上酵母菌水浸片，先在低倍镜下找到目的物，然后在高倍物镜下用目镜测微尺来测量酵母菌菌体的长和宽各占几格(不足一格的部分估计到小数点后一位数)。测出的格数乘以目镜测微尺每格长度，即等于该菌的长和宽。一般测量菌体的大小要在同一个标本片上测定10～20个菌体，求出平均值，才能代表该菌的大小。待测微生物需用培养至对数生长期的菌体进行测定。

五、结果报告

1. 将目镜测微尺校正结果填入技能表-5。

技能表-5 目镜测微尺校正结果

物镜	物镜放大倍数	目镜测微尺格数	镜台测微尺格数	目镜测微尺每格代表长度(μm)
低倍物镜				
高倍物镜				
油镜				

2. 将在高倍物镜下测量酵母菌大小的结果记录于技能表-6。

技能表-6 高倍物镜测量酵母菌大小的结果

菌体编号	宽			长			菌体宽×长 (μm×μm)
	目镜测微尺格数	菌体宽 (μm)	平均值 (μm)	目镜测微尺格数	菌体长 (μm)	平均值 (μm)	
1							
2							
3							
4							
5							
6							
7							
8							
9							
10							

技能十七 常用菌种保藏技术

一、目的

1. 了解并掌握菌种保藏的基本原理和应用条件。
2. 比较几种常用的菌种保藏方法及其优缺点。

二、基本原理

菌种是一种重要的生物资源,菌种保藏是重要的微生物基础工作。菌种保藏就是利用一切条件使菌种不死、不衰、不变,以便于研究与应用。菌种保藏的方法很多,其原理基本相同,都是为优良菌株创造一个适合长期休眠的环境,即干燥、低温、缺乏氧气和养料等,使微生物的代谢活动处于最低状态,但又不至于死亡,从而达到保藏的目的。应依据不同的菌种或不同的需求选用不同的保藏方法。一般情况下,斜面传代保藏法、液体石蜡保藏法和沙土管保藏法较为常用,也比较容易制作。

三、材料与仪器

1. 菌种

细菌、酵母菌、放线菌和霉菌斜面菌种。

2. 培养基

牛肉膏蛋白胨培养基斜面、麦芽汁培养基斜面、高氏1号培养基斜面、马铃薯蔗糖培养基斜面、脱脂奶粉。

3. 试剂

液体石蜡、P_2O_5、10% HCl、干冰、95%乙醇、食盐、无菌水。

4. 仪器和用具

河沙、瘦黄土(有机物含量少的黄土)、无菌试管、无菌吸管(1 mL及5 mL)、无菌滴管、接种环、40目及100目筛子、干燥器、安瓿管、冰箱、冷冻真空干燥装置、酒精喷灯、三角烧瓶(250 mL)。

四、方法与步骤

(一)斜面传代保藏法

1. 贴标签

取各种培养基斜面试管数支,将注有菌株名称和接种日期的标签贴在试管斜面的正上方,距试管口2～3 cm处。

2. 接种

将待保藏的菌种用接种环以无菌操作法移接至相应培养基斜面上,细菌和酵母菌宜采用对数生长期的细胞,而放线菌和丝状真菌宜采用成熟的孢子。

3. 培养

将细菌置于37 ℃恒温箱中培养18～24 h,酵母菌置于28～30 ℃恒温箱中培养36～60 h,放线菌和丝状真菌置于28 ℃恒温箱中培养4～7 d。

4. 保藏

待菌株长好后,直接放入4 ℃冰箱中保藏。为防止棉塞受潮长杂菌,管口棉花应用牛皮纸包扎,或换上无菌胶塞,亦可用固体石蜡熔封棉塞或胶塞。

保藏时间依微生物种类而不同,酵母菌、霉菌、放线菌及有芽孢的细菌可保存2～6个月,保藏到此时间即移种一次;而不产芽孢的细菌最好每月移种一次。此法的缺点是菌种容易变异,污染杂菌的机会较多。

(二)液体石蜡保藏法

1. 液体石蜡灭菌

在250 mL三角烧瓶中装入100 mL液体石蜡,塞上棉塞,并用牛皮纸包扎,121 ℃湿热灭菌30 min,然后放于40 ℃温箱中14 d(或置于105～110 ℃烘箱中1 h),以除去石蜡中的水分,备用。

2. 接种培养

方法同斜面传代保藏法。

3. 加液体石蜡

用无菌滴管吸取液体石蜡以无菌操作加到已长好的菌种斜面上,加入量以高出斜面顶端约1 cm为宜。

4. 保藏

棉塞外包牛皮纸,将菌种试管直立放置于4 ℃冰箱中保存。

利用这种保藏方法,霉菌、放线菌、有芽孢细菌可保藏2年左右,酵母菌可保藏1～2年,一般无芽孢细菌也可保藏1年左右。

5. 恢复培养

用接种环从液体石蜡下挑取少量菌种,在试管壁上轻靠几下,尽量使油滴净,再接种于新鲜培养基中培养。由于菌体表面粘有液体石蜡,生长较慢且有黏性,故一般须转接2次才能获得良好菌种。

(三)沙土管保藏法

1. 沙土处理

(1)沙处理 取河沙并过 40 目筛,去除大颗粒,加 10% HCl 浸泡(用量以浸没沙面为宜)2~4 h(或煮沸 30 min),以除去有机杂质,然后倒去盐酸,用清水冲洗至中性,烘干或晒干,备用。

(2)土处理 取非耕作层瘦黄土(不含有机质),加自来水浸泡洗涤数次,直至中性,然后烘干,粉碎,过 100 目筛,去除粗颗粒后备用。

2. 装沙土管

将沙与土按 2∶1 或 3∶1 或 4∶1(W/W)比例混合均匀装入试管(10 mm×100 mm)中,装置约 7 cm 高,塞棉塞,棉塞外包牛皮纸,121 ℃湿热灭菌 30 min,然后烘干。

3. 无菌试验

每 10 支沙土管任选 1 支,取少许沙土接入牛肉膏蛋白胨或麦芽汁培养液中,在最适的温度下培养 2~4 d,确定无菌生长时才可使用。若发现有杂菌,经重新灭菌后,再做无菌试验,直到合格。

4. 制备菌液

用 5 mL 无菌吸管分别吸取 3 mL 无菌水至待保藏的菌种斜面上,用接种环轻轻搅动,制成悬液。

5. 加样

用 1 mL 吸管吸取上述菌悬液 0.1~0.5 mL 加入沙土管中,用接种环拌匀。加入菌液量以湿润沙土达 2/3 高度为宜。

6. 干燥

将含菌的沙土管放入干燥器中,干燥器内用培养皿盛 P_2O_5 作为干燥剂,可再用真空泵连续抽气 3~4 h,加速干燥。将沙土管轻轻一拍,沙土呈分散状即达到充分干燥。

7. 保藏

沙土管可选择下列方法之一来保藏:

(1)保存于干燥器中;

(2)用石蜡封住棉塞后放入冰箱保存;

(3)将沙土管管口用火焰熔封后放入冰箱保存;

(4)将沙土管装入有 $CaCl_2$ 等干燥剂的大试管中,塞上橡皮塞或木塞,再用蜡封口,放入冰箱中或室温下保存。

8. 恢复培养

使用时挑取少量混有孢子的沙土,接种于斜面培养基上,或液体培养基内培养即可,原沙土管仍可继续保藏。

此法适用于保藏能产生芽孢的细菌及形成孢子的霉菌和放线菌,可保存 2 年左右。但不能用于保藏营养细胞。

五、结果报告

记录菌种保藏方法和结果(技能表-6)。

技能表-6 菌种保藏方法和结果记录

接种日期	菌种名称	培养条件		保藏方法	保藏温度	操作要点
		培养基名称	培养温度			

六、复习思考题

试述各种菌种保藏方法的优点和缺点。

技能十八　食品中细菌总数和大肠菌群的测定技术

一、目的

1. 掌握用稀释平板计数法测定食品中细菌总数的方法。
2. 掌握食品中大肠菌群 MPN 检测方法。

二、基本原理

食品的微生物学检验包括细菌总数、大肠菌群、肠道致病菌及肠道病毒,其中以检测细菌总数和大肠菌群为主。

细菌总数是指 1 g 或 1 mL 检样中所含细菌菌落的总数。菌落总数是指食品检样经过处理,在一定条件下(如培养基、培养温度和培养时间等)培养后,所得每克(毫升)检样中形成的微生物菌落总数。细菌菌落总数的检测方法通常采用平板活菌计数法。

每种细菌都有一定的生理特性,培养时只有分别满足不同的培养条件(如培养基、培养温度、培养时间、需氧性质等),才能将各种细菌培养出来。在实际工作中,细菌菌落总数的测定方法采用国家制定的标准平板培养计数方法,能反映多数食品的卫生质量,一般只针对那些能在普通营养琼脂中生长发育的、嗜温的、需氧和兼性厌氧的细菌测定其菌落数,并且不能区分细菌的种类。但是,嗜冷菌、嗜热菌、嗜酸菌、厌氧菌、微嗜氧菌以及对营养有特殊要求的一些细菌等,对这些细菌必须分别满足其不同的培养条件,才能比较正确地反映出某些食品的卫生质量。

以细菌菌落总数代表细菌总数,是依据一个细菌细胞经纯培养形成一个菌落而设计的。而检样中的细菌往往不易完全分散成单个细胞,不能保证每个菌落都是由单个细菌繁殖而来,可能是由成双、链状、葡萄状、成堆的细菌繁殖形成的菌落,因此,平板活菌计数法所得结果应以单位质量、容积或表面积内的菌落数或菌落形成单位数(colony-forming units,CFU)报告之。

人的许多传染病都能通过消化道传染,尤其是肠道传染病。肠道传染病主要是病原菌随粪便排出后污染食品、饮用水等,再经口传染。但是从食品、饮用水中直接检查肠道传染病是有困难的。然而通过对肠道细菌的检验来作为粪便污染食品、饮用水的指标,既能说明食品、饮用水的清洁卫生程度,又能间接地表示有无病原菌污染的可能。大肠菌群主要来源于人畜粪便,故以此作为粪便污染指标来评价食品、饮用水的卫生质量。

大肠菌群并非细菌学分类名词,而是卫生细菌领域的用语,它不代表某一个或某一属细菌。大肠菌群是指在一定培养条件下,能发酵乳糖产酸、产气的需氧及兼性厌氧的革兰氏阴性无芽孢杆菌的总称,包括大肠埃希氏菌、柠檬酸杆菌、产气克雷白氏菌和阴沟肠杆菌等。

食品中大肠菌群的计数采用大肠菌群 MPN 计数法,是利用大肠菌群能发酵乳糖产酸、产气的特性而设计的试验,常用多管发酵法。该方法是基于泊松分布的一种间接计数方法,称为最可能数(The most probable number),简称 MPN。

本实验方法,食品中菌落总数的测定参考 GB 4789.2—2016,食品中大肠菌群的计数参考 GB 4789.3—2022。

三、设备和材料

除微生物实验室常规灭菌及培养设备外,其他设备和材料如下:

恒温培养箱(36 ℃±1 ℃、30 ℃±1 ℃)、冰箱(2~5 ℃)、恒温水浴箱(48 ℃±2 ℃)、天平(感量为 0.1 g)、均质器、振荡器、1 mL 无菌吸管(具 0.01 mL 刻度)、10 mL 无菌吸管(具 0.1 mL 刻度)、无菌三角瓶(250 mL、500 mL)、无菌培养皿(直径 90 mm)、pH 计或 pH 比色管或精密 pH 试纸、放大镜、菌落计数器。

四、培养基和试剂

1. 平板计数琼脂培养基(Plate Count Agar, PCA)

(1)成分　胰蛋白胨 5.0 g、酵母浸膏 2.5 g、葡萄糖 1.0 g、琼脂 15.0 g、蒸馏水 1000 mL，pH7.0±0.2。

(2)制法　将上述成分加于蒸馏水中，煮沸溶解，调节 pH 值。分装试管或三角瓶，121 ℃高压灭菌 15 min。

2. 月桂基硫酸盐胰蛋白胨(Lauryl Sulfate Tryptose, LST)肉汤

(1)成分　胰蛋白胨或胰酪胨 20.0 g、氯化钠 5.0 g、乳糖 5.0 g、磷酸氢二钾(K_2HPO_4)2.75 g、磷酸二氢钾(KH_2PO_4)2.75 g、月桂基硫酸钠 0.1 g、蒸馏水 1000 mL，pH6.8±0.2。

(2)制法　将上述成分溶解于蒸馏水中，调节 pH 值。分装到有倒置玻璃小试管的试管(如技能图-34)中，每管 10 mL。121 ℃高压灭菌 15 min。

3. 煌绿乳糖胆盐(Brilliant Green Lactose Bile, BGLB)肉汤

(1)成分　蛋白胨 10.0 g、乳糖 10.0 g、牛胆粉(oxgall 或 oxbile)溶液 200 mL、0.1%煌绿水溶液 13.3 mL、蒸馏水 800 mL，pH7.2±0.1。

(2)制法　将蛋白胨、乳糖溶于约 500 mL 蒸馏水中，加入牛胆粉溶液 200 mL(将 20.0 g 脱水牛胆粉溶于 200 mL 蒸馏水中，调节 pH 值至 7.0~7.5)，用蒸馏水稀释到 975 mL，调节 pH 值，再加入 0.1%煌绿水溶液 13.3 mL，用蒸馏水补足到 1000 mL，用棉花过滤后，分装到有倒置玻璃小试管的试管(如技能图-34)中，每管 10 mL。121 ℃高压灭菌 15 min。

技能图-34　装有倒置小试管的试管培养基

4. 结晶紫中性红胆盐琼脂(Violet Red Bile Agar, VRBA)

(1)成分　蛋白胨 7.0 g、酵母膏 3.0 g、乳糖 10.0 g、氯化钠 5.0 g、胆盐或 3 号胆盐 1.5 g、中性红 0.03 g、结晶紫 0.002 g、琼脂 15~18 g、蒸馏水 1000 mL，pH7.4±0.1。

(2)制法　将上述成分溶于蒸馏水中，静置几分钟，充分搅拌，调节 pH 值。煮沸 2 min，将培养基冷却至 45~50 ℃倾注平板。使用前临时制备，不得超过 3 h。

5. 无菌磷酸盐缓冲液

(1)成分　磷酸二氢钾(KH_2PO_4)34.0 g、蒸馏水 500 mL，pH7.2。

(2)制法

贮存液：称取 34.0 g 磷酸二氢钾溶于 500 mL 蒸馏水中，用大约 175 mL 的 1 mol/L 氢氧化钠溶液调节 pH 值，用蒸馏水稀释至 1000 mL 后贮存于冰箱。

稀释液：取贮存液 1.25 mL，用蒸馏水稀释至 1000 mL，分装于适宜容器中，121 ℃高压灭菌 15 min。

6. 无菌 1 mol/L NaOH

(1)成分　NaOH 40.0 g、蒸馏水 1000 mL。

(2)制法　称取 40 g 氢氧化钠溶于 1000 mL 蒸馏水中，121 ℃高压灭菌 15 min。

7. 无菌 1 mol/L HCl

(1)成分　HCl 90 mL、蒸馏水 1000 mL。

(2)制法　移取浓盐酸 90 mL，用蒸馏水稀释至 1000 mL，121 ℃高压灭菌 15 min。

8. 无菌生理盐水

五、食品中细菌总数的测定

(一)检测程序(技能图-35)

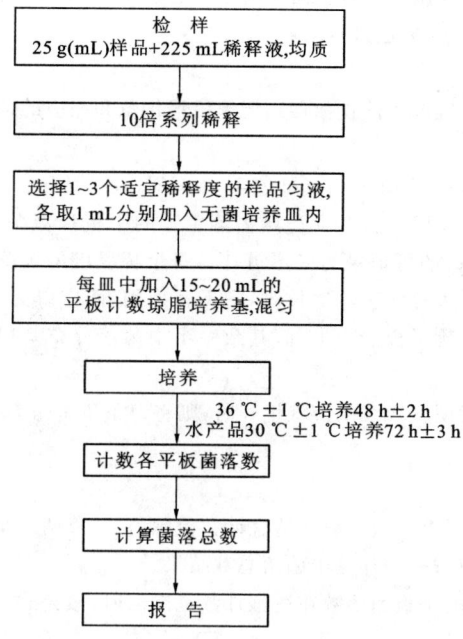

技能图-35 菌落总数的检测程序

(二)方法与步骤

1. 样品的稀释

(1)固体和半固体样品 称取 25 g 样品,放入盛有 225 mL 无菌磷酸盐缓冲液或无菌生理盐水的无菌均质杯内,8000~10000 r/min 均质 1~2 min,或放入盛有 225 mL 稀释液的无菌均质袋中,用拍击式均质器拍打 1~2 min,制成 1:10 样品匀液。

(2)液体样品 用无菌吸管吸取 25 mL 样品,倒入盛有 225 mL 无菌磷酸盐缓冲液或无菌生理盐水的无菌三角瓶(瓶内可预置适当数量的无菌玻璃珠)中,充分混匀,制成 1:10 样品匀液。或放入盛有 225 mL 稀释液的无菌均质袋中,用拍击式均质器拍打 1~2 min,制成 1:10 的样品匀液。

(3)用 1 mL 无菌吸管吸取 1:10 样品匀液 1 mL,沿管壁缓慢注入盛有 9 mL 稀释液的试管中,振摇试管或另换一支 1 mL 无菌吸管反复吹吸,使其混合均匀,制成 1:100 样品匀液。根据对样品污染状况的估计,按上述稀释方法稀释至所需要的浓度。此法即为 10 倍系列稀释法。

(4)注意事项 每递增稀释 1 次,更换 1 支无菌吸管,否则稀释不准确。每次移液前,需将菌液来回吹吸 3 次后吸取;吹吸菌液时不能过猛、过快;吸时将吸管插入管底,吹时将吸管提到接近液面以下,避免将吸管中的过滤棉花浸湿或吸管内液体外溢。在将菌液注入稀释液时,吸管尖端不能触及稀释液面。

2. 样品接种

根据对样品污染情况的估计,选择 1~3 个适宜稀释度的样品匀液(液体样品可包括原液)。在进行 10 倍递增稀释的同时,每个稀释度分别吸取 1mL 样品匀液于无菌培养皿内,每个稀释度做两个培养皿。同时,分别取 1mL 空白稀释液加入两个无菌培养皿内作空白对照。

3. 倾注培养基

及时将 15~20 mL 冷却至 46 ℃的平板计数琼脂培养基(可放置于 46 ℃±1 ℃恒温水浴箱中保温)倾注于已采样品匀液及空白对照的培养皿中,并转动培养皿使其混合均匀。

4. 培养

（1）待琼脂凝固后，将平板倒置于 36 ℃±1 ℃恒温培养箱中培养 48 h±2 h，水产品在 30 ℃±1 ℃培养 72 h±3 h。

（2）如果样品中可能含有在琼脂培养基表面弥漫生长的菌落时，可在凝固后的琼脂表面覆盖一薄层琼脂培养基（约 4 mL），凝固后按上面方法进行培养。

5. 观察并记录

肉眼观察（必要时可用放大镜或菌落计数器），记录稀释倍数和相应的菌落数量。

6. 菌落计数

（1）菌落计数，以菌落形成单位（colony-forming units，CFU）表示。

（2）选取菌落数在 30～300 CFU 之间、无蔓延菌落生长的平板计数菌落总数。低于 30 CFU 的平板记录具体菌落数，大于 300 CFU 的可记录为多不可计。每个稀释度的菌落数应采用两个平板的平均数。

（3）如果其中一个平板有较大片状菌落生长时，则不宜采用，而应以无片状菌落生长的平板作为该稀释度的菌落数；如果片状菌落不到平板的一半，而其余一半中菌落分布又很均匀，即可计算半个平板后乘以 2，代表一个平板菌落数。

（4）当平板上出现菌落间无明显界线的链状生长时，则将每条单链作为一个菌落计数。

7. 结果与报告

（1）菌落总数的计算方法

① 如果只有一个稀释度平板上的菌落数在适宜计数范围内，计算两个平板菌落数的平均值，再将平均值乘以相应稀释倍数，作为每克（毫升）样品中菌落总数结果。

② 如果有两个连续稀释度的平板菌落数在适宜计数范围内时，按公式（1）计算：

$$N = \frac{\sum C}{(n_1 + 0.1 n_2)d} \tag{1}$$

式中 N——样品中菌落数；

$\sum C$——平板（含适宜范围菌落数的平板）菌落数之和；

n_1——第一稀释度（低稀释倍数）平板个数；

n_2——第二稀释度（高稀释倍数）平板个数；

d——稀释因子（第一稀释度）。

③ 如果所有稀释度的平板上菌落数均大于 300 CFU，则对稀释度最高的平板进行计数，其他平板可记录为多不可计，结果按平均菌落数乘以最高稀释倍数计算。

④ 如果所有稀释度的平板菌落数均小于 30 CFU，则应按稀释度最低的平均菌落数乘以稀释倍数计算。

⑤ 如果所有稀释度（包括液体样品原液）平板均无菌落生长，则以小于 1 乘以最低稀释倍数计算。

⑥ 如果所有稀释度的平板菌落数均不在 30～300 CFU 之间，其中一部分小于 30 CFU 或大于 300 CFU 时，则以最接近 30 CFU 或 300 CFU 的平均菌落数乘以稀释倍数计算。

（2）菌落总数的报告

① 菌落数小于 100 CFU 时，按"四舍五入"原则修约，以整数报告。

② 菌落数大于或等于 100 CFU 时，第 3 位数字采用"四舍五入"原则修约后，取前 2 位数字，后面用 0 代替位数；也可用 10 的指数形式来表示，按"四舍五入"原则修约后，采用两位有效数字。

③ 如果所有平板上为蔓延菌落而无法计数，则报告菌落蔓延。

④ 如果空白对照上有菌落生长，则此次检测结果无效。

⑤ 如果是称重取样，以 CFU/g 为单位报告；如果是体积取样，以 CFU/mL 为单位报告。

六、食品中大肠菌群 MPN 计数法

(一)检测程序(技能图-36)

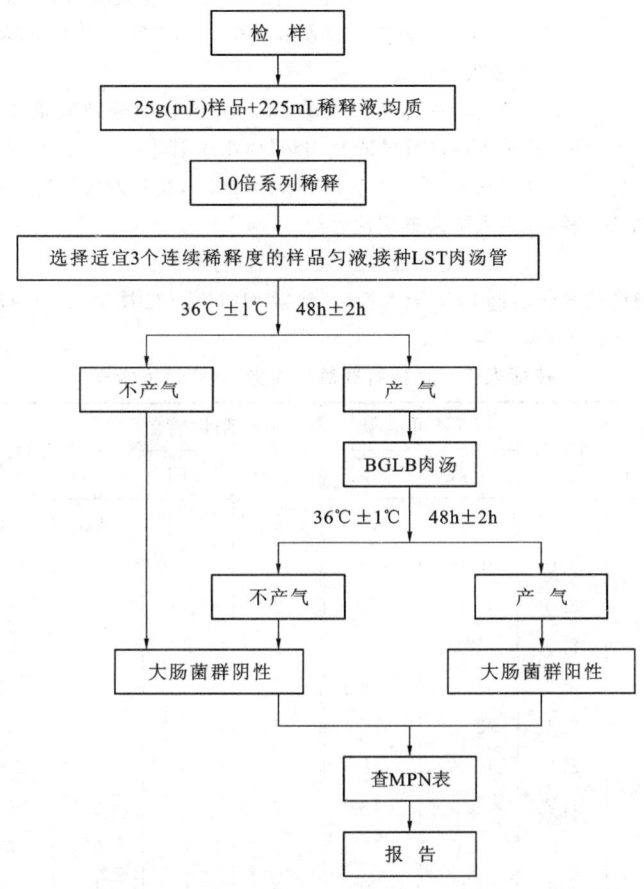

技能图-36　大肠菌群 MPN 计数法检测程序

(二)方法与步骤

1. 样品的稀释

(1)固体和半固体样品　称取 25 g 样品,放入盛有 225 mL 磷酸盐缓冲液或生理盐水的无菌均质杯内,8000～10000 r/min 均质 1～2 min,或放入盛有 225 mL 磷酸盐缓冲液或生理盐水的无菌均质袋中,用拍打式均质器拍打 1～2 min,制成 1∶10 样品匀液。

(2)液体样品　用无菌吸管吸取 25 mL 样品,倒入盛有 225 mL 磷酸盐缓冲液或生理盐水的无菌三角瓶(盛有一定数量的无菌玻璃珠)中,充分混匀,制成 1∶10 样品匀液。

(3)样品匀液的 pH 值应在 6.5～7.5 之间,必要时分别用 1 mol/L NaOH 或 1 mol/L HCl 调节。

(4)用 1 mL 无菌吸管吸取 1∶10 样品匀液 1 mL,沿管壁缓慢注入盛有 9 mL 磷酸盐缓冲液或生理盐水的试管中,振摇试管或另换一支 1 mL 无菌吸管反复吹吸,使其混合均匀,制成 1∶100 样品匀液。根据对样品污染状况的估计,按上述操作,依次制成 10 倍递增系列稀释样品匀液。

(5)注意事项　同"食品中细菌总数的测定"。

(6)从制备样品匀液至样品接种完毕,全过程不得超过 15 min。

2. 初发酵试验

(1)每个样品,选择 3 个适宜的连续稀释度的样品匀液(液体样品可以选择原液)。

(2)每个稀释度接种3管月桂基硫酸盐胰蛋白胨(LST)肉汤,每管接种1 mL(如接种量超过1 mL,则用双料LST肉汤)。

(3)在36 ℃±1 ℃培养24 h±2 h,观察倒置小管内是否有气泡产生。培养24 h±2 h产气者(如技能图-37)进行复发酵试验,如未产气则继续培养至48 h±2 h,产气者进行复发酵试验。未产气者为大肠菌群阴性。

3. 复发酵试验

(1)用接种环从产气的LST肉汤管中分别取培养物1环,移种于煌绿乳糖胆盐肉汤(BGLB)管中。

(2)在36 ℃±1 ℃培养48 h±2 h,观察产气情况。产气者,计为大肠菌群阳性管。

技能图-37 倒置小管内产生气体的试管

小视频

4. 大肠菌群最可能数(MPN)的报告

按"复发酵试验"确证的大肠菌群LST阳性管数,检索MPN表(见技能表-7),报告每克(毫升)样品中大肠菌群的MPN值。

技能表-7 大肠菌群最可能数(MPN)检索表

阳性管数			MPN	95%可信限		阳性管数			MPN	95%可信限	
0.10	0.01	0.001		下限	上限	0.10	0.01	0.001		下限	上限
0	0	0	<3.0	—	9.5	2	2	0	21	4.5	42
0	0	1	3.0	0.15	9.6	2	2	1	28	8.7	94
0	1	0	3.0	0.15	11	2	2	2	35	8.7	94
0	1	1	6.1	1.2	18	2	3	0	29	8.7	94
0	2	0	6.2	1.2	18	2	3	1	36	8.7	94
0	3	0	9.4	3.6	38	3	0	0	23	4.6	94
1	0	0	3.6	0.17	18	3	0	1	38	8.7	110
1	0	1	7.2	1.3	18	3	0	2	64	17	180
1	0	2	11	3.6	38	3	1	0	43	9	180
1	1	0	7.4	1.3	20	3	1	1	75	17	200
1	1	1	11	3.6	38	3	1	2	120	37	420
1	2	0	11	3.6	42	3	1	3	160	40	420
1	2	1	15	4.5	42	3	2	0	93	18	420
1	3	0	16	4.5	42	3	2	1	150	37	420
2	0	0	9.2	1.4	38	3	2	2	210	40	430
2	0	1	14	3.6	42	3	2	3	290	90	1000
2	0	2	20	4.5	42	3	3	0	240	42	1000
2	1	0	15	3.7	42	3	3	1	460	90	2000
2	1	1	20	4.5	42	3	3	2	1100	180	4100
2	1	2	27	8.7	94	3	3	3	>1100	420	—

注1:本表采用3个稀释度[0.1 g(mL)、0.01 g(mL)、0.001 g(mL)],每个稀释度接种3管。

注2:表内所列检样量如改用1 g(mL)、0.1 g(mL)、0.01 g(mL)时,表内数字应相应降低10倍;如改用0.01 g(mL)、0.001 g(mL)、0.0001 g(mL)时,则表内数字应相应增高10倍,其余类推。

七、复习思考题

1. 细菌总数和大肠菌群的检测中哪些步骤容易出现误差？如何减少误差？
2. 通过对食品中细菌总数和大肠菌群的检测，分析该食品的卫生质量。

技能十九　发酵乳品中常用的乳酸菌分离与初步鉴定技术

一、目的

1. 掌握乳酸菌活化与分离的方法。
2. 学会识别常见乳酸菌的形态特征。

二、基本原理

发酵乳制品指原乳经过微生物(主要是乳酸菌)发酵作用后制成的具有特殊风味、较高营养价值和一定保健功能的乳制品，包括发酵乳饮料(酸乳、酸豆乳、乳酒等)、干酪和酸制奶油。如酸乳是以鲜牛奶或奶粉为原料生产出的一种乳酸发酵饮料，用于酸乳生产的乳酸菌主要属于乳杆菌属、链球菌属和双歧杆菌属。常用的有保加利亚乳杆菌、嗜酸乳杆菌、嗜热链球菌、乳酸链球菌等。生产上多采用两种或两种以上菌种配合接种发酵。

对发酵乳制品的微生物检测多注重在细菌总数、大肠菌群、病原菌等食品卫生学方面的检测。但有时为了检验它们是否符合制作的技术要求和具有该发酵乳制品应有的风味，往往也要检验所用菌种及菌种的质量和数量，以及相关的其他技术指标。

乳酸菌不是分类学上的名称，它是一类可利用发酵糖类(如葡萄糖或乳糖)产生大量乳酸的细菌的统称，需氧和兼性厌氧，革兰氏阳性的无芽孢杆菌和球菌。乳酸菌的其他特征有：

(1)乳杆菌属的形态特征　菌体形态多样，长或细长杆状、弯曲形短杆状及棒形球杆状，链状排列。通常不运动，个别周生鞭毛，无细胞色素，大多不产色素。

(2)双歧杆菌属的形态特征　菌体形态多样，Y字形、V字形、弯曲状、勺状，典型形态为分叉杆菌。无鞭毛。

(3)链球菌属的形态特征　菌体球形或卵圆形，成对或成链排列，一般不运动，不产生色素，但肠球菌群中某些种能运动或产色素。

乳酸菌的菌落形态有以下类型：

(1)扁平型菌落　大小为2~3 mm，边缘不整齐，很薄，近似透明状，染色镜检可见菌体呈杆状。

(2)半球状隆起菌落　大小为1~2 mm，隆起呈半球状，高约0.5 mm，边缘整齐且四周可见酪蛋白水解透明圈，染色镜检可见菌体呈链球状。

(3)礼帽形突起菌落　大小为1~2 mm，边缘基本整齐，菌落中央隆起，四周较薄，也有酪蛋白透明圈，染色镜检可见菌体呈链球状。

由于乳酸菌对营养有复杂的要求，生长需要碳水化合物、氨基酸、肽类、脂肪酸、酯类、核酸衍生物、维生素、矿物质等，一般的肉汤培养基难以满足其对营养的要求。在测定乳酸菌时必须尽量将试样中所有活的乳酸菌检测出来，因此，为了提高检出率，关键是选用特定良好的培养基。

由于牛乳是多数乳酸菌的良好培养基，因而常用脱脂乳培养基活化和保藏乳酸菌的试管菌种。乳酸菌的平板培养基通常采用乳清琼脂培养基、番茄汁琼脂培养基、改良 MRS 琼脂培养基、M17 琼脂培养基。乳清培养基适合多数乳酸杆菌和乳酸球菌生长，改良 MRS 培养基适合多数乳酸杆菌生长，番茄汁培养基和 M17 琼脂培养基适合多数乳酸球菌生长。由于乳酸菌在平板培养基上长势较弱，因此接种乳酸菌平板之前要用脱脂乳或 MRS 液体培养基进行活化,采用活力较高的菌种作平板培养。

本实验以酸乳为例,分离其中的乳酸菌,并计算 1 mL 酸乳中所含乳酸菌菌落的总数。

三、材料与仪器

1. 菌种

德氏乳杆菌保加利亚亚种、嗜热链球菌、双歧杆菌。

2. 培养基

脱脂乳培养基、乳清琼脂培养基、番茄汁琼脂培养基、改良 MRS 琼脂培养基、M17 琼脂培养基。

3. 染色液与试剂

无菌水(90 mL、9 mL)、革兰氏染色液。

4. 仪器和用具

恒温箱、普通光学显微镜、接种环、无菌吸管(10 mL、1 mL)等。

四、方法与步骤

(一)乳酸菌的活化及个体形态观察

1. 菌种活化

各取 1~2 环德氏乳杆菌保加利亚亚种、嗜热链球菌、双歧杆菌的试管菌(尽量自试管底部取菌),分别接种于 5 mL 脱脂乳试管培养基中,轻轻振荡后,于 37 ℃恒温箱中培养过夜,待乳凝固时取出备用。若不立即使用,应置于 4 ℃冰箱中保存。

2. 革兰氏染色观察

取 1~2 环乳酸菌脱脂乳试管培养物,在载玻片上均匀涂一薄层,火焰固定后,用草酸铵结晶紫染色 1 min,水洗后碘液媒染 1 min,水洗后用 95%乙醇脱色 1 min(为了加速脱色要轻轻摇摆载玻片),水洗后用沙黄复染 1 min,水洗后干燥,镜检。

镜检可见菌体呈蓝紫色,背景牛奶基质呈红色。注意观察乳酸杆菌的菌体长短、粗细、排列方式,以及乳酸球菌的球形大小、成对的链状排列方式。

注意:若乙醇脱色时间不足或涂片过厚,可造成菌体与背景牛奶基质均呈蓝紫色,不易分辨菌体形态。一般以载玻片上的蓝紫色刚好脱掉为宜。

(二)酸乳中乳酸菌的分离及菌落特征观察

1. 酸乳中乳酸菌的分离

(1)样品稀释 以无菌操作将酸乳以 10 倍稀释法稀释至一定浓度。用 10 mL 无菌吸管吸取酸乳 10 mL 注入 90 mL 无菌水内,充分摇匀,制成 1∶10 的稀释液。用 1 mL 无菌吸管吸取 1∶10 稀释液 1 mL,注入 9 mL 无菌水内,振摇试管混合均匀,制成 1∶100 稀释液。按此法依次制取 1∶1000、1∶10000、1∶100000 的稀释液。

(2)选择适宜稀释液 取 1∶10000、1∶100000 两个稀释度的稀释液各 0.1~0.2 mL,分别加入无菌培养皿内。每个稀释度做 2 个培养皿。注意:每加一次稀释液应更换 1 支吸管。

(3)制含菌平板 分别将熔化并冷却至 50 ℃左右的乳清琼脂培养基、番茄汁琼脂培养基、改良 MRS 琼脂培养基、M17 琼脂培养基注入上述培养皿内,每皿约 15 mL,并转动培养皿使混合均匀,待凝固,制成含菌平板。

(4)培养 将含菌平板倒置于 37 ℃恒温箱中培养 2~3 d 后,观察菌落特征。

2. 观察菌落特征

由于乳酸菌的菌落微小并且近于透明,必要时将平板直接倒置于体视显微镜或低倍镜下观察,同时降低视野亮度至菌落清晰为止。

观察时,从菌落的大小、形状、边缘情况、表面特征、颜色、隆起程度、透明度、光泽度、湿润或粗糙、干燥等几方面观察乳酸菌的菌落特征。

3. 菌落计数

选取菌落数在30~300之间的平板进行计数。求出同一稀释度的两个平板内乳酸菌落数的平均值,然后乘以稀释倍数,即为每毫升酸乳中的乳酸菌数。

4. 革兰氏染色

计数后,随机挑取5个菌落进行革兰氏染色,镜检,观察乳酸菌的个体形态及染色反应。

5. 报告

经菌落特征观察和革兰氏染色镜检,可初步确定革兰氏染色阳性、无芽孢的杆菌或球菌为乳酸菌。例如:酸乳样品1:10000的稀释液在乳清琼脂平板培养基上,认为是乳酸菌落为40个,取5个菌落进行了鉴定,证实其中4个为乳酸菌,则1 mL酸乳中乳酸菌数为:$40 \times 4/5 \times 10^4 = 3.2 \times 10^5$。

五、结果报告

1. 根据观察,列表比较说明德氏乳杆菌保加利亚亚种、嗜热链球菌、双歧杆菌的个体形态和菌落特征。
2. 报告1 mL酸乳中乳酸菌的数量。

六、复习思考题

1. 乳酸菌的分离鉴定过程中哪些步骤容易出现误差?如何减少误差?
2. 设计一个从干酪中分离乳酸菌的简明实验方案。

技能二十 双歧杆菌的分离培养及活菌计数技术

一、目的

1. 学习厌氧微生物的分离、培养及活菌计数的一般方法。
2. 观察双歧杆菌的形态特征。
3. 了解双歧杆菌的生长特性。

二、基本原理

厌氧微生物在自然界分布广泛,种类繁多,其生理作用日益受到人们的重视。双歧杆菌是专性厌氧菌,对氧气非常敏感,因此,双歧杆菌的分离、培养及活菌计数的关键是提供无氧和低氧化还原电势的培养环境。

双歧杆菌的最适生长温度为37~41℃,最低生长温度为25~28℃,最高生长温度为43~45℃。初始最适pH值为6.5~7.0,在pH值为4.5~5.0或pH值为8.0~8.5的环境中不生长。其细胞呈现多样形态,有短杆较规则形、纤细杆状具有尖细末端形、球形、长杆弯曲形、分枝或分叉形、棍棒状或匙形。单个或链状、V形、栅栏状排列,或聚集成星状。革兰氏阳性,不抗酸,不形成芽孢,不运动。双歧杆菌的菌落光滑、凸圆、边缘完整、闪光并具有柔软的质地。

目前培养双歧杆菌的简便而又有效的技术包括:厌氧箱培养技术、厌氧罐培养技术、厌氧袋培养技术。本实验介绍的是一种简便的试管培养法——亨盖特厌氧滚管技术。亨盖特厌氧滚管技术是美国微生物学家亨盖特于1950年首次提出并应用于瘤胃厌氧微生物研究的一种厌氧培养技术,以后这项技术又经历了几十年的不断改进,从而使技术日趋完善,并逐渐发展成为研究厌氧微生物的一套完整技术,而且多年来的实践证明它是研究严格、专性厌氧菌的一种极为有效的技术。该方法还可以用于有害腐败菌(如酪酸菌)或病原菌(如肉毒梭状芽孢杆菌)的分离与鉴定。

三、材料与仪器

1. 样品

双歧酸奶(液体)、双歧杆菌制剂(固体)。

2. 培养基和试剂

MRS 培养基、刃天青、氮气、9 mL 灭菌生理盐水若干管。

3. 仪器和用具

厌氧管、注射器、培养箱、冰块、水浴锅、镊子、记号笔、酒精棉球、瓷盘、振荡器、铜柱除氧系统、定量加样器等。

四、方法与步骤

(一)流程

铜柱除氧→预还原培养基→稀释用液制备→稀释样品→滚管→培养→计数。

(二)步骤

1. 铜柱系统除氧

铜柱是一个内部装有铜丝或铜屑的硬质玻璃管。此管的直径为 40~400 mm,两端被加工成漏斗状,外壁绕有加热带,并与变压器相连,以此来控制电压和稳定铜柱的温度。铜柱两端连接胶管,一端连接气钢瓶,另一端连接出气管口。由于从气钢瓶出来的气体如 N_2、CO_2 和 H_2 等都含有微量 O_2,故当这些气体通过温度约 360 ℃的铜柱时,铜和气体中的微量 O_2 化合生成 CuO,铜柱则由明亮的黄色变为黑色。当向氧化状的铜柱通入 H_2 时,H_2 与 CuO 中的氧结合形成 H_2O,而 CuO 又被还原成 Cu,铜柱则又呈现明亮的黄色。此铜柱可以反复使用,并不断起到除氧的目的。当然,H_2 源也可以由氢气发生器产生。

2. 预还原培养基及稀释液的制备

制作预还原培养基及稀释液时,先将配制好的培养基和稀释液煮沸驱氧,而后用定量加样器趁热分装到螺口厌氧试管中,一般琼脂培养基装 4.5~5.0 mL,稀释液装 9 mL,并插入通 N_2 的长针头以排除 O_2。此时可以清楚地看到培养基内加入的氧化还原指示剂——刃天青由蓝到红最后变成无色,说明试管内已成为无氧状态,然后盖上螺口的丁烯胶塞及螺盖,灭菌备用。

3. 双歧杆菌样品不同稀释度的制备

(1)编号　取 7 支无菌水试管,分别用记号笔标明 10^{-1}、10^{-2}、10^{-3}、10^{-4}、10^{-5}、10^{-6}、10^{-7}。

(2)稀释　在无菌条件下准确称取 1 g 固体样品,或用无菌注射器吸取 1 mL 混合均匀的液体样品,加入装有预还原生理盐水的厌氧试管中,用振荡器将其混合均匀,制成 10^{-1} 稀释液。用无菌注射器吸取 1 mL 10^{-1} 稀释液至另一装有 9 mL 生理盐水的厌氧试管中,制成 10^{-2} 稀释液。依此进行 10 倍系列稀释至 10^{-7},制成不同的样品稀释液。通常选 10^{-5}、10^{-6}、10^{-7} 三个稀释度进行滚管计数。

4. 厌氧滚管培养

将无氧无菌的琼脂培养基在沸水浴中熔化,置于 46~50 ℃的恒温水浴中待用,用无菌注射器吸取 10^{-5}、10^{-6}、10^{-7} 三个稀释度各 0.1 mL,分别注入待用的培养基试管中,然后将其平放于盛有冰块的瓷盘中迅速滚动,这样带菌的熔化琼脂培养基在试管内壁会即刻形成凝固层。每个稀释度重复 3 次,而后置于 37 ℃(酸奶样品则为 42 ℃)恒温箱中培养。一般培养 24~48 h 后,即可在厌氧管的琼脂层内或表面长出肉眼可见的菌落。生成的菌落需挑取出来,镜检其形态及纯度。

5. 双歧杆菌活菌(分离)计数

选择分散均匀、数量在几十至几百个菌落的厌氧试管进行活菌计数,然后算出每克或每毫升样品中含有的双歧杆菌数量。

$$双歧杆菌数量 = 0.1\ mL\ 滚管计数的实际平均值 \times 10 \times 稀释倍数$$

五、结果报告

1. 观察双歧杆菌形态,描述其形态特征。
2. 将实验结果记录于技能表-8中。

技能表-8 实验结果记录表

稀释度	10^{-5}				10^{-6}				10^{-7}			
菌落数	1	2	3	平均	1	2	3	平均	1	2	3	平均
每毫升中总活菌数												

六、复习思考题

实验中可通过哪些措施和方法保持细菌的厌氧状态?

技能二十一 毛霉分离与豆腐乳制作技术

一、目的

1. 学习毛霉的分离和纯化方法。
2. 熟悉豆腐乳发酵的工艺过程。
3. 观察豆腐乳发酵过程中的变化。

二、基本原理

豆腐乳是我国传统的发酵食品,具有品种多样、风味独特、滋味鲜美、营养丰富等特点,是豆腐经过毛霉前期发酵及盐腌后期发酵而制成的。民间老法生产豆腐乳均为自然发酵,现代酿造厂多采用蛋白酶活性高的鲁氏毛霉或根霉发酵。毛霉在豆腐坯上生长,洁白的菌丝可以包裹豆腐坯使其不易破碎,同时分泌出一定数量的蛋白酶、脂肪酶、淀粉酶等水解酶系,对豆腐坯中的大分子成分进行初步的降解。发酵后的豆腐毛坯经过加盐腌制后,有大量嗜盐菌、嗜温菌生长。由于这些微生物和毛霉所分泌的各种酶类的共同作用,大豆蛋白逐步水解,生成各种多肽类化合物如降血压肽和抗氧化活性肽,并可进一步生成部分游离氨基酸,大豆脂肪经降解后生成小分子脂肪酸并与添加的酒类中的醇合成各种芳香酯,大分子糖类在淀粉酶的催化下生成低聚糖和单糖,形成细腻、鲜香的豆腐乳特色。

三、材料与仪器

1. 菌种

毛霉斜面菌种。

2. 培养基(料)

马铃薯葡萄糖琼脂培养基(PDA)、豆腐坯、红曲米、面曲、甜酒酿、白酒、黄酒。

3. 试剂

无菌水、食盐。

4. 仪器和用具

培养皿、500 mL三角瓶、接种针、小笼格、喷枪、小刀、带盖广口玻瓶、显微镜、恒温培养箱。

四、方法与步骤

(一)流程

1. 毛霉的分离

配制培养基→毛霉分离→观察菌落→显微镜检。

2. 豆腐乳的制备

悬液制备→接种孢子→培养与晾花→装瓶与压坯→装坛发酵→感官鉴定。

(二)操作方法

1. 毛霉的分离

(1)配制培养基　马铃薯葡萄糖琼脂培养基(PDA),经配制、灭菌后倒平板备用。

(2)毛霉的分离　从长满毛霉菌丝的豆腐坯上取小块于 5 mL 无菌水中,振摇,制成孢子悬液,用接种环取该孢子悬液在 PDA 平板表面作画线分离,于 20 ℃培养 1～2 d,以获取单菌落。

(3)菌落鉴定

①菌落观察:菌落呈白色棉絮状,菌丝发达。

②显微镜检:于载玻片上加 1 滴石炭酸液,用解剖针从菌落边缘挑取少量菌丝于载玻片上,轻轻将菌丝体分开,加盖玻片,于显微镜下观察孢子囊、孢囊梗的着生情况。若无假根和匍匐菌丝,或菌丝不发达,孢囊梗直接由菌丝长出,单生或分枝,则可初步确定为毛霉。

2. 豆腐乳的制备

(1)悬液制备

①毛霉菌种的扩大培养:将平板分离得到的毛霉单菌落接入斜面培养基,于 25 ℃培养 2 d;再将斜面菌种转接到三角瓶种子培养基中,于同样温度下培养至菌丝和孢子生长旺盛,备用。

②孢子悬液制备:于上述三角瓶种子培养基中加入无菌水 200 mL,用玻璃棒搅碎菌丝,用无菌双层纱布过滤,滤渣倒还三角瓶,再加 200 mL 无菌水洗涤 1 次,合并滤于第一次滤液中,装入喷枪贮液瓶中供接种使用。

(2)接种孢子　用刀将豆腐坯划成 4.1 cm×4.1 cm×1.6 cm 的块,将笼格经蒸汽消毒、冷却,将孢子悬液喷洒于笼格内壁,然后把划块的豆腐坯均一竖放在笼格内,块与块间隔 2 cm。再用喷枪向豆腐块上喷洒孢子悬液,使每块豆腐周身沾上孢子悬液。

(3)培养与晾花　将放有接种豆腐坯的笼格放入培养箱中,于 20 ℃左右培养,培养 20 h 后,每隔 6 h 上下层调换位置,以更换新鲜空气,并观察毛霉生长情况。培养 44～48 h 后,菌丝顶端已长出孢子囊,腐乳坯上毛霉呈棉絮状,菌丝下垂,白色菌丝已包围住豆腐坯,此时将笼格取出,使热量和水分散失,坯迅速冷却,其目的是增加酶的作用,并使霉味散发,此操作在工艺上称为晾花。

(4)装瓶与压坯　将冷至 20 ℃以下的坯块上互相依连的菌丝分开,用手指轻轻在每块表面揩涂一遍,使豆腐坯上形成一层皮衣,装入玻璃瓶内,边揩涂边沿瓶壁呈同心圆方式一层一层向内侧放,摆满一层稍用手压平,撒一层食盐,每 100 块豆腐坯用盐约 400 g,使平均含盐量约为 16%,如此一层层铺满瓶。下层食盐用量少,向上食盐逐层增多,腌制中盐分渗入毛坯,水分析出。为使上下层含盐均匀,腌坯 3～4 d 时需加盐水淹没坯面,称之为压坯。腌坯周期冬季 13 d,夏季 8 d。

(5)装坛发酵

①红方:按每 100 块坯用红曲米 32 g、面曲 28 g、甜酒酿 1 kg 的比例配制染坯红曲卤和装瓶红曲卤。先用 200 g 甜酒酿浸泡红曲米和面曲 2 d,研磨细,再加 200 g 甜酒酿调匀,即为染坯红曲卤。将腌坯沥干,待坯块稍有收缩后,放在染坯红曲卤内,六面染红,装入经预先消毒的玻瓶中。再将剩余的红曲卤用剩余的 600 g 甜酒酿兑稀,灌入瓶内,淹没腐乳,并加适量盐和 50 度白酒,加盖密封,在常温下贮藏 6 个月成熟。

②白方:将腌坯沥干,待坯块稍有收缩后,将按甜酒酿 0.5 kg、黄酒 1 kg、白酒 0.75 kg、盐 0.25 kg 的配方

配制的汤料注入瓶中,淹没腐乳,加盖密封,在常温下贮藏2~4个月成熟。

(6)质量鉴定　将成熟的腐乳开瓶,进行感官质量鉴定、评价。

五、结果报告

1. 从腐乳的表面及断面色泽、组织形态(块形、质地)、滋味及气味、有无杂质等方面综合评价腐乳质量。
2. 试分析腌坯时所用食盐含量对腐乳质量的影响。

六、复习思考题

1. 腐乳生产主要采用何种微生物?
2. 腐乳生产发酵原理是什么?

技能二十二　甜酒曲中根霉的分离技术

一、目的

1. 学会用涂布法从甜酒曲中分离纯化优良根霉糖化菌株。
2. 了解甜酒曲中主要微生物及其在发酵过程中的作用。

二、基本原理

甜酒曲最主要的用途是用于制作甜酒酿,在甜酒酿制作过程中,甜酒曲是主要的发酵制剂。甜酒曲是糖化菌及酵母制剂,其所含的微生物主要有根霉、毛霉及少量酵母。甜酒曲中起主要作用的是根霉,在发酵过程中,根霉能产生糖化型淀粉酶,将糯米中的淀粉分解成葡萄糖,然后少量的酵母又将葡糖糖经糖酵解途径转化成酒精,这样就制成了香甜可口、营养丰富的甜酒酿。根霉在糖化过程中还产生少量的有机酸,如乳酸、琥珀酸、延胡索酸等,降低基质pH值而抑制杂菌生长。

本实验采用平板画线(或涂布)法从甜酒曲中分离纯化优良的根霉糖化菌株,为纯种制备甜酒曲提供优良的生产菌种。根霉菌株的分离采用透明圈法,即先用含淀粉的琼脂培养基培养根霉菌株,由于根霉菌株分泌糖化淀粉酶,使菌落周围的淀粉被水解,遇碘后呈无色透明圈,而平板的其他处呈蓝色。透明圈越大,表明该根霉菌株的糖化力越高,因此,可通过透明圈的大小筛选出糖化力高的菌株。

三、材料与仪器

1. 菌种

甜酒曲。

2. 培养基

马铃薯葡萄糖琼脂培养基(PDA)。

3. 染色液和试剂

无菌生理盐水(9 mL/试管;10 mL/100 mL三角瓶,内带玻璃珠)、乳酸石炭酸棉蓝染色液、碘液。

4. 仪器和用具

普通光学显微镜、无菌培养皿、1 mL无菌吸管、无菌试管、无菌涂布棒、无菌纱布、镊子、研钵、接种环、载玻片、盖玻片等。

四、方法与步骤

1. 制平板培养基

将熔化并冷却至 50 ℃左右的马铃薯葡萄糖琼脂培养基（PDA）倒入无菌培养皿内，每皿约 15 mL，待凝固，制成平板培养基。

2. 制备孢子悬液

取甜酒曲少许，先在研钵中磨细，再加入装有 10 mL 无菌生理盐水的三角瓶（带玻璃珠）中，用力振荡，打散孢子团粒，使之形成均匀的孢子悬浮液，然后将其用无菌纱布过滤到无菌试管中。

3. 稀释涂布平板培养

将上述孢子悬浮液以 10 倍稀释法稀释到一定浓度，取其中 2～3 个适当稀释度的孢子悬液各 0.2 mL，加到上述平板培养基上，再用无菌涂布棒涂布均匀，倒置于 28～30 ℃恒温箱中培养 2 d 后观察形态特征。

4. 观察形态特征

(1) 菌落特征　根霉为扩散性生长的菌落，菌落蜘蛛网状，菌丝发达为白色，孢子黑色。

(2) 个体形态　取一块载玻片，在其上加 1 滴乳酸石炭酸棉蓝染色液，取少许菌丝涂于染液中，盖上盖玻片，镜检，观察根霉的假根、孢子囊、孢囊孢子等形态特征。

5. 纯培养

当菌落刚形成而孢囊孢子未生成时，在菌落周围滴加碘液数滴，测量菌落周围出现的透明圈的直径。最后选择分离效果好、透明圈较大的根霉单菌落接种于新鲜马铃薯葡萄糖琼脂培养基（PDA）斜面上，于 28～30 ℃培养 2～3 d。

五、结果报告

1. 描述你所分离的根霉菌落形态特征，并绘出其个体形态图。
2. 列表比较分离到的各根霉菌落用碘液初步鉴定的透明圈大小。

六、复习思考题

1. 透明圈直径大小与菌株糖化型淀粉酶产量有何关系？
2. 设计一个从甜酒曲中分离纯化啤酒酵母的简明实验方案。

技能二十三　酱油种曲中米曲霉孢子数及发芽率测定技术

一、孢子数量的测定

（一）目的

掌握利用血球计数板测定酱油种曲孢子数的方法。

（二）基本原理

酱油是一种调味品，它是利用蛋白质原料和淀粉质原料，通过曲霉、酵母菌和细菌的作用酿造而成的。酿造酱油通常是先用曲霉制曲，常用的曲霉是米曲霉。制曲过程是培养曲霉以得到大量蛋白质酶和淀粉酶的过程。种曲是成曲的曲种，是保证成曲的关键，是酿制优质酱油的基础。酱油种曲质量要求之一是含有足够的孢子数量，孢子数量必须达到 6×10^9 个/g（干基计）以上，孢子旺盛，活力强，发芽率达 85% 以上，所以孢子数及其发芽率的测定是酱油种曲质量控制的重要手段。

测定孢子数的方法有多种，本实验采用血球计数法测定酱油种曲孢子数。血球计数法是一种常用的细胞计数方法,是将一定浓度的孢子悬浮液放在血球计数板的计数室中,在显微镜下进行计数。由于计数室的容积是一定的,所以可以根据在显微镜下观察到的孢子数目来计算单位体积的孢子总数。

(三)材料与仪器

1. 样品

酱油种曲。

2. 试剂

95%乙醇、10%稀硫酸(1∶10)、无菌水。

3. 仪器和用具

普通光学显微镜、旋涡均匀器、血球计数板、天平、250 mL 三角瓶(内带玻璃珠)、盖玻片、无菌纱布等。

(四)方法与步骤

1. 样品稀释

(1)精确称取酱油种曲 1 g(称准至 0.002 g),倒入盛有玻璃珠的 250 mL 三角瓶内。

(2)再向三角瓶中加入 95%乙醇 5 mL、无菌水 20 mL、10%稀硫酸(1∶10)10 mL,在旋涡均匀器上充分振荡,使种曲孢子分散。

(3)用 3 层纱布过滤。

(4)用无菌水反复冲洗,使滤渣不含孢子,最后将滤液稀释至 500 mL。

2. 制计数板

(1)取洁净干燥的血球计数板,盖上盖玻片。

(2)用无菌滴管取酱油孢子稀释液 1 小滴,滴于盖玻片的边缘处(不宜过多),让滴液自行渗入计数室中,注意不可有气泡产生。用吸水纸吸干多余液滴,静置 5 min,待孢子沉降。

3. 镜检与计数

(1)镜检 用低倍物镜及高倍物镜观察计数室中孢子。

(2)计数 使用 16×25 规格的血球计数板,统计计数室中 4 个角的中方格(即 100 个小方格)中的菌数;使用 25×16 规格的血球计数板,除了统计 4 个角的中方格以外,还需要统计中央一个中方格(即 80 个小方格)中的菌数。每个样品重复观察、计数 2~3 次,然后取其平均值。

4. 计算

(1)16×25 规格的血球计数板

$$孢子数(个/g) = (N_1/100) \times 400 \times 10000 \times V/m$$

(2)25×16 规格的血球计数板

$$孢子数(个/g) = (N_2/80) \times 400 \times 10000 \times V/m$$

式中 N_1——100 个小方格内孢子总数,个;

N_2——80 个小方格内孢子总数,个;

V——孢子稀释液体积,mL;

m——样品质量,g。

5. 注意事项

(1)称样品时要尽量防止孢子飞扬。

(2)样品稀释至每个小方格所含孢子数在 10 个以内较适宜,过多不易计数,应进行稀释调整。

(3)镜检与计数时,如果发现有许多孢子集结成团或成堆,说明样品稀释不符合操作要求,必须重新称重、振摇、稀释。

(4)由于稀释液中的孢子在计数室中处于不同的空间位置,因此计数时通过调节细调节螺旋,在不同焦距中观察计数。

(五)结果报告

根据计数可知每克酱油种曲孢子的数目,分析其是否符合生产要求。

(六)复习思考题

试分析用血球计数板计数酱油种曲孢子数的误差可能有哪些。

二、孢子发芽率的测定

(一)目的

学会采用玻片培养法测定酱油种曲孢子发芽率的方法。

(二)基本原理

测定孢子发芽率的方法常有玻片培养法和液体培养法,本实验采用玻片培养法测定酱油种曲孢子发芽率。孢子发芽率除受孢子本身活力影响外,培养基种类、培养温度、通气状况等因素也会直接影响到测定的结果。因此,测定孢子发芽率时,要求选用固定的培养基和培养条件,才能准确反映其真实活力。由于发芽快慢与温度有密切关系,所以培养温度要严格控制。

(三)材料与仪器

1. 样品

酱油种曲。

2. 培养基

察氏琼脂培养基。

3. 试剂

25 mL 无菌生理盐水(内带玻璃珠)、无菌水、凡士林。

4. 仪器和用具

恒温箱、凹玻片、无菌吸管、无菌培养皿、无菌涂布棒、盖玻片等。

(四)方法与步骤

1. 制备孢子悬浮液

取少许酱油种曲加入盛有 25 mL 无菌生理盐水和玻璃珠的三角瓶中,振摇约 15 min,使孢子分散,制成孢子悬浮液。孢子悬浮液制备后要立即制作标本培养,时间不宜过长。

2. 制作标本

(1)在凹玻片的凹窝内滴入 1 滴无菌水。

(2)用无菌吸管吸取孢子悬浮液数滴,加入已熔化并冷却至 50 ℃左右的察氏琼脂培养基中,摇匀后,用玻璃棒取适量此悬浮液在盖玻片上涂一薄层。察氏琼脂培养基中接入孢子悬浮液的数量,以每个视野含孢子数 10～20 个为宜。

(3)将有菌的盖玻片的四周涂凡士林,再将此盖玻片反盖在凹玻片的窝上(即有菌面朝下),放置于垫有两层湿滤纸的无菌培养皿内。

(4)将此凹玻片置于 30～32 ℃恒温箱中培养 3～5 h。

3. 镜检与计数

将上述培养好的盖玻片取出,将有菌面朝上放在显微镜下镜检。观察孢子发芽情况,正确区分孢子发芽和不发芽状态,统计发芽和未发芽的孢子数。为使结果准确,要同时制作 2 个以上标本片进行镜检,取其平均值,每次要观察 100～200 个孢子的发芽情况。

4. 计算孢子发芽率

$$发芽率 = \frac{A}{A+B} \times 100\%$$

式中 A——发芽孢子数,个;

B——未发芽孢子数,个。

(五)结果报告

根据计算结果,分析酱油种曲中孢子的发芽率能否满足生产需要。

(六)复习思考题

1. 影响孢子发芽率的因素有哪些?
2. 分析哪些实验步骤容易造成结果误差。

技能二十四　酸乳及发酵剂的活菌计数与菌种活力测定技术

一、目的

1. 初步掌握乳酸菌活力测定的一般方法。
2. 了解乳酸菌在酸乳发酵过程中所起的作用。

二、基本原理

乳酸菌的细胞形态为杆状或球状,一般没有运动性,革兰氏染色阳性,微需氧、厌氧或兼性厌氧,具有独特的营养需求和代谢方式,都能发酵糖类产酸,一般在固体培养基上与氧接触也能生长。酸乳风味的形成与乳酸菌发酵过程代谢的多种物质有关,而这些物质的产生与发酵速度等活力指标有密切关系。乳酸菌的活力可由多种参数确定,如细胞生长情况、细胞干重和光密度(OD 值)等。由于乳液不透明,不能直接测 OD 值,可用 NaOH 和 EDTA 处理,使其澄清后再测。较简便的活力测定包括凝乳时间、产酸和活菌数量等指标的检测。

三、材料与仪器

1. 样品

市售酸奶或乳酸菌饮料。

2. 培养基

MRS 固体和液体培养基、复原脱脂乳培养基。

3. 仪器和用具

超净工作台、恒温培养箱、鼓风干燥箱、高压蒸汽灭菌锅、冰箱、显微镜、碱式滴定仪、天平、培养皿、移液管、试管、烧杯、量筒、温度计、酒精灯、接种针、载玻片等。

四、方法步骤

(一)菌种的分离

1. 编号

取 5 支无菌水试管,分别用记号笔标明 10^{-1}、10^{-2}、10^{-3}、10^{-4}、10^{-5}。

2. 稀释

将酸奶样品搅拌均匀,用无菌移液管吸取样品 25 mL,移入装有 225 mL 无菌水的三角瓶中,在漩涡混合器上充分振摇,使样品分散均匀,获得 10^{-1} 的样品稀释液,然后根据对样品含菌量的估计,将样品稀释至适当稀释度。

3. 倒平板

选用 2~3 个适宜浓度的稀释液,分别吸取 1 mL 注入平皿内,然后倒入事先熔化并冷却至 45 ℃ 左右的 MRS 固体培养基,迅速转动平皿使之混合均匀,待冷却、凝固后,倒置于 40 ℃ 培养 48 h。

4. 分离

无菌操作,从培养好的平板中分别挑取 5 个单菌落接种于液体 MRS 培养基中,置于 40 ℃ 培养箱中培养。

5. 镜检

通过镜检,确定所分离的乳酸菌是乳杆菌还是链球菌。保加利亚乳杆菌呈杆状,单杆、双杆或长丝状;嗜热链球菌呈球状,成对、短链或长链状。

(二)接种

按 1‰ 的接种量,将 MRS 液体培养物接种于已灭菌的复原脱脂乳中,另分别接种具有较高活力的保加利亚乳杆菌和嗜热链球菌作为对照。培养温度为保加利亚乳杆菌 40 ℃、嗜热链球菌 45 ℃。

(三)观察与测定

1. 观察

观察并记录各试管的凝乳时间。

2. 酸度测定

用标定过的浓度为 $0.1\ mol·L^{-1}$ 的 NaOH 溶液滴定,测定发酵乳液的滴定酸度。其滴定酸度一般在 90~110 °T 为宜。同一样品,至少连测 3 次,取其平均值。

3. 计数

采用倾注平板法测定活菌数量。按常规方法选择 30~300 个菌落平皿进行计算。

五、结果报告

比较凝乳时间、滴定酸度和活菌数量,确定菌种活力。

六、复习思考题

为什么乳酸菌的检测关键是选用特定良好的培养基?

技能二十五　酒精发酵及糯米甜酒的酿制技术

一、目的

学习和掌握酵母菌发酵糖产生酒精和酒曲发酵糯米配制糯米甜酒的方法。

二、基本原理

在厌氧条件下,酵母菌分解己糖为乙醇并放出二氧化碳的过程,称为酒精发酵作用。

以糯米(或大米)经酒曲发酵制成的甜酒酿,是我国的传统发酵食品。甜酒酿是将糯米经过蒸煮糊化,利用酒曲中的根霉和米曲霉等微生物将原料中糊化后的淀粉糖化,将蛋白质水解成氨基酸,然后酒曲中的酵母菌利用糖化产物生长繁殖,并通过酵解途径将糖转化成酒精,从而赋予甜酒酿特有的香气、风味和丰富的营养。随着发酵时间延长,甜酒酿中的糖分逐渐转化成酒精,因而糖度下降,酒度提高,故适时结束发酵是保持甜酒酿口味的关键。

三、材料与仪器

1. 菌种

酿酒酵母斜面菌种。

2. 培养基及材料

酒精发酵培养基、甜酒曲、糯米。

3. 试剂

蒸馏水、无菌水。

4. 仪器和器具

铝锅、电炉、三角瓶、牛皮纸、棉绳、蒸馏装置、水浴锅、振荡器、酒精比重计。

四、方法与步骤

(一)酵母菌的酒精发酵

1. 培养基的制备

配制好的酒精发酵培养基分装入 250 mL 三角瓶中,每瓶 100 mL,121 ℃湿热灭菌20~30 min。

2. 接种和培养

于培养 24 h 的酿酒酵母斜面中加入无菌水 5 mL,制成菌悬液。吸取 1 mL 菌悬液,接种于装有 100 mL 酒精发酵培养基的三角瓶中,一共接 2 瓶,其中一瓶置于 30 ℃恒温静止培养,另一瓶置于 30 ℃恒温振荡培养。

3. 酵母菌数目的计数

每隔 24 h 取样,经 10 倍稀释后进行细胞计数。

4. 酒精蒸馏及酒精度的测定

取 60 mL 已发酵培养 3 d 的发酵液加至蒸馏装置的圆底烧瓶中,在水浴锅中 85~95 ℃下蒸馏。当开始流出液体时,准确收集 40 mL 于量筒中,用酒精比重计测量酒精度。

5. 品尝

取少量一定浓度(30~40 度)的酒品尝,体会口感。

(二)糯米甜酒的配制

1. 甜酒培养基制备

称取一定量优质糯米(糙糯米更好),用水淘洗干净后,加水量为米水比 1∶1,加热煮熟成饭。或者糯米洗净后,用水浸透,沥干水后,加热蒸熟成饭,即为甜酒培养基。

2. 接种

糯米冷却至 35 ℃以下,加入适量的甜酒曲(用量按产品说明书),并喷洒一些清水拌匀,然后装入到干净的三角瓶中或装入聚丙烯袋中。装饭量为容器的 1/3~2/3,中央挖洞,饭面上再撒一些酒曲,塞上棉塞或扎好袋口,置于 25~30 ℃培养发酵。

3. 培养发酵

发酵 2 d 便可闻到酒香味,开始渗出清液,3~4 d 渗出液越来越多,此时,把洞填平,让其继续发酵。

4. 产品处理

培养发酵至第 7 d 取出,把酒糟滤去,汁液即为糯米甜酒原液,加入一定量的水。加热煮沸便是糯米甜酒,即可品尝。

五、结果报告

1. 发酵期间每天观察、记录发酵现象。
2. 对产品进行感官评定,写出品尝体会。

六、复习思考题

刚酿制成的甜酒酿往往带有酸味,经低温存放(或称后熟)后则酸味消失,并获得甘甜醇香的口味,其中的原因是什么?

技能二十六　酿酒酵母细胞固定化与酒精发酵技术

一、目的

1. 了解细胞固定化方法并掌握酵母细胞固定化技术。
2. 尝试制备固定化酵母细胞,并了解利用固定化酵母细胞进行酒精发酵的过程。

二、基本原理

固定化细胞技术是利用物理或化学方法将细胞固定在一定空间内的技术,但细胞仍保留催化活性并能反复或连续使用。细胞固定化方法包括包埋法、化学结合法(将酶分子或细胞相互结合,或将其结合到载体上)和物理吸附法。一般来说,因细胞个体大难以被吸附或结合,所以细胞多采用包埋法固定。

本次实验使用包埋法来固定细胞。所谓包埋法,是将微生物细胞均匀地包埋在多孔的水不溶性载体的紧密结构中,细胞中的酶处于活化状态,因而活性高、活力耐久。常用的载体有明胶、琼脂糖、海藻酸钠、醋酸纤维素和聚丙烯酰胺等。本实验选用海藻酸钠作为载体包埋酵母细胞。

三、材料与仪器

1. 菌种

酿酒酵母。

2. 试剂

蒸馏水、$0.05\ mol·L^{-1}$的$CaCl_2$溶液、$0.07\ g/mL$海藻酸钠溶液。

3. 仪器和用具

烧杯、玻璃棒、量筒、酒精灯、石棉网、针筒、瓶子等。

四、方法与步骤

(一)酵母细胞的固定化

1. 酵母细胞的活化

称取1 g干酵母,放入50 mL的小烧杯中,加入蒸馏水10 mL,用玻璃棒搅拌,使酵母细胞混合均匀,成糊状,放置1 h左右,使其活化。此外,酵母细胞活化时体积会变大,因此活化前应该选择体积足够大的容器,以避免酵母细胞的活化液溢出容器外。

2. 配制$0.05\ mol·L^{-1}$的$CaCl_2$溶液

称取无水$CaCl_2$ 0.83 g,放入200 mL的烧杯中,加入150 mL蒸馏水,使其充分溶解,待用。

3. 配制海藻酸钠溶液

取0.7 g海藻酸钠,放入50 mL小烧杯中,加入10 mL蒸馏水,用酒精灯加热,边加热边搅拌,将海藻酸钠调成糊状,直至完全熔化,用蒸馏水定容至10 mL。海藻酸钠的浓度涉及固定化细胞的质量,如果海藻酸钠浓度过高,将很难形成凝胶珠;如果浓度过低,形成的凝胶珠所包埋的酵母细胞的数目少,影响实验效果。

4. 海藻酸钠溶液与酵母细胞混合

将海藻酸钠溶液冷却至室温,按照海藻酸钠溶液与酵母细胞体积比1∶1的比例混合,进行充分搅拌,使其混合均匀,再转移至注射器中。

5. 固定化酵母细胞

以恒定的速度缓慢地将注射器中的溶液,在距液面15~30 cm处滴加到配制好的$CaCl_2$溶液中,观察

液滴在 $CaCl_2$ 溶液中形成的凝胶珠的情形。将这些凝胶珠在 $CaCl_2$ 溶液中浸泡 30 min 左右。

6. 凝胶珠的质量检验

检验凝胶珠的质量主要有两种方法：一是用镊子夹起一个凝胶珠放在实验桌上用手挤压，如果凝胶珠不破裂，没有液体流出，就表明凝胶珠的制作成功；二是在实验桌上用力摔打凝胶珠，如果凝胶珠很容易弹起，也表明制备的凝胶珠是成功的。

(二)酒精发酵

待凝胶珠在溶液中浸泡 30 min 后转至 500 mL 三角瓶中，用无菌水洗涤三次后加入 300 mL 无菌麦芽汁中，置 25 ℃下发酵 7~9 d。发酵结束后品尝其口味，并测定其酒精含量。

五、结果报告

1. 固定化细胞技术的方法有哪些？
2. 实验中海藻酸钠和氯化钙的作用是什么？

六、复习思考题

以海藻酸钠凝胶制备为例，阐述微生物细胞包埋法的制作过程。

技能二十七　食用菌栽培技术

一、目的

1. 掌握食用菌母种、原种和栽培种的制作技术。
2. 学习平菇栽培的生产程序，掌握其栽培技术。

二、基本原理

食用菌是高等真菌中能形成大型子实体供人们食用的真菌，它具有很高的营养价值和药用价值。食用菌不是分类学上的名词，它们分属于真菌门的担子菌纲和子囊菌纲。在食用菌中担子菌纲的真菌约占 90%，只有极小部分属于子囊菌纲的真菌。常见的食用菌有平菇、香菇、木耳、金针菇、滑菇、双孢蘑菇、猴头菇、灵芝等。

食用菌的栽培方法很多，按栽培场所分为室内栽培和室外栽培；按栽培方式分为瓶栽、袋栽、箱栽、床栽、菌砖栽培、棚栽、畦栽等；按栽培材料分为段木栽培、粪草栽培和代料栽培，代料栽培又根据栽培料的加工处理情况不同分为熟料栽培、发酵料栽培和生料栽培。

食用菌菌种是指经人工培养并进行扩大繁殖和用于生产的菌丝体。根据菌种的来源、繁殖的代数及生产的目的，通常将菌种分为母种、原种和栽培种。母种是指从大自然首次分离得到的纯菌丝体，又称一级菌种、试管种，母种在试管斜面上再次扩大繁殖后则形成再生母种，生产用的母种实际上都是再生母种。母种或再生母种既可以用来繁殖原种，又适于菌种保藏。原种是指由母种或再生母种扩大繁殖培养而成的菌种，又称二级菌种，它主要用于制作栽培种，也可直接用于生产。栽培种是指由原种扩大培养而成的菌种，是直接用于生产栽培的菌种，又称三级菌种、生产种。通过原种和栽培种的培养，扩大了菌种量，同时可以检查菌种的纯度和活力，让菌丝对生产料有个适应过程。食用菌栽培中，母种优劣是获取经济效益的关键，它直接影响到原种、栽培种的质量及其产量与效益。

平菇是我国目前栽培最多的食用菌之一。平菇适应性强，栽培技术简便，栽培料来源广，而且生长快、成本低、产量高，适于大面积栽培。目前人工栽培平菇主要采用代料栽培，栽培方式因不同地区、不同条件而有所不同。本实验主要介绍平菇的塑料袋栽培。

三、材料与仪器

1. 菌种

平菇母种。

2. 培养基

马铃薯葡萄糖琼脂培养基。

3. 试剂

75%乙醇、生石灰、多菌灵、棉籽壳、麦粒、麦麸、石膏、玉米芯、过磷酸钙、尿素等。

4. 仪器和用具

高压蒸汽灭菌器、接种环、酒精灯、纱布、天平、聚乙烯筒袋、电炉子、喷雾器等。

四、方法与步骤

（一）菌种的制作

1. 母种的制作

通过分离得到的母种或引进的母种，如果直接用于接种栽培种，不但成本高而且数量有限，难以满足生产用种的需要量，因此，必须将母种进行扩大繁殖。在生产实际中，一般将引进的母种经转管 2~3 次，以获得再生母种。转管次数不宜过多，否则会降低菌种的生活力，容易衰老退化。再生母种的制作如下：

（1）常用培养基的配制

马铃薯葡萄糖琼脂培养基（PDA）配方：

马铃薯（去皮）200 g，葡萄糖 20 g，琼脂 18~20 g，水 1000 mL，pH 值自然。

按配方精确地称取各种营养物质。将马铃薯洗净，去皮，挖掉芽眼，切成玉米粒大小的小块，放入稍多于定量的水中，用文火煮沸 20~30 min，用双层湿润纱布过滤，取其滤液。加水定容，再分别加入葡萄糖、琼脂至全部熔化为止，趁热分装试管，塞棉塞，包扎。

（2）高压蒸汽灭菌

灭菌压力 0.1 MPa，温度 121 ℃，时间 20~30 min，趁热摆成斜面，经检验无污染后方可使用。

（3）接种与培养

在无菌操作条件下，挑取带有少量培养基的菌丝，迅速移接到空白试管斜面培养基中央，塞好棉塞，置于 25 ℃左右的恒温箱中培养约一周，待菌丝长满管即可。一般 1 支母种可转接 10 支再生母种。

2. 原种和栽培种的制作

原种和栽培种的营养条件基本一致，其制作方法基本相同，只是制作原种的培养基要更精细些，营养成分尽可能丰富，而且还要易于菌丝吸收，以便移接的母种菌丝更好地生长发育。由于原种的菌丝已基本适应了固体培养基，而且也比母种的菌丝要健壮得多，因此用作栽培种的培养基可以更粗放、广泛些，用于原种培养基的配方，一定都适用于栽培种的培养基制作。

（1）原种和栽培种培养基的配制

原种和栽培种培养基的配方有很多，可以根据所栽培食用菌的生物学特性，结合当地的原料来源，确定采用某种培养基的配方。下面介绍几种常用的培养基及其配制方法。

①木屑麦麸（或米糠）培养基：阔叶树的锯木屑78%、麦麸（或米糠）20%、蔗糖（或葡萄糖）1%、石膏粉（或碳酸钙）1%、料水比1∶(1.3~1.5)。此培养基适用于平菇、香菇、木耳、金针菇、猴头菇、滑菇、灵芝等木腐菌的原种和栽培种培养。

先将麦麸放入木屑中混匀，蔗糖和石膏粉先溶于水，再拌入木屑中，加水搅拌至料含水量约为60%，用手握紧料，指缝间有水渗出但不滴下为宜。装瓶，用木棒在料中央扎一个洞，用牛皮纸（或聚丙烯塑料布）及细绳扎口，或装菌种袋后用细绳扎口。

②棉籽壳麦麸培养基:棉籽壳88%、麦麸10%、蔗糖1%、石膏粉1%,料水比1∶(1.3～1.5)。此培养基适用于平菇、香菇、木耳、银耳、金针菇、猴头菇、滑菇、草菇、灵芝等的原种和栽培种培养。

先将麦麸放入棉籽壳中混匀,蔗糖和石膏粉先溶于水,再拌入棉籽壳中,加水搅拌至料含水量约为60%,用手握紧料,指缝间有水渗出但不滴下为宜。装瓶,用木棒在料中央扎一个洞,用牛皮纸(或聚丙烯塑料布)及细绳扎口,或装菌种袋用细绳扎口。

③麦粒培养基:麦粒95%、麦麸4%、石膏1%。此培养基适用于各种食用菌的原种和栽培种的培养。

将麦粒用pH值为9的石灰水浸泡24 h,然后捞出用水冲洗2～3次,再用水将麦粒煮熟,但不破裂又无白心,捞出摊晾在水泥地上,晾至不粘手时,收起来后再将麦麸和石膏拌入,装瓶,用木棒在料中央扎一个洞,用牛皮纸(或聚丙烯塑料布)及细绳扎口。

(2)灭菌

有条件最好采用高压蒸汽灭菌(0.14 MPa,126 ℃,1～2 h)。若采用土法蒸笼等灭菌,加热至冒蒸汽后,维持4～6 h,然后焖蒸3～4 h。

(3)接种与培养

灭菌后的菌种瓶或菌种袋冷却至30 ℃左右时即可接种。1支再生母种可转接8瓶原种,而1瓶原种又可转接约60瓶或25袋栽培种,而1瓶麦粒原种可接25袋栽培种。

在无菌操作条件下,用接种铲切取一块斜面菌种的菌丝块放入原种培养基的接种穴内,让母种与原种培养料直接接触,扎紧瓶口或袋口,置于25～28 ℃培养,约1个月菌丝可长满瓶或袋。

用大镊子、铲子或小勺取1大块菌种或1小勺麦粒菌种放入栽培种培养基的接种穴内,再将原种铺满栽培种培养基的表层,扎紧袋口,置于22～26 ℃培养,约1个月菌丝可长满袋。

(二)平菇栽培技术

在实际生产中,栽培平菇的方法较多,本实验采用塑料袋生料栽培。

1. 配方

(1)棉籽壳100 kg、过磷酸钙1 kg、尿素0.1 kg、石膏1 kg、生石灰2 kg、多菌灵0.1 kg,料水比为1∶1.4。

(2)玉米芯100 kg、过磷酸钙1 kg、尿素0.1 kg、石膏1 kg、生石灰2 kg、多菌灵0.1 kg,料水比为1∶1.2。

2. 拌料

除多菌灵以外,将所有辅料(固体料磨碎)拌均匀后,再拌入棉籽壳或玉米芯(切成颗粒状)中,边加水边搅拌,使料吃水均匀,用手握紧料,指缝间有水渗出但不滴下为宜。将多菌灵用适量水溶解后以喷雾方式加入,边喷边搅拌均匀。

3. 堆(闷)料

料拌好后,需进行堆闷。环境温度在15 ℃以下时,堆闷约12 h;15 ℃以上时,堆闷4～6 h。

4. 装袋

装袋前将料搅拌一次,以使料中含水量均匀一致,并调试酸碱度,使其pH值为8.5～9。

先将聚乙烯筒袋(厚0.01～0.05 cm,长40～50 cm,宽20～28 cm)的一端用绳扎住或折叠一下,将另一端口打开,先撒一层菌种,厚度约1 cm,再装入培养料,边装边稍压实,当装料至袋长1/3处时,撒一层菌种(袋内边缘处稍多一些),厚度约1 cm,继续装料至袋长2/3处,再撒一层菌种,方法同上,装料至快满时(以袋剩余的部分可扎紧口为准),最后在料面撒一层菌种,厚度约1 cm,用套环、棉塞及细绳扎口,然后倒过来将另一端用同样方法扎口。这种装袋法有4层菌种3层料。如果聚乙烯筒袋较长,可播5层菌种4层料。接种量一般为干料重的15%左右。

5. 发菌

将料袋放在20 ℃以下培养,3～4 d后,控制在25～28 ℃。将料袋堆成菌墙,堆放的层数根据培养环境的气温而定。0～5 ℃时堆放4～6层;5～10 ℃时堆放3～4层;10～15 ℃时堆放2层;15 ℃以上时一般不堆放。一般情况下,发菌的前10 d内,每2 d翻堆一次,以后每隔5～6 d翻堆一次。一般约经25 d菌丝长满袋,如果气温较低,发菌时间延长。在发菌的环境中,注意通风换气,而且要求避光培养。

6. 出菇

将料袋放在菇棚或菇房内,给予一定的散射光,通风良好。初期将温度控制在 15 ℃左右,采用尽量大的温差,利于子实体原基形成,空气湿度为 70%~75%;当出现菇蕾时,将料袋两头敞开,温度控制在 21 ℃左右,空气湿度为 80%~85%,要求勤喷水,少喷水,注意不要把水直接喷向料面,以地面湿润不干燥为宜;随着菇体生长,室内湿度不断加大,当菌盖生长时,温度控制在 19 ℃左右,空气湿度为 90%左右,可直接向菇体喷水,但喷水压力不宜太大。自菇蕾出现 5~8 d,子实体成熟,菌盖充分展开,孢子尚未放射时,即可采收。

五、结果报告

1. 记录生产菌种及平菇栽培的过程。分析成功或失败的原因。
2. 记录平菇的出菇量,计算生产成本。

六、复习思考题

1. 食用菌栽培的一般程序是什么?
2. 发菌期和出菇期管理的关键措施是什么?

技能二十八　罐头食品的微生物检验技术

一、目的

1. 学习并掌握罐头食品中平酸菌的检验技术。
2. 了解低酸性罐头食品中平酸菌腐败形成的原因。

二、基本原理

引起罐头食品酸败变质而又不胀听(即产酸不产气)的微生物在罐头工业上称为平酸菌。平酸菌是需氧芽孢杆菌科中的一群高温型微生物,具有嗜热、耐热的特点,其适宜生长温度为 45~60 ℃,最适生长温度为 50~55 ℃,在 37 ℃生长缓慢,多数菌种在 pH 值为 6.8~7.2 之间生长良好,少数菌种能在 pH=5.0 时生长,该菌种广泛分布于土壤、灰尘和各种变质食品中。该菌在溴甲酚紫肉汤中只产酸不产气,使该培养基由紫色变为黄色。另外,该类平酸菌为革兰氏阳性菌,产生芽孢。

三、材料与仪器

1. 样品

低酸性蔬菜罐头。

2. 培养基

溴甲酚紫葡萄糖肉汤(蛋白胨 16 g、牛肉浸膏 3 g、葡萄糖 10 g、氯化钠 5 g、溴甲酚紫 0.04 g、蒸馏水 1000 mL)。

3. 染色液和试剂

革兰氏染色液、5%孔雀绿溶液、石炭酸复红溶液、浓氨水等。

4. 仪器和用具

超净工作台、恒温培养箱、显微镜、电子秤或台式天平、卫生开罐刀和罐头打孔器、试管、培养皿、无菌注射器、接种环、酒精灯、电烙铁、载玻片、精密 pH 试纸、三角瓶(250 mL)。

四、方法与步骤

(一)培养基制备

1. 溴甲酚紫葡萄糖肉汤液体培养基的制备

准确称量溴甲酚紫葡萄糖肉汤培养基各成分(溴甲酚紫除外),加热搅拌至溶解,调至pH值7.0±0.2,加入溴甲酚紫,分装于带有倒置小试管的试管中,每管10 mL,121 ℃灭菌10 min。

2. 溴甲酚紫葡萄糖肉汤琼脂培养基的制备

将溴甲酚紫葡萄糖肉汤培养基各成分加热搅拌溶解(溴甲酚紫除外),另加2%的琼脂粉(或琼脂条),加热煮沸,让琼脂充分溶解,调节pH值至7.0±0.2,加入溴甲酚紫,分装于250 mL三角瓶中,121 ℃灭菌15 min。

(二)样品准备

将低酸性蔬菜罐头样品用记号笔做好标记,放入55 ℃培养箱内,保温培养5 d。

(三)接种培养

1. 开罐

取保温过的罐头样品,冷却至常温,将样品罐用温水和洗涤剂洗刷干净,用自来水冲洗后擦干,置于超净工作台中,以紫外光杀菌灯照射30 min。用75%酒精棉球擦拭无标记端,并点燃灭菌(注意只有罐头外部正常的才可用此法),用灭过菌的无菌开罐刀开罐(带汤汁的罐头产品开罐前适当振摇)。

2. 接种培养

将罐内容物用灭过菌的适当工具移出约1 mL(g),接种于溴甲酚紫葡萄糖肉汤液体培养基内,于55 ℃培养24～72 h,每天观察是否有产酸而不产气的现象。如可疑,可通过进一步的实验确证。

3. 留样

开罐后,用灭菌吸管或其他适当工具以无菌操作取出内容物10～20 mL(g),移入灭菌容器内,保存于冰箱中。待检验得出结论后可随之弃去。

4. pH值测定

取样测定pH值,与同批未经55 ℃保温培养的正常罐相比,看是否有显著差异。

(四)分离培养与检验结果的初步判定

1. 分离培养

将可疑样品的溴甲酚紫葡萄糖肉汤液体培养物接种于溴甲酚紫葡萄糖肉汤琼脂平板上,用接种环画线分离,置于55 ℃培养箱内培养24～48 h。

2. 初步判定检验结果

(1)菌落形态观察　在溴甲酚紫葡萄糖肉汤琼脂平皿上,平酸菌菌落颜色为黄色,外围颜色浅,中间颜色深,菌落边缘稍不整齐。

(2)革兰氏染色　平酸菌为革兰氏阳性,有芽孢,稍偏于一端,但有些菌株的菌体稍细长,生长不规则。

(五)证实与鉴别

1. 酸败证实试验

取同品种的正常罐头,预先在水浴中加热,使罐体膨胀,取出后在无菌操作条件下用罐头打孔器将罐头一端钻一小孔,用无菌注射器吸取初步判定可能有平酸菌生长的培养物1 mL,从罐头钻孔处注入罐内,焊封罐孔,于55 ℃保温5～7 d,罐头内容物酸败者为平酸菌阳性。

2. 芽孢染色

将5%孔雀绿溶液滴于已涂布可疑菌并已固定的玻片上,加热染色5 min,水洗后,再以0.5%沙黄水溶液或稀释石炭酸复红溶液染色0.5 min,水洗后晾干镜检,平酸菌芽孢为绿色,菌体为红色。

3. 溴甲酚紫葡萄糖肉汤培养基表面菌落的碱性反应

用浓氨水熏蒸菌落表面,菌落由黄色变为紫色者为平酸菌阳性。

五、结果报告

将实验结果记入技能表-9中。

技能表-9 实验结果记录

试验项目 结果	pH值测定	菌落形态	革兰氏染色	酸败证实试验	芽孢染色	浓氨水熏蒸菌落

六、复习思考题

1. 罐头腐败后,罐内物质的 pH 值有何变化?
2. 浓氨水熏蒸菌落由黄色变为紫色的原因是什么?

技能二十九　肉中微生物的检验技术

一、目的

通过实验,学习冷藏畜肉中细菌的检验方法。

二、基本原理

冷藏畜肉是指将其冷却并贮藏在 5 ℃以下的肉品,在其贮藏期间,嗜冷微生物可缓慢地生长繁殖,使肉品中细菌总数继续增加,因此,冷藏畜肉保质期较短。

冷藏畜肉的新鲜程度,仅靠感官指标往往不能对腐败初期的肉品作出准确判定,必须结合对其进行微生物及理化检验结果综合分析。细菌镜检简便、快速,通过对肉品中细菌数目、染色特性及触片着色强度三个指标的镜检,即可判定肉的品质,同时也能为细菌、霉菌及致病菌等检验提供参考依据。

对于冻肉,应在无菌条件下将样品迅速解冻以后再进行检验。

三、材料与仪器

1. 样品

冷藏畜肉。

2. 染色液和试剂

75％乙醇、革兰氏染色液、甲醇、香柏油、二甲苯。

3. 仪器和用具

普通光学显微镜、无菌刀、无菌容器等。

四、方法与步骤

(一)样品采集

取样要具有代表性,一般用无菌刀分别从家畜的颈、肩胛、腹及臀股部的不同深度上多点采样,每一点取一方形肉块 50～100 g,各置于无菌容器内立即送检。若不能在 3 h 内进行检验,必须将样品低温保存并尽快检验。

(二)样品处理及触片

从畜肉中切取约 3 cm³ 的肉块,浸入 75％乙醇中并立即取出点燃烧灼,如此处理 2～3 次,然后从其表层下 0.1 cm 处及深层各剪取 0.5 cm³ 大小的肉块,分别在载玻片上进行触片,获得印迹。

(三)革兰氏染色

将触片干燥后,先用甲醇固定 1 min,再进行革兰氏染色。

(四)镜检

经革兰氏染色后的触片放在显微镜下观察。每个触片观察5个以上视野,记录每个视野的球菌数和杆菌数,求出一个视野中球菌和杆菌的平均数。

(五)鲜度判断

1. 新鲜肉

触片印迹着色不良,表层触片中可以看到有少数的球菌和杆菌,深层触片无菌或偶尔看到个别细菌,触片上看不到分解的肉组织。

2. 次鲜肉

触片印迹着色较好,表层触片上平均每个视野可以看到20～30个球菌以及少数杆菌,深层触片也可以看到20个左右的细菌,触片上明显看到分解的肉组织。

3. 变质肉

触片印迹着色极浓,表层触片和深层触片上每个视野均能看到30个以上的细菌,而且大都为杆菌,严重腐败肉几乎找不到球菌,而杆菌可多至数百个或不可计数,触片上有大量分解的肉组织。

五、结果报告

将观察结果记录到技能表-10和技能表-11中。

1. 触片在显微镜视野中的细菌数

技能表-10 实验结果记录

视野 细菌数 类型	1		2		3		4		5		5个视野平均值	
	球菌	杆菌	球菌	杆菌	球菌	杆菌	球菌	杆菌	球菌	杆菌	球菌	杆菌
表层肉触片												
深层肉触片												

2. 鲜度判断

技能表-11 实验结果记录

触片印迹着色情况	触片上平均每个视野细菌数				触片上能看到 分解的肉组织情况	肉的鲜度
	表层肉		深层肉			
	球菌	杆菌	球菌	杆菌		

六、复习思考题

1. 冷藏畜肉检验过程中应注意哪些问题?
2. 如何减少冷藏畜肉中微生物的数量?

技能三十 食品防腐剂抑菌效果的测定技术

一、目的

1. 了解食品防腐剂的基本原理。

2. 学会采用滤纸片法分析比较不同食品防腐剂对不同微生物的抑菌效果。

二、基本原理

食品防腐剂是能防止由微生物引起的腐败变质、延长食品保藏期的食品添加剂。防腐剂按来源分为化学防腐剂和天然防腐剂两大类。化学防腐剂又分为有机防腐剂和无机防腐剂。有机防腐剂主要包括苯甲酸及其盐类、山梨酸及其盐类等，无机防腐剂主要包括亚硫酸盐和亚硝酸盐等。天然防腐剂通常是从动物、植物和微生物的代谢产物中提取。食品防腐剂的抑菌效果随着防腐剂的使用浓度及微生物种类和数量的不同而有较大差异。所以，应了解各类食品防腐剂所能抑制的微生物种类，只有掌握好食品防腐剂的这一特性，才能对症使用食品防腐剂。食品防腐剂的使用必须严格执行我国《食品添加剂使用卫生标准》的规定。

本试验采用滤纸片法分析、比较脱氢醋酸钠、山梨酸钾、乳链球菌素(Nisin)、纳它霉素等食品防腐剂对几类微生物的抑菌效果，并确定其最小抑菌浓度。

三、材料与仪器

1. 菌种

大肠杆菌、沙门氏菌、微球菌、葡萄球菌、枯草芽孢杆菌、蜡状芽孢杆菌、保加利亚乳杆菌、嗜热链球菌、啤酒酵母、黑曲霉等。

2. 培养基

葡萄糖蛋白胨琼脂培养基、马铃薯葡萄糖琼脂培养基(在此培养基中加入0.1%吐温，调 pH 值为 5.5～6.0，分装试管与三角瓶，0.07 MPa 灭菌 20 min)、乳清琼脂培养基(在此培养基中加入 0.1% 吐温，调 pH 值为 6.5，0.07 MPa 灭菌 20 min)、脱脂牛乳。

3. 染色液和试剂

(1)脱氢醋酸钠溶液　用蒸馏水配成浓度分别为 0.025%、0.050%、0.100%、0.150%的溶液。

(2)山梨酸钾溶液　用蒸馏水配成浓度分别为 0.10%、0.15%、0.20%、0.25%的溶液。

(3)乳链球菌素溶液　先用少量 0.02 mol·L^{-1} 的 HCl 溶液溶解后，再配成浓度分别为 0.01%、0.02%、0.03%、0.04%的溶液。

(4)纳它霉素溶液　先用 2 mL 0.1 mol·L^{-1} 的 NaOH 溶液溶解后，再配成浓度分别为 0.05%、0.10%、0.15%、0.20%的溶液。

(5)5～10 mL 无菌生理盐水、革兰氏染色液。

4. 仪器和用具

圆滤纸片(直径 10 mm，干热灭菌)、无菌培养皿、1 mL 无菌吸管、酒精灯、无菌镊子、接种环、游标卡尺、超净工作台等。

四、方法与步骤

1. 制备菌悬液

将微球菌接种于葡萄糖蛋白胨琼脂培养基斜面上，于 37 ℃ 培养 20～22 h，再用 5～10 mL 无菌生理盐水洗下菌苔，制成浓度为 10^9 个/mL 的菌悬液。

沙门氏菌、大肠杆菌和葡萄球菌的培养与菌悬液的制备同上所述。对枯草芽孢杆菌和蜡状芽孢杆菌应于 37 ℃ 培养 7 d，革兰氏染色镜检芽孢数为 85% 以上，洗下斜面菌苔于 65 ℃ 加热 30 min 即得菌悬液。

将保加利亚乳杆菌和嗜热链球菌分别接种于 5 mL 脱脂牛乳中，于 37 ℃ 培养 8～12 h 至牛乳凝固，再用 5 mL 无菌生理盐水稀释即得菌悬液。

将酵母菌和霉菌分别接种于马铃薯葡萄糖琼脂培养基斜面上，于 25～28 ℃ 培养 1～2 d，再用 5 mL 无菌生理盐水洗下菌苔，制成浓度为 10^9 个/mL 的菌悬液。

2. 滤纸片法

(1)加菌悬液　用 1 mL 无菌吸管取 0.2 mL 菌悬液于相应的无菌培养皿中。

(2)倒平板　将熔化并冷却至 50 ℃左右的不同琼脂培养基倒入上述已加入菌悬液的培养皿内约 15 mL,迅速与菌液混匀,待凝固,制成含菌平板。

注意:细菌用葡萄糖蛋白胨琼脂培养基平板,乳酸菌用乳清琼脂培养基平板,真菌用马铃薯葡萄糖琼脂培养基平板。

(3)加无菌圆滤纸药片　用无菌镊子将蘸有不同浓度食品添加剂的圆滤纸片,以无菌操作放入含菌平板培养基表面的不同区域,并标记食品添加剂的浓度。

注意:事先将圆滤纸片 4 层叠为一组蘸取食品添加剂,沥去多余溶液,并置于超净工作台内,在自然干燥的同时紫外线杀菌 20～30 min。

3. 培养

细菌放于 37 ℃恒温箱中培养 16～18 h;乳酸菌放于 37 ℃培养 1～2 d;真菌放于 25～28 ℃培养 1～2 d。

培养后,用游标卡尺精确测量抑菌圈直径(mm),列表记录结果,并求出每种浓度的食品添加剂抑菌圈的平均值,根据其直径的大小,可初步判断食品防腐剂的抑菌效能。

五、结果报告

1. 列出不同浓度的各种食品防腐剂对不同菌株的抑菌结果表。
2. 根据试验结果分析不同食品防腐剂对各种微生物最佳抑菌的浓度范围。

六、复习思考题

1. 采用滤纸片法测定食品防腐剂对不同微生物的抑菌效果应注意哪些问题?
2. 通过此实验方法能否得到食品防腐剂最佳的抑菌浓度?

技能三十一　鲜乳中抗生素残留量的测定技术

一、嗜热链球菌抑制法

(一)目的

掌握 TTC 法检测鲜乳中残留抗生素的原理及基本方法。

(二)基本原理

样品经过 80 ℃杀菌后,添加嗜热链球菌液。培养一段时间后,嗜热链球菌开始增殖。这时候加入代谢底物 2,3,5-氯化三苯四氮唑(TTC),若该样品中不含有抗生素或抗生素的浓度低于检测限,嗜热链球菌将继续增殖,还原 TTC 成为红色物质。相反,如果样品中含有高于检测限的抗生素,则嗜热链球菌受到抑制,因此指示剂 TTC 不还原,保持原色。

(三)材料与仪器

1. 菌种及材料

(1)嗜热链球菌

(2)灭菌脱脂乳

成分:无抗生素的脱脂乳。

制法:经 115 ℃灭菌 20 min。也可采用无抗生素的脱脂牛乳粉,以蒸馏水 10 倍稀释,加热至完全溶解,115 ℃灭菌 20 min。

2. 试剂

(1)4% 2,3,5-氯化三苯四氮唑(TTC)水溶液

成分：2,3,5-氯化三苯四氮唑(TTC)1 g、灭菌蒸馏水 5 mL。

制法：称取 TTC,溶于灭菌蒸馏水中,装褐色瓶内于 2~5 ℃保存。如果溶液变为半透明的白色或淡褐色,则不能再用。临用时用灭菌蒸馏水 5 倍稀释,成为 4%水溶液。

(2)青霉素 G 参照溶液

成分：青霉素 G 钾盐 30.0 mg、无菌磷酸盐缓冲液适量、无抗生素的脱脂乳适量。

制法：精密称取青霉素 G 钾盐标准品,溶于无菌磷酸盐缓冲液中,使其浓度为 100~1000 IU/mL。再将该溶液用灭菌的无抗生素的脱脂乳稀释至 0.006 IU/mL,分装于无菌小试管中,密封备用。-20 ℃保存不超过 6 个月。

3.仪器和用具

冰箱、恒温培养箱、带盖恒温水浴锅、天平、无菌吸管、无菌试管、温度计、漩涡混匀器。

(四)方法与步骤

1.检验程序(见技能图-38)

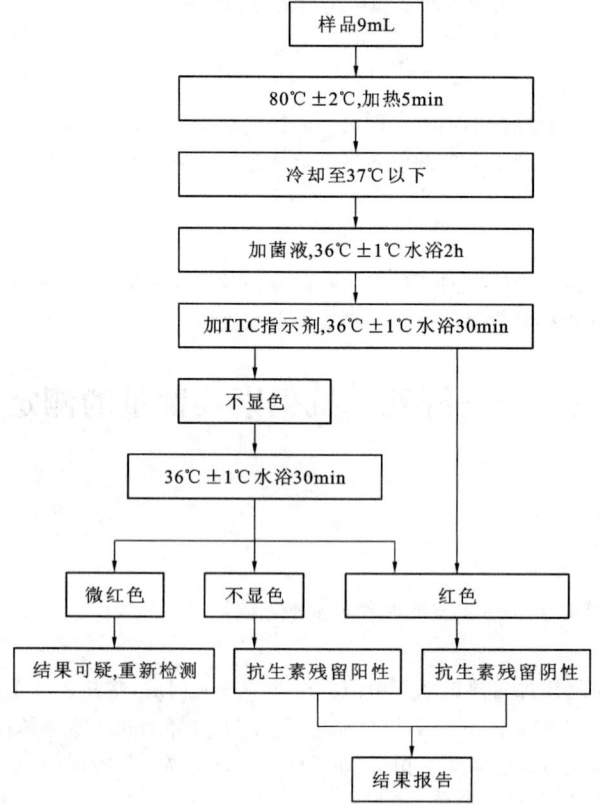

技能图-38　鲜乳中抗生素残留量的检验程序(嗜热链球菌抑制法)

2.操作步骤

(1)活化菌种　取一接种环嗜热链球菌菌种,接种在 9 mL 灭菌脱脂乳中,置 36 ℃±1 ℃恒温培养箱中培养 12~15 h 后,置 2~5 ℃冰箱保存备用。每 15 d 转种一次。

(2)测试菌液　将经过活化的嗜热链球菌菌种接种灭菌脱脂乳,36 ℃±1 ℃培养 15 h±1 h,加入相同体积的灭菌脱脂乳混匀稀释成为测试菌液。

(3)培养　取样品 9 mL,置 18 mm×180 mm 试管内,每份样品另外做一份平行样。同时再做阴性和阳性对照各一份,阳性对照管用 9 mL 青霉素 G 参照溶液,阴性对照管用 9 mL 灭菌脱脂乳。所有试管置

80 ℃±2 ℃水浴加热 5 min,冷却至 37 ℃以下,加入测试菌液 1 mL,轻轻旋转试管混匀。36 ℃±1 ℃水浴培养 2 h,加 4%TTC 水溶液 0.3 mL,在漩涡混匀器上混合 15 s 或振动试管混匀。36 ℃±1 ℃水浴避光培养 30 min,观察颜色变化。如果颜色没有变化,于水浴中继续避光培养 30 min 作最终观察。观察时要迅速,避免光照过久出现干扰。

(4)判断方法　在白色背景前观察,试管中样品呈乳的原色时,指示乳中有抗生素存在,为阳性结果;试管中样品呈红色为阴性结果。如最终观察现象仍为可疑,建议重新检测。

二、嗜热脂肪芽孢杆菌抑制法

(一)目的
学习嗜热脂肪芽孢杆菌抑制法检测鲜乳中残留抗生素的原理及基本方法。

(二)基本原理
培养基预先混合嗜热脂肪芽孢杆菌芽孢,并含有 pH 指示剂(溴甲酚紫)。加入样品并孵育后,若该样品中不含有抗生素或抗生素的浓度低于检测限,细菌芽孢将在培养基中生长并利用糖产酸,pH 指示剂的紫色变为黄色。相反,如果样品中含有高于检测限的抗生素,则细菌芽孢不会生长,pH 指示剂的颜色保持不变,仍为紫色。

(三)材料与仪器
1. 菌种及材料
(1)嗜热脂肪芽孢杆菌卡利德变种
(2)灭菌脱脂乳　同"嗜热链球菌抑制法"。
2. 试剂
(1)无菌磷酸盐缓冲液
成分:磷酸二氢钠 2.83 g,磷酸二氢钾 1.36 g,蒸馏水 1000 mL。
制法:将上述成分混合,调节 pH 值至 7.3±0.1,121 ℃高压灭菌 20 min。
(2)溴甲酚紫葡萄糖蛋白胨培养基
成分:蛋白胨 10.0 g,葡萄糖 5.0 g,2%溴甲酚紫乙醇溶液 0.6 mL,琼脂 4.0 g,蒸馏水 1000 mL。
制法:在蒸馏水中加入蛋白胨、葡萄糖、琼脂,加热搅拌至完全溶解,调节 pH 值至 7.1±0.1,然后再加入溴甲酚紫乙醇溶液,混匀后,115 ℃高压灭菌 30 min。
(3)青霉素 G 参照溶液　同"嗜热链球菌抑制法"。
3. 仪器和用具
冰箱、恒温培养箱、恒温水浴锅、天平、无菌吸管、无菌试管、温度计、离心机。

(四)方法与步骤
1. 检验程序(见技能图-39)
2. 操作步骤
(1)芽孢悬液　将嗜热脂肪芽孢杆菌菌种划线移种于营养琼脂平板表面,56 ℃±1 ℃培养 24 h 后挑取乳白色半透明圆形特征菌落,在营养琼脂平板上再次划线培养,56 ℃±1 ℃培养 24 h 后转入 36 ℃±1 ℃培养 3～4 d,镜检芽孢率达到 95%以上时进行芽孢悬液的制备。每块平板用 1～3 mL 无菌磷酸盐缓冲液洗脱培养基表面的菌苔(如果使用克氏瓶,每瓶使用无菌磷酸盐缓冲液 10～20 mL)。将洗脱液 5000 r/min 离心 15 min。取沉淀物加 0.03 mol/L 的无菌磷酸盐缓冲液(pH=7.2),制成 10^9 CFU/mL 芽孢悬液,置 80 ℃±2 ℃恒温水浴中 10 min 后,密封防止水分蒸发,置 2～5 ℃保存备用。
(2)测试培养基　在溴甲酚紫葡萄糖蛋白胨培养基中加入适量芽孢悬液,混合均匀,使最终的芽孢浓度为 8×10^5～2×10^6 CFU/mL。混合芽孢悬液的溴甲酚紫葡萄糖蛋白胨培养基分装小试管,每管 200 μL,密封防止水分蒸发。配制好的测试培养基可以在 2～5 ℃保存 6 个月。

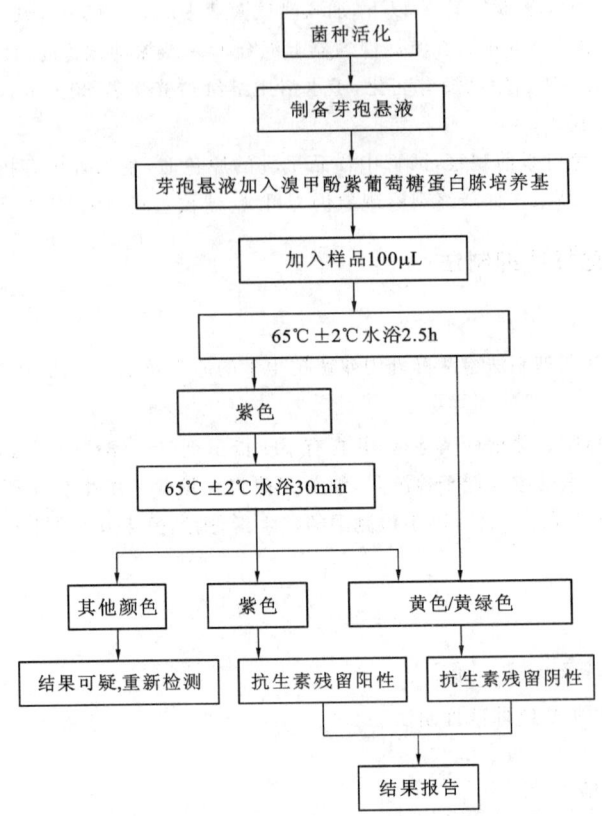

技能图-39　鲜乳中抗生素残留量的检验程序（嗜热脂肪芽孢杆菌抑制法）

（3）培养操作　吸取样品 100 μL 加入含有芽孢的测试培养基中，轻轻旋转试管混匀。每份检样做两份，另外再做阴性和阳性对照各一份，阳性对照管为 100 μL 青霉素 G 参照溶液，阴性对照管为 100 μL 无抗生素的脱脂乳。于 65 ℃±2 ℃水浴培养 2.5 h，观察培养基颜色的变化。如果颜色没有变化，须再于水浴中培养 30 min 作最终观察。

（4）判断方法　在白色背景前从侧面和底部观察小试管内培养基颜色。保持培养基原有的紫色为阳性结果；培养基变成黄色或黄绿色为阴性结果；颜色处于二者之间，为可疑结果。对于可疑结果应继续培养 30 min 再进行最终观察。如果培养基颜色仍然处于黄色至紫色之间，表示抗生素浓度接近方法的最低检出限，此时建议重新检测一次。

三、复习思考题

试分析采用嗜热链球菌抑制法和嗜热脂肪芽孢杆菌抑制法检验鲜乳中抗生素残留量的过程中需要注意哪些事项。

技能三十二　发酵乳制品生产菌种的复壮技术

一、目的

1. 了解发酵乳制品生产菌种复壮技术的三种方法。
2. 熟悉食品微生物菌种复壮的一般技术。

二、基本原理

菌种在长期保存过程中会出现部分菌种退化现象。菌种退化的过程是一个从量变到质变的过程。最初,在群体中只有个别细胞发生负突变,这时如不及时发现并采取有效措施而一味地传代,就会造成群体中负突变个体的比例逐渐增高,最后占优势,从而使整个群体表现出严重的退化现象。菌种衰退最易察觉到的是菌落和细胞形态的改变。菌种衰退会出现生长速度慢,代谢产物生产能力或其对宿主寄生能力明显下降的现象。因此,在使用菌种前需对菌种进行复壮。

复壮就是通过分离纯化,把细胞群体中一部分仍保持原有典型性状的细胞分离出来,经过扩大培养,最终恢复菌株的典型性状,但这是一种消极的复壮措施;广义的复壮即在菌株的生产性能尚未退化前就经常有意识地进行纯种分离和生产性能的测定,保证菌种性能的稳定或逐步提高。常用的分离纯化方法很多,大体上可分为三种:第一种分为两类,一类较粗放,一般只能达到菌落纯的水平,即从种的水平上来说是纯的。例如在琼脂平板上进行画线分离、表面涂布或与尚未凝固的琼脂培养基混匀后再倾注并铺成平板等方法获得单菌落。另一类较精细,是单细胞或单孢子水平上的分离方法,它可达到细胞纯的水平。第二种是通过宿主体内进行复壮。对于寄生性微生物退化菌株,可直接接种到相应的动植物体内,通过寄主体内的作用来提高菌株的活性或提高它的某一性状。第三种是淘汰已衰退的个体,通过物理、化学的方法处理菌体(孢子)使其死亡率达到80%以上或更高一些。存活的菌株一般是比较健壮的,从中可以挑选出优良菌种,达到复壮的目的。食品微生物菌种的复壮主要是采用第一种方法。

三、材料与仪器

1. 菌种

保加利亚乳杆菌(要求接种奶管已在冰箱中保藏两周)。

2. 培养基

MRS 培养基。

3. 试剂

标准 NaOH 溶液、9 mL 无菌生理盐水、复原脱脂乳。

4. 仪器和用具

无菌移液管、漩涡振荡器、接种针、无菌培养皿等。

四、方法与步骤

1. 编号

取盛有 9 mL 无菌水的试管排列于试管架上,依次标明 10^{-1}、10^{-2}、10^{-3}、10^{-4}、10^{-5}、10^{-6}。取无菌培养皿 3 套,分别用记号笔标明 10^{-4}、10^{-5}、10^{-6}。

2. 稀释

待复壮菌种培养液在漩涡振荡器上混合均匀,用 1 mL 无菌吸管精确地吸取 1 mL 菌悬液于 10^{-1} 的试管中,振荡混合均匀,然后另取一支吸管自 10^{-1} 试管内吸 1 mL 移入 10^{-2} 试管内,依此方法进行系列稀释至 10^{-6}。

3. 倒平板

用 3 支 1 mL 无菌吸管分别吸取 10^{-4}、10^{-5}、10^{-6} 的稀释液各 0.1 mL 对号放入已编号的无菌培养皿中。无菌操作倒入熔化后冷却至 45 ℃左右的 MRS 固体培养基 10~15 mL,置水平位置,按同一方向迅速混匀,待凝固后倒置于 40 ℃恒温箱中培养 48 h。

4. 分离纯化

取出培养 48 h 的菌种,在无菌工作台上,用接种环挑取 10 个较大的呈棉花状的菌落,分别接种于液体

MRS 培养基中,置于 40 ℃恒温箱中培养 24 h。

5. 接种

按 1%的接种量将纯化的培养物接种于已灭菌的复原脱脂乳中,同时接种具有较高活力的保加利亚乳杆菌于复原脱脂乳中作为对照。

6. 活力测定

(1) 观察　观察复原脱脂乳的凝乳时间。

(2) 酸度　采用 NaOH 滴定法测定发酵乳液的酸度。

(3) 计数　采用倾注平板法测定活菌菌落数量。

五、复习思考题

1. 为什么要将培养皿倒置培养?
2. 倾注法倒平板有什么优点?

技能三十三　食品中金黄色葡萄球菌的检验技术

一、目的

1. 了解食品的质量与金黄色葡萄球菌检验的意义。
2. 掌握金黄色葡萄球菌的生物学特性。
3. 掌握食品中金黄色葡萄球菌检验的操作方法和结果判断。

二、基本原理

葡萄球菌在自然界分布极广,空气、土壤、水、饲料、食品(剩饭、糕点、牛奶、肉品等)以及人和动物的体表黏膜等处均有存在,葡萄球菌大部分是不致病的,也有一些致病的葡萄球菌。金黄色葡萄球菌是葡萄球菌属的一个种,可引起皮肤组织炎症,还能产生肠毒素。如果金黄色葡萄球菌在食品中大量生长繁殖,产生毒素,人误食了含有该毒素的食品,就会发生食物中毒,故食品中存在金黄色葡萄球菌对人的健康是一种潜在危险,检查食品中金黄色葡萄球菌及数量具有实际意义。

金黄色葡萄球菌的检测方法参照《食品安全国家标准　食品微生物学检验　金黄色葡萄球菌检验》(GB 4789.10—2016),本检测中第一法适用于食品中金黄色葡萄球菌的定性检验;第二法适用于金黄色葡萄球菌含量较高的食品中金黄色葡萄球菌的计数;第三法适用于金黄色葡萄球菌含量较低的食品中金黄色葡萄球菌的计数。

三、材料与仪器

1. 样品

固体、半固体或液体食品。

2. 培养基

(1) 血琼脂平板

成分:豆粉琼脂(pH 值 7.4～7.6)100 mL,脱纤维羊血(或兔血)5～10 mL。

制法:加热熔化琼脂,冷却至 50 ℃,以无菌操作加入脱纤维羊血,摇匀,倾注平板。

(2) 牛心浸出液肉汤(BHI)

成分:胰蛋白质胨 10.0 g,氯化钠 5.0 g,磷酸氢二钠($Na_2HPO_4 \cdot 12H_2O$)2.5 g,葡萄糖 2.0 g,牛心浸出液 500 mL,pH 值 7.4±0.2。

制法:加热溶解,调节 pH 值,分装 16 mm×160 mm 试管,每管 5 mL,置 121 ℃灭菌 15 min。
(3)7.5％氯化钠肉汤
(4)Baird-Parker 琼脂平板
(5)营养琼脂小斜面
3.试剂
(1)磷酸盐缓冲液
成分:磷酸二氢钾(KH_2PO_4)34.0 g,蒸馏水 500 mL,pH 值 7.2。
制法:
贮存液:称取 34.0 g 磷酸二氢钾溶于 500 mL 蒸馏水中,用大约 175 mL 的 1 mol/L 氢氧化钠溶液调节 pH 值至 7.2,用蒸馏水稀释至 1000 mL 后贮存于冰箱。
稀释液:取贮存液 1.25 mL,用蒸馏水稀释至 1000 mL,分装于适宜容器中,121 ℃高压灭菌 15 min。
(2)兔血浆:取柠檬酸钠 3.8 g,加蒸馏水 100 mL,溶解后过滤,装瓶,121 ℃高压灭菌 15 min。
兔血浆制备:取 3.8％柠檬酸钠溶液一份,加兔全血四份,混好静置(或以 3000 r/min 离心 30 min),使血液细胞下降,即可得血浆。
(3)革兰氏染色液
(4)无菌生理盐水
4.仪器和用具
恒温培养箱、冰箱、天平、均质机、振荡器、无菌三角瓶、无菌移液管、无菌培养皿、0.5 mL 注射器、pH 计或 pH 比色管或精密 pH 试纸。

四、方法与步骤

(一)金黄色葡萄球菌定性检验

1.检验程序(见技能图-40)

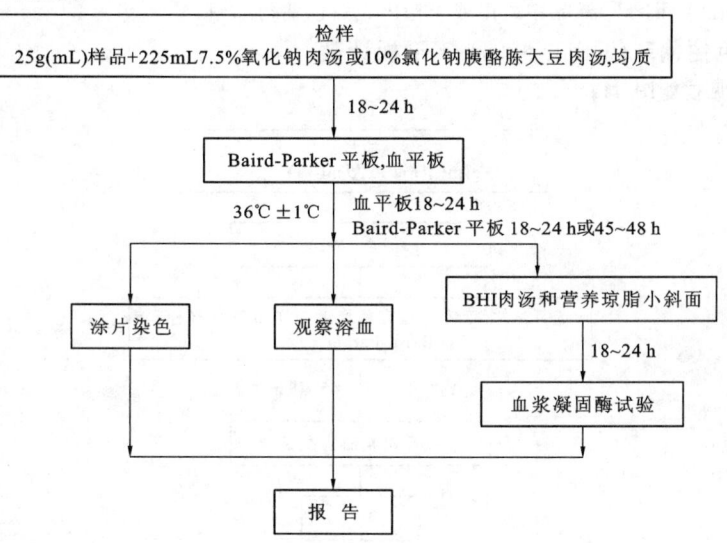

技能图-40 金黄色葡萄球菌定性检验程序

2.操作步骤

(1)样品的处理

称取 25 g 样品至盛有 225 mL7.5％氯化钠肉汤的无菌均质杯内,8000~10000 r/min 均质 1~2 min,或放入盛有 225 mL7.5％氯化钠肉汤的无菌均质袋中,用拍击式均质器拍打 1~2 min。若样品为液态,吸取

25 mL 样品至盛有 225 mL7.5％氯化钠肉汤或 10％氯化钠胰酪胨大豆肉汤的无菌锥形瓶(瓶内可预置适当数量的无菌玻璃珠)中,振荡混匀。

(2)增菌和分离培养

①将上述样品匀液于 36 ℃±1 ℃培养 18～24 h。金黄色葡萄球菌在 7.5％氯化钠肉汤中呈混浊生长。

②将上述培养物,分别划线接种到 Baird-Parker 平板和血平板,血平板 36 ℃±1 ℃培养 18～24 h;Baird-Parker 平板 36 ℃±1 ℃培养 18～24 h 或 45～48 h。

③金黄色葡萄球菌在 Baird-Parker 平板上,菌落直径为 2～3 mm,颜色呈灰色到黑色,边缘为淡色,周围为一混浊带,在其外层有一透明圈。用接种针接触菌落有似奶油至树胶样的硬度,偶然会遇到非脂肪溶解的类似菌落,但无混浊带及透明圈。长期保存的冷冻或干燥食品中所分离的菌落比典型菌落所产生的黑色较淡些,外观可能粗糙并干燥。在血平板上,形成菌落较大,圆形、光滑凸起、湿润、金黄色(有时为白色),菌落周围可见完全透明溶血圈。挑取上述菌落进行革兰氏染色镜检及血浆凝固酶试验。

(3)鉴定

染色镜检:金黄色葡萄球菌为革兰氏阳性球菌,排列呈葡萄球状,无芽孢,无荚膜,直径为 0.5～1 μm。

血浆凝固酶试验:挑取 Baird-Parker 平板或血平板上可疑菌落 1 个或以上,分别接种到 5 mLBHI 肉汤和营养琼脂小斜面,36 ℃±1 ℃培养 18～24 h。

取新鲜配制兔血浆 0.5 mL,放入小试管中,再加入 BHI 肉汤 0.2～0.3 mL,振荡摇匀,置 36 ℃±1 ℃温箱或水浴箱内,每半小时观察一次,观察 6 h,如呈现凝固(即将试管倾斜或倒置时,呈现凝块)或凝固体积大于原体积的一半,被判定为阳性结果。同时以血浆凝固酶试验阳性和阴性葡萄球菌菌株的肉汤培养物作为对照。也可用商品化的试剂,按说明书操作,进行血浆凝固酶试验。

结果如可疑,挑取营养琼脂小斜面的菌落到 5 mLBHI 肉汤,36 ℃±1 ℃培养 18～48 h,重复试验。

(4)结果与报告

①结果判定:符合"(2)增菌和分离培养"中的③、"(3)鉴定",可判定为金黄色葡萄球菌。

②结果报告:在 25 g(mL)样品中检出或未检出金黄色葡萄球菌。

(二)金黄色葡萄球菌 Baird-Parker 平板计数

1.检验程序(见技能图-41)

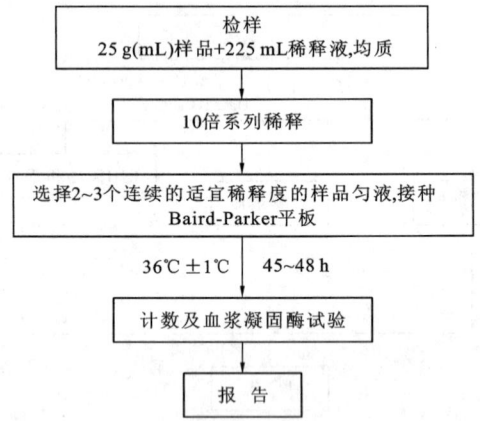

技能图-41 金黄色葡萄球菌 Baird-Parker 平板法检验程序

2.操作步骤

(1)样品的稀释

固体和半固体样品:称取 25 g 样品置盛有 225 mL 磷酸盐缓冲液或生理盐水的无菌均质杯内,8000～10000 r/min 均质 1～2 min,或置盛有 225 mL 稀释液的无菌均质袋中,用拍击式均质器拍打 1～2 min,制成 1∶10 的样品匀液。

液体样品:以无菌吸管吸取 25 mL 样品置盛有 225 mL 磷酸盐缓冲液或生理盐水的无菌锥形瓶(瓶内预置适当数量的无菌玻璃珠)中,充分混匀,制成 1∶10 的样品匀液。

用 1 mL 无菌吸管或微量移液器吸取 1∶10 样品匀液 1 mL,沿管壁缓慢注于盛有 9 mL 稀释液的无菌试管中(注意吸管或吸头尖端不要触及稀释液面),振摇试管或换用 1 支 1 mL 无菌吸管反复吹打使其混合均匀,制成 1∶100 的样品匀液。

按上面操作程序,制备 10 倍系列稀释样品匀液。每递增稀释一次,换用 1 次 1 mL 无菌吸管或吸头。

(2)样品的接种

根据对样品污染状况的估计,选择 2～3 个适宜稀释度的样品匀液(液体样品可包括原液),在进行 10 倍递增稀释时,每个稀释度分别吸取 1 mL 样品匀液以 0.3 mL、0.3 mL、0.4 mL 接种量分别加入三块 Baird-Parker 平板,然后用无菌 L 棒涂布整个平板,注意不要触及平板边缘。使用前,如 Baird-Parker 平板表面有水珠,可放在 25～50 ℃ 的培养箱里干燥,直到平板表面的水珠消失。

(3)培养

在通常情况下,涂布后,将平板静置 10 min,如样液不易吸收,可将平板放在培养箱 36 ℃±1 ℃培养 1 h;等样品匀液吸收后翻转平皿,倒置于培养箱,36 ℃±1 ℃培养 45～48 h。

(4)典型菌落计数和确认

①金黄色葡萄球菌在 Baird-Parker 平板上,菌落直径为 2～3 mm,颜色呈灰色到黑色,边缘为淡色,周围为一混浊带,在其外层有一透明圈。用接种针接触菌落有似奶油至树胶样的硬度,偶然会遇到非脂肪溶解的类似菌落,但无混浊带及透明圈。长期保存的冷冻或干燥食品中所分离的菌落比典型菌落所产生的黑色较淡些,外观可能粗糙并干燥。

②选择有典型的金黄色葡萄球菌菌落的平板,且同一稀释度 3 个平板所有菌落数合计在 20～200 CFU 之间的平板,计数典型菌落数。如果:

a.只有一个稀释度平板的菌落数在 20～200 CFU 之间且有典型菌落,计数该稀释度平板上的典型菌落。

b.最低稀释度平板的菌落数小于 20 CFU 且有典型菌落,计数该稀释度平板上的典型菌落。

c.某一稀释度平板的菌落数大于 200 CFU 且有典型菌落,但下一稀释度平板上没有典型菌落,应计数该稀释度平板上的典型菌落。

d.某一稀释度平板的菌落数大于 200 CFU 且有典型菌落,且下一稀释度平板上有典型菌落,但其平板上的菌落数不在 20～200 CFU 之间,应计数该稀释度平板上的典型菌落。

以上按公式(1)计算。

e.2 个连续稀释度的平板菌落数均在 20CFU～200CFU 之间,按公式(2)计算。

③从典型菌落中任选 5 个菌落(小于 5 个全选),分别按"金黄色葡萄球菌定性检验"做血浆凝固酶试验。

(5)结果计算

公式(1):

$$T = \frac{AB}{Cd} \tag{1}$$

式中　T——样品中金黄色葡萄球菌菌落数;

　　　A——某一稀释度典型菌落的总数;

　　　B——某一稀释度血浆凝固酶阳性的菌落数;

　　　C——某一稀释度用于血浆凝固酶试验的菌落数;

　　　d——稀释因子。

公式(2):

$$T = \frac{A_1 B_1 / C_1 + A_2 B_2 / C_2}{1.1d} \tag{2}$$

式中　T——样品中金黄色葡萄球菌菌落数；

　　　A_1——第一稀释度(低稀释倍数)典型菌落的总数；

　　　A_2——第二稀释度(高稀释倍数)典型菌落的总数；

　　　B_1——第一稀释度(低稀释倍数)血浆凝固酶阳性的菌落数；

　　　B_2——第二稀释度(高稀释倍数)血浆凝固酶阳性的菌落数；

　　　C_1——第一稀释度(低稀释倍数)用于血浆凝固酶试验的菌落数；

　　　C_2——第二稀释度(高稀释倍数)用于血浆凝固酶试验的菌落数；

　　　1.1——计算系数；

　　　d——稀释因子(第一稀释度)。

(6)结果与报告

根据 Baird-Parker 平板上金黄色葡萄球菌的典型菌落数，按上面公式计算，报告每克(毫升)样品中金黄色葡萄球菌数，以 CFU/g(mL)表示；如 T 值为 0，则以小于 1 乘以最低稀释倍数报告。

(三)金黄色葡萄球菌 MPN 计数

1.检验程序(见技能图-42)

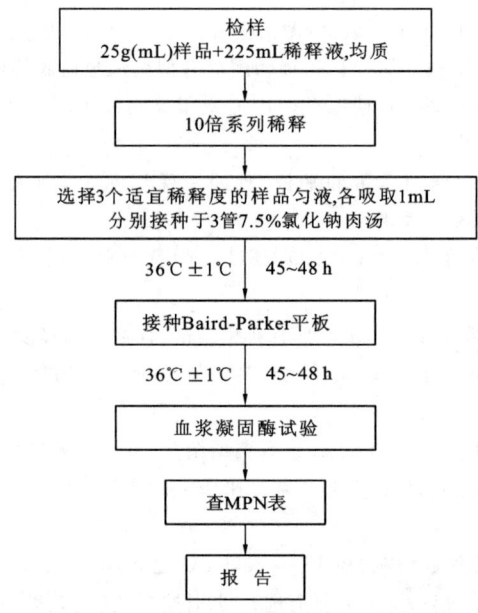

技能图-42　金黄色葡萄球菌 MPN 法检验程序

2.操作步骤

(1)样品的稀释

按金黄色葡萄球菌 Baird-Parker 平板法进行。

(2)接种和培养

根据对样品污染状况的估计，选择3个适宜稀释度的样品匀液(液体样品可包括原液)，在进行10倍递增稀释时，每个稀释度分别吸取 1 mL 样品匀液接种到10%氯化钠胰酪胨大豆肉汤管，每个稀释度接种3管，将上述接种物于 36 ℃±1 ℃ 培养 45～48 h。

用接种环从有细菌生长的各管中移取1环，分别接种 Baird-Parker 平板，36 ℃±1 ℃ 培养 45～48 h。

(3)典型菌落确认

金黄色葡萄球菌在 Baird-Parker 平板上，菌落直径为 2～3 mm，颜色呈灰色到黑色，边缘为淡色，周围为一混浊带,在其外层有一透明圈。用接种针接触菌落有似奶油至树胶样的硬度,偶然会遇到非脂肪溶解的类似菌落,但无混浊带及透明圈。长期保存的冷冻或干燥食品中所分离的菌落比典型菌落所产生的黑色较淡些,外观可能粗糙并干燥。

从典型菌落中至少挑取 1 个菌落接种到 BHI 肉汤和营养琼脂斜面,36 ℃±1 ℃培养 18～24 h,进行血浆凝固酶试验。

(4)结果与报告

计算血浆凝固酶试验阳性菌落对应的管数,查 MPN 检索表,报告每克(毫升)样品中金黄色葡萄球菌的最可能数,以 MPN/g(mL)表示。

五、复习思考题

检验食品中金黄色葡萄球菌的过程中需要注意哪些事项?

附 录

附录 Ⅰ 常用指示剂和试剂的配制

(一)常用指示剂

1. 麝香草酚蓝或百里酚蓝

变色范围:pH 值为 1.2~2.8,颜色由红变黄。常用浓度为 0.04%。

配制时称 0.1g 指示剂溶于 100mL 20%乙醇中。

2. 溴酚蓝

变色范围:pH 值为 3.0~4.6,颜色由黄变蓝。常用浓度为 0.04%。

配制时称 0.1g 指示剂,加 14.9mL 0.01N NaOH,加蒸馏水至 250mL;或称 0.1g 指示剂溶于 100mL 20%乙醇中。

3. 溴甲酚绿

变色范围:pH 值为 3.8~5.4,颜色由黄变蓝。常用浓度为 0.04%。

配制时称 0.1g 指示剂,加 14.3mL 0.01N NaOH,加蒸馏水至 250mL。

4. 甲基红

变色范围:pH 值为 4.2~6.3,颜色由红变黄。常用浓度为 0.04%。

配制时称 0.1g 指示剂,加 150mL 95%乙醇溶解,再加蒸馏水至 250mL。

5. 石蕊

变色范围:pH 值为 5.0~8.0,颜色由红变蓝。常用浓度为 0.5%~1.0%。

配制时称 0.5~1.0g 指示剂溶于 100mL 蒸馏水中。

6. 溴甲酚紫

变色范围:pH 值为 5.2~6.8,颜色由黄变紫。常用浓度为 0.04%。

配制时称 0.1g 指示剂,加 18.5mL 0.01N NaOH,加蒸馏水至 250mL。

1.6%溴甲酚紫乙醇溶液:溴甲酚紫 1.6g、95%乙醇 50mL、蒸馏水 50mL。

7. 溴麝香草酚蓝或溴百里酚蓝

变色范围:pH 值为 6.0~7.6,颜色由黄变蓝。常用浓度为 0.04%。

配制时称 0.1g 指示剂,加 16mL 0.01N NaOH,加蒸馏水至 250mL,或称 0.1g 指示剂溶于 100mL 20%乙醇中。

8. 0.05%溴麝香草酚蓝溶液(氨基氮测定用)

称 0.05g 溴麝香草酚蓝,溶于 100mL 20%乙醇中。

9. 酚红

变色范围:pH 值为 6.8~8.48,颜色由黄变红。常用浓度为 0.02%。

配制时称 0.1g 指示剂,加 28.2mL 0.01N NaOH,加蒸馏水至 500mL。

10. 中性红

变色范围:pH 值为 6.8~8.0,颜色由红变黄。常用浓度为 0.04%。

配制时称 0.1g 指示剂,加 70mL 乙醇,加蒸馏水至 250mL。

11. 酚酞

变色范围:pH 值为 8.2～10.0,颜色由无色变红色。

配制时称 0.1g 指示剂,溶于 100mL 60％乙醇中。

12. 0.5％酚酞溶液(氨基氮测定用)

配制时称 0.5g 酚酞,溶于 100mL 60％乙醇中。

13. 甲基橙

常用浓度为 0.1％。

变色范围:pH 值为 3.1～4.4,颜色由红色变橙黄色。

称 0.1g 甲基橙,加 3mL 0.1N NaOH,加蒸馏水至 250mL。

(二)常用试剂

1. 甲基红试验试剂(M. R. 试剂)

甲基红 0.1g,95％酒精 300mL,蒸馏水 200mL。

2. 3％酸性乙醇溶液

浓盐酸 3mL,95％乙醇 97mL。

3. 吲哚试剂

对二甲基氨基苯甲醛 2g,95％乙醇 190mL,浓盐酸 40mL。

4. 2％伊红溶液

称 2g 伊红 Y,加蒸馏水至 100mL,0.1MPa 灭菌 20min。然后将 2mL 2％伊红溶液在无菌条件下加入 100mL 无菌牛肉膏蛋白胨培养基中,摇匀放凉即可;或将配制好的 2％伊红溶液直接加入牛肉膏蛋白胨培养基中,然后再行灭菌亦可。

5. 0.5％美蓝溶液

称取 0.5g 美蓝,加蒸馏水至 100mL,0.1MPa 灭菌 20min。然后将 1mL 美蓝溶液在无菌条件下加入无菌牛肉膏蛋白胨培养基中,摇匀放冷即可;或将配制好的 0.5％美蓝溶液直接加入牛肉膏蛋白胨培养基中,然后再行灭菌亦可。

6. 0.1％孟加拉红溶液

称 100mg 孟加拉红,加蒸馏水至 100mL。然后取 0.33mL 0.1％孟加拉红溶液直接加入 100mL 马丁培养基中,摇匀灭菌。

7. 酒精稀释方法

如果将两种浓度的酒精配制成某种浓度的酒精溶液时,可用十字交叉法。

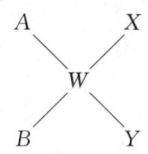

A——被稀释的乙醇浓度,％;
B——用来稀释 A 的乙醇浓度,％,如用水时,$B=0$;
W——要求稀释成的乙醇浓度,％;
Y——$(A-W)$ 取 B 液所用体积,mL;
X——$(W-B)$ 取 A 液所用体积,mL。

或采用直接稀释法,如用工业或医用95％酒精配制成75％酒精,则可取 75mL 95％酒精加入 20mL 蒸馏水即可。

8. 10％$FeCl_3$ 溶液

称取 $FeCl_3 \cdot 6H_2O$ 10g,溶于蒸馏水中,定容至 100mL。

9. 0.05％溴麝香草酚蓝溶液

称 0.05g 溴麝香草酚蓝溶于 100mL 20％乙醇中。

10. 0.2％柠檬酸钠溶液(清除细菌表面沾染噬菌体用)

称取柠檬酸钠 0.2g 溶于蒸馏水中,定容至 100mL,0.1MPa 灭菌 20min,4℃贮存。

11. 0.85％生理盐水

称取 NaCl 0.85g,溶解于 100mL 蒸馏水中,0.1MPa 灭菌 20min。

12. 0.1mol·L^{-1} HCl

取浓 HCl（相对密度 1.19，A.R.）8.25mL，加蒸馏水稀释定容至 1000mL。此溶液约为 0.1mol·L^{-1}，需进一步标定（若用恒沸盐酸配制可不标定）。

取 3~5g 无水碳酸钠（Na_2CO_3，A.R.），平铺在直径约 5cm 的扁形称量瓶底部，110℃烘烤 2h，置干燥器中冷却至室温，称取 2 份干燥的碳酸钠（每份重 0.13~0.15g，精确称至小数点后四位），溶于约 50mL 蒸馏水中，加甲基橙指示剂 2 滴，用待标定的盐酸溶液滴定至橙红色，按下式计算盐酸溶液的摩尔浓度。

$$N = \frac{g}{V \times 0.053}$$

式中　N——盐酸液摩尔浓度，mol·L^{-1}；
　　　g——Na_2CO_3 的质量，g；
　　　V——滴定所消耗盐酸溶液体积，mL。

两次滴定结果平均值作为盐酸溶液的摩尔浓度。若两次滴定结果误差超过 0.2%，需要重新标定。

13. 1mol·L^{-1} NaOH 溶液

称取 40gNaOH，溶于蒸馏水稀释定容至 1000mL。用邻苯二钾酸氢钾进行标定。

14. 40% NaOH 溶液

称取 40g 干燥的 NaOH，逐渐加入蒸馏水使之溶解，最后定容至 100mL。

15. 无菌液体石蜡

取医用液体石蜡油装入锥形瓶中，装量不超过锥形瓶总体积的 1/4，塞上棉塞，外包扎牛皮纸，0.1MPa 灭菌 30min，连续灭菌 2 次，再置于 105~110℃干燥箱中烘烤 2h 或在 40℃温箱中放置 2 周，除去石蜡油中的水分，经无菌检查后备用。

16. 无菌甘油

取丙三醇（亦称甘油，A.R.）装入锥形瓶中，装量不宜超过锥形瓶体积的 1/4，塞上棉塞，外包扎牛皮纸，0.1MPa 灭菌 30min，取出后置于 40℃恒温箱中 2 周，蒸发除去甘油中的水分，经无菌检查后备用。

附录Ⅱ　常用染色液的配制

1. 齐氏石炭酸复红染色液

A 液：碱性复红 0.3g、95% 乙醇 10mL。

B 液：石炭酸 5.0g、蒸馏水 95mL。

将 A 液和 B 液两种溶液混合即为原液，使用前将原液稀释 10 倍。

2. 吕氏碱性美蓝染色液

A 液：美蓝（甲烯、次甲基蓝、亚甲基蓝）0.6g、95% 乙醇 30mL。

B 液：KOH 0.01g、蒸馏水 100mL。

分别配制 A 液和 B 液，配好后混合摇匀即可使用。

3. 革兰氏染色液

(1) 草酸铵结晶紫染色液

A 液：结晶紫 2.0g、95% 乙醇 20mL。

B 液：草酸铵 0.8g、蒸馏水 80mL。

将 A、B 两液充分溶解后混合静置 48h 后，过滤备用。

(2) 路哥氏碘液

碘 1g、碘化钾 2g、蒸馏水 300mL，配制时，先将碘化钾溶于 5~10mL 水中，再加入碘 1g，使其溶解后，加水至 300mL 即成。

(3) 脱色剂

95%乙醇溶液。

(4)复染液

①番红复染液　番红2.5g、95%乙醇100mL。取上述配好的番红乙醇溶液20mL与80mL蒸馏水混匀即成。

②沙黄染液　将0.5g沙黄溶于5mL 95%的乙醇中,再加入95 mL蒸馏水进行稀释。

4. 芽孢染色液

(1)5%孔雀绿染色液　孔雀绿5g、蒸馏水100mL,配制时尽量溶解,最后过滤使用。

(2)0.5%番红水溶液　番红0.5g、蒸馏水100mL,混匀备用。

5. 荚膜染色液

黑墨水染色液:6%葡萄糖水溶液,绘图墨汁或黑色素或苯胺黑同,无水乙醇,结晶紫染液。

6. 鞭毛染色液

(1)利夫森氏染色液

A液:NaCl 1.5g,蒸馏水100mL。

B液:单宁酸(鞣酸)3g,蒸馏水100mL。

C液:碱性复红1.2g。

临用时将A、B、C三种染液等量混合。

分别保存的染液可在冰箱中保存几个月,室温保存几个星期仍可有效。但混合染液应立即使用。

(2)银染法

A液:单酸5g,$FeCl_3$ 1.5g,15%福尔马林2.0mL,1%NaOH 1.0mL,蒸馏水100mL。

B液:$AgNO_3$ 2g,蒸馏水100mL。

配制方法:硝酸银溶解后取出10mL备用,向90mL硝酸银溶液中滴加浓NH_4OH溶液,形成浓厚的沉淀,再继续滴加$NH_3·H_2O$溶液到刚溶解沉淀成为澄清溶液为止。再将备用的硝酸银溶液慢慢滴入,出现薄雾,轻轻摇动后,薄雾状沉淀消失;再滴加硝酸银溶液,直到摇动后,仍呈现轻微而稳定的薄雾状沉淀为止。雾重银盐沉淀不宜使用。

7. 液泡染液

0.1%中性红水溶液(用自来水配制)。

8. 脂肪粒染液

0.5%苏丹黑液,0.5%番红水溶液,二甲苯。

9. 肝糖粒染液

碘液:碘化钾3g溶于100mL蒸馏水中,加入1g碘,完全溶解后备用(盖紧瓶盖)。

10. 0.1%美蓝染液(观察酵母和放线菌用)

美蓝0.1g、蒸馏水100mL。

11. 乳酸石炭酸棉蓝溶液(观察霉菌形态用)

石炭酸10g,乳酸(相对密度1.2)10mL、甘油(相对密度1.25)20mL、蒸馏水10mL,棉蓝0.02g。配制时,先将石炭酸放入水中加热溶解,然后慢慢加入乳酸及甘油,最后加入棉蓝,使其溶解即成。

12. 乳酸苯酚棉蓝染色液

苯酚10g,乳酸(相对密度1.2)10mL,甘油20mL,蒸馏水10mL,棉蓝0.02g。

将苯酚加在蒸馏水中加热溶解,然后加入乳酸和甘油,最后加入棉蓝,使其溶解即成。

附录Ⅲ 常用洗涤液的配制与使用

1. 洗涤液的配制

洗涤液分浓溶液和稀溶液两种。

(1)浓溶液:重铬酸钠或重铬酸钾(工业用)50g、自来水150mL、浓硫酸(工业用)800mL。

(2)稀溶液:重铬酸钠或重铬酸钾(工业用)50g、自来水850mL、浓硫酸(工业用)100mL。

配法都是将重铬酸钠或重铬酸钾先溶解于自来水中,可慢慢加温,使溶解,冷却后徐徐加入浓硫酸,边加边搅动。

配好的洗涤液应是棕红色或橘红色,储存于有盖容器内。

2. 原理

重铬酸钠或重铬酸钾与硫酸作用后形成铬酸。铬酸的氧化能力极强,因而此液具有极强的去污作用。

3. 使用注意事项

(1)洗涤液中的硫酸具有强腐蚀作用,玻璃器板浸泡时间太长,会使玻璃变质,因此切记将器板取出冲洗。其次,洗涤液若沾污衣服和皮肤应该立即用水洗,再用苏打水或氨液洗。如果溅在桌椅上,应立即用水洗去或用湿布抹去。

(2)玻璃器板投入前,应尽量干燥,避免洗涤液稀释。

(3)此液的使用仅限于玻璃或瓷制器板,不适用于金属和塑料器板。

(4)有大量有机质的器板应先行擦洗,然后再用洗涤液,这是因为有机质过多,会加快洗涤液失效。此外,洗涤液虽为很强的去污剂,但也不是所有的污迹都可清除。

(5)盛洗涤液的容器应始终加盖,以防氧化变质。

(6)洗涤液可反复使用,但当其变为墨绿色时即已失效,不能再用。

附录Ⅳ 常用消毒剂的配制

1. 5%石炭酸液

石炭酸(酚)5g,水100mL。

2. 5%甲醛液

甲醛原液(35%)100mL,水600mL。

3. 3%过氧化氢(双氧水)

30%过氧化氢原液100mL,水900mL,密闭、避光、低温保存。

4. 75%乙醇

95%乙醇75mL,水20mL。

5. 2%煤酚皂液(来苏儿)

煤酚皂液40mL,水960mL。

6. 0.25%新洁尔灭

新洁尔灭(5%)50mL,水950mL。

7. 漂白粉溶液

漂白粉10g,水140mL,使用前临时配制。

8. 消毒碘酒

碘片20g、碘化钾8g、乙醇(95%)500mL,蒸馏水加至1000mL。

9. 红汞(医用红药水)

红汞 20g,溶于 1000mL 蒸馏水中。
10. 0.1% KMnO$_4$

将 1g KMnO$_4$ 溶解于 999mL 水中即成。

附录Ⅴ 常用培养基的配制

1. 营养琼脂——(又称牛肉膏蛋白胨培养基、肉汤蛋白胨培养基)——培养细菌用
(1)成分

牛肉膏 3g   蛋白胨 10g   氯化钠 5g   琼脂 15～20g   水 1000mL
pH 值:7.2～7.4
(2)制法

将以上成分混合,加热溶解,补足失水,调节 pH 值,在 121℃灭菌 20min。

注:此培养基可供一般细菌培养之用,可倾注平板或制成斜面。如用于菌落计数,琼脂量为 1.5%;如做成平板或斜面,则应为 2%。

2. 高氏 1 号培养基——用于分离、培养放线菌
(1)成分

可溶性淀粉 20g   硝酸钾 1g   氯化钠 0.5g   磷酸氢二钾 0.5g   硫酸镁 0.5g   硫酸铁 0.01g   琼脂 15～20g   蒸馏水 1000mL
pH 值:7.2～7.4
(2)制法

将淀粉用少量冷水调成糊状,倒入煮沸的水中,加热,边搅拌边加入其他成分,待溶解后补足水分至 1000mL,于 121℃灭菌 20min。

3. 察氏培养基——分离、培养霉菌用
(1)成分

硝酸钠 2g   磷酸氢二钾 1g   氯化钾 0.5g   硫酸镁 0.5g   硫酸铁 0.01g   蔗糖 30g   琼脂 15～20g   蒸馏水 1000mL
pH 值:自然
(2)制法

加入上述成分,溶解混匀,将琼脂溶于水中,加热溶化后分装,于 121℃灭菌 20min。

为了适用于高渗透压霉菌(如灰绿曲霉等)的培养,可制成高渗察氏培养基;如将蔗糖量增加为 200g、400g 或 600g,即为高糖察氏培养基;若在标准察氏培养基中另加 30g、60g 或 120g NaCl,则为高盐察氏培养基。

4. 马铃薯培养基(简称 PDA)——分离、培养酵母菌、霉菌
(1)成分

马铃薯 200g   蔗糖(或葡萄糖)20g   琼脂 15～20g   水 1000mL
pH 值:自然
(2)制法

将马铃薯去皮,切成 0.5cm^3 小块,放入 1000mL 水中,煮沸 30min,然后用双层纱布过滤得滤液,加入糖及琼脂,溶化后补足水至 1000mL,于 121℃灭菌 30min。

5. 麦芽汁琼脂培养基——分离、培养酵母菌、霉菌
(1)成分

麦芽汁(10 °Bx)1000mL   琼脂 15～20g

(2)制法

①取大麦或小麦若干,用水洗净,浸水 6~12h,置 15℃阴暗处发芽,上盖纱布一块,每日早、中、晚淋水一次,麦根伸长至麦粒的 2 倍时,即停止发芽,摊开晒干或烘干,储存备用。

②将干麦芽磨碎,1 份麦芽加 4 份水,在 65℃水浴锅中糖化 3~4h,糖化程度可用碘滴定之。

③将糖化液用 4~6 层纱布过滤。滤液如混浊不清,可用鸡蛋白澄清。方法是:将一个鸡蛋白加水约 20mL,调匀至生泡沫时为止,然后倒在糖化液中搅拌煮沸后再过滤。

④将滤液稀释到 5~60 °Bx,pH 值约为 6.4,加入 2%琼脂即成。

⑤121℃灭菌 20min。

6. 麦氏琼脂培养基——培养酵母菌子囊孢子

(1)成分

葡萄糖 1g   KCl 1.8g   酵母浸膏 2.5g   醋酸钠 8.2g   琼脂 15~20g   蒸馏水 1000mL

pH 值:自然

(2)制法

将上述成分逐一溶解于 1000mL 蒸馏水中,pH 值自然,在 114℃灭菌 15min。

7. 缓冲葡萄糖肉汤培养基

(1)成分

蛋白胨 10g   磷酸氢二钠(Na_2HPO_4)2g   葡萄糖 1g   NaCl 3g   肉浸液(或用 0.5%的牛肉膏代替)1000mL

pH 值:7.4

(2)制法

称取各种药品于肉浸液中加热溶解,调 pH 值至 7.4,分装,121℃高压蒸汽灭菌 30min。

8. 孟加拉红、链霉素琼脂培养基——分离霉菌

(1)成分

葡萄糖 10g   蛋白胨 5g   磷酸氢二钾(K_2HPO_4)1g   硫酸铁($FeSO_4 \cdot 7H_2O$)0.5g   琼脂 18~20g   蒸馏水 1000mL   1/300 孟加拉红水溶液 10mL   链霉素 30 单位·mL^{-1}

pH 值:自然

(2)制法

孟加拉红:先配成 1/300 的水溶液,每 1000mL 的培养基加 10mL 即成 1/30000 的溶液。

链霉素:在使用培养基时才加入(不经高压灭菌),无菌操作法加入。

链霉素稀释:用灭菌的注射器吸取 4mL 无菌水,注入 1g 的链霉素小瓶中,即为 0.25/mL(即 6000 单位·mL^{-1} 的稀释液),每 1000mL 培养基加 5mL 稀释液,即为 30 单位·mL^{-1}。

9. 豆芽汁琼脂培养基——分离、培养酵母菌、霉菌

(1)成分

黄豆芽 100g   蔗糖(或葡萄糖)50g   琼脂 15~20g   蒸馏水 1000mL

pH 值:自然

(2)制法

称新鲜豆芽 100g 放入烧杯中,加水 1000mL,煮沸约 30min,用纱布过滤,得豆芽汁。该汁用水定容,再加入糖、琼脂,煮沸溶化,补足失水,于 121℃灭菌 20min。

10. 营养肉汤

(1)成分

蛋白胨 10g   牛肉膏 3g   氯化钠 5g   蒸馏水 1000mL

pH 值:7.4

(2)制法

按上述成分混合,溶解后校正 pH 值,分装烧瓶,每瓶 225mL,121℃高压灭菌 15min。

11. 肉汤蛋白胨

(1) 成分

蛋白胨 10g　　氯化钠 5g　　牛肉膏 5g　　蒸馏水 1000mL

pH 值:7.2

(2) 制法

0.1MPa 灭菌 20min。

如配制固体培养基,需加琼脂 15～20g;如配制半固体培养基,则加琼脂 7～8g。

12. 乳糖胆盐发酵管

(1) 成分

蛋白胨 20g　　猪胆盐(或牛、羊胆盐)5g　　乳糖 10g　　0.04％溴甲酚紫水溶液 25mL　　蒸馏水 1000mL

pH 值:7.4

(2) 制法

将蛋白胨、胆盐及乳糖溶于水中,校正 pH 值,加入指示剂,分装,每管 10mL,并放入一个小导管,115℃高压灭菌 15min。

注:双料乳糖胆盐发酵管除蒸馏水外,其他成分加倍。

13. 乳糖发酵管

(1) 成分

蛋白胨 20g　　乳糖 10g　　0.04％溴甲酚紫水溶液 25mL　　蒸馏水 1000mL

pH 值:7.4

(2) 制法

将蛋白胨及乳糖溶于水中,校正 pH 值,加入指示剂后,按检验要求分装 30mL、10mL 或 3mL,并放入一个小导管,115℃高压灭菌 15min。

注:①双料乳糖发酵管除蒸馏水外,其他成分加倍。②30mL 和 10mL 乳糖发酵管专供酱油及酱类检验用,3mL 乳糖发酵管供大肠菌群证实试验用。

14. 缓冲蛋白胨水(BP)

(1) 成分

蛋白胨 10g　　氯化钠 5g　　磷酸氢二钠 9g　　磷酸二氢钾 1.5g　　蒸馏水 1000mL

pH 值:7.2

(2) 制法

按上述成分配好后以大烧瓶装,121℃高压灭菌 15min。临用时无菌分装,每瓶 225 mL。

本培养基供沙门氏菌增菌用。

15. 氯化镁孔雀绿增菌液(MM)

(1) 甲液

胰蛋白胨 5g　　氯化钠 8g　　磷酸二氢钾 1.6g　　蒸馏水 1000 mL

(2) 乙液

氯化镁(化学纯)40g　　蒸馏水 1000 mL

(3) 丙液

0.4％孔雀绿水溶液

(4) 制法

分别按上述成分配好后,121℃高压灭菌 15min 备用。临用时取甲液 90mL、乙液 9mL、丙液 0.9mL,以无菌操作混合即可。

16. 亚硒酸盐胱氨酸增菌液(SC)

(1)成分

蛋白胨 5g　　乳糖 4g　　亚硒酸氢钠 4g　　磷酸氢二钠 5.5g　　磷酸二氢钾 4.5g　　L-胱氨酸 0.01g　　蒸馏水 1000mL

(2)1% L-胱氨酸-氢氧化钠溶液的配法

称取 L-胱氨酸 0.1g(或 DL-胱氨酸 0.2g),加 1 mol·L^{-1} 氢氧化钠 1.5mL,使溶解,再加入蒸馏水 8.5mL 即成。

(3)制法

将除亚硒酸氢钠和 L-胱氨酸以外的各成分溶解于 900mL 蒸馏水中,加热煮沸,待冷备用。另将亚硒酸氢钠溶解于 100mL 蒸馏水中,加热煮沸,待冷,以无菌操作与上液混合后,再加入 1% L-胱氨酸-氢氧化钠溶液 1mL。按每瓶 100mL 分装于灭菌瓶中,pH 值应为 7.0±0.1。

17. GB 增菌液

(1)成分

胰蛋白胨 20g　　葡萄糖 1g　　甘露醇 2g　　柠檬酸钠 5g　　去氧胆酸钠 0.5g　　磷酸氢二钾 4g　　磷酸二氢钾 1.5g　　氯化钠 5g　　蒸馏水 1000mL

pH 值:7.0

(2)制法

按上述成分配好,加热使溶解,校正 pH 值。分装,每瓶 225mL,115℃ 高压灭菌 15min。

18. 亚硫酸铋琼脂(BS)

(1)成分

蛋白胨 10g　　牛肉膏 5g　　葡萄糖 5g　　硫酸亚铁 0.3g　　磷酸氢二钠 4g　　煌绿 0.025g　　柠檬酸铋铵 2g　　亚硫酸钠 6g　　琼脂 18～20g　　蒸馏水 1000mL

pH 值:7.5

(2)制法

①将前面 5 种成分溶解于 300mL 蒸馏水中。

②将柠檬酸铋铵和亚硫酸钠另用 50mL 蒸馏水溶解。

③将琼脂于 600mL 蒸馏水中煮沸溶解,冷至 80℃。

④将以上三液合并,补充蒸馏水至 1000mL,校正 pH 值,加 0.5% 煌绿水溶液 5mL,摇匀。冷至 50～55℃,倾注平板。

注:此培养基不需高压灭菌。制备过程不宜过分加热,以免降低其选择性。应在临用前一天制备,贮存于室温暗处。超过 48h 不宜使用。

19. DHL 琼脂

(1)成分

蛋白胨 20g　　牛肉膏 3g　　乳糖 10g　　蔗糖 10g　　去氧胆酸钠 1g　　硫代硫酸钠 2.3g　　柠檬酸钠 1g　　柠檬酸铁铵 1g　　中性红 0.03g　　琼脂 18～20g　　蒸馏水 1000mL

pH 值:7.3

(2)制法

将除中性红和琼脂以外的成分溶解于 400mL 蒸馏水中,校正 pH 值,再将琼脂于 600mL 蒸馏水中煮沸溶解,两液合并,并加入 0.5% 中性红水溶解 6mL,待冷至 50～55℃,倾注平板。

20. HE 琼脂

(1)成分

蛋白胨 12g　　乳糖 12g　　水杨酸 2g　　氯化钠 5g　　牛肉膏 3g　　蔗糖 12g　　胆盐 20g　　琼脂 18～20g　　Andrade 指示剂 20mL　　0.4% 溴麝香草酚蓝溶液 16 mL　　蒸馏水 1000mL　　甲

液 20mL　　乙液 20mL
　　pH 值:7.5
　　(2)制法
　　将前面 7 种成分溶解于 400mL 蒸馏水内作为基础液;将琼脂加入 600mL 蒸馏水内,加热溶解。加入甲液和乙液于基础液内,校正 pH 值。再加入指示剂,并与琼脂液合并,待冷至 50～55℃,倾注平板。
　　注:
　　①此培养基不可高压灭菌。
　　②甲液的配制:硫代硫酸钠 34g,柠檬酸铁铵 4g,蒸馏水 100mL。
　　③乙液的配制:去氧胆酸钠 10g,蒸馏水 100g。
　　④Andrade 指示剂:酸性复红 0.5g,1mol/L 氢氧化钠 16mL,蒸馏水 100mL。
　　将复红溶解于蒸馏水中,加入氢氧化钠溶液,数小时后如复红褪色不全,再加氢氧化钠溶液 1～2mL。
　　21.伊红美蓝琼脂(EMB)
　　(1)成分
　　蛋白胨 10g　　乳糖 10g　　磷酸氢二钾 2g　　琼脂 17g　　2%伊红 Y 溶液 20mL　　0.65%美蓝溶液 10mL　　蒸馏水 1000mL
　　pH 值:7.1
　　(2)制法
　　将蛋白胨、磷酸盐和琼脂溶解于蒸馏水中,校正 pH 值,分装于烧瓶内,121℃高压灭菌 15min 备用。临用时加入乳糖并加热溶化琼脂,冷至 50～55℃,加入伊红和美蓝溶液,摇匀,倾注平板。
　　22.三糖铁琼脂(TSI)
　　(1)成分
　　蛋白胨 20g　　牛肉膏 5g　　乳糖 10g　　蔗糖 10g　　葡萄糖 1g　　氯化钠 5g　　硫酸亚铁铵 $[Fe(NH_4)_2(SO_4)\cdot 6H_2O]$ 0.2g　　硫代硫酸钠 0.2g　　琼脂 12g　　酚红 0.025g　　蒸馏水 1000mL
　　pH 值:7.4
　　(2)制法
　　将除琼脂和酚红以外的各成分溶解于蒸馏水中,校正 pH 值。加入琼脂,加热煮沸,以溶化琼脂。加入 0.2%酚红水溶液 12.5mL,摇匀。分装试管,装量宜多些,以便得到较高的底层。121℃高压灭菌 15min。放置高层斜面备用。
　　23.嗜盐菌选择性琼脂
　　(1)成分
　　蛋白胨 20g　　氯化钠 40g　　琼脂 17g　　0.01%结晶紫溶液 5g　　蒸馏水 1000mL
　　pH 值:8.7
　　(2)制法
　　除结晶紫和琼脂外,其他按上述成分分配好,校正 pH 值。加入琼脂加热溶解。再加入结晶紫溶液,分装烧瓶,每瓶 100 mL。
　　24.氯化钠血琼脂
　　(1)成分
　　酵母膏 3g　　蛋白胨 10g　　氯化钠 70g　　磷酸氢二钠 5g　　甘露醇 10g　　结晶紫 0.001g　　琼脂 15g　　蒸馏水 1000mL
　　pH 值:8.0
　　(2)制法
　　将上述成分混合,调 pH 值为 8.0,加热 30min(不必高压),待冷至 45℃左右时,加入新鲜人血或兔血(5%～10%)混合均匀,倾注平板。

25.嗜盐性试验培养基

(1)成分

蛋白胨 2g　　氯化钠 按不同量加(见制法)　　蒸馏水 100mL

pH 值:7.7

(2)制法

配制2％蛋白胨水,校正 pH 值,共配制5瓶,每瓶 100mL。每瓶分别加入不同量的氯化钠:①不加;②3g;③7g;④9g;⑤11g。待溶解后分装试管。121℃高压灭菌 15min。

26. Baird-Parker 氏培养基

(1)成分

胰蛋白胨 10g　　牛肉膏 5g　　酵母膏 1g　　丙酮酸钠 10g　　甘氨酸 12g　　氯化锂(LiCl·$6H_2O$) 5g　　琼脂 20g　　蒸馏水 950mL

pH 值:7.0±0.2

(2)增菌剂的配法

30％卵黄盐水 50mL 与除菌过滤的1％亚碲酸钾溶液 10mL 混合,保存于冰箱内。

(3)制法

将各成分加到蒸馏水中,加热煮沸至完全溶解。冷至25℃,校正 pH 值。分装每瓶 95mL,121℃高压灭菌 15min。临用时加热溶化琼脂,冷至50℃,每 95mL 加入预热至50℃的卵黄亚碲酸钾增菌剂 5mL,摇匀后倾注平板。培养基应是致密不透明的。使用前在冰箱贮存不得超过 48h。

27.7.5％氯化钠肉汤

(1)成分

蛋白胨 10g　　牛肉膏 5g　　氯化钠 75g　　蒸馏水 1000 mL

pH 值:7.4

(2)制法

将上述成分加热溶解,校正 pH 值,分装试管,121℃高压灭菌 15min。

28.10％氯化钠胰酪胨大豆肉汤

(1)成分

胰酪胨(或胰蛋白胨) 17g　　植物蛋白胨(或大豆蛋白胨) 3g　　氯化钠 100g　　磷酸氢二钾 2.5g　　丙酮酸钠 10g　　葡萄糖 2.5g　　蒸馏水 1000mL

pH 值:7.3±0.2

(2)制法

将上述成分混合,加热并轻轻搅拌至溶解,分装后 121℃高压灭菌 15min,最终 pH 值为 7.3±0.2。

29.肠毒素产毒培养基

(1)成分

蛋白胨 20g　　胰消化酪蛋白 200mg(氨基酸)　　磷酸氢二钾 1g　　氯化钙 0.1g　　硫酸镁 0.2g　　烟酸 0.01g　　蒸馏水 1000mL　　琼脂 10～12g(固体透析培养用)

pH 值:7.2～7.4

(2)制法

除琼脂外所有成分混于水中,溶解后调 pH 值为 7.2～7.4,再加入琼脂,加热溶解。121℃高压灭菌 30min。

30.5％乳糖发酵管

(1)成分

蛋白胨 0.2g　　蒸馏水 1000mL　　乳糖 5g　　氯化钠 0.5g　　2％溴麝香草酚蓝水溶液 1.2mL

pH 值:7.4

(2)制法

将除乳糖以外的各成分溶解于 50mL 蒸馏水内,校正 pH 值。将乳糖溶解于另外 50mL 蒸馏水内,分别以 121℃ 高压灭菌 15min,将两液混合,以无菌操作分装于灭菌小试管内。

注:在此培养基内,大部分乳糖迟发酵的细菌可于 1d 内发酵。

31. 改良 Y 培养基

(1)成分

蛋白胨 15g　　氯化钠 5g　　乳糖 10g　　草酸钠 2g　　去氧胆酸钠 6g　　三号胆盐 5g　　丙酮酸钠 2g　　孟加拉红 40mg　　水解酪蛋白 5g　　琼脂 17g　　蒸馏水 1000mL

pH 值:7.4±0.1

(2)制法

将上述成分混合,于 121℃ 高压灭菌 15min,待冷至 45℃ 左右倾注平板。最终 pH 值为 7.4±0.1。

参 考 文 献

1. 周德庆.微生物学教程.4版.北京:高等教育出版社,2020.
2. 沈萍,陈向东.微生物学.8版.北京:高等教育出版社,2016.
3. 周群英,王士芬.环境工程微生物学.4版.北京:高等教育出版社,2015.
4. 王家玲.环境微生物学.2版.北京:高等教育出版社,2004.
5. 辛明秀,黄秀梨.微生物学.4版.北京:高等教育出版社,2020.
6. 贾英民.食品微生物学.北京:中国轻工业出版社,2007.
7. 杨汝德.现代工业微生物学.广州:华南理工大学出版社,2001.
8. 杨颐康.微生物学.北京:高等教育出版社,1986.
9. 郑平.环境微生物学.2版.杭州:浙江大学出版社,2012.
10. 颜方贵.发酵微生物学.北京:中国农业大学出版社,1993.
11. 沈世华,荆玉祥.中国生物固氮研究现状和展望.科学通报,2003,48(6):535-540.
12. 孙勇民.应用微生物学.北京:北京师范大学出版社,2007.
13. 钱爱东.食品微生物学.2版.北京:中国农业出版社,2008.
14. 吕嘉枥.食品微生物学.北京:化学工业出版社,2007.
15. 朱乐敏.食品微生物.北京:化学工业出版社,2006.
16. 薛永三.微生物.哈尔滨:哈尔滨工业大学出版社,2005.
17. 张青,葛菁萍.微生物学.北京:科学出版社,2004.
18. 林建平.小生命大奉献——微生物工程.杭州:浙江大学出版社,2002.
19. 吴坤.食品微生物.北京:化学工业出版社,2008.
20. 何国庆,贾英民,丁立孝.食品微生物学.4版.北京:中国农业大学出版社,2021.
21. 董明盛,贾英民.食品微生物学.北京:中国轻工业出版社,2006.
22. 诸葛健,李华钟.微生物学.2版.北京:科学出版社,2009.
23. 翁连海.食品微生物基础与应用.北京:高等教育出版社,2005.
24. 张曙光.微生物学.北京:中国农业出版社,2006.
25. 杨洁彬,李淑高,张旎,等.食品微生物学.北京:中国农业大学出版社,1989.
26. 无锡轻工业学院,天津轻工业学院.食品微生物学.北京:中国轻工业出版社,1987.
27. 瞿礼嘉,顾红雅,胡苹,等.现代生物技术.北京:高等教育出版社,2004.
28. 陶文沂.工业微生物生理与遗传育种学.北京:中国轻工业出版社,1997.
29. 高培基,曲音波,钱新民,等.微生物生长与发酵工程.济南:山东大学出版社,1990.
30. 黄秀梨,辛明秀.微生物学实验指导.2版.北京:高等教育出版社,2008.
31. 赵斌,何绍江.微生物学实验.北京:科学出版社,2002.
32. 刘用成.食品检验技术(微生物部分).北京:中国轻工业出版社,2006.
33. 常明昌.食用菌栽培.北京:中国农业出版社,2002.
34. 杨新美.食用菌栽培学.北京:中国农业出版社,1996.
35. 柳增善,任洪林,孙鸿斌.食品病原微生物学.北京:科学出版社,2015.
36. 张艺兵,鲍蕾,褚庆华.农产品中真菌毒素的检测分析.北京:化学工业出版社,2005.
37. 钱存柔,黄仪秀.微生物学实验教程.北京:北京大学出版社,1999.
38. 杨革.微生物学实验教程.3版.北京:科学出版社,2015.
39. 郝林.食品微生物学实验技术.北京:中国农业出版社,2001.
40. 翁鸿珍.乳与乳制品检测技术.北京:中国轻工业出版社,2006.
41. 梁志宏,陈晶瑜.食品微生物学实验.2版.北京:中国林业出版社,2021.

42. 魏明奎,王永霞,岳晓禹.食品微生物检验.北京:中国农业大学出版社,2022.

43. 中华人民共和国国家标准.食品卫生微生物学检验 鲜乳中抗生素残留检验.GB/T 4789.27—2008.

44. 中华人民共和国国家标准.食品安全国家标准 食品中致病菌限量.GB 29921—2021.

45. 中华人民共和国国家标准.食品安全国家标准 食品微生物学检验 总则.GB 4789.1—2016.

46. 中华人民共和国国家标准.食品安全国家标准 食品微生物学检验 菌落总数测定.GB 4789.2—2022.

47. 中华人民共和国国家标准.食品安全国家标准 食品微生物学检验 大肠菌群计数.GB 4789.3—2016.

48. 中华人民共和国国家标准.食品安全国家标准 食品微生物学检验 沙门氏菌检验.GB 4789.4—2016.

49. 中华人民共和国国家标准.食品安全国家标准 食品微生物学检验 致泻大肠埃希氏菌检验.GB 4789.6—2016.

50. 中华人民共和国国家标准.食品安全国家标准 食品微生物学检验 金黄色葡萄球菌检验.GB 4789.10—2016.

51. 中华人民共和国国家标准.食品安全国家标准 食品微生物学检验 乳酸菌检验.GB 4789.35—2016.

52. 中华人民共和国国家标准.食品安全国家标准 食品微生物学检验 培养基和试剂的质量要求.GB 4789.28—2016.

53. 中华人民共和国国家标准.食品安全国家标准 散装即食食品中致病菌限量.GB 31607—2021.